Chemie der Biologie

Armin Börner · Juliana Zeidler

Chemie der Biologie

Basis und Ursprung der Evolution

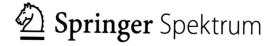
Springer Spektrum

Armin Börner
Leibniz-Institut für Katalyse e.V.
Rostock, Deutschland

Juliana Zeidler
Institut für Chemie, Universität Rostock
Rostock, Deutschland

ISBN 978-3-662-64700-4   ISBN 978-3-662-64701-1   (eBook)
https://doi.org/10.1007/978-3-662-64701-1

Die Deutsche Nationalbibliothek verzeichnet diese Publikation in der Deutschen Nationalbibliografie;
detaillierte bibliografische Daten sind im Internet über http://dnb.d-nb.de abrufbar.

Planung/Lektorat: Désirée Claus
Springer Spektrum ist ein Imprint der eingetragenen Gesellschaft Springer-Verlag GmbH, DE und ist ein Teil
von Springer Nature.
Die Anschrift der Gesellschaft ist: Heidelberger Platz 3, 14197 Berlin, Germany

*Der Beginn aller Wissenschaften ist das
Erstaunen, dass die Dinge sind, wie sie sind.*

Aristoteles

*Gebt mir nur Materie, und ich will euch eine Welt
daraus bauen.*

Immanuel Kant

*Nur scheinbar hat ein Ding eine Farbe, nur
scheinbar ist es süß oder bitter, in Wirklichkeit
gibt es nur Atome im leeren Raum.*

Demokrit

Vorwort

In modernen Wissensgesellschaften gibt es wohl keinen größeren Widerspruch als in der öffentlichen Wahrnehmung von Biologie und Chemie. Während biologische Erkenntnisse mit großer Sympathie rezipiert werden, wird die Chemie oft negativ konnotiert. Dieser auch empirisch gesicherte Sachverhalt wird durch die wenig sachkundige Berichterstattung in nahezu allen Massenmedien popularisiert, die sich vor allem auf einige wenige Hervorbringungen der Synthesechemie wie Plastik, Agrochemikalien, Nahrungszusatzstoffe etc. und deren Auswirkungen auf den Menschen und seine Umwelt fokussiert hat. Auch die Chemiedidaktik in den Schulen und Universitäten konzentriert sich vor allem auf außerbiologische Lehrinhalte. Auf diese Weise wird die belebte Natur explizit von der Chemie abgegrenzt. Dieser Zustand muss Verwunderung hervorrufen, da nicht nur Biologie und Physik, sondern auch die Chemie von jeher zu den sogenannten Naturwissenschaften gezählt werden, also zu jenen Wissenschaften, die sich mit der Erforschung der Natur beschäftigen.

Die Kluft zwischen Chemie und Biologie könnte die Biochemie schließen. Sie hat sich aber durch die Entwicklung eigener, sehr vielfältiger Darstellungsformen und Sichtweisen der Komplexität des Untersuchungsgegenstandes angepasst und von der Chemie mit ihrer strengen Konzentration auf die chemische Formelsprache als wichtigstem Handwerkszeug teilweise entfernt. Chemische Kenntnisse können jedoch dazu beitragen, diese biochemische Komplexität zu reduzieren. Eine zentrale Schlussfolgerung, die sich daraus ergibt, ist die eigentlich triviale Erkenntnis, dass die materielle Basis aller lebenden Organismen chemische Verbindungen darstellen. Organismen unterscheiden oder ähneln sich aufgrund der zugrunde liegenden Chemie!

Mit dem Wissen um die chemischen Strukturen werden nicht nur die physikalischen Eigenschaften chemischer Verbindungen deutlich, sondern auch die Möglichkeiten und die Determiniertheit der Wechselwirkungen von Molekülen mit anderen Molekülen in Form chemischer Reaktionen treten hervor. Nur die Chemie gibt Antworten auf die Frage, warum unter den über hundert Elementen des Periodensystems der Elemente (PSE) ausgerechnet der Kohlenstoff und nicht das Silicium das dominierende Element in der Biochemie und damit in der Biologie darstellt, obwohl beide auf der Erde in

großen Mengen vorkommen. Nur die Gesetzmäßigkeiten des PSE erlauben Schlussfolgerungen darüber, warum die Phosphorsäure und nicht die Schwefelsäure oder gar
die Perchlorsäure als Brückenbaustein in der DNA fungiert und warum ausgerechnet
die D-Glucose und nicht die D-Mannose solch eine zentrale Rolle beim Aufbau von biologischen Gerüstbausteinen wie Cellulose, Stärke oder Chitin spielt. Gleichzeitig zeigt
nur die Chemie auf, warum der Citratzyklus so abläuft, wie wir ihn kennen, und wie
determiniert er in sich selbst und im Zusammenspiel mit anderen biochemischen Kreisläufen ist.

Da die materielle Basis der Biologie nur durch die Chemie beschrieben werden
kann, ergibt sich die Frage, ob auch der zentrale Leitgedanke der modernen Biologie, die Evolutionstheorie, die auf Charles Darwin und Alfred Russel Wallace
zurückgeht, eine Entsprechung in der zugrunde liegenden Chemie hat. Die (positive)
Beantwortung dieser Frage ist ein zentrales Anliegen dieses Buches. Auf der Basis von
Gesetzmäßigkeiten des PSE sowie durch die Analyse der Entstehung und Wechselwirkungen von Naturstoffen im Rahmen von biochemischen Reaktionen lässt sich tatsächlich ein entsprechendes übergeordnetes Narrativ vorfinden. In der Konsequenz wird
der Darwinismus vom (biologischen) Kopf auf die (chemischen) Füße gestellt. Durch die
Konzentration auf chemische Formeln wird weiterhin deutlich, dass die Biochemie ebenfalls eine Synthesechemie ist, die sich von der „menschengemachten" Synthesechemie
„nur" in den Rahmenbedingungen unterscheidet. Biochemische Transformationen sind
in einen übergeordneten komplexen Zusammenhang eingebettet. Aus der Vielzahl der
Elemente des PSE und der fast unendlichen Anzahl von chemischen Verbindungen, die
sich daraus ergeben, werden einzelne selektiert. Die Art und Weise der Selektion wird
durch die Umweltbedingungen auf der Erde, wie moderate Temperaturen, vorzugsweise
Atmosphärendruck, das Lösungsmittel Wasser und als primärer Reaktionspartner Sauerstoff, gebildet. Gerichtete Selektion bedeutet Evolution, womit der Anschluss an die Biologie hergestellt wird.

Da sich der im vorliegenden Buch präsentierte Zugang zur Chemie ausschließlich
auf biogene („natürliche") Prozesse bezieht, ist ein erheblicher und notwendiger
Reputationsgewinn für die Naturwissenschaft Chemie in der öffentlichen Wahrnehmung
zu erwarten. Als experimentelle und völlig ungefährliche Anschauungsbeweise mit
nahezu unbegrenzter Anwendungsbreite und Vielfalt bietet sich die belebte Natur bis hin
zu chemischen Abläufen im Menschen an. Daraus erwächst nicht nur ein wünschens-
werter Zuwachs an Allgemeinbildung, sondern es wird auch ein veränderter Schwer-
punkt für die Erkenntnis des Wesens sogenannter „natürlicher" Prozesse gesetzt. Um
einen leichten Zugang zu den hier vorgetragenen Gedankengängen zu ermöglichen,
werden grundlegende Kenntnisse des Schulstoffs der höheren Klassen im Text kurz
rekapituliert, bevor Konsequenzen für Biochemie und Biologie abgeleitet werden. Dieses
Buch kann daher auch als Handreichung und Orientierungshilfe besonders für die Lehre
an höheren Schulen und im Grundstudium an akademischen Bildungseinrichtungen

dienen. Gleichzeitig bietet sich der Inhalt für das tiefere Verständnis von biochemischen Kreisläufen an, wie sie besonders im Medizin- und Biochemiestudium gelehrt werden.

Wir bedanken uns bei Oliver Zeidler für die Gestaltung der Grafiken. A.B. bedankt sich bei seiner großen Tochter Anna und Robert Franke (Marl) für viele interessante Diskussionen auch außerhalb der Chemie bei der Konzeption dieses Buches. Unser gemeinsamer Dank gilt den Kollegen des LIKAT Dilver Peña Fuentes und Baoxin Zhang für die sorgfältige Lektüre des Manuskriptes und für zahlreiche wertvolle Ratschläge zum Inhalt und zur Gestaltung. Den Kollegen der Universität Rostock Wolfgang Schulz und Wolfram Seidel sei für anregende fachliche Hinweise auf speziellen chemischen Gebieten gedankt. Dem Springer-Verlag, namentlich Desirée Claus und Carola Lerch, danken wir für die immerwährende Unterstützung und den Mut, chemische Frage-stellungen auf weniger ausgetretenen Pfaden zu erkunden. Bei Angela Simeon bedanken wir uns für das sehr akribische und fachlich ausregereifte Lektorat. Ohne die organisatorische Unterstützung des Leibniz-Instituts für Katalyse e. V. (LIKAT) in Rostock wäre dieses Buch nicht möglich gewesen, dafür sei stellvertretend insbesondere seinem geschäftsführenden Direktor Matthias Beller gedankt.

Armin Börner
Juliana Zeidler

Einleitung

In modernen Gesellschaften ist durch die zunehmende Diversifizierung und Spezialisierung von Chemie und Biologie eine Separierung beider Naturwissenschaften zu beobachten, die nicht nur für die Reputation der Chemie in der Öffentlichkeit beträchtliche Nachteile birgt, sondern auch für den Erkenntnisgewinn eine ungeheure Blockade darstellt. Aufgrund einer in der Bildungsgeschichte einzigartigen Akkumulation von Wissen im 21. Jahrhundert ist eine Situation entstanden, die dem modernen Menschen eine Wichtung erlernter „Bildungsfragmente" und damit eine Einordnung nahezu unmöglich macht. Dies betrifft vor allem auch die Einschätzung von sogenannten „natürlichen" Prozessen.

Eine Brücke zwischen Chemie und Biologie könnte die Biochemie schlagen. Sie hat sich aber zunehmend von der Mutterwissenschaft Chemie entfernt. Eine eigene Welt an Begriffen, Abkürzungen und Darstellungsformen ist entstanden, die kaum noch eine Vorstellung davon geben, dass die Basis der Biochemie weiterhin anorganische und organische Chemie bilden. Das betrifft noch mehr die Biologie, die sich in der gesellschaftlichen Rezeption fast völlig von der Chemie gelöst hat. Schon beim Verfassen dieses Buches wurde der unterschiedliche Präzisionsgrad bei der Beschreibung von chemischen Sachverhalten deutlich.

Nachfolgend soll der Versuch unternommen werden, Chemie und Biologie wieder zusammenzuführen und der Biochemie jene verbindende Rolle zukommen zu lassen, die sie tatsächlich spielen kann. Für dieses Ziel sollen die Eigenschaften des Periodensystems der Elemente (PSE) an den Anfang sowie charakteristische funktionelle Gruppen und typische Reaktionen der anorganischen und organischen Chemie in das Zentrum biochemischer Abläufe gerückt werden.

Um den begrenzten Rahmen einer Einführung nicht zu überschreiten und in Anbetracht der riesigen Anzahl von Naturstoffen und biochemischen Transformationen musste eine Auswahl vorgenommen werden. Sie wird aber zeigen, dass mit dem Handwerkszeug der Chemie Evolution und Struktur von Naturstoffen sowie die Abläufe biochemischer Prozesse intellektuell durchdrungen werden können. Mit dem häufig gebrauchten Begriff der Evolution, der aus der Biologie stammt, wird gleichzeitig signalisiert, dass die chemische Evolution die Voraussetzung für die biologische Evolution darstellt.

Der Beweis für diese These wird fast ausschließlich über die Formelsprache der Chemie transportiert. Formeln und Reaktionsgleichungen bieten im Unterschied zu anderen Formen der menschlichen Kommunikation den singulären Vorteil, dass die Sachverhalte in einen physikalisch determinierten Rahmen eingepasst sind. Chemische Formeln sind aus erkenntnistheoretischer Sicht zwar ebenfalls „nur" Symbole zwischenmenschlicher Kommunikation, die jedoch sehr eng zu den realen Verhältnissen auf atomarem Niveau korrespondieren. Durch die Kristallstrukturanalyse mittels Röntgenstrahlen ist es seit Langem möglich, die Lage von Atomen im Raum und ihre Lage zueinander exakt zu bestimmen. Kommen sich Atome besonders und dauerhaft nah, wird in der Chemie von einer Bindung gesprochen. Daraus ergibt sich auch der chemisch zentrale Begriff der Verbindung, der in diesem Buch gegenüber den weniger präzisen Bezeichnungen Substanz oder Stoff vorgezogen wird. Durch Vergrößerung des kristallografisch gewonnenen Ergebnisses um den Faktor 10^8 bzw. 10^9 und dessen Visualisierung auf Papier oder auf dem Computerbildschirm entsteht eine chemische Formel. Chemische Formeln beschreiben somit unhintergehbare und damit objektive Zusammenhänge. Durch die Fokussierung auf chemische Formeln wird das Denken diszipliniert. Strukturformeln haben gleichzeitig den unschätzbaren Vorteil, dass sie das Eigenschafts- und Reaktionspotenzial von chemischen Verbindungen und deren Relationen zueinander offenlegen. Gleichzeitig wird die Komplexität von biochemischen und biologischen Systemen reduziert. Um keine Verwirrung hervorzurufen, wird hier bei der Diskussion biochemischer Verbindungen die dort gepflegte Nomenklatur oftmals parallel mit verwendet.

Dieses Vorgehen zwingt in der nachfolgenden Einführung zu einer Selektion. Bei der Behandlung von Elementeigenschaften, die sich aus dem PSE ergeben, werden nur solche diskutiert, die zum Verständnis der Struktur von biogenen Verbindungen und dem Ablauf biotischer Stoffkreisläufe notwendig sind. Solche Zusammenhänge werden in Form von cartoonartigen Ausschnitten aus dem PSE memoriert. Für darüber hinausgehende Erläuterungen sei auf den breiten Wissensfundus der allgemeinen und anorganischen Chemie verwiesen. Im Unterschied zu Lehrbüchern der organischen Chemie wird das traditionelle Klassifizierungssystem, das die einzelnen funktionellen Gruppen mit ihren zahlreichen homologen Vertretern in den Mittelpunkt stellt, nur peripher gestreift. Eine breitere Behandlung würde den Rahmen der vorliegenden Darstellung sprengen. Für detailliertere Erläuterungen bietet sich die erst seit wenigen Jahren verfügbare Möglichkeit an, über elektronische Informationsdienste, parallel zur Lektüre des Buches, weiter gehende Erklärungen abzurufen. Entsprechende Begriffe und Zusammenhänge, die beispielsweise in Internet-Enzyklopädien oder Fachbüchern in einem breiteren chemischen oder physikalischen Kontext behandelt werden, sind im Text markiert. Eine kurze Liste mit ein- und weiterführender Literatur findet sich am Ende des Buches.

Naturstoffe und dazugehörige biochemische Reaktionen, hier oftmals als „Chemie des Lebens" bezeichnet, sind durch spezielle Eigenschaften charakterisiert, die einen einheitlichen und klar umgrenzten Ordnungsrahmen aufspannen, der im vorliegenden Buch als roter Faden dient:

1. Reaktivitätsvoraussetzung.

Nur ein kleiner Teil des PSE ist in der Biochemie und somit in der lebenden Natur von Relevanz. Die Sonderrolle dieser Elemente, dazu gehören Kohlenstoff, Wasserstoff, Sauerstoff, Stickstoff, Phosphor, Schwefel, einige unedle Metalle und wenige Halbmetalle, lässt sich anhand intrinsischer Eigenschaften des PSE herleiten. Solche Eigenschaften betreffen Atomradien, Elektronenaffinitäten, Ionisierungsenergien, Elektronegativitäten von Elementen sowie Oxidationszahlen und grundlegende Geometrien der dazugehörigen Verbindungen. Sie verleihen den betreffenden Elementen ein singuläres Evolutionspotenzial, das auf den höheren Niveaus biochemischer Verbindungen und biologischer Phänomene anschlussfähig ist. Diese deduktive Analyse führt auch zu logischen Begründungen, warum einem Großteil der Elemente, wie beispielsweise den Edelmetallen, keine Bedeutung in der Chemie des Lebens zukommt, was die Betrachtungen erheblich vereinfacht.

2. Konzentrationsvoraussetzung.

Neben diesen intrinsischen spielen extrinsische Eigenschaften wie die Vorkommenshäufigkeit und die Art der Verteilung dieser Elemente auf der Erde eine zentrale Rolle.

3. Adaptationsvoraussetzung.

Die Basis für Leben in einer aeroben Atmosphäre, d. h. in Gegenwart von Sauerstoff, ist der Einschub von Sauerstoff in X–H-Bindungen (X = C, N, P, S). Wasser dient nicht nur als Lösungsmittel für alle Reaktionen, sondern tritt auch als Reaktionspartner auf. Nur solche Verbindungen sind in der Biochemie relevant, die hinreichend stabil sind und abgestuft (!) unter diesen Umgebungsbedingungen reagieren. Reaktionen in biochemischen Systemen laufen in einem sehr eingeschränkten Milieu ab, was Lösungsmittel, pH-Wert, Temperatur und Druck angeht. Stark variierende Bedingungen, wie sie für die Synthesechemie in den Forschungslaboren und für die chemische Industrie konstitutiv sind, spielen keine Rolle und müssen deshalb auch nicht thematisiert werden.

4. Kohlenstoffzentriertheit.

4a. Allgemeine Eigenschaften des Kohlenstoffs.

Aufgrund seiner singulären physikalischen und chemischen Eigenschaften nimmt der Kohlenstoff eine Ausnahmestellung gegenüber allen anderen Elementen ein und hat somit das mit Abstand breiteste biochemische Potenzial. In modernen Industriegesellschaften wird dieses Potenzial durch die organische Synthesechemie noch weit über die relativ limitierte Anzahl der Naturstoffe hinaus erweitert.

4b. Ausbildung von Kohlenstoff-Kohlenstoff-Bindungen und die Entstehung funktioneller Gruppen.

Die Ausbildung von langen und verzweigten Ketten über Kohlenstoff-Kohlenstoff-Bindungen ist einzigartig. Durch Einschub von Sauerstoff in C–H-Bindungen entstehen erste funktionelle Gruppen. Werden sauerstoffhaltige funktionelle Gruppen durch andere Gruppen mit Heteroatomen (Stickstoff, Schwefel, Phosphor, Halogene etc.) ersetzt, führt das zur Bildung weiterer funktioneller Gruppen. Insgesamt entsteht auf dieser Basis eine fast unendliche Vielzahl von stabilen Verbindungen mit unterschiedlichen physikalischen und chemischen Eigenschaften, in die biochemische und biologische Selektion evolutionär „hineingreifen".

Für die hier behandelten Grundlagen der Chemie ergibt sich im Hinblick auf die Biochemie folgender kognitiver Rahmen:

I. Die Genese der organischen aus der anorganischen Chemie.

Die organische Chemie als Grundlage der Biochemie kann als extreme Erweiterung der anorganischen Chemie aufgefasst werden, wobei unzählige neue Verbindungen hinzukommen, die teilweise die Eigenschaften ihrer anorganischen Basismoleküle, aber noch mehr neue Eigenschaften in sich bergen. Grundlegende qualitative Tendenzen lassen sich aus den Gesetzmäßigkeiten des PSE ableiten.

II. Leben als entschleunigte Totaloxidation des energiereichen Kohlenstoffs.

Kohlenstoff nimmt in Naturstoffen sämtliche Oxidationsstufen von –4 (Methan) bis +4 (Kohlendioxid) an. Auf der Basis dieser Oxidationszahlen lässt sich jedem noch so komplizierten Naturstoff ein Platz zuweisen. Gleichzeitig können anhand dieses roten Fadens grundlegende Prinzipien biochemischer Mechanismen und Relationen veranschaulicht werden. Durch die Fokussierung auf die Oxidationszahlen wird ein exklusiv chemisches Ordnungssystem auf die Biochemie angewandt, was es erlaubt, auf die biochemische Unterscheidung zwischen katabolen Stoffwechselwegen (Abbau von Stoffwechselprodukten von komplexen zu einfachen Molekülen) und anabolen Stoffwechselwegen (Aufbau von körpereigenen Stoffen) weitgehend zu verzichten.

Es lässt sich anhand dieses Vorgehens feststellen, dass nur sehr wenige Reaktionspfade im biochemischen Kontext (in Gegenwart von Sauerstoff!) zu Verbindungen mit niedrigeren Oxidationsstufen führen. Dies betrifft z. B. die Methanogenese, die an bestimmte Bakterien gekoppelt ist, und die Fotosynthese, die in Cyanobakterien und grünen Pflanzen abläuft. Im Unterschied dazu dominieren Prozesse, bei denen Verbindungen des Kohlenstoffs in niedriger Oxidationsstufe in jene mit höherer Oxidationsstufe überführt werden. Es ergibt sich die grundlegende Tatsache, dass der Großteil allen Lebens die entschleunigte Totaloxidation des energiereichen Kohlenstoffs darstellt. Entschleunigung ist ein Zeitphänomen. Entschleunigung ergibt sich aus der Existenz von sich gegenseitig durchdringenden biochemischen Mechanismen und strukturell immer komplexer werdenden Naturstoffen. Dies schließt das kurzzeitige Erreichen auch von niedrigeren Oxidationsstufen nicht aus. Durch die Konzentration auf die Oxidationszahlen wird deutlich, dass selbst hochkomplexe Moleküle, wie Polysaccharide, Proteine oder Polynucleinsäuren, Teil dieses „entschleunigten" Abbauprozesses sind. Die resultierenden Naturstoffe und ihre Wechselwirkungen bilden die materielle Basis für den Reichtum an biologischen Spezies und deren Individualität.

III. Warum- und Vergleichsfragen als kognitives Hilfsmittel.

Aus erkenntnistheoretischer Sicht ist das Rezipieren von Fakten wenig nachhaltig, es kommt darauf an, diese Fakten miteinander in Bezug zu setzen. Besonders aufschlussreich sind Fragen nach dem Warum, die sich gerade bei naturwissenschaftlichen Phänomenen anbieten. Durch das Beantworten von Entscheidungsfragen, warum in der Biochemie und Biologie bestimmte Elemente und chemische Strukturen vorhanden sind und andere nicht, ergibt sich ein tieferes Verständnis für das Wesen und die Determiniertheit „natürlicher" Prozesse. Das schließt das Funktionieren des menschlichen Körpers selbstverständlich mit ein.

Inhaltsverzeichnis

Das Periodensystem der Elemente und grundlegende Konsequenzen für den Aufbau von Naturstoffen und den Ablauf biochemischer Prozesse

1

1.1 Elemente des Periodensystems

Das Periodensystem der Elemente (PSE) umfasst derzeit 118 Elemente. In der Natur kommen die Elemente der Ordnungszahlen 1 bis 94 vor. Elemente jenseits der Ordnungszahl 94 müssen synthetisch durch die Kernphysik generiert werden und sind nicht stabil.

Wasserstoff als leichtestes Element entstand während des Urknalls vor ca. 13,8 Mrd. Jahren zusammen mit Helium und Spuren von Lithium. Die im PSE darauffolgenden Elemente bis zu Kohlenstoff wurden in leichten Sternen, dazu gehört auch unsere Sonne, durch Fusionsreaktionen produziert. Sterne, die deutlich schwerer waren, brachten die Elemente bis hin zu Eisen hervor. Bei der Explosion von besonders massereichen Sternen (Supernovae) wurden die restlichen Elemente generiert. Diese Prozesse laufen bis heute im Weltall ab. Von den 94 natürlich vorkommenden Elementen existieren 83 seit der Entstehung der Erde vor ca. 4,3 Mrd. Jahren.

In Abb. 1.1 sind jene Elemente grün markiert, die man bisher in Lebewesen nachgewiesen hat.

In Blau hervorgehobene Elemente wurden in Organismen bisher nur in Spuren aufgefunden bzw. es existieren noch keine Beweise für eine direkte Beteiligung an biochemischen Prozessen. Offensichtlich befanden sie sich in der Umwelt des Lebewesens und wurden zufällig durch ständig ablaufende Austauschprozesse aufgenommen. Möglicherweise werden sie im Laufe weiterer Evolutionsschritte in die Biochemie integriert, was den vorläufigen Charakter dieser Darstellung erklärt.

Diese relativ kleine Anzahl von chemischen Elementen ist für die Mannigfaltigkeit von organischem Leben verantwortlich, das sich über die Zeit von ca. 1,5 Mrd. Jahren auf der Erde entwickelte. Daran haben auch zahlreiche geologische (Vulkanausbrüche, Meteoriteneinschläge) oder biologisch bedingte (Aufkommen von Landpflanzen,

A. Börner und J. Zeidler, *Chemie der Biologie*,
https://doi.org/10.1007/978-3-662-64701-1_1

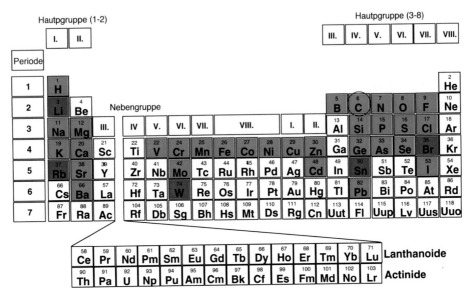

Abb. 1.1 Das Periodensystem der Elemente (PSE) mit Hervorhebung biologisch relevanter Elemente. (Quelle: Börner A (2019) Chemie – Verbindungen fürs Leben, WBG, Darmstadt.)

die zunehmende Konzentrationen an „toxischem" Sauerstoff produzierten) Umweltkatastrophen nichts grundlegend geändert. Diese Katastrophen hatten *a priori* immer chemische Ursachen. Dazu gehören in erster Linie wechselnde Konzentrationen von ungebundenem Sauerstoff, die zeitweilige Produktion großer Mengen an Methan wie auch Änderungen des Kohlendioxidgehalts in der Atmosphäre. Sie führten in der Folge verschiedentlich zum fast vollständigen Aussterben von Mikroorganismen, Pflanzen und Tieren. Ein annähernd konstantes chemisches Reservoir biochemisch relevanter Elemente diente jedoch stets erneut als Quelle für das Wiedererstehen konservativer bzw. vor allem für die Entstehung veränderter biochemischer Reaktionsmechanismen und daraus resultierender Naturstoffe. Im Vergleich zu den Vorgängerwelten bildeten sich teilweise noch komplexere biologische Strukturen. Die Informationsträger DNA bzw. RNA greifen in dieses begrenzte Reservoir an chemischen Verbindungen hinein, kombinieren sie in biochemischen Prozessen und erzeugen eine immense Anzahl von biologischen Arten, Gattungen, Familien und Einzelorganismen.

Der begrenzte Pool an chemischen Elementen ist nicht nur ausnahmslos auf alle phylogenetischen Prozesse beschränkt, sondern bildet auch die chemische Grundlage für die Entstehung eines jeden biologischen Individuums in der Ontogenese. Damit werden wir stets Zeuge dieser faszinierenden und nicht endenden Entwicklung, wobei chemische Verbindungen immer die materielle Basis bilden.

Ungeachtet einer fast grenzenlosen Anzahl von denkbaren und stabilen anorganischen und vor allem organischen Verbindungen wird jedoch nur eine relativ kleine Zahl in biologischen Organismen realisiert. Mehr noch, es werden viele einheitliche Strukturen und Mechanismen in sehr unterschiedlichen Organismen aufgefunden, was beweist, dass das Leben begrenzten Gesetzmäßigkeiten des chemischen Aufbaus von Verbindungen und dem Ablauf von biochemischen Mechanismen unterliegt. Das ist ein großer Unterschied zur „menschengemachten" Synthesechemie, der ein viel größerer Variationsraum zur Verfügung steht. Deshalb werden manche ihrer Produkte (Plastik) als „Kunststoffe" bezeichnet, ein Attribut, das zu Unrecht meist abwertend verwendet wird, da hier die Kreativität des Menschen besonders deutlich zum Ausdruck kommt.

Leben bedeutet *a priori* Anpassung an die Bedingungen auf dem Planeten Erde. Dazu gehört der physikalische Rahmen, das sind moderate Temperaturen und, sieht man von einigen Tiefseebewohnern ab, ein Luftdruck von ca. 1 bar. Die chemischen Rahmenbedingungen sind Wasser als ubiquitäres Lösungsmittel und Sauerstoff als Hauptreaktionspartner.

Nachfolgend sollen zunächst einige typische Eigenschaften des Periodensystems betrachtet werden, immer im Hinblick auf die Passfähigkeit, nachfolgend als Evolutionspotenzial bezeichnet, der betreffenden Elemente in biochemischen Mechanismen. Vergleichbar zu biologischen Prozessen unterlag und unterliegt wohl weiterhin auch die Auswahl der chemischen Elemente einer gerichteten Evolution, die durch das Auftreten zunehmend komplexer werdender Moleküle und deren Wechselwirkungen miteinander im biochemischen Kontext gekennzeichnet waren und sind. Parallel zur Entstehung von Molekülen mit immer größer werdenden molekularen Massen (z. B. Cellulose, Stärke, Chitin) entstanden in der Vergangenheit auch Moleküle, die Informationen beinhalteten und diese bis heute weitergeben (z. B. RNA oder DNA, Proteine). Leben wird sich auch in Zukunft in diesen Rahmenbedingungen abspielen.

Evolution bedeutet, dass höhere Niveaus der Komplexität Alternativen auf niedrigeren Stufen durch Rückkopplungseffekte auswählen, die dadurch stabilisiert werden. Das erfordert eine ausreichende Anzahl von Alternativen auf niedrigeren Niveaus, unter denen im Rahmen eines *Top-down*-Prinzips selektiert wird. Gleichzeitig determinieren die Strukturen der niedrigeren Niveaus die Strukturen auf dem nächsten bzw. noch höheren, somit ein *Bottom-up*-Prinzip. Es scheint legitim, die allgemeinste Formulierung von Darwins Evolutionstheorie *survival of the fittest* (Überleben der am besten angepassten Individuen) auch auf die Chemie des Lebens anzuwenden, was sich im Zusammenhang mit dem Vorlebendigen, also mit Naturstoffen und biochemischen Reaktionsmechanismen, als konditioniertes Weiterbestehen des Gebildeten beschreiben lässt.

| Elemente | chemische Verbindungen | Biochemie | Biologie | Sozialstrukturen |

Evolution vom Einfachen zum Komplexen

Die chemische Evolution wird determiniert durch die physikalischen Eigenschaften der Elemente und deren Vorkommenshäufigkeit bzw. Verteilung auf der Erde. Aus den Elementen bauen sich in Abhängigkeit von den Rahmenbedingungen auf der Erde chemische Verbindungen mit speziellen Eigenschaften auf und kreieren mit den Naturstoffen ein neues, nämlich das biochemische Selektionsniveau. Chemische Verbindungen werden danach durch ihre Passfähigkeit, in der Biologie wird der Term *Fitness* verwendet, in übergeordnete biochemische und biologische Strukturen und Mechanismen selektiert. Im Unterschied zur biologischen Evolution, wo oft nicht angepasste Spezies aussortiert werden, überstehen viele der seltenen Naturstoffe diesen Auswahlprozess und verleihen letztendlich allen biologischen Spezies ihre Charakteristik.

Es ist ungemein wichtig, sich klarzumachen, dass biologische Eigenschaften somit ausnahmslos auf den chemischen Eigenschaften ausgewählter anorganischer, insbesondere aber organischer Verbindungen basieren. Das ist eine Trivialität, die leider bisher in der gesellschaftlichen Diskussion keine Rolle spielt und damit auch der Chemie als Lebenswissenschaft den Platz versagt, der ihr zustehen müsste. Biochemische Prozesse sind chemische Prozesse, die einem biochemischen und biologischen Selektionsdruck im Laufe der Evolution von Leben auf der Erde unterlagen und bis heute unterliegen. Damit werden diese chemischen Prozesse und die chemischen Verbindungen, auf denen sie beruhen, durch ähnliche Selektionseffekte determiniert wie biologische Vorgänge, bis hin zur Ausbildung von Sozialstrukturen von Organismen. Letztere erreichen einen neuen Kulminationspunkt in menschlichen Gesellschaften.

Ungeachtet dessen muss davor gewarnt werden, simple „Wenn-dann-Relationen" abzuleiten, wie sie beispielsweise in der Synthesechemie im Labor angestrebt werden, um hohe Ausbeuten an den gewünschten Produkten zu erzielen. Das betrifft auch teleologische „Um-zu-Erklärungsmuster", die biologisch naive Argumentationen betreffen, die nicht auf der Evolutionstheorie basieren (erinnert sei in diesem Zusammenhang an die oft kolportierte Geschichte von den Giraffen, die dieser Hypothese zufolge lange Hälse bekamen, um an die Blätter in hohen Bäumen zu gelangen.). Manche chemische Eigenschaften führen direkt zu einer biologischen Eigenschaft hin, andere nicht. Als Beispiel für eine direkte Korrelation soll das Astaxanthin genannt werden (siehe Abb. 4.21). Astaxanthin ist aufgrund der vielen $C=C$-Doppelbindungen, die eine chemische Struktureigenschaft darstellen, rot. Diese Doppelbindungen sind verantwortlich für die Reaktion mit Sauerstoffradikalen und haben damit aus biochemischer Sicht eine Schutzwirkung für andere Verbindungen. Astaxanthin findet sich in den Beinen und Flügeln von Flamingos und ist ein Farbindikator für die sexuelle Fitness und damit auch ein biologisches Phänomen. Beispiele für Verbindungen, bei denen die Farbe biologisch keine Rolle spielt, stellen das rote Hämoglobin und das grüne Chlorophyll dar (siehe Abb. 4.16). Ihre Farbigkeit ergibt sich aus der chemischen Struktur als Metallkomplexe für den Sauerstofftransport. Da aber auch andere, meist ebenfalls farbige Verbindungen den Sauerstofftransport übernehmen können, ist die Farbe eine Eigenschaft ohne Bedeutung für die Biologie. Anschlussfähig sind diese Farben nur auf der kulturellen Ebene des Menschen (z. B. zur Kennzeichnung von politischen Parteien). Es scheint aber gewagt, daraus einen Evolutionsvorteil für die betreffenden Organismen im Rahmen eines „erweiterten Phänotyps" abzuleiten.

1.2 Biologisch relevante Elemente, deren singuläre Rollen sich aus intrinsischen Eigenschaften im Rahmen des Periodischen Systems der Elemente (PSE) ableiten lassen

Bestimmte Elemente kommen in biochemischen Prozessen vor, andere nicht. Offenbar gibt es intrinsische physikalische Eigenschaften, die für diese bemerkenswerte Selektion verantwortlich sind. Im Periodischen System der Elemente (PSE) werden Tendenzen deutlich, die logische Schlussfolgerungen erlauben, warum das so ist. Gleichzeitig kommen jedem biochemisch relevanten Element individuelle Eigenschaften zu, die letztendlich über die Funktion in biologischen Strukturen entscheiden. Die Kenntnis wichtiger Tendenzen des PSE und Einzeleigenschaften ist deshalb unabdingbar. Nachfolgend sollen diese Verhältnisse im Rahmen von einprägsamen Faustregeln und Cartoons erinnert und mit dem Fokus auf biochemische Relevanz untersucht werden. Vollständigkeit ist nicht intendiert.

1.2.1 Atomradien

Grundsätzlich nehmen im PSE die Atomradien mit steigender Ordnungszahl innerhalb einer Periode ab (Abb. 1.2).

Diese Tendenz lässt sich mit der Zunahme der positiv geladenen Teilchen (Protonen) im Atomkern erklären, die eine zunehmende Anziehung auf die Elektronen (negativ geladen!) in der Außenhülle des Atoms bewirken. Nach klassischen Vorstellungen zum Aufbau von Atomen (**Schalenmodell**) befinden sich die Elektronen auf Bahnen bzw. Schalen um den Atomkern. Demzufolge ist der Atomradius von Lithium größer als der von Fluor. Die Atomradien nehmen mit steigender Ordnungszahl innerhalb einer Hauptgruppe zu. Beispielsweise ist der Radius von Lithium kleiner als der von Natrium oder Kalium, also Elementen, die direkt darunter im PSE stehen. Dieser Fakt kann mit einer Zunahme der Anzahl von Elektronenschalen um den Kern innerhalb der Hauptgruppe begründet werden. Dadurch werden die äußeren Elektronenschalen durch darunterliegende von der elektronenanziehenden Wirkung des Atomkerns abgeschirmt. Kohlenstoff in der 4. Hauptgruppe und in der ersten 8er-Periode nimmt eine Mittelstellung ein.

Kohlenstoff versus Stickstoff
Schon kleine Unterschiede in den Atomradien können einen dramatischen Einfluss auf chemische Eigenschaften selbst von benachbarten Elementen im PSE haben. Dies zeigt sich eindrücklich beim Vergleich von Verbindungen mit Dreifachbindungen auf der Basis

Abb. 1.2 Tendenzen der
Atomradien im PSE und
ausgewählte Elemente

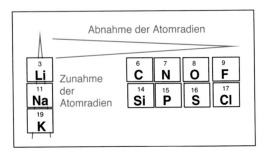

von Kohlenstoff und Stickstoff, zwei der wichtigsten Elemente in der Biochemie. Im molekularen Stickstoff N_2 beträgt der Abstand der beiden Stickstoffatome, die durch eine Bindungsenergie von 945 kJ/mol zusammengehalten werden, nur 110 pm.

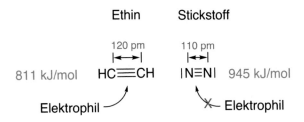

Obwohl die Dreifachbindung von insgesamt sechs Elektronen gebildet wird und damit eine hohe Konzentration an negativer Ladung in diesem Bereich des Moleküls darstellt, ist N_2 ein äußerst stabiles Molekül. Der Angriff von positiv geladenen Teilchen (**Elektrophile**) wird durch die enge Nachbarschaft beider Stickstoffatome verhindert, was einem Abschirmungseffekt gleichkommt. Selbst Protonen, also Ionen mit dem kleinsten Radius, sind dazu nicht in der Lage. Hingegen beträgt der Abstand der beiden C-Atome in Ethin, das zur Verbindungsklasse der **Alkine** gehört, 120 pm. Er ist also größer und die Bindungsenergie zwischen den beiden Kohlenstoffatomen von 811 kJ/mol schwächer. Elektrophile, selbst wesentlich größer als Protonen, können deshalb die C≡C-Dreifachbindung attackieren.

Alkine sind aufgrund dieser hohen Reaktionsfreudigkeit in der belebten Natur mit ihren dynamischen Prozessen selten. Es gibt nur ca. tausend Naturstoffe mit einer C≡C-Dreifachbindung. Sie werden von marinen Organismen, speziellen Cyanobakterien, Mollusken und Lurcharten produziert. Beispiele sind Neocarzinostatin und (−)-Histrionicotoxin (Abb. 1.3). Ersteres wird von Bakterien des Typs *Streptomyces macromomyceticus* gebildet. Histrionicotoxin ist ein Gift, welches in der Haut von Baumsteigerfröschen vorkommt und diese vor Reptilien und Säugetieren schützt. Beide Verbindungen sind Exoten in der belebten Natur. Hingegen ist das stabile und reaktionsträge N_2 das dominante Molekül in der Atmosphäre mit 78 % Volumenanteil.

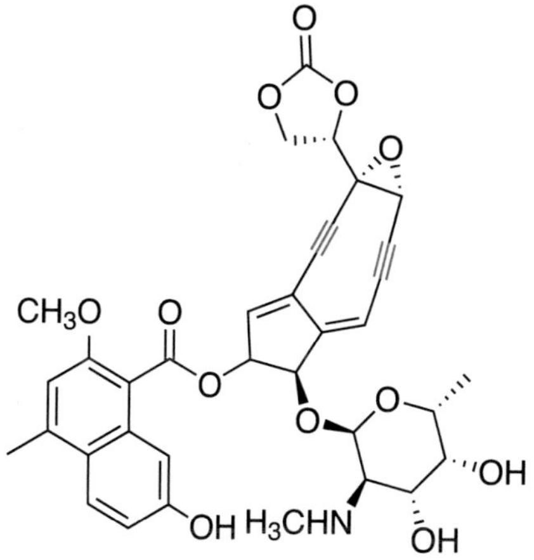

Neocarzinostatin

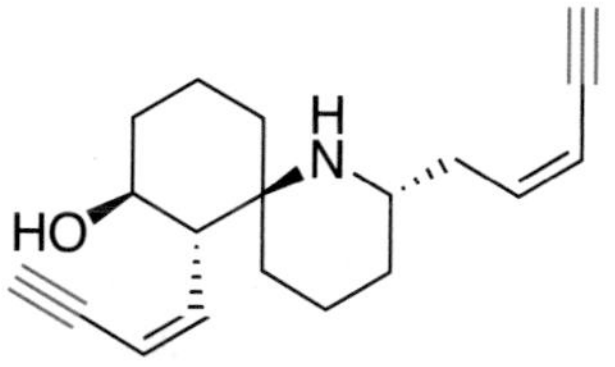

(–)-Histrionicotoxin

Abb. 1.3 Beispiele für Alkinstrukturen in Naturstoffen

Kohlenstoff versus Silicium

Ein weiteres anschauliches Beispiel für den Einfluss von Atomradien auf Bindungs-verhältnisse bietet der Vergleich zwischen Kohlenstoff und Silicium. Beide Elemente befinden sich direkt übereinander in der 4. Hauptgruppe. Der Atomradius von Silicium ist entsprechend der oben beschriebenen Tendenz im PSE etwas größer als der von Kohlenstoff, was eine wesentliche Ursache dafür ist, dass sich Kohlenstoff und nicht Silicium für die Evolution von Leben auf der Erde durchgesetzt hat. Eine Folge unter-schiedlicher Atomradien ist in diesem Fall die Wirkung der sogenannten „**Erlenmeyer-Regel**", einer empirischen Regel, die besagt, dass zwei Hydroxygruppen (oder allgemein Oxygruppen) an einem kleinen Zentralatom nicht stabil sind. Der Platzbedarf von zwei HO-Gruppen am Kohlenstoffatom der Kohlensäure ist zu groß, deshalb ist sie instabil. Durch Abspaltung des energiearmen Wassermoleküls entspannt sich die Situation.

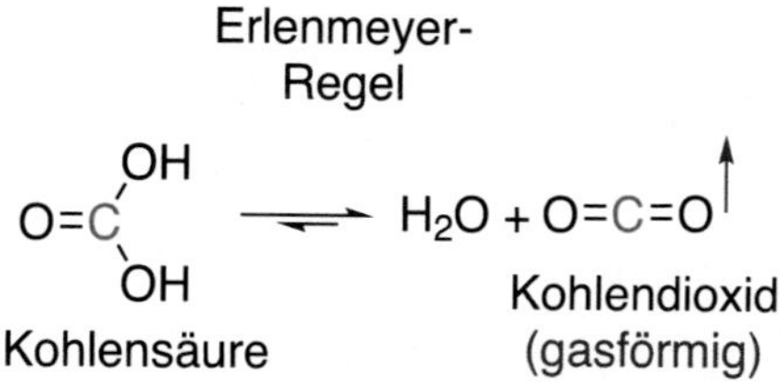

Erlenmeyer-
Regel

Kohlensäure

$H_2O + O=C=O\uparrow$
Kohlendioxid
(gasförmig)

Das Gleichgewicht der Reaktion liegt ganz weit auf der Seite des ebenfalls sehr stabilen Kohlendioxids (CO_2). Nimmt man die gesamte Reaktion in den Blick, wird klar, dass der Effekt, der durch die Erlenmeyer-Regel beschrieben wird, das Edukt, die Kohlensäure, destabilisiert. Gleichzeitig wird durch die Entstehung von CO_2, das unter biotischen

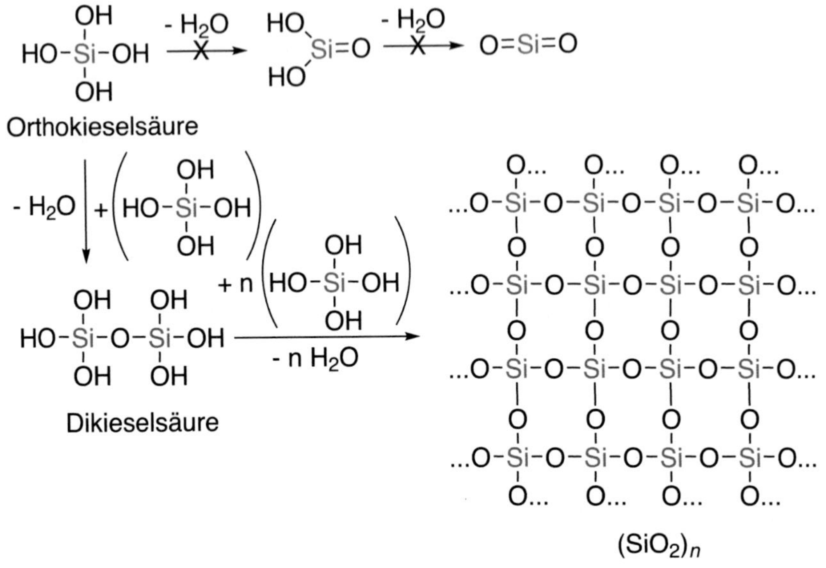

Abb. 1.4 Das Kondensationsverhalten der Orthokieselsäure

Bedingungen ein Gas darstellt und entweicht, das Gleichgewicht der Reaktion zugunsten dieses Produktes verschoben. Diese Situation wird durch das **Prinzip von Le Chatelier-Brown** („Prinzip vom kleinsten Zwang") beschrieben, das in seiner einfachen Version besagt: Übt man auf ein chemisches System im Gleichgewicht einen Zwang aus, so reagiert es so, dass die Wirkung des Zwanges minimal wird.

Silicium mit seinem etwas größeren Atomradius verhält sich ganz anders als Kohlenstoff. Silicium unterliegt nicht mehr der Erlenmeyer-Regel. In der Orthokieselsäure finden an dem im Unterschied zum Kohlenstoffatom größeren Siliciumatom sogar mehrere Hydroxygruppen Platz, was zur Folge hat, dass eine Verbindung mit der Formel $Si(OH)_4$ namens Orthokieselsäure existiert (Abb. 1.4).

Die Orthokieselsäure kommt aber nur in geringen Konzentrationen in der Natur vor. Im Unterschied zur vergleichbaren Kohlensäure entstehen durch Wasserabspaltung nicht Produkte mit einer bzw. zwei Si=O-Bindungen, sondern durch **intermolekulare Kondensation** mit einem zweiten Molekül bildet sich die Dikieselsäure. Durch Reaktion mit weiteren Kieselsäuremolekülen und Abspaltung von Wasser, was bereits im schwach sauren Milieu passiert, wird der Wasserstoffanteil immer kleiner, und am Ende hat das dreidimensional vernetzte Produkt formal ebenfalls die Summenformel SiO_2. Siliciumdioxid wird jedoch exakt mit der Formel $(SiO_2)_n$ beschrieben. Die Verbindung hat eine sehr große Molmasse und ist ein Feststoff, besonders anschaulich materialisiert im Sand, einem äußerst stabilen und unreaktiven Material. Die Verbindung unterscheidet sich dadurch auch hinsichtlich des Aggregatszustandes unter biotischen Bedingungen völlig vom gasförmigen Kohlendioxid CO_2. Da Kohlendioxid immer am Ende aller oxidativen

Abbaureaktionen von Kohlenstoffverbindungen steht, werden alle Lebensprozesse nach dem Prinzip von Le Chatelier-Brown aus dem Gleichgewicht heraus in Richtung dieses Gases verschoben, was die Dynamik von Lebensprozessen mit Nahrungsaufnahme, Energieerzeugung, Aufbau von biologischen Strukturen und kontinuierlichen Abbauprozessen verursacht. Auf der Basis von Silicium, speziell SiO_2, wäre Leben, wie es auf der Erde existiert, nicht möglich. Das schließt natürlich nicht aus, dass völlig andere Lebensformen auf der Basis von statischen Systemen, beispielsweise Halbleitern, wie sie von der künstlichen Intelligenz (KI) angestrebt werden, irgendwann einmal Bedeutung erlangen.

In Kohlendioxid gehen vom Kohlenstoffatom zwei Doppelbindungen aus. Deren Formierung ist nur möglich durch die räumliche Nähe von C und O, die wiederum durch die kleinen Atomradien beider Bindungspartner ermöglicht wird. Hingegen hat das etwas größere Siliciumatom aufgrund seines größeren Atomradius keine ausgeprägte Tendenz zur Ausbildung von Doppelbindungen mit Sauerstoff. Schon der durchschnittliche Abstand eine Si–O-Bindung ist wesentlich länger als der einer C–O-Einfachbindung. Verbindungen mit Si=O-Bindungen sind nur unter Laborbedingungen herstellbar und stabil. Sie kommen nicht in der Natur vor.

$$
\begin{array}{ccc}
143\ \text{pm} & 120\ \text{pm} & 162\ \text{pm} \\
|\!\leftarrow\!\rightarrow\!| & |\!\leftrightarrow\!| & |\!\leftarrow\!\rightarrow\!| \\
\text{C—O} & \text{C=O} & \text{Si—O}
\end{array}
$$

Dieser Fakt ist neben der Suspendierung der Erlenmeyer-Regel die Ursache dafür, dass, wie oben gezeigt, zwei Orthokieselsäuremoleküle durch Wasserabspaltung zu Dikieselsäure reagieren. Diese Situation unterliegt der sogenannten **Doppelbindungsregel**, die besagt, dass es Elementen der 3. Periode des PSE kaum noch möglich ist, stabile chemische Verbindungen mit Mehrfachbindungen auszubilden. Im Endeffekt sind für den grundlegenden biochemischen Unterschied zwischen Kohlenstoff und dem benachbarten Silicium nur kleine Differenzen in den Atomradien verantwortlich.

Die Instabilität der Kieselsäure ist auch eine Ursache dafür, dass Silicium und seine Verbindungen keinen Eingang in die Biochemie des Kohlenstoffs finden. Ungeachtet dessen gibt es eine Reihe von Lebewesen, die Si–O-haltige Strukturen außerhalb dieses Rahmens für die Verbesserung der eigenen Stabilität, beispielsweise in Form eines Exoskeletts, verwerten. Bekannt sind die Kieselalgen *(Diatomeen)*, Schwämme *(Porifera, Spongiaria)* und Radiolarien. Auch Pflanzen, wie Schachtelhalm und Bambus, enthalten in ihren Stängeln und Blättern Siliciumdioxid.

Ungesättigte Verbindungen

Die „gegenseitige Durchdringung" von Elementen zur Ausbildung von Mehrfachbindungen ist besonders für Kohlenstoffverbindungen charakteristisch. Nur auf Basis des mittleren Atomradius von Kohlenstoff als Element der 4. Hauptgruppe sind organische Verbindungen sowohl mit C=C-Doppel- als auch mit C≡C-Dreifachbindungen möglich.

Im Allgemeinen wird zwischen σ-Bindungen und π-Bindungen unterschieden. Der primäre Zusammenhalt zwischen zwei Kohlenstoffresten wird durch eine σ-Bindung gewährleistet, während π-Bindungen, die formal über bzw. unter die σ-Bindung gezeichnet werden, zusätzliche bindende Wechselwirkungen beitragen.

$$\sigma\text{-Bindung} \qquad \pi\text{-Bindungen}$$

$$C\!-\!C \qquad C\!=\!C \qquad C\!\equiv\!C$$

Der Abstand zwischen den Atomen nimmt mit zunehmendem Bindungsgrad ab. Im Durchschnitt ist eine C–C-Einfachbindung wesentlich länger als eine C=C-Doppelbindung. Letztere ist wiederum länger als eine C≡C-Dreifachbindung.

$$\overset{\text{154 pm}}{\underset{C\!-\!C}{\longleftrightarrow}} \qquad \overset{\text{134 pm}}{\underset{C\!=\!C}{\longleftrightarrow}} \qquad \overset{\text{120 pm}}{\underset{C\!\equiv\!C}{\longleftrightarrow}}$$

Solche π-Bindungen sind generell schwächer als σ-Bindungen. Das hat zur Folge, dass in organischen Verbindungen π-Bindungen gespalten werden können, ohne dass die stabileren C–C-Einfachbindungen betroffen sind. Das ist die wichtigste Voraussetzung dafür, dass lange Kohlenwasserstoffketten überhaupt existieren. Damit ergibt sich letztendlich eine fast unendliche Anzahl von Einzelverbindungen, aus denen biochemische Prozesse evolutionär „auswählen" können. Dies ist ein weiterer Unterschied zu molekularem Stickstoff N_2, bei dem die N≡N-Dreifachbindung wesentlich stabiler ist als eine N=N-Doppelbindung wie beim metastabilen Diimin, das sich schon bei Raumtemperatur zersetzt. Auch N–N-Einfachbindungen, wie in Hydrazin, sind weniger robust.

$$N\!\equiv\!N \quad \gg \quad HN\!=\!NH \quad < \quad H_2N\!-\!NH_2$$
$$\text{Stickstoff} \qquad\quad \text{Diimin} \qquad\quad \text{Hydrazin}$$

$$\text{Stabilität}$$

Die Bindungsverhältnisse haben Einfluss auf die Reaktivität. Organische Verbindungen mit C–C-Einfachbindungen, im einfachsten Fall Alkane, sind in der Regel unreaktiver als Verbindungen, die Mehrfachbindungen enthalten. Erstere werden deshalb auch als **gesättigte Verbindungen** bezeichnet. Auf die Seltenheit der sehr reaktiven C≡C-Dreifachbindung in Naturstoffen wurde bereits hingewiesen. C=C-Doppelbindungen, das Charakteristikum von **Alkenen,** sind hingegen etwas stabiler als Dreifachbindungen und liegen in der Reaktivität zwischen Dreifach- und Einfachbindung. Auch Alkene werden zu den **ungesättigten Verbindungen** gezählt. Man findet sie in zahllosen biologisch wichtigen Strukturen. Aufgrund der negativen Ladungskonzentration (vier Elektronen) im Bereich der Doppelbindung und dem ausreichend großen Abstand zwischen den beiden Kohlenstoffatomen werden sie leicht durch polare Reagenzien verschiedenster Art angegriffen und gehen durch Additionsreaktionen in gesättigte Verbindungen über. Durch Eliminierungsreaktionen können aus Alkanen wieder Alkene, somit ungesättigte Verbindungen, hervorgehen.

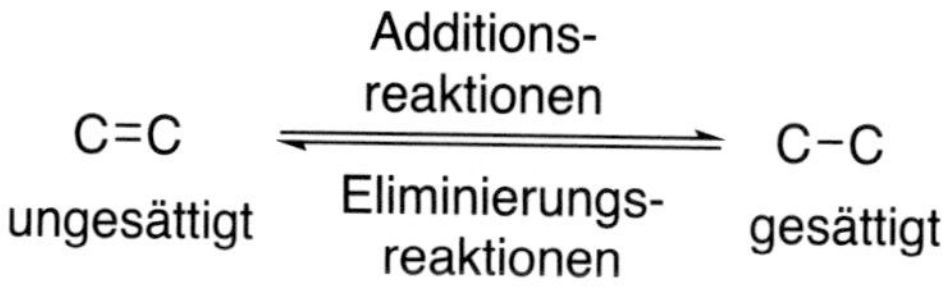

$$
\underset{\text{ungesättigt}}{\text{C=C}} \quad \underset{\substack{\text{Eliminierungs-}\\\text{reaktionen}}}{\overset{\substack{\text{Additions-}\\\text{reaktionen}}}{\rightleftharpoons}} \quad \underset{\text{gesättigt}}{\text{C–C}}
$$

Aus diesen Eigenschaften ergibt sich, dass Verbindungen mit Alkensubstrukturen wichtige Durchgangs- und Schaltstationen in fast allen biochemischen Prozessen darstellen.

Phosphorsäure und Phosphorsäureanhydride

Die Suspendierung der Erlenmeyer-Regel bei Hydroxyverbindungen mit größeren Zentralatomen ist nicht nur ein Charakteristikum der Kieselsäure, sondern findet sich auch an der Phosphorsäure. In der Phosphorsäure sind drei Hydroxygruppen um das zentrale Phosphoratom versammelt.

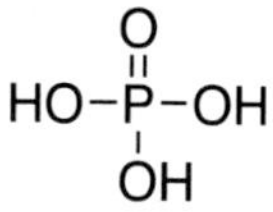

$$
\begin{array}{c}
\text{O} \\
\| \\
\text{HO–P–OH} \\
| \\
\text{OH}
\end{array}
$$

Phosphorsäure

Phosphorsäure ist eine stabile Verbindung und hat keine ausgeprägte Tendenz zur intramolekularen Wasserabspaltung; eine monomere Struktur mit der Molekularformel HPO_3 mit zwei P=O-Doppelbindungen existiert nicht (Abb. 1.5). Hingegen spaltet sich

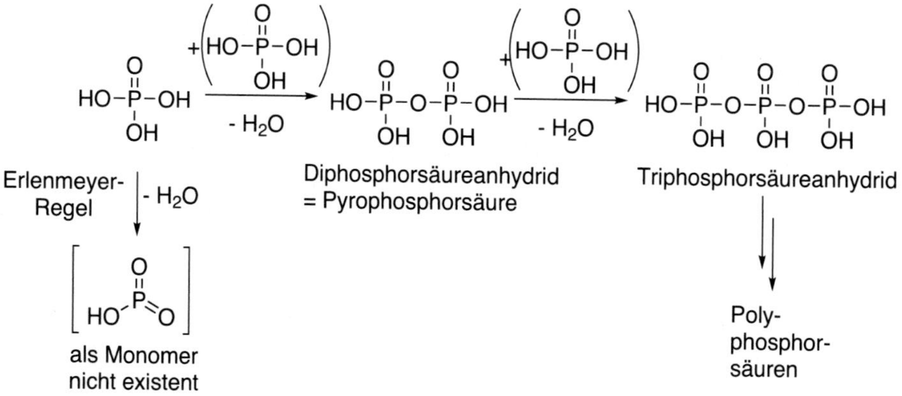

Abb. 1.5 Die Kondensationseigenschaften der Phosphorsäure

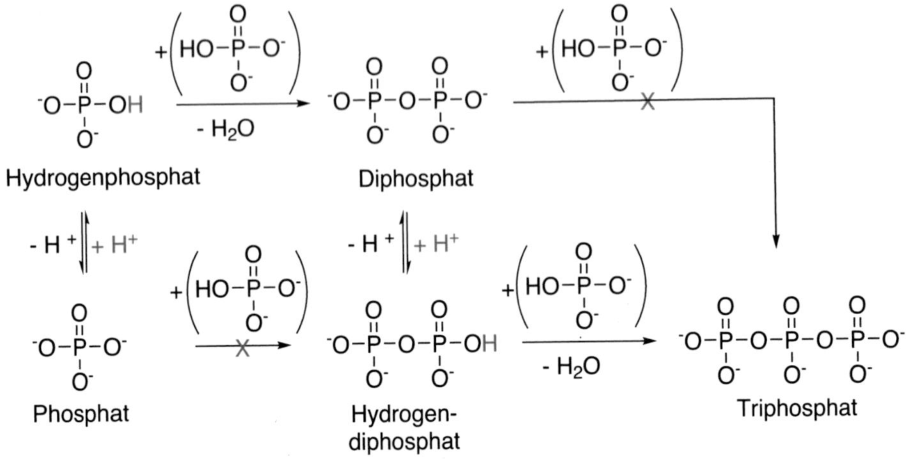

Abb. 1.6 Die pH-Abhängigkeit der Kondensationseigenschaften von Phosphaten

bei Zufuhr von Energie aus zwei Molekülen Phosphorsäure intermolekular Wasser ab; es entsteht Diphosphorsäureanhydrid, auch Pyrophosphorsäure genannt. Wird an die Pyrophosphorsäure ein weiteres Phosphorsäuremolekül ankondensiert, bildet sich Triphosphorsäureanhydrid. Ebenso wie bei den Kieselsäuren können auch noch weitere Phosphorsäuremoleküle zu Polyphosphorsäuren addiert werden, wobei der Polymerisationsgrad mehrere Tausend betragen kann.

Phosphorsauerstoffsäuren kommen in der belebten Natur nicht als freie Säuren, sondern in Form ihrer korrespondierenden Salze vor, das sind die Phosphate bzw. die zugehörigen Salze der Polyphosphorsäuren, die Polyphosphate. Sie finden sich in allen eukaryotischen und prokaryotischen Zellen. In der Biochemie werden die anorganischen Salze der Phosphorsäure oft abgekürzt als P_i *(inorganic phosphate)*.

Es ist zu beachten, dass das Phosphatanion nicht mit einem weiteren Phosphat, aber auch nicht mit einem Hydrogenphosphat zum Diphosphat kondensiert (Abb. 1.6). Die intermolekulare Wasserabspaltung erfolgt erst nach Protonierung eines der drei anionischen Sauerstoffatome zu OH. Dies ist vergleichbar zur Bildung von Polykieselsäuren im sauren Milieu. Demzufolge muss auch das Diphosphat zunächst in das Hydrogendiphosphat durch stöchiometrische Mengen von Protonen überführt werden, ehe die Reaktion zum Triphosphat abläuft. Die pH-Abhängigkeit dieser Kondensationsreaktionen ist im Zusammenhang mit der Bildung von ATP (siehe unten) bedeutsam.

Da der Phosphor als Element der 5. Hauptgruppe einen kleineren Atomradius aufweist als Silicium (4. Hauptgruppe!), sind die Abstoßungskräfte zwischen den Sauerstoffsubstituenten im Di- bzw. Triphosphat größer als in der Dikieselsäure bzw. in den Polykieselsäuren. Phosphorsäureanhydride und deren Salze sind somit durch einen erheblichen Energieinhalt gekennzeichnet. Bei der Reaktion mit Wasser (Hydrolyse) wird diese

$$
\overset{\text{O}}{\underset{\text{O}^-}{\overset{\|}{\underset{|}{\text{O}-\text{P}-\text{OH}}}}}
\underset{+\ \text{H}^+}{\overset{-\ \text{H}^+}{\rightleftharpoons}}
\overset{\text{O}}{\underset{\text{O}^-}{\overset{\|}{\underset{|}{\text{O}-\text{P}-\text{O}^-}}}}
$$

Hydrogen-
phosphat

Phosphat

$\Big\uparrow -\text{H}^+$

$$
\overset{\text{O}\ \ \ \text{O}\ \ \ \text{O}}{\underset{\text{O}^-\ \ \text{O}^-\ \ \text{O}^-}{\overset{\|\ \ \ \|\ \ \ \|}{\underset{|\ \ \ |\ \ \ |}{\text{O}-\text{P}-\text{O}-\text{P}-\text{O}-\text{P}-\text{O}^-}}}}
\underset{}{\overset{+\ \text{H}_2\text{O}}{\rightleftharpoons}}
\overset{\text{O}\ \ \ \text{O}}{\underset{\text{O}^-\ \ \text{O}^-}{\overset{\|\ \ \ \|}{\underset{|\ \ \ |}{\text{O}-\text{P}-\text{O}-\text{P}-\text{OH}}}}}
\underset{}{\overset{+\ \text{H}_2\text{O}}{\rightleftharpoons}}
2\ \overset{\text{O}}{\underset{\text{O}^-}{\overset{\|}{\underset{|}{\text{O}-\text{P}-\text{OH}}}}}
$$

Triphosphat

Hydrogen-
diphosphat

Hydrogen-
phosphat

Abb. 1.7 Die Hydrolyse von Triphosphat

Energie freigesetzt (Abb. 1.7). Die entstehenden Hydrogenphosphate konvertieren unter Abgabe des Protons zu Phosphat. Durch Protonierung – und somit pH-abhängig – steht Phosphat im Gleichgewicht mit Hydrogenphosphat und Hydrogendiphosphat.

Diese einzigartige Eigenschaft von Phosphorsäureanhydriden hat zentrale Konsequenzen auf den Energiehaushalt von fast allen biologischen Organismen. Im Unterschied zur Synthesechemie im Labor oder einer technischen Anlage kann eine biochemische Transformation nicht aufgrund der Änderung von Druck, Temperatur oder Lösungsmittel erzwungen werden. Diese Parameter sind stets annähernd bzw. völlig konstant. Die erforderliche Energie muss somit immer von anderen, meist chemischen Prozessen zur Verfügung gestellt werden. Es bilden sich Paare von **gekoppelten Reaktionen,** bei denen die eine Reaktion jene Energie liefert, die in der anderen parallel dazu verbraucht wird. Die energieliefernde Reaktion wird als **exergon** und die energieverbrauchende als **endergon** bezeichnet.

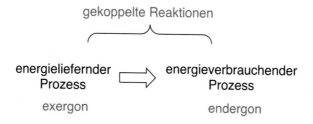

Im Großteil der Fälle stammt in biologischen Systemen die Energie aus Salzen von Phosphorsäureanhydriden mit ihrer hohen Energiedichte. Insbesondere Monoester von Di- und Triphosphaten dienen als universelle Energiespeicher und -lieferanten in allen lebenden Zellen. Der Prototyp wird in Adenosintriphosphat, abgekürzt ATP, realisiert (Abb. 1.8). Der Mensch baut ein Äquivalent von ca. der Hälfte seines Körpergewichts

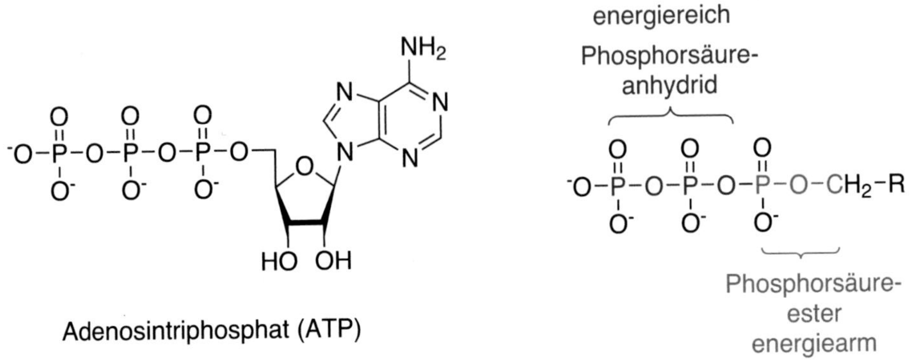

Abb. 1.8 Adenosintriphosphat (ATP) als wichtigster Energielieferant in biochemischen Prozessen

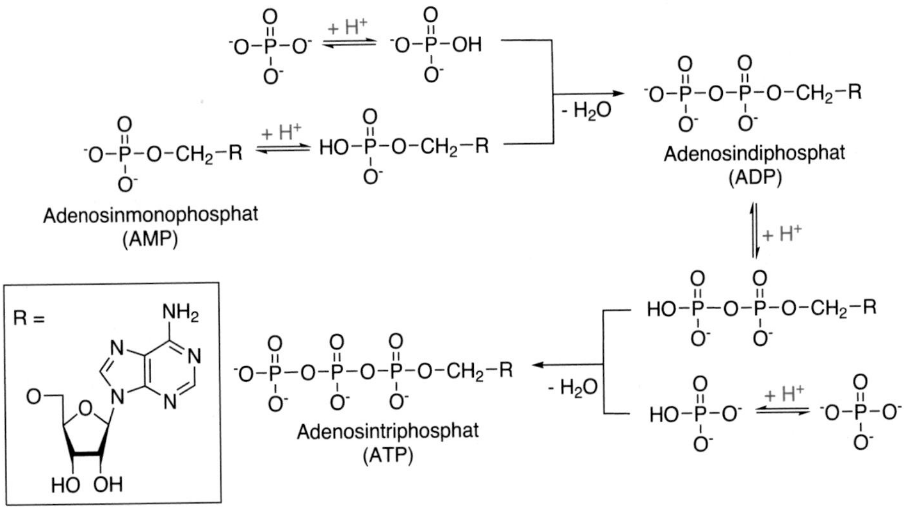

Abb. 1.9 Sukzessive Synthese von ATP aus AMP

täglich an ATP auf. Aufgrund der hohen Reaktivität gegenüber Wasser ist jedoch die aktuelle Konzentration in den Zellen sehr niedrig.

Im ATP gibt es zwei unterschiedliche Typen von P–O-Verknüpfungen (Abb. 1.9): Die bereits oben beschriebenen Phosphorsäureanhydridgruppen mit der charakteristischen P–O–P-Einheit sowie eine Phosphorsäureestergruppe. Letztere ist durch eine energiearme P–O–C-Bindung gekennzeichnet, die in Abwesenheit von Katalysatoren nicht durch Wasser gespalten wird. Die Verknüpfung mit dem organischen Rest stoppt die Anlagerung weiterer Phosphorsäuremoleküle an diesem Ende des Moleküls und damit die Bildung von wasserunlöslichen Polyphosphaten im Zuge der Biomineralisation

(Abschn. 2.1). Im Unterschied dazu findet die Veresterung bei analogen Kieselsäuren unter biotischen Bedingungen nicht statt, was ihren Zugang zu bioorganischen Prozessen verhindert. Deshalb ist bei ihnen die Polykondensation erst beim hochmolekularen und wasserunlöslichen Siliciumdioxid zu Ende. Diese Eigenschaft und die vergleichsweise geringe Energiedichte von Polysilicaten sind die Ursachen, dass die Kieselsäure keine biochemische Alternative zur Phosphorsäure darstellt.

Die Bildung von ATP aus AMP bzw. ADP erfordert eine stöchiometrische Menge an Protonen. Deshalb ist es folgerichtig, dass dieser Schritt in biochemischen Systemen eng mit Prozessen gekoppelt ist, bei denen zahlreiche Protonen entstehen. Diese Protonen stammen üblicherweise aus parallel ablaufenden Dehydrierungsreaktionen von organischen Verbindungen (Kohlenhydrate, Fette). Im Verlauf dieses Prozesses werden neben Elektronen auch eine gleiche Anzahl von Protonen generiert, die im Rahmen einer **Chemiosmose,** das ist die Wanderung durch eine semipermeable Membran, die Produktion von ATP antreiben. Deshalb sind die beiden Prozesse in den Mitochondrien nicht nur chemisch, sondern auch örtlich miteinander verknüpft. Mit ATP steht eine Verbindung zur Verfügung, die auch außerhalb der Mitochondrien unmittelbar oder mittelbar als Energielieferant für zahlreiche Reaktionen dient.

Energieliefernde Prozesse auf der Basis von ATP laufen sukzessive durch Hydrolyse über ADP ab und machen auf der Stufe von AMP halt (Abb. 1.10). Alternativ kann die

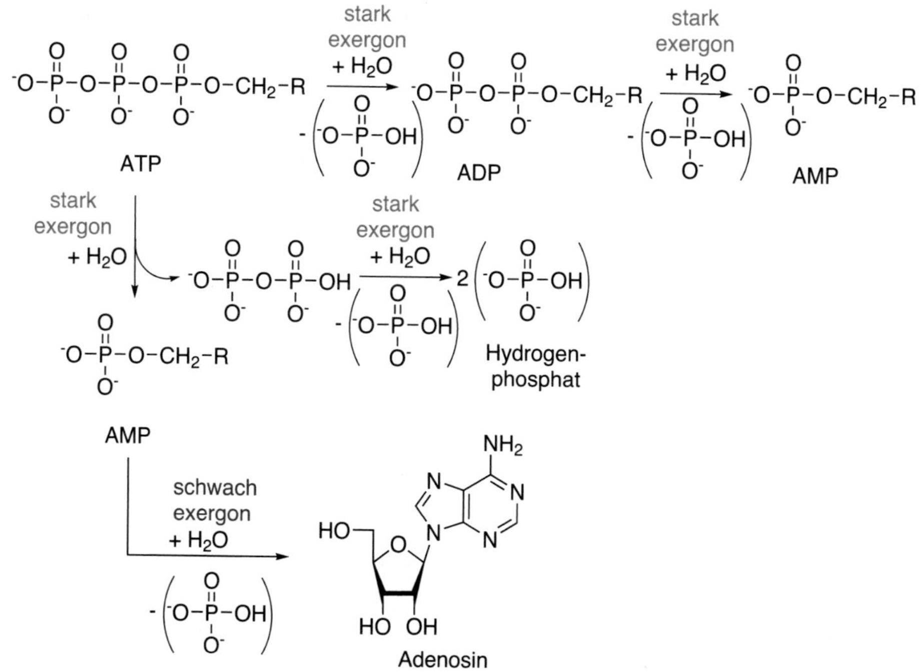

Abb. 1.10 Energieinhalte von unterschiedlichen P–O-Bindungen in ATP bei Hydrolyse

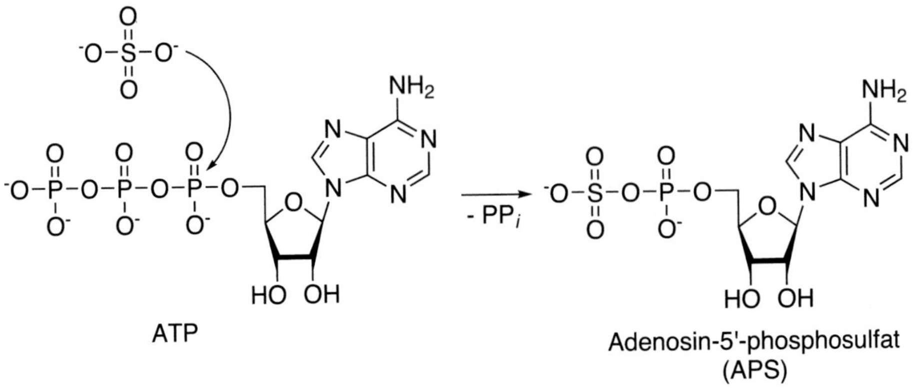

Abb. 1.11 Aktivierung von Sulfat durch Anhydridbildung mit ATP

Pyrophosphateinheit vom ATP abgespalten und anschließend separat zerlegt werden, ebenfalls ein stark exergoner Prozess. Hingegen liefert die Spaltung der Esterbindung zum Adenosin kaum Energie und spielt deshalb keine Rolle in diesem Zusammenhang. Die Reaktivitätsunterschiede ergeben sich aus den Abstoßungskräften zwischen den negativ geladenen Sauerstoffatomen. Zwischen denen des Pyrophosphats sind sie permanent vorhanden, während sie zur Estergruppe nicht existieren.

ATP liefert nicht nur die Energie für zahlreiche parallel ablaufende biochemische Reaktionen, sondern dient auch als aktivierender Carrier. Beispielsweise steht das gemischte Anhydrid aus AMP und Sulfat zu Beginn des gesamten Schwefelstoffwechsels in Mikroorganismen und Pflanzen (Abb. 1.11). Das „aktivierte Sulfat" (APS) entsteht durch Kondensation zwischen ATP und Sulfat mit Pyrophosphat (PP$_i$) als Abgangsgruppe.

Zahlreiche Anhydride mit organischen Carbonsäuren bzw. Kohlensäure werden nach dem gleichen Muster gebildet (Kap. 4), hingegen sind vergleichbare Anhydride der Phosphorsäure mit der Orthokieselsäure aufgrund der hohen Tendenz letzterer zur Selbstkondensation nicht bekannt, was wiederum den Unterschied zwischen den beiden Elementen Silicium und Phosphor für die Chemie des Lebens unterstreicht.

1.2.2   Ionenradien und Ionisierungsenergien

Im biochemischen Kontext sind neben den Atomradien auch die entsprechenden **Ionenradien** aussagekräftig. Ionenradien folgen bei gleicher Ladungszahl dem gleichen Trend (Abb. 1.2). Die **Ionisierungsenergie** bezeichnet jenen Energiebetrag, der einem Atom zugeführt werden muss, um aus diesem ein Elektron herauszudrängen. Es entsteht ein Kation.

Abb. 1.12 Tendenzen der Ionisierungsenergien im PSE und ausgewählte Elemente

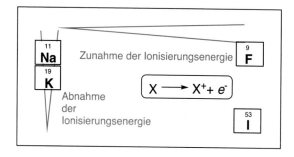

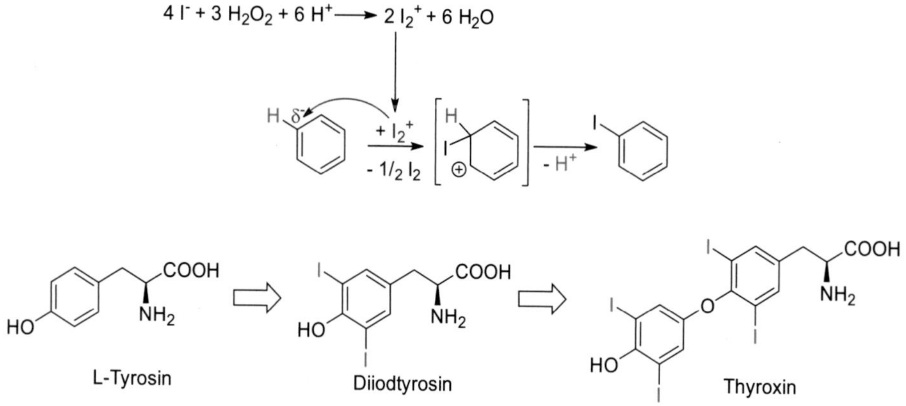

$$4\ I^- + 3\ H_2O_2 + 6\ H^+ \longrightarrow 2\ I_2^+ + 6\ H_2O$$

Abb. 1.13 Das Iodoniumion. Generierung und Reaktion mit L-Tyrosin

Kationenbildende Elemente befinden sich auf der linken Seite des PSE (Abb. 1.12). Aus dem vereinfachten Schema des PSE wird ersichtlich, dass nur wenig Energie erforderlich ist, um aus einem Alkalimetall wie Natrium oder Kalium ein Elektron zu entfernen und die korrespondierenden Kationen Na$^+$ bzw. K$^+$ zu generieren. Hingegen erfordert die Abspaltung eines Elektrons aus einem Element rechts oben im PSE, wie molekularem Fluor, sehr viel mehr Energie. F$_2^+$ gibt es deshalb nicht in biogenen Systemen. Auf der anderen Seite ist die Bildung eines Iodoniumions I^{2+} aus I$_2$ energetisch weniger aufwendig und auch deshalb von biologischer Relevanz. Das Iodoniumion, das aus dem reaktionsträgen Iodid beispielsweise durch Reaktion mit Wasserstoffperoxid entsteht, spielt bei Iodierungen von **Aromaten** eine Rolle (Abb. 1.13). Aromaten, ein einfacher Fall ist das Benzen, stellen Anhäufungen von Elektronen dar (Abschn. 4.1.2) und werden deshalb durch **Elektrophile,** also positive Teilchen, angegriffen. Über einen positiv geladenen Übergangszustand stabilisiert sich das System wieder, und am Ende hat Iod ein Wasserstoffatom am Benzen ersetzt. Dieser Reaktionstyp wird allgemein als **elektrophile Substitution** bezeichnet.

Elektrophile Substitutionen mit Iod stellen die Basis der Biosynthese von Diiodtyrosin aus der Aminosäure L-Tyrosin dar, einem Vorläufer des Schilddrüsenhormons Thyroxin. Da Thyroxin nur mittels externer Iodquellen aufgebaut werden kann, ist die Zufuhr von anorganischem Iodid (I^-) bzw. organischen Iodverbindungen für Säugetiere und damit auch den Menschen lebensnotwendig. Mangelzeiten können durch „Vorratshaltung" in der Schilddrüse begegnet werden. Dies ist ein anschauliches Beispiel, wie die biologische Evolution der chemischen nachfolgt bzw. diese ergänzt.

1.2.3 Elektronenaffinität

Als Pendant zur Ionisierungsenergie kann die **Elektronenaffinität** aufgefasst werden. Sie quantifiziert die Energie, die aufgebracht werden muss, um einem neutralen Atom ein Elektron hinzuzufügen, wobei ein Anion entsteht. Anionenbildende Elemente befinden sich auf der rechten Seite des PSE (Abb. 1.14). Besonders große Elektronenaffinitäten (mit Ausnahme der Edelgase, die im biologischen Kontext keine Rolle spielen) charakterisieren die Halogene mit Fluor an der Spitze.

Halogenide, insbesondere Cl^-, Br^- oder I^-, werden mit Wasser aufgenommen und dann in biochemische Prozesse integriert. Aufgrund unterschiedlicher Löslichkeiten in Wasser ist auch die Verfügbarkeit für Organismen unterschiedlich. Fluorid F^- spielt in diesem Zusammenhang fast keine Rolle, da es nur in sehr geringen Konzentrationen in natürlichen Quellen (Böden oder Wasser) vorkommt.

1.2.4 Löslichkeit in Wasser

Aus Ionenradien von Kationen und Anionen lassen sich nur mit Vorsicht Aussagen über Löslichkeitseigenschaften der entsprechenden Salze in Wasser ableiten. Kleine Kationen wie Na^+ oder K^+ werden durchweg effektiver von einer Wasserhülle umgeben (hydratisiert) als große. Vielfach sind daher deren Salze gut wasserlöslich. Eine

Abb. 1.14 Tendenzen der Elektronenaffinitäten im PSE und ausgewählte Elemente

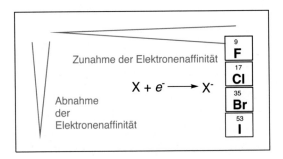

Generalisierung ist aber nicht möglich, da die **Hydratisierung,** das ist die Umhüllung von Ionen durch die polaren Wassermoleküle, nicht nur von den Kationen, sondern auch von den Anionen im gesamten Lösungsprozess abhängt. Lithium-, Natrium- oder Kaliumsalze mit Anionen wie F^-, Cl^-, Br^- und I^- sind gut löslich in Wasser. Aber auch Sulfate und Carbonate mit kleinen Alkalimetallionen wie Li_2SO_4 oder Na_2CO_3 zeichnen sich durch eine hohe Wasserlöslichkeit aus. Hingegen sind viele Salze mit großen Ionen, z. B. $CaCO_3$ (Aragonit) oder $BaSO_4$ (Gips), schlecht wasserlöslich.

1.2.5 Reaktivität gegenüber Sauerstoff: Oxide, Hydroxide und Oxosäuren

Ionisierungsenergien und Elektronenaffinitäten beziehen sich auf das isolierte (gasförmige) Atom und beschreiben Tendenzen zur Bildung von Kationen bzw. Anionen aus den Elementen. Welche von diesen Ionenarten gebildet wird, ist aber nicht nur eine Funktion der Atomgrößen, sondern auch abhängig von der Wechselwirkung mit Reaktionspartnern. Die wichtigsten Partner unter den Bedingungen auf der Erde sind Sauerstoff und Wasser. Durch Oxidation mit Sauerstoff entstehen aus den Elementen die zugehörigen Elementoxide, die mit Wasser zu den korrespondierenden Hydroxyverbindungen weiterreagieren. Im PSE werden die rechtsstehenden Säurebildner von den basisch reagierenden Verbindungen im linken Bereich unterschieden, die durch eine Diagonallinie, die von den **amphoteren** (griech: auf beiderlei Art) Elementoxiden gebildet wird, voneinander getrennt sind (Abb. 1.15).

Beispielsweise entsteht aus der Reaktion des Nichtmetalls Chlor mit Sauerstoff sukzessive eine Reihe von (sehr instabilen) Oxiden wie Cl_2O, Cl_2O_3, Cl_2O_5 oder Cl_2O_7 (Abb. 1.16). Durch Reaktion mit Wasser bilden sich daraus Säuren wie Hypochlorige Säure, Chlorige Säure, Chlorsäure bzw. Perchlorsäure.

Im Unterschied dazu reagiert das Metall Natrium mit Sauerstoff zu Natriumoxid Na_2O. Durch Reaktion mit Wasser entsteht Natriumhydroxid, das in Wasser eine starke

Abb. 1.15 Unterschiedliche Produkte der Reaktion von Elementen mit Sauerstoff in Abhängigkeit von der Stellung im PSE

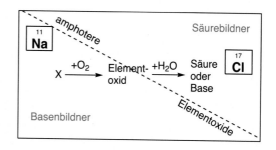

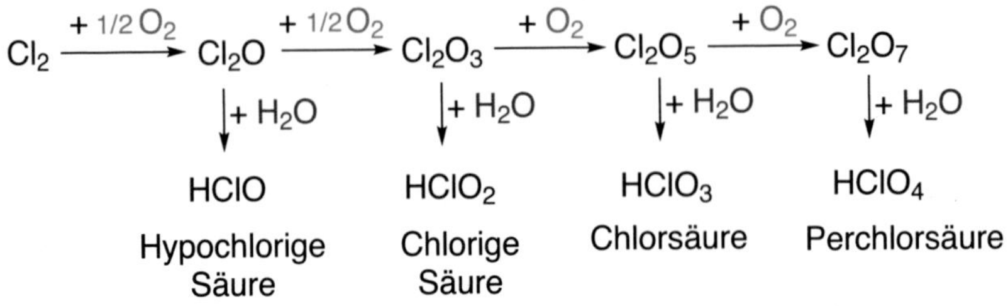

$$Cl_2 \xrightarrow{+\,1/2\,O_2} Cl_2O \xrightarrow{+\,1/2\,O_2} Cl_2O_3 \xrightarrow{+\,O_2} Cl_2O_5 \xrightarrow{+\,O_2} Cl_2O_7$$

$$\downarrow + H_2O \qquad \downarrow + H_2O \qquad \downarrow + H_2O \qquad \downarrow + H_2O$$

HClO	HClO$_2$	HClO$_3$	HClO$_4$
Hypochlorige Säure	Chlorige Säure	Chlorsäure	Perchlorsäure

Abb. 1.16 Schrittweise und erschöpfende Oxidation von molekularem Chlor

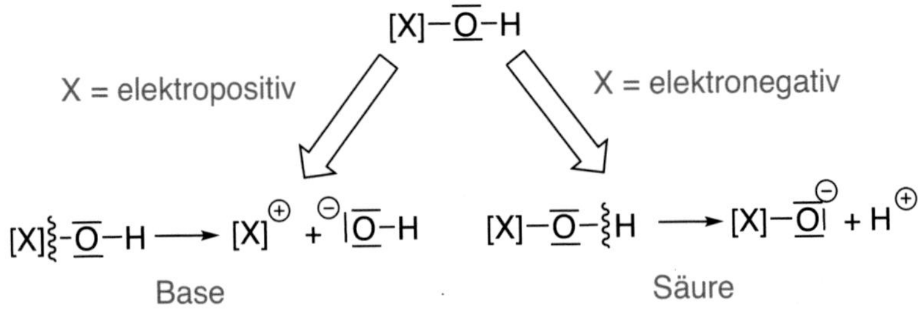

$$[X]-\overline{\underline{O}}-H$$

X = elektropositiv   X = elektronegativ

$$[X]\{-\overline{\underline{O}}-H \longrightarrow [X]^{\oplus} + {}^{\ominus}|\overline{\underline{O}}-H \qquad [X]-\overline{\underline{O}}-\}H \longrightarrow [X]-\overline{\underline{O}}|^{\ominus} + H^{\oplus}$$

Base   Säure

Abb. 1.17 Säure- und Baseneigenschaften von anorganischen HO-Verbindungen in Abhängigkeit von der Elektronegativität des Zentralatoms

Base darstellt. Vergleichbares gilt für Lithium, Kalium oder Calcium, die zu LiOH, KOH bzw. Ca(OH)$_2$ reagieren.

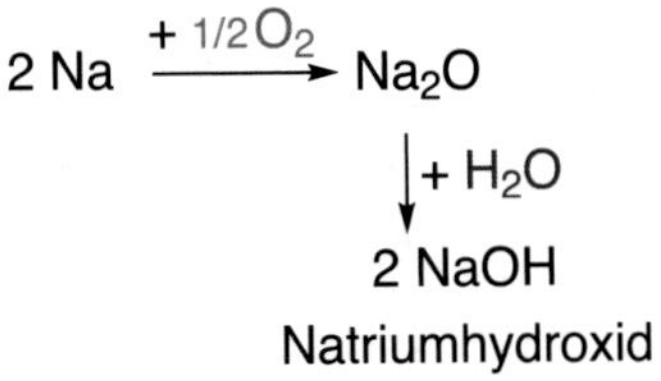

$$2\,Na \xrightarrow{+\,1/2\,O_2} Na_2O$$

$$\downarrow + H_2O$$

2 NaOH

Natriumhydroxid

Ob die gebildete HO-Verbindung in Wasser Protonen oder Hydroxidionen abgibt, hängt von den elektronenschiebenden bzw. -ziehenden Eigenschaften des Zentralatoms ab (Abb. 1.17). Elektronegative Elemente (sie stehen im PSE rechts oben, Abschn. 1.2.6) verstärken die Polarität der H–O-Bindung und führen zur Abspaltung von H$^+$. Sie stellen somit in Anlehnung an die **Säure-Base-Definitionen** von **Arrhenius** bzw. **Brønsted** Säuren dar. Hingegen erfolgt bei elektropositiven Elementen (Metallen) der Bindungsbruch zwischen dem Zentralatom und der HO-Gruppe, HO$^-$ wird abgespalten, und es handelt sich nach der Definition von Arrhenius um eine Base.

Der Einfluss von unterschiedlichen **Oxidationsstufen** auf die Säurestärke lässt sich an den oben beschriebenen Chlorsauerstoffsäuren demonstrieren. Mit größer werdender

Oxidationsstufe des Chlors nimmt von der Hypochlorigen Säure bis zur Perchlorsäure die Säurestärke zu. Perchlorsäure ist eine extrem starke Säure ($pK_S = -10$) und wird deshalb auch als Supersäure bezeichnet. Ein hoch geladenes Zentralatom wie Cl in der Oxidationsstufe $+7$ führt zu einer besonders starken Polarisierung der H–O-Bindung.

"Supersäure"

$\overset{+1}{HClO}$ $\overset{+3}{HClO_2}$ $\overset{+5}{HClO_3}$ $\overset{+7}{HClO_4}$

Säurestärke

Die gleiche Tendenz findet sich bei der Vielzahl der entsprechenden Stickstoff-, Phosphor- und Schwefelsauerstoffsäuren. In diesem Zusammenhang sind Salpetersäure HNO_3, Schwefelsäure H_2SO_4 und Phosphorsäure H_3PO_4 nicht nur die stärksten Säuren in der Reihe ihrer Oxosäuren, sondern kommen in Form ihrer Salze auch am häufigsten in der Natur vor.

Die Säurestärke von Oxosäuren nimmt von links nach rechts in der gleichen Periode im PSE zu, was sich aus der Zunahme der Oxidationszahl des Zentralatoms ergibt (Abb. 1.18). Orthokieselsäure ist die schwächste und Perchlorsäure die stärkste Säure. Innerhalb der Hauptgruppe nimmt die Säurestärke von oben nach unten ab, was mit dem sich abschwächenden Elektronensog bei Elementen mit größeren Atomradien auf die HO-Gruppen erklärt werden kann. Das bedeutet, dass die Salpetersäure stärker sauer als die Phosphorsäure ist. Auch die Kohlensäure wäre pro forma und abgesehen von ihrer Instabilität saurer als die Orthokieselsäure.

Salze von Säuren entstehen durch **Neutralisation** mit Basen. In Wasser sind dies HO^--Ionen. Die Salzbildung ist abhängig von der Anzahl der neutralisierbaren HO-Gruppen. Die Salze der Kohlensäure sind Hydrogencarbonat und Carbonat (Abb. 1.19). Von Silicium leiten sich die Silicate der Orthokieselsäure und ihre Kondensationsprodukte ab. Von der Salpetersäure existiert nur ein Anion, das Nitrat. Die Neutralisation der Schwefelsäure führt zu Hydrogensulfat und Sulfat. Salze der Phosphorsäure sind Dihydrogenphosphat, Hydrogenphosphat und Phosphat.

Ob die freien Säuren oder die zugehörigen Salze in der lebenden Natur dominieren, hängt von der Stabilität der Säuren und der Säurestärke ab. Kohlensäure ist unter

Abb. 1.18 Säurestärke von anorganischen Oxosäuren in Abhängigkeit von der Stellung des Zentralatoms im PSE

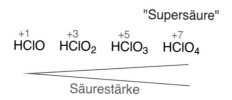

$\overset{+4}{[H_2CO_3]}$ $\overset{+5}{HNO_3}$

$\overset{+4}{H_4SiO_4}$ $\overset{+5}{H_3PO_4}$ $\overset{+6}{H_2SO_4}$ $\overset{+7}{HClO_4}$

Säurestärke

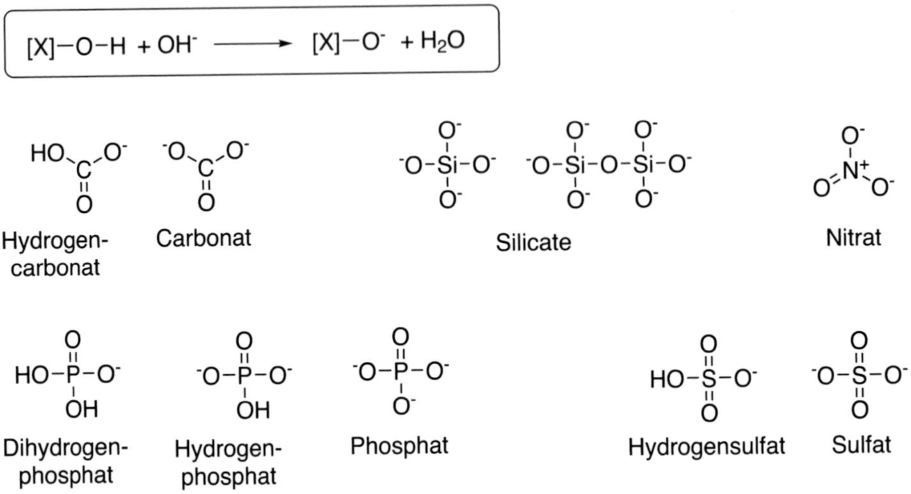

$$[X]-O-H + OH^- \longrightarrow [X]-O^- + H_2O$$

Hydrogen-carbonat   Carbonat   Silicate   Nitrat

Dihydrogen-phosphat   Hydrogen-phosphat   Phosphat   Hydrogensulfat   Sulfat

Abb. 1.19 Neutralisationsprodukte von anorganischen Oxosäuren

biotischen Bedingungen nicht stabil und zerfällt in Kohlendioxid und Wasser. Hingegen kommt die stabilere Orthokieselsäure in geringen Konzentrationen in Gewässern und demzufolge auch in allen pflanzlichen und tierischen Flüssigkeiten vor. Das Hauptvorkommen von Silicium auf der Erde stellen jedoch amorphes Siliciumdioxid und silicatische Minerale, somit Salze, dar. Im Vergleich dazu sind Salpetersäure, Phosphorsäure und Schwefelsäure als zunehmend stärkere Säuren ausschließlich in Form ihrer Salze anzutreffen. Die besonders starke Perchlorsäure findet sich aufgrund ihrer extremen Oxidationswirkung weder als Säure noch in Form ihrer Salze in der belebten Natur. Bei ihr konvergieren zwei Tendenzen des PSE: hohe Säurestärke und extrem starke Oxidationswirkung. Beide Eigenschaften sind kontraproduktiv für den Aufbau lebender Organismen.

1.2.6   Elektronegativität

Ein wichtiger Parameter, um die Stärke von einzelnen Bindungen und die Polarität von Verbindungen abzuschätzen, ist die **Elektronegativität**. Sie ist ein relatives Maß für die Fähigkeit eines Atoms, in einer chemischen Bindung vom Typ X–Y das bindende Elektronenpaar an sich zu ziehen. Elektronegativitäten sind in den meisten Darstellungen des PSE verzeichnet (Abb. 1.20). Das Element mit der höchsten Elektronegativität ist Fluor. Daraus ergibt sich, dass die Elektronegativität von links nach rechts zunimmt und von oben nach unten abnimmt. Die Partialladungen in einer Bindung des Typs X–Y werden mit δ^+ bzw. δ^- indiziert.

Abb. 1.20 Tendenzen der
Elektronegativitäten im PSE und
ausgewählte Elemente

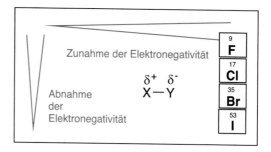

Die geringe Konzentration an verfügbarem Fluorid in Vergleich zu anderen
Halogeniden auf der Erde hat einen wesentlichen Einfluss auf die Biochemie. Ein
größeres Angebot an Fluorid würde eine grundlegende Änderung der Eigenschaften von
Naturstoffen und zahlreicher biochemischer Prozesse bewirken: Der nur etwas größere
Atomradius von Fluor im Vergleich zu Wasserstoff bewirkt, dass ein Austausch beider
Atome problemlos vonstattengeht. Da aber Fluor eine sehr viel höhere Elektronegativi-
tät als Wasserstoff besitzt, können entsprechende C–F-Verbindungen im Gegensatz zu
den analogen C–H-Verbindungen sehr starke **Wasserstoffbrücken** (Abschn. 1.2.11)
zu anderen elektronegativen Elementen in Verbindungen ausbilden. Die entstehenden
Assoziate haben andere physikalische und chemische Eigenschaften.

$$\delta^+ \; \delta^+ \qquad\qquad \delta^+ \; \delta^-$$
$$C{-}H \quad\Longrightarrow\quad C{-}F$$

Wasserstoffbrücken

Zu diesem über den Raum übertragenen Effekt kommt die elektronenziehende Wirkung
von gebundenem Fluor über C–C-Bindungen hinweg. Dies wirkt sich nicht nur auf die
Säurestärke aus – Fluoressigsäure FCH_2COOH ist eine stärkere Säure als Essigsäure
CH_3COOH –, sondern auch auf die verstärkte Positivierung des C-Atoms der Säure-
gruppe.

$$H{-}\overset{H}{\underset{H}{C}}{-}\overset{O}{C}\delta^+ \quad < \quad F{-}\overset{H}{\underset{H}{C}}{-}\overset{O}{C}\delta^{++}$$

Säurestärke und Positivierung **der C=O-Gruppe**

Wie später noch diskutiert wird, spielen die Essigsäure bzw. deren Salze, die Acetate,
eine zentrale Rolle in vielen biochemischen Mechanismen wie dem Citratzyklus

(Abschn. 4.1.1). Fluoressigsäure verdrängt die Essigsäure aus diesem Zusammenhang. Das ist die Ursache dafür, dass in den meisten lebenden Organismen Fluoressigsäure als starkes Gift wirkt. Nur wenige, wie das Giftblatt *(Dichapetalum cymosum),* das auf fluoridreichem Boden wächst, haben sich an diese Fluorverbindung angepasst. Interessanterweise sind auch höhere Organismen, wie einige Känguruarten in Australien, die sich von dieser Pflanze ernähren, im Laufe der Evolution resistent geworden. Es ist offensichtlich möglich, dass sich manche biochemischen Prozesse relativ schnell an neue chemische Verbindungen mit veränderten Eigenschaften adaptieren können. Dies betrifft vor allem Verbindungen in kleinsten Konzentrationen, die sogenannten **Mikronährstoffe**, die sich ursprünglich aus körperfremden Verbindungen, manchmal sogar Giften, entwickelt haben. Mikronährstoffe treiben somit die Evolution von biochemischen Mechanismen und in letzter Konsequenz die Evolution von neuen biologischen Spezies voran.

Keine oder nur geringe Unterschiede in den Elektronegativitäten sind das Kennzeichen für eine **kovalente Bindung**. Große Differenzen sind für polare Bindungen charakteristisch. Im Extremfall zieht ein Partner das bindende Elektronenpaar fast vollständig zu sich herüber und wird im Ergebnis Träger der negativen Ladung. Elektronegativitätsdifferenzen von $> 1{,}7$ kennzeichnen eine **ionische Bindung**. Letztere charakterisiert viele anorganische Salze wie NaCl oder KBr. Salze sind oftmals gut wasserlöslich. Kohlenstoffatome in unfunktionalisierten Ketten von Kohlenwasserstoffen unterscheiden sich hingegen nicht hinsichtlich der Elektronegativität. Benachbarte Kohlenstoff- oder Siliciumatome werden durch eine kovalente Bindung zusammengehalten.

$$X—X \Longleftarrow \overset{\delta^+ \;\; \delta^-}{X—Y} \Longrightarrow X^+ + |Y^-$$

kovalente Bindung   ionische Bindung

z.B. C-C, Si-Si oder C-H   z.B. NaCl, KI

Auch die Elektronegativitätsdifferenz zwischen Kohlenstoff und Wasserstoff ist sehr klein. Deshalb sind C–C- und C–H-Bindungen in unfunktionalisierten Kohlenwasserstoffen unpolar. Reine Kohlenwasserstoffe lösen sich daher nicht im polaren Lösungsmittel Wasser, was für deren Wirkung als Grenzbildner in biologischen Systemen zentral ist.

Nicht aktivierte C–H-Bindungen werden auch nicht durch polare Reagenzien angegriffen. Die Spaltung von solchen C–C- und C–H-Bindungen erfolgt radikalisch, eine Eigenschaft, die für den Angriff des Sauerstoffmoleküls (ein Radikal!) prädestiniert ist. Diese Reaktion ist als „Eröffnungsreaktion" für die Funktionalisierung von Kohlenstoffketten und damit für die Entstehung von organischem Leben und die Dynamik der meisten Lebensprozesse auf der Erde die Voraussetzung.

1.2.7 Element-Element-Einfachbindungen

Eine der wichtigsten Voraussetzungen für Evolutionsprozesse jeglicher Art ist eine ausreichend große Anzahl von Variationsmöglichkeiten, die Selektion und Rückkopplung auf nächsthöheren Ebenen der Komplexität ermöglichen. Im biochemischen Kontext muss ein chemisches Element über das Potenzial verfügen, sehr viele unterschiedliche und ausreichend stabile Verbindungen zu bilden, die miteinander über chemische Reaktionen in Kontakt treten. Diese Verbindungen können über Verknüpfungen gleicher bzw. unterschiedlicher Elemente entstehen. Prinzipiell sind in einem polaren Lösungsmittel, wie Wasser, Bindungen zwischen gleichen Elementen aufgrund gleicher Elektronegativitäten robuster als jene zwischen unterschiedlichen Elementen. In Wasser werden polarisierte Bindungen leichter gespalten, was dem Aufbau stabiler und langer Ketten entgegensteht. Auf der anderen Seite verleihen polarisierte Bindungen biochemischen Auf- und Abbauprozessen die erforderliche Dynamik.

Kohlenstoff versus Silicium
Die Bindungen von einem Kohlenstoffatom zu anderen Kohlenstoffatomen, d. h. C–C-Bindungen, sind in der Regel äußerst stabil. Die einfachste organische Verbindung auf der Basis von zwei Kohlenstoffen heißt Ethan und ist ein langlebiger Bestandteil des Erdgases. Durch weitere Kettenverlängerungen um jeweils eine CH_2-Einheit entstehen andere Kohlenwasserstoffe, die in einer **homologen Reihe,** beginnend vom Methan, geordnet werden können. Höhermolekulare Kohlenwasserstoffe werden aus Erdöl gewonnen und finden beispielsweise Anwendung im Kraftstoffbereich. Ihr Vorkommen im Erdöl weist ebenfalls auf deren enorme chemische Stabilität hin.

Organische Kohlenstoffketten sind nahezu unbegrenzt verlängerbar. Synthesechemisch hergestellte Makromoleküle wie Polyethylen haben mittlere Kettenlängen mit bis zu 400.000 CH_2-Einheiten.

$$CH_4 \qquad H_3C-CH_3 \qquad \cdots \qquad H_3C\!-\!\!\left[CH_2\right]_n\!\!-\!\!CH_3 \quad n = 400.000$$

$$\text{Methan} \qquad \text{Ethan} \qquad\qquad\quad \text{Polyethylen}$$

Auch C–C-Ketten in Naturstoffen können erhebliche Dimensionen erreichen. Dabei ist zu beachten, dass es sich nie um reine Kohlenwasserstoffe handelt, sondern die Ketten sind immer funktionalisiert, sei es mit Doppelbindungen oder funktionellen Gruppen. Typische Beispiele sind die Stearinsäure mit insgesamt 18 Kohlenstoffatomen, die in fast allen tierischen und pflanzlichen Fetten und Ölen vorkommt, sowie das Squalen, ein Naturstoff auf der Basis von 30 Kohlenstoffatomen, der von allen höheren Organismen produziert wird (Abb. 1.21). Naturkautschuk aus verschiedenen Kautschukpflanzen bildet stabile Ketten mit bis zu 150.000 Kohlenstoffatomen.

Eine weitere Ursache für die Stabilität von Kohlenwasserstoffketten ist die geringe Elektronegativitätsdifferenz zwischen C und H. Der C–H-Abstand ist aufgrund des

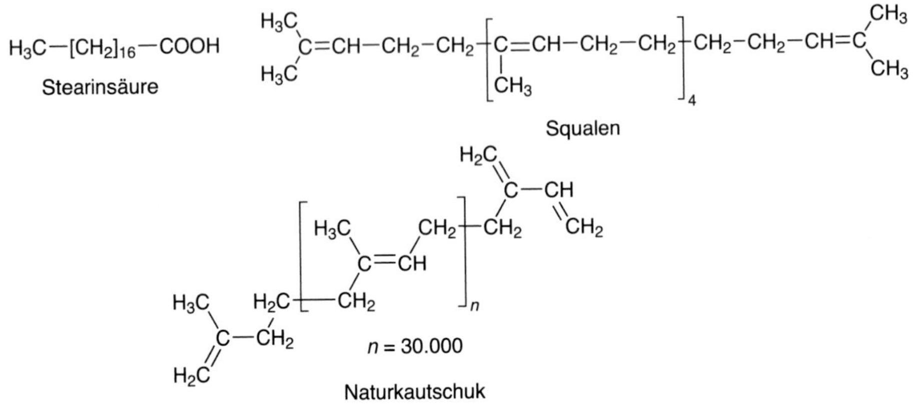

$H_3C-[CH_2]_{16}-COOH$

Stearinsäure

Squalen

$n = 30.000$

Naturkautschuk

Abb. 1.21 Naturstoffe mit besonders langen C–C-Ketten

kleinen Atomradius von Wasserstoff kleiner als der C–C-Abstand, und die Stärke einer C–H-Bindung übertrifft sogar jene einer durchschnittlichen C–C-Bindung.

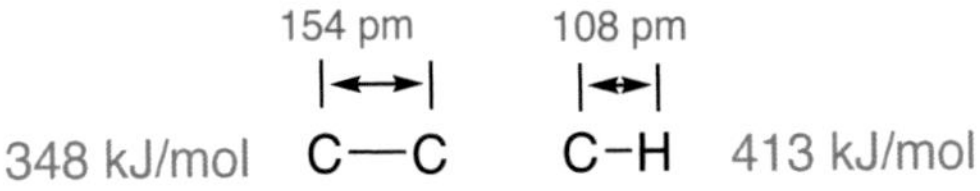

154 pm   108 pm

348 kJ/mol   C—C   C–H   413 kJ/mol

Lange Kohlenwasserstoffketten stellen somit C–C-Ketten dar, die von einer „Hülle" von Wasserstoffatomen umgeben sind. Aufgrund der tetraedrischen Geometrie (Abschn. 1.2.10) der vier Substituenten um jedes Kohlenstoffatom präsentiert sich die Kette in ihrer stabilsten Form als Zickzack-Muster (Abb. 1.22). Andere Ketten ordnen sich parallel dazu an. Attraktive schwache Wechselwirkungen, die sogenannten **Van-der-Waals-Bindungen,** bewirken deren Zusammenhalt. Van-der-Waals-Wechselwirkungen entstehen aufgrund von temporären Polarisierungen in einzelnen Atomen, die in der Folge Ladungsunterschiede in anderen Atomen induzieren. Sie sind schwächer als die meisten anderen Bindungstypen.

Abb. 1.22 Das Prinzip der Van-der-Waals-Bindungen

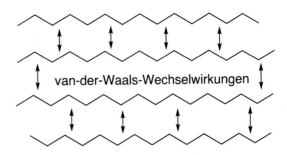

van-der-Waals-Wechselwirkungen

Nach außen hin sind Kohlenwasserstoffketten unpolar. Sie lösen sich nicht in Wasser; sie sind hydrophob. Kohlenwasserstoffketten organisieren sich im biochemischen Kontext nach kleineren chemischen Modifikationen an einem Ende der Kette (z. B. Fettsäureestern) bei bestimmten Konzentrationen zu geordneten Aggregaten. Diese Aggregate bilden den Rahmen für mehr oder weniger abgeschlossene Räume in Wasser. Solche Grenzen werden als **Membranen** bezeichnet und bilden in der Biologie spezielle Mikroreaktionsräume, die Organellen und Zellen (Abb. 1.82). Diese Kompartimente sind die Voraussetzung dafür, dass biochemische Reaktanten im Rahmen von Reaktionen zueinander finden und im wässrigen Milieu nicht unverzüglich bis ins Unendliche verdünnt werden. Nachdem die Grenze aufgebaut ist, bietet sie einen nachhaltigen Schutz. Aufgrund des hydrophoben Charakters der sich zusammenlagernden Alkylketten müssen Ionen oder polare Verbindungen, die von einer Hydrathülle umgeben sind, diese vor dem Durchtreten der Membran abstreifen. Die spontane Diffusion ist somit energetisch ungünstig und die Grenze für Ionen, wie sie im Meerwasser vorkommen, z. B. Cl^- oder Na^+, fast unüberwindlich.

Im Vergleich zu Kohlenstoff kann auch Silicium Ketten ausbilden (Abb. 1.23). Unter Laborbedingungen ist es möglich, Ketten mit bis zu acht Siliciumatomen bzw. 5- oder 6-Ringe wie Cyclopentasilan oder Cyclohexasilan herzustellen, d. h. Si–Si-Einfachbindungen sind durchaus stabil, wenn auch sehr eingeschränkt. Nur SiH_4 ist bei Raumtemperatur unbegrenzt haltbar. Die höheren Homologen sind thermisch weniger robust und zersetzen sich bereits an Tageslicht unter Freisetzung von Wasserstoff.

In einer aeroben Atmosphäre erfolgt sofort der Einschub von Sauerstoff in die Si–H-Bindungen. Aufgrund dieser hohen Reaktivität und dem Unvermögen, lange Si–Si-Ketten zu bilden, spielen Silane folgerichtig keine Rolle in der belebten Natur, obwohl Kohlenstoff und Silicium in der 4. Hauptgruppe benachbart sind und Silicium das zweithäufigste chemische Element nach Sauerstoff auf der Erde ist.

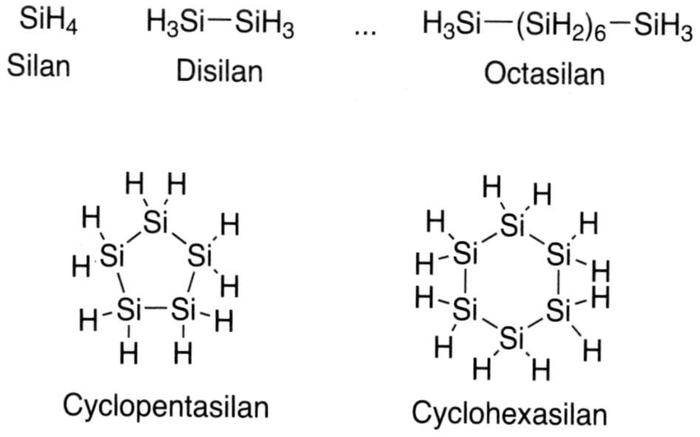

Abb. 1.23 Verbindungen auf der Basis von Si–Si-Ketten

Stickstoff

Eine Einfachbindung zwischen zwei Stickstoffatomen (Stickstoff ist im PSE dem Kohlenstoff direkt benachbart!) ist wesentlich schwächer als jene zwischen zwei Kohlenstoffatomen. Die einzig bekannte stabile Verbindung mit einer N–N-Bindung ist Hydrazin. Hydrazin entsteht formal mittels Kombination von zwei Ammoniakmolekülen durch Abspaltung von H_2 und kann nur durch synthesechemische Verfahren hergestellt werden. Die Bindungsenergie in Hydrazin beträgt 159 kJ/mol. Im C-analogen Ethan werden die beiden Methylgruppen mit mehr als der doppelten Energie (331 kJ/mol) zusammengehalten. Gleichzeitig ist der N–N-Abstand erheblich kürzer als der vergleichbare C–C-Abstand, was den Abstoßungseffekt noch verstärkt.

153 pm   135 pm

331 kJ/mol H_3C——CH_3 H_2N——NH_2 159 kJ/mol

Ethan   Hydrazin

Die Destabilisierung in Hydrazin kann durch die beiden benachbarten „freien" Elektronenpaare, die sich gegenseitig abstoßen, erklärt werden (Abb. 1.24). Eine Verbindung mit drei Stickstoffatomen, das Triazan, ist aus dem gleichen Grund bereits instabil und zerfällt unmittelbar nach der Synthese. Die Struktur des Tetrazans konnte bisher nur theoretisch bestimmt werden. Die extrem limitierte Anzahl von Stickstoffverbindungen ist eine der wesentlichen Ursachen dafür, dass Stickstoff als Basis für Leben während der chemischen Evolution nicht infrage gekommen ist, obwohl N_2 mit 78 % Anteil in der Erdatmosphäre eine Verbindung mit einem enormen Vorkommen und einer ubiquitären Verbreitung darstellt.

Sauerstoff versus Schwefel versus Selen

Sauerstoff gehört wie Schwefel und Selen zur 6. Hauptgruppe des PSE. Entsprechend den periodischen Eigenschaften nimmt der Atomradius vom Sauerstoff zum Selen hin zu, was Einfluss auf die Stabilität von Ketten hat (Abb. 1.25).

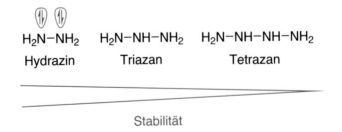

H_2N-NH_2 $H_2N-NH-NH_2$ $H_2N-NH-NH-NH_2$

Hydrazin   Triazan   Tetrazan

Stabilität

Abb. 1.24 Die Stabilität von Verbindungen mit N–N-Einfachbindungen

Abb. 1.25 Atomradien von Elementen der 6. Hauptgruppe des PSE

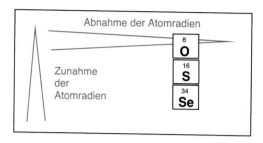

Die Bindung zwischen den beiden Sauerstoffatomen in Wasserstoffperoxid ist noch schwächer als die N–N-Bindung in Hydrazin. Auch der Bindungsabstand ist länger, was auf die Abstoßung der insgesamt vier freien Elektronenpaare an den beiden Sauerstoffatomen zurückgeführt werden kann. Wasserstoffperoxid H_2O_2 zerfällt deshalb sehr rasch in zwei Hydroxylradikale (Abb. 1.26).

Die genannten Abstoßungskräfte sind ebenfalls dafür verantwortlich, dass auch Ozon (O_3) ein instabiles Molekül ist. Die Verbindung ist Bestandteil der Ozonschicht der Atmosphäre der Erde und zerfällt unter Normalbedingungen innerhalb weniger Tage zu O_2. Verbindungen des Sauerstoffs mit noch mehr Sauerstoffatomen, wie Tetrasauerstoff (O_4, Oxozon) oder Octasauerstoff (O_8), sind nur von theoretischer Bedeutung. Sie sind nicht stabil, und ihre Synthese gelingt nur unter Laborbedingungen.

Ein weiteres Element, das ausnahmslos in allen biologischen Systemen vorkommt, ist der Schwefel. Mit einem Vorkommen von 0,46 % steht Schwefel auf der gesamten Erde an achter Stelle der Häufigkeit. Entsprechend den periodischen Eigenschaften des PSE ist der Radius von atomarem Schwefel größer als jener von Sauerstoff (siehe Abb. 1.25).

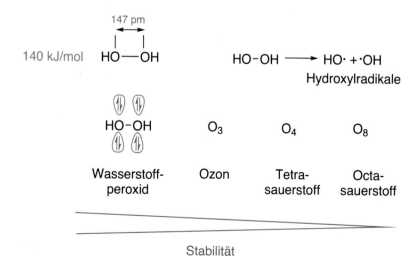

Abb. 1.26 Über die Stabilität von Verbindungen mit O–O-Bindungen

Die Abstoßungskräfte durch die freien Elektronenpaare, die zur Erklärung der Labilität von O–O-Bindungen herangezogen wurden, sind daher schwächer. S–S-Bindungen in den Disulfiden weisen eine Bindungsenergie von 268 kJ/mol auf und sind somit fast doppelt so stark wie vergleichbare O–O-Bindungen. Das typische Vorkommen von elementarem Schwefel ist Cyclooctaschwefel. Dessen Vorkommen in der Natur und damit außerhalb eines Syntheselabors erlaubt die Schlussfolgerung, dass im Unterschied zu Sauerstoff S–S-Bindungen wesentlich stabiler sind. Dies ist ein wiederholter Beweis, dass die Gesetzmäßigkeiten des PSE die Existenz auch solcher Strukturen erklären.

Cyclooctaschwefel

Auch Selen, ein weiteres Element der 6. Hauptgruppe, findet sich in der Natur. Es existieren unterschiedliche Modifikationen, darunter auch Ringe mit acht oder mehr Selenatomen. Obwohl Selen auf der Erde ca. 200mal weniger als Schwefel anzutreffen ist, spielt es eine wichtige biochemische Rolle. Selen ist ein essenzielles Spurenelement für Tiere und viele Einzeller. Ebenso wie Schwefel den Sauerstoff in vielen Verbindungen ersetzen kann, trifft dies auch für das Selen zu. Ein biochemisch relevantes Beispiel findet sich im L-Selenocystein, einer selenoanalogen Verbindung der α-Aminocarbonsäuren L-Serin und L-Cystein. Die letzteren beiden Verbindungen gehören zu den **kanonischen proteinogenen Aminosäuren,** also jenen speziellen 20 Aminocarbonsäuren, die Proteine aufbauen. L-Selenocystein kann teilweise die biochemische Funktion des L-Cysteins übernehmen. Es wird daher auch als 21. proteinogene Aminosäure bezeichnet. Selenocystein findet sich beispielsweise im Enzym Glutathionperoxidase und anderen Selenoproteinen. Alle drei Aminosäuren stehen miteinander in biochemischem Zusammenhang (Abschn. 1.2.11).

L-Serin   L-Cystein   L-Selenocystein

In Hefen und Pflanzen kommt Selen als L-Selenomethionin vor. Es wird anstelle von L-Methionin unspezifisch in viele Proteine eingebaut. Das ist ein Indiz, dass manche biochemische Mechanismen relativ unsensibel auf den Austausch von Elementen reagieren, wenn diese im PSE benachbart sind und nur in geringen Mengen dem Organismus angeboten werden (Mikronährstoffe!). Der Wechsel von der schwefel- zur selenhaltigen

Verbindung kann somit als Teil eines chemischen Evolutionsprozesses verstanden werden, der in Abhängigkeit von den Umweltbedingungen (z. B. Verfügbarkeit) abläuft.

$$H_2N\text{,,.}\overset{COOH}{\underset{S-CH_3}{\diagup}} \qquad H_2N\text{,,.}\overset{COOH}{\underset{Se-CH_3}{\diagup}}$$

L-Methionin   L-Selenomethionin

Wie bereits ausgeführt, ist der Atomradius von Sauerstoff kleiner als der von Schwefel. Während H_2O_2 und organische Peroxide meist unverzüglich in Radikale zerfallen (Abschn. 4.1.3), sind die analogen Disulfide stabiler. Die S–S-Bindungsspaltung erfolgt erst mithilfe eines Wasserstoffdonors, d. h. unter reduzierenden Bedingungen, wie nachfolgend am Beispiel des Redoxgleichgewichtes zwischen L-Cystein und L-Cystin gezeigt ist. Durch die Bildung des stabilen L-Cystins wird gleichzeitig die Abspaltung von H_2S aus L-Cystein verhindert. Da Schwefelwasserstoff ein Gas ist, verzögert die Disulfidbrücke den Abbau dieser Aminosäure im Gleichgewicht.

$$H_2N\text{,,.}\overset{COOH}{\underset{S}{\diagup}}\!\!\!-\!\!\!-\!\!\!\overset{COOH}{\underset{S}{\diagdown}}\text{,,,}NH_2 \quad \overset{+\ H_2}{\underset{-\ H_2}{\rightleftharpoons}} \quad 2 \quad H_2N\text{,,.}\overset{COOH}{\underset{SH}{\diagup}} \quad \overset{-\ 2\ H_2S}{\rightleftharpoons} \quad 2 \quad H_2N\overset{COOH}{\underset{\parallel}{\diagup}}$$

L-Cystin   L-Cystein

Disulfidbrücken, die von zwei Cysteinbausteinen ausgehen, sind häufig in Naturstoffen anzutreffen. Sie stabilisieren beispielsweise die Tertiärstruktur vieler Oligopeptide und Proteine, wobei der Reaktionszusammenhang zwischen L-Cystein/L-Cystin eine zentrale Rolle spielt.

Proinsulin ist eine Vorstufe des Insulins, dem Hormon der Bauchspeicheldrüse, und kommt in allen Wirbeltieren vor. Es erhält seine konformative Stabilität durch zwei intermolekulare Disulfidbrücken zwischen der A- und der B-Kette (Abb. 1.27). Eine intramolekulare Disulfidbrücke in der A-Kette ist ebenfalls für dieses Hormon charakteristisch.

Die (R)-α-Liponsäure, die in den Mitochondrien fast aller Eukaryoten zu finden ist und bei der oxidativen Decarboxylierung (Abspaltung von CO_2) von Pyruvat zu Acetyl-CoA eine Rolle spielt, kann erst in der reduzierten Form als (R)-Dihydroliponsäure ihre Funktion als Acylgruppenüberträger in der Zelle ausfüllen (Abb. 1.28). Der erforderliche molekulare Wasserstoff wird durch den Wasserstoffdonor $FADH_2$ geliefert. Die meisten Reaktionen unter Beteiligung von S–S-Brücken sind reversibel, was für die instabilen Peroxide nicht zutrifft.

Auch Hybridstrukturen auf der Basis von S–Se-Brücken spielen im biochemischen Kontext eine Rolle, z. B. bei der Synthese von Glutathion (GSH) (Abb. 1.29). Glutathion besteht aus drei Aminosäuren, darunter auch L-Cystein. Durch Oxidation geht Glutathion

Gly·NH₂
|
Ile
|
Val
|
Glu   *intramolekular*   **A-Kette**
|
Gln
|
Cys—Cys—Thr·Ser—Ile—Cys—Ser—Leu—Tyr—Gln—Leu—Glu-Asn—Tyr—Cys—Asn—COOH
    | |
    intermolekular   *intermolekular*
|
Leu—Cys—Gly-Ser-His-Leu-Val-Glu-Ala-Leu-Tyr—Leu-Val-Cys
| |
His   Gly
| |
Gln   **B-Kette**   Glu
| |
Asn   Arg
| |
Val   Thr—Lys-Pro-Thr—Tyr—Phe—Phe-Gly
|
Phe-NH₂

Abb. 1.27 Die Struktur von Proinsulin

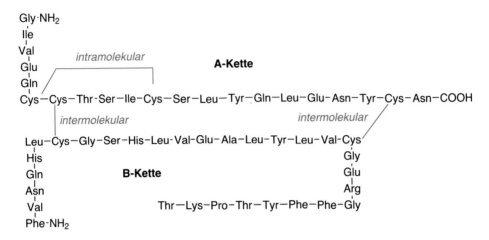

(R)-α-Liponsäure   (R)-Dihydroliponsäure

$$- \begin{bmatrix} \overset{O}{\underset{R}{\parallel}} \overset{}{C} {}_{OH} \end{bmatrix} \quad + \begin{bmatrix} \overset{O}{\underset{R}{\parallel}} \overset{}{C} {}_{OH} \end{bmatrix}$$

Acylrest   Acylrest
+ H₂O   - H₂O

Acylgruppen-Carrier

Abb. 1.28 Die Reversibilität der Spaltung von S–S-Brücken

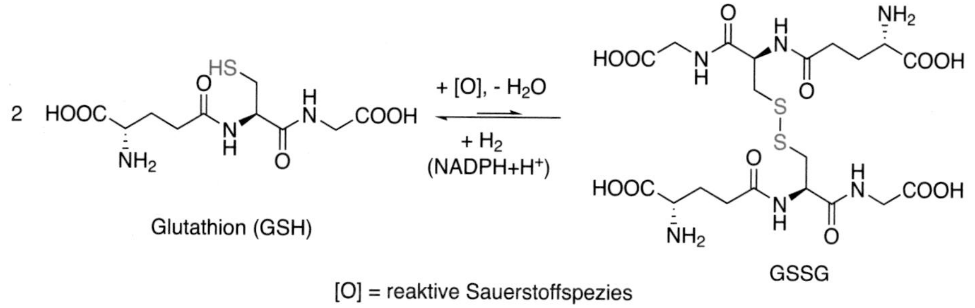

Abb. 1.29 Die Wirkung von Gluthathion als Beispiel für einen Sauerstofffänger

von seiner monomeren Form in das entsprechende Dimer (GSSG) über. Der freiwerdende Wasserstoff reagiert zu Wasser und wirkt auf diese Weise als Fänger für Sauerstoffradikale [O]. Durch hochmolekulare Wasserstoffdonoren, wie (NADPH + H$^+$), wird
GSSG wieder reduziert. Unter biotischen Bedingungen liegt das Gleichgewicht zu 90 %
auf der linken Seite, was die große Schutzwirkung gegenüber angreifenden Sauerstoffradikalen begründet.

Das Gleichgewicht zwischen GSH und GSSG wird erst durch die Vermittlung
von L-Selenocystein möglich (Abb. 1.30). Zunächst wird die oxophile HSe-Struktur

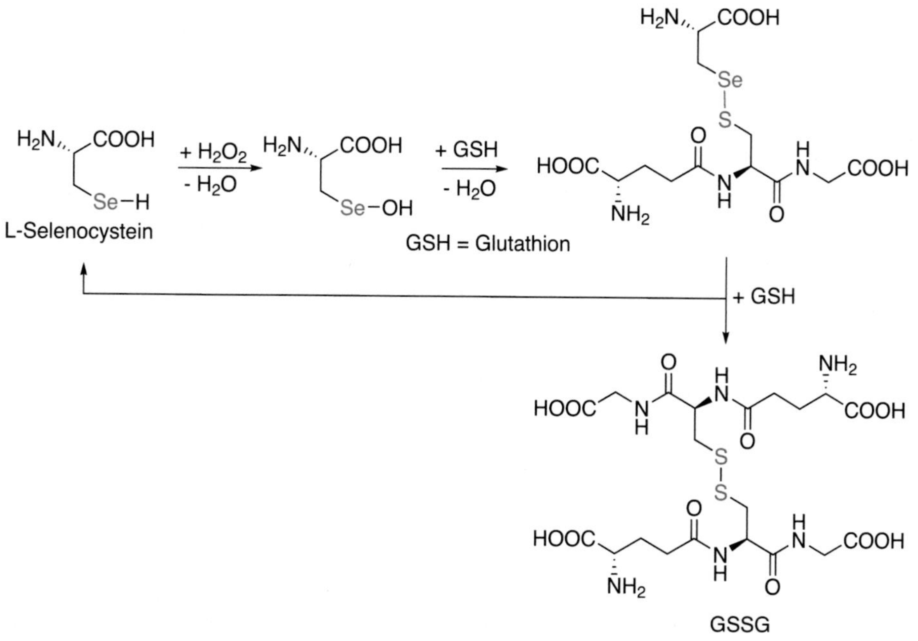

Abb. 1.30 S–Se- und S–S-Brücken in einer konzertierten biochemischen Reaktion

in L-Selenocystein partiell oxidiert. Glutathion ersetzt die entstandene HO-Gruppe im Produkt unter Abspaltung von Wasser, wobei daraus eine Verbindung mit einer S–Se-Brücke gebildet wird. Mit einem zweiten Äquivalent GSH wird L-Selenocystein daraus verdrängt und es bildet sich das Dimere GSSG.

Mit Ausnahme einiger einzelliger Parasiten sind die meisten Eukaryoten zur GSH-Synthese fähig, was die Bedeutung von disulfidischen Radikalfängern im „Sauerstoff-management" von lebenden Organismen unterstreicht. Gleichzeitig wirkt das Tripeptid GSH als „Reserve" von Cystein, das dem Organismus kontinuierlich durch oxidative Prozesse bzw. durch Abspaltung von H_2S irreversibel verloren geht.

1.2.8 Verzweigungen von Ketten

Nicht nur die Fähigkeit zur Ausbildung langer Ketten verleiht einem Element ein erhöhtes biochemisches Evolutionspotenzial, sondern es muss auch die Eigen-schaft besitzen, verzweigte stabile Strukturen auszubilden. Auch in dieser Hinsicht zeigt Kohlenstoff gegenüber allen anderen Elementen des PSE seine Einzigartigkeit. Prinzipiell kann in allen C–H-Bindungen Wasserstoff durch Kohlenstoff ersetzt werden.

$$C-H \implies C-C$$

Im Extremfall ist bei einem vierbindigen Kohlenstoffatom wie in Methan der Ersatz aller vier Wasserstoffatome durch Kohlenstoffatome möglich (Abb. 1.31). Zusätz-lich zur Kettenbildung potenziert sich durch die Verzweigungsmöglichkeit die Anzahl organischer Verbindungen. Es wird generell zwischen primären, sekundären, tertiären und quartären Kohlenstoffatomen in Abhängigkeit von der Anzahl der gebundenen Kohlenstoffatome unterschieden. Da an einem quartären Kohlenstoffatom kein H-Atom gebunden ist, kann Sauerstoff nicht insertiert werden, wie später gezeigt wird. Dies bringt die grundsätzliche sauerstoffinitiierte Dynamik von biochemischen Mechanismen

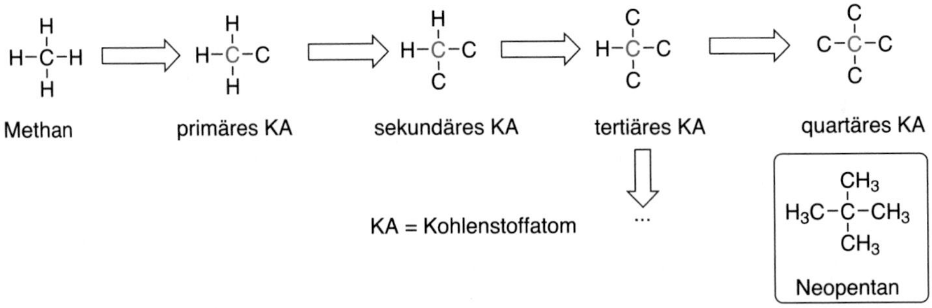

Abb. 1.31 Durch Substitution von H-Atomen gegen Kohlenstoffreste entstehen Verzweigungsmöglich-keiten

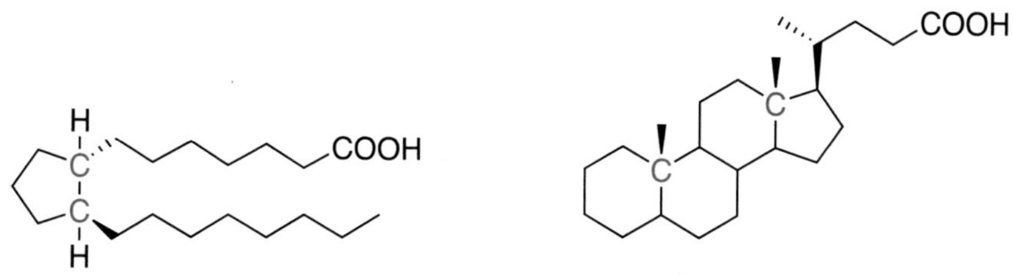

Prostansäure   Gallensäure

Abb. 1.32 Ringbildung und anellierte Ringe vergrößern die Anzahl von möglichen Kohlenstoffverbindungen

zum Erliegen. Quartäre Kohlenstoffatome sind nicht nur aufwendiger konstruierbar, sondern stellen auch hinsichtlich ihres oxidativen Abbaus *dead-ends* in der organischen Chemie dar. Selbst in Erdöl, das über mehrere Millionen Jahre einem „Reifungsprozess" unterlag, kommen Verbindungen mit quartären Kohlenstoffatomen, wie das Neopentan, nur in geringen Konzentrationen vor. Deshalb sind auch im biochemischen Kontext Verbindungen mit quartären Kohlenstoffatomen weniger verbreitet.

Die Eigenschaft der Verzweigung von Kohlenstoffketten ermöglicht die Bildung von Ringen mit tertiären Kohlenstoffatomen als Brückenkopf. Ein biochemisch relevantes Beispiel ist die Prostansäure, der Prototyp sämtlicher Prostaglandine (Abb. 1.32). Ebenso möglich sind **anellierte Ringe**, d. h. Ringe mit einer gemeinsamen Bindung, wie sie in der Gallensäure anzutreffen sind. Gallensäure ist ein Endprodukt des Cholesterolstoffwechsels.

Es wurde bereits erwähnt, dass auch Schwefel längere stabile S–S-Ketten ausbildet. Eine Rolle spielen in der Biochemie aber nur Verbindungen mit Brücken zwischen zwei Schwefelatomen (Disulfide) und in einigen Ausnahmen S–Se-Brücken. Eine Verzweigung von S–S-Ketten mit Schwefel als Anschlussatom ist im Unterschied zu Kohlenstoff nicht bekannt. Verzweigungen findet man aber in S–C-Verbindungen, d. h. mit Kohlenstoff als Anschlussatom. Biochemisch relevant ist *S*-Adenosylmethionin, das als Überträger von Methylgruppen beispielsweise auf L-Methionin dient. In beiden Verbindungen ist das Schwefelatom positiv geladen, was die reversible Übertragung von Methylgruppen ermöglicht (Abb. 1.33).

Der Vergleich der Stabilität von Element-Element-Bindungen wie C–C, N–N, O–O, S–S, Si–Si beweist, dass unter allen Elementen des PSE nur Kohlenstoff dazu geeignet ist, eine fast unendliche Anzahl stabiler Element-Element-Bindungen auszubilden. Diese Strukturen dienen wiederum als Rückgrat für fast unendlich viele Verbindungen, die aufgrund ihrer herausragenden Bedeutung in Form der organischen Chemie ein eigenständiges Wissenschaftsgebiet begründet haben. Biochemie ist zum überwiegenden Teil organische Chemie!

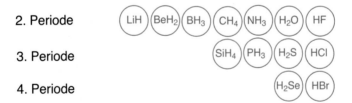

Abb. 1.33 Verzweigungsmöglichkeiten mit S als Brückenatom

1.2.9 Stöchiometrische Wertigkeiten, Element-Wasserstoff-Verbindungen, Molekülgeometrien

Stöchiometrische Wertigkeiten der Hauptgruppenelemente sind ebenfalls eine periodische Funktion der Ordnungszahlen. Bei Wasserstoffverbindungen nehmen sie im PSE entlang der Periode von Eins bis Vier zu. Danach nehmen sie wieder ab bis Eins (eigentlich bis Null im Fall der Edelgase). Demnach hat die relevante Lithiumwasserstoffverbindung die stöchiometrische Zusammensetzung LiH, die des Berylliums BeH_2, die des Bors BH_3 etc.

2. Periode $\quad$ LiH $\quad$ BeH_2 $\quad$ BH_3 $\quad$ CH_4 $\quad$ NH_3 $\quad$ H_2O $\quad$ HF

3. Periode $\quad$ SiH_4 $\quad$ PH_3 $\quad$ H_2S $\quad$ HCl

4. Periode $\quad$ H_2Se $\quad$ HBr

Kohlenstoff als Element der 4. Hauptgruppe verfügt über vier Valenzelektronen, die zur Ausbildung von maximal vier Bindungen zur Verfügung stehen. Die einfachste Kohlenwasserstoffverbindung des Kohlenstoffs ist deshalb Methan CH_4. Das Stickstoffatom in Ammoniak NH_3 kann im Unterschied zu Kohlenstoff aufgrund des kleineren Atomradius (Abb. 1.2) hingegen nur drei Bindungen zu Wasserstoff realisieren. In Wasser H_2O bindet das noch kleinere Sauerstoffatom nur noch zwei Wasserstoffatome. Diese Relationen lassen sich auch auf schwerere Elemente übertragen. Beispielsweise haben die einfachsten Element-Wasserstoff-Verbindungen von Silicium, Phosphor und Schwefel die atomaren Zusammensetzungen SiH_4, PH_3 bzw. H_2S. Auf diese Weise lässt sich auch erklären, warum Selenwasserstoff die Formel H_2Se haben muss. Für die

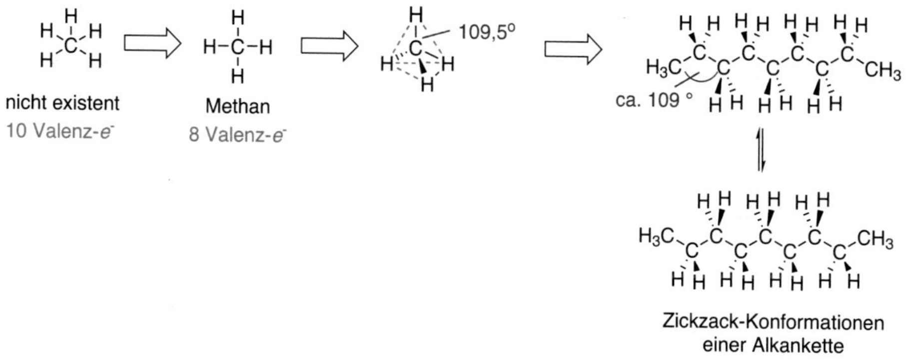

Abb. 1.34 Die Geometrie von Methan und höherer Alkanhomologen

entsprechende Chlor- bzw. Bromverbindung ergibt sich zwangsläufig die Formel HCl bzw. HBr.

Kohlenstoff erreicht in CH_4 mit acht Valenzelektronen die **Edelgaskonfiguration** von Neon, was die Stabilität der entsprechenden Verbindungen erklärt (Abb. 1.34). Eine hypothetische Struktur CH_5 ist daher nicht existent. Kovalente Bindungen mit ihren beiden Bindungselektronen sind Orte erhöhter Elektronendichte. Benachbarte Bindungen stoßen sich daher ab, was einen entscheidenden Einfluss auf die Geometrie des Moleküls hat. Am Kohlenstoffatom in Methan sind vier Wasserstoffatome mit insgesamt acht Valenzelektronen gebunden. Aufgrund der gegenseitigen Abstoßung der vier Elektronenpaare ist das Molekül nicht planar, sondern nimmt die geometrische Figur eines idealen Tetraeders an, in dem jeder H–C–H-Winkel 109,5° misst. Diese Geometrie um ein Kohlenstoffatom verändert sich auch in längeren Kohlenwasserstoffketten nur unwesentlich. Auch ein C–C–C-Winkel beträgt ca. 109°. Solche Ketten nehmen daher Zickzack-Konformationen an (Abb. 1.22), die bei Raumtemperatur barrierelos ineinander übergehen. In diesem Zusammenhang beschreiben **Konformationen** die verschiedenen räumlichen Anordnungen von Atomen oder Atomgruppen um ein Kohlenstoffatom, die durch Drehung um Einfachbindungen entstehen.

Kombiniert man diese geometriebezogene Analyse mit einer bereits oben besprochenen Gesetzmäßigkeit im PSE, der Größe der Atomradien in einer Periode (Abb. 1.2), ergibt sich daraus eine einfache Erklärung für die Basizität von Ammoniak: Im Unterschied zu Kohlenstoff ist das Stickstoffatom kleiner, und damit wird die zu erwartende Koordinationszahl von fünf in einer hypothetischen Verbindung der Formel NH_5 nicht erreicht (Abb. 1.35). Das bedeutet, dass von den fünf **Valenzelektronen** des Stickstoffatoms nur drei für die Bindungen mit Wasserstoff zur Verfügung stehen, die restlichen zwei verbleiben als „freies" Elektronenpaar am Stickstoff. Nach der Säure-Base-Theorie von Arrhenius sind Basen Verbindungen, die in Wasser HO^--Ionen generieren, was für Ammoniak tatsächlich zutrifft. Im gebildeten Ammoniumion NH_4^+ bindet der Stickstoff zwar vier Protonen, überschreitet aber trotzdem nicht die Anzahl

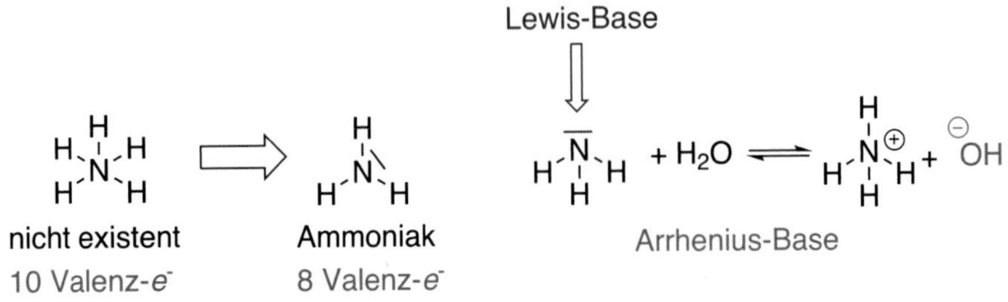

Lewis-Base

⇓

nicht existent   Ammoniak   Arrhenius-Base

10 Valenz-e^- 8 Valenz-e^-

Abb. 1.35 Die strukturelle Ursache der Basizität von Ammoniak

von acht Valenzelektronen. Ammoniak erfüllt auch die Definition der **Säure-Base-Theorie nach Lewis,** nach der Basen über ein freies Elektronenpaar verfügen.

Die Erklärung der begrenzten Anzahl von Valenzelektronen ist auch geeignet, um die sogenannte **Oktettregel** zu verstehen, eine schon klassische Regel, die besagt, dass Elemente der ersten Achterperiode (Li, Be, C, N, O, F) in all ihren Verbindungen nur maximal acht Valenzelektronen aufnehmen. Die Zentralatome haben die Tendenz, die nächste Edelgaskonfiguration anzunehmen, diese aber nicht zu überschreiten. Auch aus dieser Regel des PSE wird ersichtlich, warum NH_5 mit zehn Valenzelektronen nicht existent ist, sehr wohl aber NH_3. Ammoniak erreicht mit den acht Valenzelektronen, vergleichbar zu Kohlenstoff, die Edelgaskonfiguration von Neon.

Freie Elektronenpaare beanspruchen – ebenso wie kovalente Bindungen – als Orte erhöhter Elektronendichte Platz, was sich auf die Geometrie der Gesamtverbindung auswirkt. So ist das freie Elektronenpaar am Stickstoffatom dafür verantwortlich, dass Ammoniak kein planares Molekül ist, sondern annähernd die geometrische Figur eines Tetraeders mit Stickstoff im Zentrum annimmt. Eine vergleichbare dreidimensionale Geometrie besitzt das Ammoniumion, das die korrespondierende Säure zur Base Ammoniak darstellt.

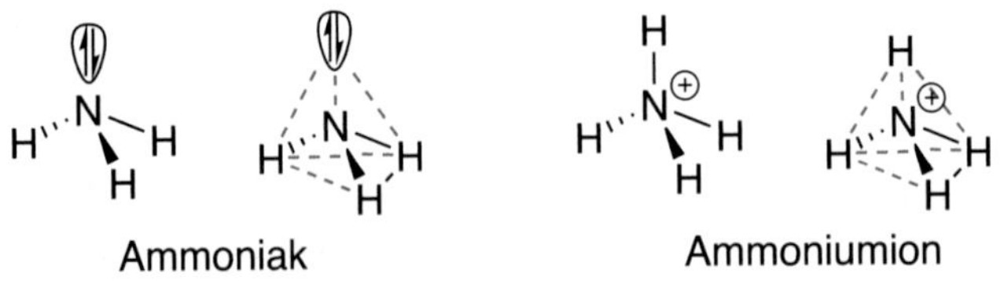

Ammoniak   Ammoniumion

Sauerstoff weist einen noch kleineren Atomradius als Stickstoff auf, deshalb „passen" nur noch zwei Wasserstoffatome um das Zentralatom. Wasser hat folgerichtig die Summenformel H_2O. Das Molekül ist aufgrund der beiden freien, sich abstoßenden Elektronenpaare nicht planar, was gravierende Auswirkungen auf die physikalischen Eigenschaften von Wasser hat: Positive und negative Ladung fallen nicht im Zentrum des Moleküls zusammen, sondern sind separiert. Somit ist Wasser ein Dipol und interagiert mit anderen Wasserdipolen über anziehende **elektrostatische Wechselwirkungen**. Dies ist neben der Ausbildung von Wasserstoffbrücken (Abschn. 1.2.11) eine Ursache für den hohen Siedepunkt des Wassers. Wäre Wasser unter den Bedingungen der Erde ein Gas, könnten biochemische Reaktionen in Lösung nicht stattfinden, was eine der wichtigsten Rahmenbedingungen für jegliches Leben auf der Erde ist.

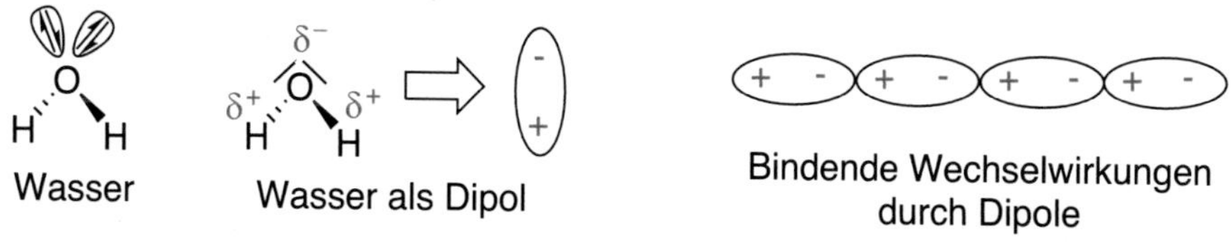

Freie Elektronenpaare sind, wie oben bei Ammoniak vermerkt, nach der Säure-Base-Theorie nach Lewis das Kennzeichen von Basen. Deshalb zählt auch Wasser dazu. Mittels der freien Elektronenpaare am Sauerstoffatom sind Wassermoleküle in der Lage, Kohlenstoffatome, die eine positive Partialladung (δ^+) tragen, zu attackieren, wie an der Hydrolyse eines organischen Esters hin zur Carbonsäure demonstriert wird (Abb. 1.36).

Die Reaktion mit Wasser erfolgt in biotischen Systemen erst nach vorausgegangener Aktivierung des Substrates durch geringe (katalytische) Mengen an Säuren oder Basen. Auf diese Weise werden zahlreiche lebenswichtige funktionelle Gruppen, darunter auch Strukturbildner (Membranen), Informationsmoleküle (Nucleinsäuren und Proteine) und Speichermoleküle (Cellulose, Stärke), zerstört. Aus diesem Grund ist es folgerichtig und zwingend, dass fast alle Prozesse in der lebenden Natur im annähernd neutralen Milieu ablaufen. Wasser hat keine Möglichkeiten, seine Eigenschaften als Lewis-Base ohne externe Unterstützung ins Spiel zu bringen, obwohl es als Lösungsmittel im extremen Überschuss vorliegt.

Die Richtung der Polarität und das Ausmaß von Elektronegativitätsdifferenzen in X–H-Bindungen lassen Rückschlüsse auf deren Polarisierung zu und erlauben Einschätzungen der resultierenden Reaktivität. In wässrigen Systemen dient die geringe Differenz der Elektronegativitäten zwischen C und H in einer C–H-Bindung als Referenz (Abb. 1.37).

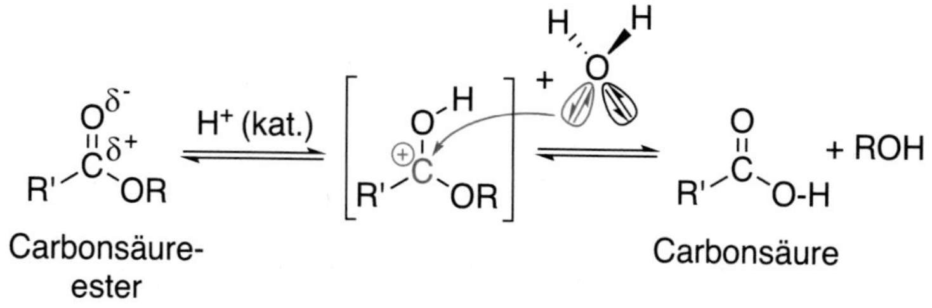

Abb. 1.36 Wasser als Lewis-Base und Reaktionspartner

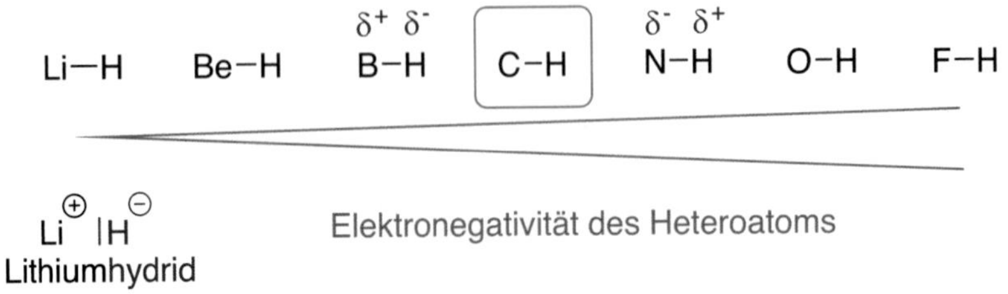

$$\text{Li–H} \quad \text{Be–H} \quad \overset{\delta^+ \ \delta^-}{\text{B–H}} \quad \boxed{\text{C–H}} \quad \overset{\delta^- \ \delta^+}{\text{N–H}} \quad \text{O–H} \quad \text{F–H}$$

$$\overset{\oplus}{\text{Li}} \ \overset{\ominus}{|\text{H}}$$
Lithiumhydrid

Elektronegativität des Heteroatoms

Abb. 1.37 Auswirkungen der Elektronegativität auf die Polarisierung von X–H-Bindungen

Bei Elementen im PSE links und rechts von Kohlenstoff wird die Bindung zu Wasserstoff in unterschiedliche Richtungen polarisiert. In X–H-Verbindungen mit Elementen X links von Kohlenstoff verschiebt sich das bindende Elektronenpaar zunehmend auf die Seite des Wasserstoffatoms. In Verbindungen mit einer B–H- oder einer Be–H-Bindung ist bereits das Wasserstoffatom der elektronegativere Partner. Verbindungen wie Boran (B_2H_6) sind deshalb nur in synthesechemischen Reaktionen unter Ausschluss von Wasser verwendbar. Besonders stark polarisiert ist die Bindung in Lithiumhydrid, was auch in der Bezeichnung „Hydrid" für ein negativ geladenes Wasserstoffatom (H^-) zum Ausdruck kommt. Lithiumhydrid ist ein Salz auf der Basis von Lithiumkationen und negativ geladenen Wasserstoffionen. Der interatomare Zusammenhalt wird durch **Ionenbeziehungen** bewirkt. Aufgrund des negativ geladenen Wasserstoffs reagiert LiH heftig mit den Protonen des Wassers, wobei molekularer Wasserstoff entsteht.

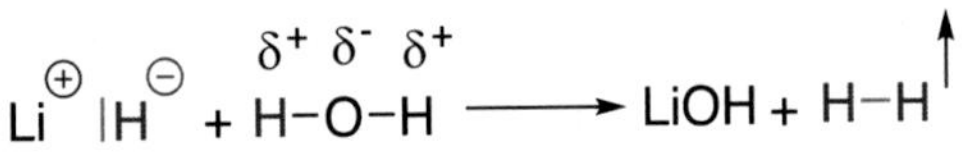

$$\overset{\oplus}{\text{Li}} \ \overset{\ominus}{|\text{H}} + \overset{\delta^+ \ \delta^- \ \delta^+}{\text{H–O–H}} \longrightarrow \text{LiOH} + \text{H–H}\uparrow$$

Da auch innerhalb einer Hauptgruppe die Elektronegativität mit steigender Atommasse abnimmt, wird deutlich, dass im Vergleich zu einer C–H-Bindung im Methan in der Si–H-Bindung des Silans die Polarität invertiert ist. In der Si–H-Bindung ist bereits Wasserstoff der elektronegative Partner, eine weitere Ursache für die untergeordnete Rolle von Silicium in Lebensprozessen.

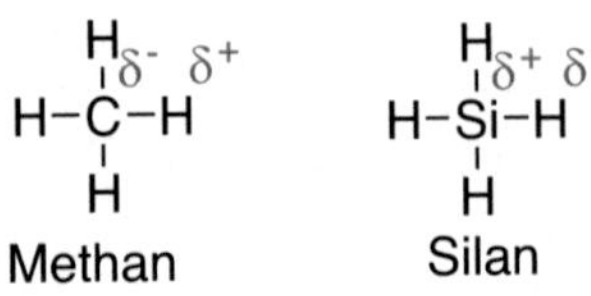

$$\begin{array}{cc} \overset{\text{H}}{\underset{\delta^- \ \delta^+}{|}} & \overset{\text{H}}{\underset{\delta^+ \ \delta^-}{|}} \\ \text{H–C–H} & \text{H–Si–H} \\ | & | \\ \text{H} & \text{H} \\ \text{Methan} & \text{Silan} \end{array}$$

Es ergibt sich die grundlegende Schlussfolgerung für die Biochemie, dass Element-Wasserstoff-Verbindungen mit elektropositiveren Elementen als Kohlenstoff, das sind alle Metalle und Halbmetalle, in der Natur nicht vorkommen können: Sie würden unverzüglich und teilweise explosionsartig mit Wasser reagieren. Synthese und Lagerung sind nur in Abwesenheit von Wasser möglich (Ausnahmen siehe Abschn. 2.2.3).

Aufgrund der annähernd gleichen Elektronegativitäten von Kohlenstoff und Wasserstoff, eine Situation, die zur Ausbildung von kovalenten Bindungen führt, gibt Methan unter biotischen Bedingungen (in Wasser!) weder Hydridionen (H^-) noch Protonen (H^+) ab.

$$\overset{\oplus}{CH_3} + H\overset{\ominus}{\underset{}{I}} \xleftarrow{\;\;\times\;\;} CH_4 \xrightarrow{\;\;\times\;\;} \overset{\ominus}{\underset{}{I}}CH_3 + H\overset{\oplus}{}$$

Hydrid   Proton

Methan ist somit bei Ausschluss von Licht oder höheren Temperaturen inert und kann in Abwesenheit von Sauerstoff Millionen Jahre in der Erde als Erdgas lagern, ohne dass es sich chemisch verändert. Das trifft auch auf alle anderen Kohlenwasserstoffe zu, die Bestandteile des Erdöls sind.

Wasserstoffverbindungen mit elektronegativeren Elementen wie Stickstoff (N) oder Sauerstoff (O) sind im Unterschied zu jenen mit Elementen, die links oder unterhalb von Kohlenstoff im PSE stehen, chemisch stabil gegenüber Wasser, da in diesen Verbindungen stets der Wasserstoff Träger der positiven Partialladung ist. Die Polarisierung und damit die Säurestärke nimmt in Richtung der Halogene zu (Abb. 1.38).

Zum Beispiel ist NH_3 in Wasser keine Brønsted-Säure, d. h. Ammoniak dissoziiert nicht in NH_2^--Anionen und Protonen. Hingegen ist die **Autoprotolyse des Wassers** bekannt, das ist die Dissoziation von H_2O in hydratisierte Protonen (H_3O^+) und HO^-. Das Gleichgewicht liegt jedoch weit auf der Seite des (undissoziierten) Wassers. Das **Ionenprodukt** für diese Reaktion beträgt bei 298 K (25 °C) etwa $10^{-14}\,mol^2\,l^{-2}$ und ist somit sehr klein. Dies ist eine weitere Voraussetzung dafür, dass exklusiv nur Wasser als Lösungsmittel für alle biotischen Reaktionen auf der Erde infrage kommt und in Abwesenheit von Säuren oder Basen (bzw. den entsprechenden sauren oder basischen Enzymen) als inertes Lösungsmittel gilt.

$$2\,H_2O \;\rightleftharpoons\; H_3O^{\oplus} + OH^{\ominus}$$

Die meist sehr geringen Konzentrationen von HO^- und H_3O^+ in der Natur sind auch die Ursache dafür, dass jene Oxidationsreaktionen, die erst durch starke Änderungen des pH-Wertes möglich werden, keine Rolle spielen (Abschn. 2.2.1).

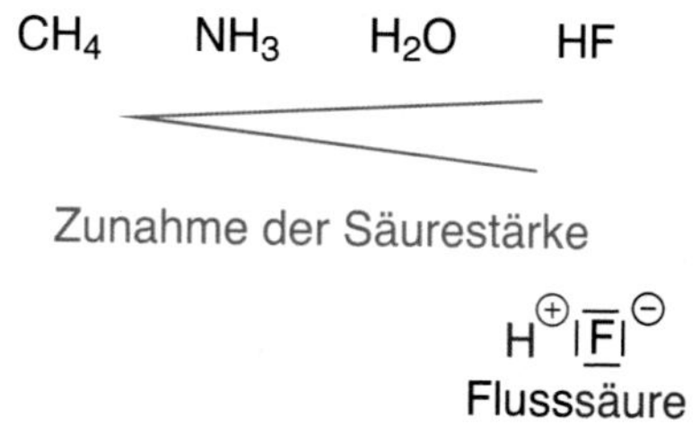

Abb. 1.38 Einfluss der Stellung des Zentralatoms im PSE auf die Säurestärke in X–H-Verbindungen

$$CH_4 \qquad NH_3 \qquad H_2O \qquad HF$$

Zunahme der Säurestärke

$$H^{\oplus}\,\overline{\underline{|F|}}^{\ominus}$$

Flusssäure

Abb. 1.39 Das Verhältnis von Element-Wasserstoff-Säuren und korrespondierenden Basen in der 6. Hauptgruppe

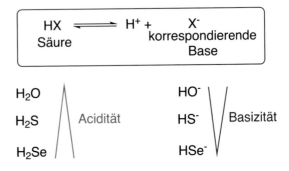

Bei sehr großen Elektronegativitätsdifferenzen zwischen den Bindungspartnern, wie in Fluorwasserstoff, ist die Bindung zu Wasserstoff besonders polarisiert, sodass in einer wässrigen Lösung eine starke Säure, in diesem Fall die Flusssäure, resultiert (Abb. 1.38). Wie bereits angemerkt, existieren starke Säuren wie die meisten Mineralsäuren (aber auch Basen wie Kali- oder Natronlauge) nur in Form ihrer Salze auf der Erde bzw. man findet sie nur selten als Säure und dann in sehr extremen Umgebungen. Eine bekannte Ausnahme stellt die Magensäure (hochkonzentrierte wässrige HCl) mit einem pH = 1−3 dar. Durch Schleimbildung und einen Bicarbonatpuffer wird deren aggressive Wirkung begrenzt, was jedoch nicht ausreichend ist. Deshalb werden durch die Säure zerstörte Magenzellen im Durchschnitt aller 3–5 Tage erneuert.

In der gleichen Hauptgruppe des PSE nimmt die Säurestärke der Element-Wasserstoff-Verbindungen zu, wie das Beispiel von X–H-Verbindungen der 6. Hauptgruppe illustriert (Abb. 1.39).

Das bedeutet, Schwefelwasserstoff gibt im Vergleich zu Wasser leichter ein Proton ab. Noch geringer ist die Aktivierungsenergie für die Generierung von HSe^- aus H_2Se. Das wirkt sich auf die Basenstärke der zugehörigen Anionen aus: Bei einem **korrespondierenden Säure-Base-Paar** steht eine schwache Säure mit der dazugehörigen starken Base bzw. eine starke Säure mit der dazugehörigen schwachen Base im Gleichgewicht. Wird diese Eigenschaft des PSE mit einer anderen, nämlich der Größe der Ionenradien, kombiniert, ergibt sich die Möglichkeit, die Richtung von Substitutionsreaktionen abzuschätzen (Abschn. 1.2.12). HS^- und HSe^- sind wesentlicher größer als HO^- und damit stabiler in Wasser.

1.2.10 Molekülgeometrien als Evolutionskriterium

Die Anzahl von Substituenten um ein Zentralatom determiniert die Geometrie des Gesamtmoleküls. Wie bereits beschrieben, stoßen sich bindende oder auch freie Elektronenpaare als Orte erhöhter Elektronendichte ab. Das führt in der Konsequenz dazu, dass Verbindungen des vierbindigen Kohlenstoffs mit vier Substituenten nicht planar sind, sondern die geometrische Figur eines Tetraeders annehmen. Kohlendioxid ist eben, während Methan räumlich aufgebaut ist.

$$O=C=O$$

2-dimensional   3-dimensional

Der Übergang von der Zweidimensionalität zur Dreidimensionalität ist ein Schritt in Richtung höherer Komplexität, was später noch am Beispiel von Phosphorsäurediestern und vielen organischen Kohlenstoffverbindungen demonstriert wird.

Sind alle vier Substituenten an einem zentralen Kohlenstoffatom verschieden, entstehen Moleküle, die sich wie Bild zu Spiegelbild verhalten. Aufgrund der Verwandtschaft dieses Phänomens mit dem Verhältnis von linker zu rechter Hand spricht man von Chiralität (griech. Händigkeit). Das zentrale Kohlenstoffatom wird als Chiralitätszentrum bezeichnet, die davon abgeleiteten „händigen" Moleküle bilden ein Enantiomerenpaar. Enantiomere haben gleiche Energieinhalte und unterscheiden sich deshalb nicht in den physikalischen und chemischen Eigenschaften.

chirale Kohlenstoffverbindung   Enantiomerenpaar

Ein häufig zitiertes Beispiel betrifft die Aminocarbonsäure L-Alanin. Für die Zuordnung wird nach einem Vorschlag von Emil Fischer (Fischer-Projektion) in einer zweidimensionalen Darstellung die COOH-Gruppe an die Spitze der Kohlenstoffkette und die NH$_2$-Gruppe links davon positioniert. Nach Überführung in die real existierende Tetraederform und die Verwendung entsprechender Bindungssymbole (ausgefüllte und unterbrochene Keile) können unterschiedliche Darstellungsformen der gleichen Verbindung zeichnerisch dargestellt werden.

L-Alanin

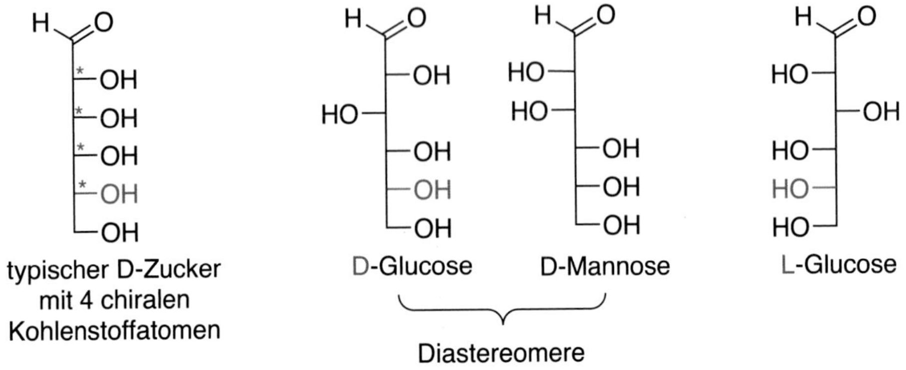

Abb. 1.40 Diastereomerenbildung am Beispiel von Kohlenhydraten

Das entsprechende D-Enantiomer ist dazu spiegelbildlich aufgebaut.

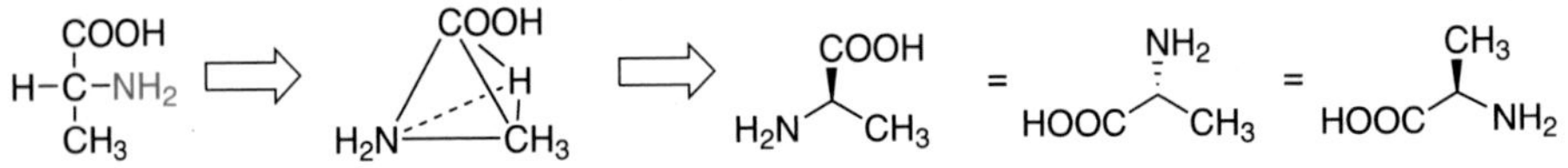

Kombiniert man mehrere Chiralitätszentren miteinander, potenziert sich die Anzahl der Varianten nach der Formel 2^n (wobei $n =$ Anzahl der Chiralitätszentren), die als Diastereomere bezeichnet werden. Diastereomere unterscheiden sich in ihren physikalischen und chemischen Eigenschaften. Beispiele sind Zucker mit sechs Kohlenstoffatomen, von denen vier chiral sind. Prominente Vertreter sind D-Glucose oder D-Mannose (Abb. 1.40).

In der lebenden Natur wird hauptsächlich nur ein Enantiomeres aus einem Paar von Enantiomeren angetroffen. Zum Beispiel sind alle proteinogenen Aminosäuren L-konfiguriert. Der größte Teil der Zucker gehört der D-Reihe an, wobei die Ausrichtung der HO-Gruppe am letzten chiralen Kohlenstoffatom die Zuordnung bestimmt. L-Glucose existiert nicht in der Natur. Dieses Phänomen wird als Homochiralität bezeichnet. Die Ursache liegt in der Selektion auf höheren Komplexitätsniveaus, auf denen diastereomere Verbindungen oder Assoziate unterschiedlichen Energieinhaltes miteinander konkurrieren.

Bei den Aminosäuren sind das Sekundär-, Tertiär- und Quartärstruktur der Proteine. Bereits der Einbau einer einzigen „falschen" enantiomeren Aminosäure in der Primärstruktur (Abfolge der Aminosäuren) führt zu erheblichen Störungen in der nächsthöheren Organisationsstufe, die bis zum Kollaps reichen kann und somit das Erreichen der nächsten Qualität verhindert. Somit wird mit der Wahl der ersten enantiomeren Aminosäure aus einem Paar von Enantiomeren ein Selektionskanal eröffnet, der danach keine Alternativen mehr zulässt.

Auch die Dominanz der D-Glucose in der lebenden Natur lässt sich auf diese Weise rationalisieren. Jedes einzelne der vier Chiralitätszentren leistet einen Beitrag, was sich in der bevorzugten Sesselkonformation aller Substituenten in der energiegünstigen äquatorialen Ausrichtung widerspiegelt. In Abschn. 4.1.5.2 wird gezeigt, wie sich die einzelnen Glucosemoleküle zu Polymeren verbinden. Nur mit der besonders stabilen Glucose lassen sich im Vergleich zu anderen Zuckern mit sechs Kohlenstoffatomen die längsten Ketten und stabilsten Biomoleküle aufbauen.

Die Selektion zwischen L- und D-Enantiomer, unabhängig von der chemischen Verbindungsklasse, ist ein Entscheidungsprozess. Jeder Entscheidung kommt ein Informationsgehalt zu. Durch die Kombination von mehreren Chiralitätszentren wird diese Information vervielfältigt. Jedes Biomolekül trägt somit die Information seiner eigenen Entstehung in sich, die im Fall der Chiralität besonders deutlich zutage tritt. Dies betrifft alle gegenwärtigen biochemischen Prozesse, aber auch die Evolution von Leben auf der Erde.

Abweichungen von der Regel der Homochiralität werden in der Natur vor allem auf niedrigem molekularem Niveau jenseits der großen Verbindungsklassen mit ihren einheitlichen, sich gegenseitig durchdringenden biochemischen Prozessen angetroffen. Sie verleihen manchen biologischen Spezies ihre Einzigartigkeit. Beispielsweise unterscheiden sich Archaeen und Bakterien in der Chiralität von Glycerolderivaten, die die Bausteine ihrer Membranen bilden. An deren Synthese sind unterschiedliche Enzyme beteiligt, die H_2 (in chemisch gebundener Form als $NADH + H^+$) auf das gemeinsame Edukt übertragen.

Da sich im Verlauf der Evolution durch Symbiose dieser Einzeller wahrscheinlich die heutigen Chloroplasten und Mitochondrien entwickelt haben (Endosymbiontentheorie), ist der Befund, dass diese Organellen immer noch separat in den Zellen mit einer eigenen DNA existieren, ein Hinweis dafür, dass dieser Zustand auch durch die Unvereinbarkeit dieser beiden enantiomeren Grundbausteine zustande gekommen sein könnte. Die Tatsache, dass auch in Eukaryoten die gleiche Chiralität wie bei den Bakterien gefunden wird, zeigt die generische Verwandtschaft an.

Unterschiede in der Homochiralität und damit mangelnde Passfähigkeit können die Integrität eines Organismus gegenüber anderen sicherstellen. D-Alanin und D-Glutaminsäure sind Bausteine der bakteriellen Zellwand und bieten den Wirtsorganismen Schutz vor solchen Enzymen, die nur Proteine auf der Basis von L-Aminosäuren erkennen und abbauen.

$$\text{NH}_2$$

D-Alanin

$$\text{NH}_2$$

HOOC⌃⌄COOH

D-Glutaminsäure

Selbst in höheren Organismen werden Abweichungen von der Homochiralität beobachtet. D-Serin ist eine der wenigen Aminosäuren, die über eine Konfigurationsumkehr aus L-Serin gebildet werden. Es dient im Menschen als Signalmolekül im Gehirn. Auch D-Asparaginsäure wird in Säugetieren gefunden. Beide D-Aminosäuren gehören nicht zu den proteinogenen Aminosäuren, was den Evolutionsdruck, der von hierarchisch übergeordneten Molekülen, hier den homochiral aufgebauten Proteinen, auf die selektive Synthese enantiomerenreiner Verbindungen ausgeht, illustriert.

HO⌃COOH

NH₂

L-Serin

⟶

HO⌃COOH

NH₂

D-Serin

HOOC⌃COOH

NH₂

D-Asparaginsäure

1.2.11 Wasserstoffbrücken

In X–H-Bindungen mit stark elektronegativen Partnern X des Wasserstoffs, der in solchen Bindungen die positive Partialladung trägt, steigt im PSE die Tendenz zur Ausbildung von **Wasserstoffbrücken** (Abb. 1.41). An einer Wasserstoffbrücke können die gleichen bzw. auch unterschiedliche Elemente beteiligt sein.

Da die Elektronegativitätsdifferenz zwischen C und H sehr gering ist, bildet Methan keine Wasserstoffbrücken zu anderen Methanmolekülen aus. Es ist daher ein Gas. Die stärkste Wasserstoffbrücke findet sich hingegen im Fluorwasserstoff (HF), wo ein Wasserstoffatom zwischen zwei Fluoratomen die Bindung vermittelt. Es bilden sich sogar lange, über Wasserstoff verbrückte Ketten heraus. Dies ist die Ursache für den wesentlich höheren Siedepunkt von HF im Vergleich zu HCl, obwohl Chlorwasserstoff die größere Molmasse besitzt.

Abb. 1.41 Die Tendenz zur Wasserstoffbrückenbildung von X–H-Verbindungen im PSE

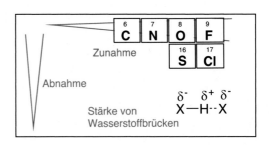

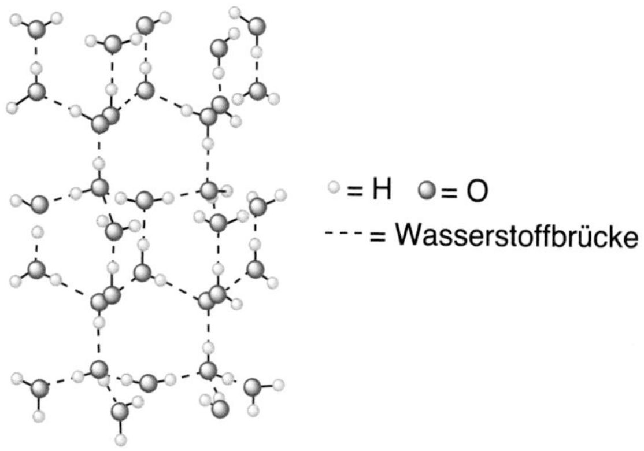

Abb. 1.42 Die
Wasserstoffbrücken im Wasser

○ = H ◐ = O

--- = Wasserstoffbrücke

Wasserstoffbrücken sind im Allgemeinen weniger stark als kovalente Bindungen oder Ionenbeziehungen. Wasserstoffbrücken sind beispielsweise im Bereich der physikalischen Chemie für die Erklärung relevant, ob die Verbindung unter Normalbedingungen ein Gas oder eine Flüssigkeit ist.

Starke intermolekulare Wasserstoffbrücken (Abb. 1.42) sind neben den Dipoleigenschaften auch für den ungewöhnlich hohen Schmelz- und Siedepunkt von Wasser verantwortlich und begründen u. a. dessen einzigartige Stellung als Lösungsmittel auf der Erde. Aufgrund der abgewinkelten Struktur des Wassermoleküls (Abschn. 1.2.9) bildet sich über dynamische Wasserstoffbrücken in flüssigem Wasser eine dreidimensionale Struktur aus, die in Eiskristallen noch stärker geordnet ist.

Schon eine Periode weiter unten im PSE, in der 6. Hauptgruppe, namentlich im Schwefelwasserstoff, sind Wasserstoffbrücken vernachlässigbar schwach: H_2S hat deshalb im Unterschied zu Wasser einen sehr hohen Dampfdruck und ist ein Gas. Dies ist auch eine Voraussetzung dafür, dass man H_2S, aber nicht H_2O, riechen kann. Das trifft auch auf viele organische Verbindungen mit Schwefel in niedrigen Oxidationsstufen zu. Ammoniak ist unter Normalbedingungen aufgrund der geringeren Elektronegativitätsdifferenz zwischen N und H und dem Fehlen von Wasserstoffbrücken ebenfalls gasförmig.

Die Entstehung von gasförmigen Produkten bei biochemischen Abbaumechanismen **(Katabolismus)** ist die Ursache für den dynamischen Charakter aller lebenden Prozesse. Ebenso wie CO_2 (ebenfalls ein Gas!) den Abbau von kohlenstoffhaltigen Strukturen nach dem Prinzip von Le Chatelier-Brown vorantreibt, verschiebt auch die Entstehung von NH_3 oder H_2S (bzw. von deren niedermolekularen organischen Derivaten) aus höhermolekularen stickstoff- oder schwefelhaltigen Naturstoffen das Gleichgewicht. An diesem allgemeinen Prinzip ändert auch die teilweise Lösung der Gase in Wasser bzw.

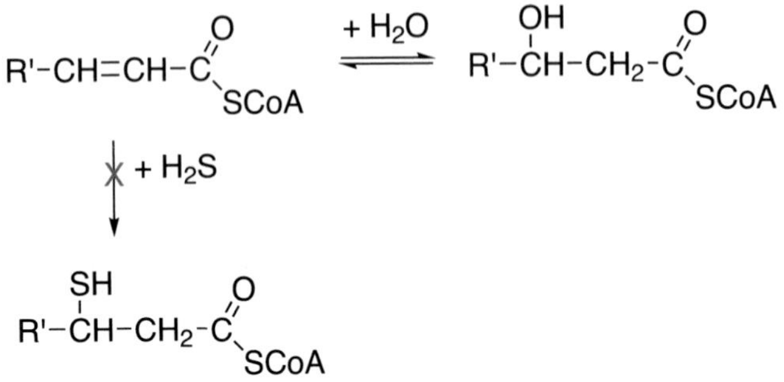

Abb. 1.43 Der biochemische Reaktionsunterschied zwischen Wasser und Schwefelwasserstoff

die Bildung von Salzen (Carbonaten oder Ammoniumionen) aufgrund der begrenzten Gaslöslichkeit nichts.

$$\text{hochmolekulare Naturstoffe} \rightleftharpoons CO_2, NH_3, H_2S$$
$$\text{Gase}$$

Eine entscheidende Voraussetzung für dieses grundlegende Phänomen in der belebten Natur ist somit u. a. die Abwesenheit von Wasserstoffbrücken in den niedermolekularen Produkten. Die Abspaltung von Wasser mit seinem hohen Siedepunkt ist aus dieser Sicht keine Triebkraft.

Dieser Fakt hat auch Auswirkungen auf die Eigenschaften von Aufbaureaktionen. Beispielsweise ist die Addition von Wasser an C=C-Doppelbindungen sehr häufig in biochemischen Prozessen anzutreffen. Ein Beispiel betrifft die Umwandlung eines ungesättigten Fettsäureesters während der β-Oxidation in einen Alkohol (Abb. 1.43).

Diese Reaktion läuft nicht mit H_2S anstelle von H_2O ab, da H_2S als Gas sofort dem Gleichgewicht entzogen würde. In solchen Fällen wird in der Biochemie das Prinzip der „Molekulargewichtsvergrößerung" wirksam, d. h. das leichtflüchtige Reagenz wird in eine Hilfsverbindung mit einem hohen Molekulargewicht und einem niedrigen Dampfdruck „inkorporiert".

Einen typischen Fall illustriert die Biosynthese von L-Cystein aus L-Serin (Abb. 1.44). Aus L-Serin entsteht zunächst durch Abspaltung von Wasser eine ungesättigte Aminocarbonsäure. Die Addition von H_2S aus einer beliebigen Quelle, die direkt zu L-Cystein führt, ist aber aus dem oben angeführten Grund nicht möglich. Diese Transformation gelingt nur unter hohem Druck in einem Autoklaven und damit in einem Syntheselabor. Unter biotischen Bedingungen wird deshalb ein „Umweg" genommen: Es erfolgt zunächst die Addition von Homocystein, einem HS-Donor, an die Doppelbindung. Homocystein ist aufgrund seiner großen molaren Masse kein Gas und stellt ein Syntheseäquivalent zu H_2S dar. Unter dem Einfluss von Wasser zerfällt das gebildete Cystathionin in Ammoniak und Brenztraubensäure und somit das „Hilfsreagenz" zur Einführung

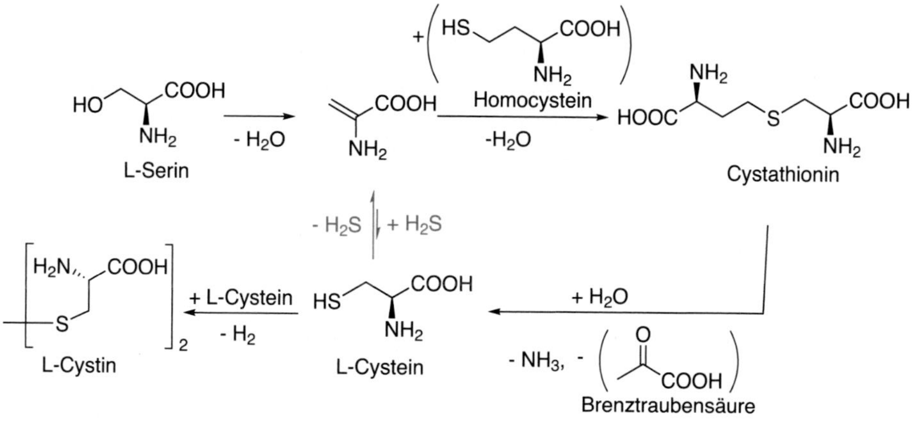

Abb. 1.44 Der eigenschaftsbedingte „Umweg" für die biochemische Synthese von ʟ-Cystein aus ʟ-Serin

der SH-Funktion. Parallel entsteht Cystein. Die Tendenz zur Eliminierung von H_2S aus Cystein wird durch die Disulfidbrücke im ʟ-Cystin „entschleunigt".

Die Biosynthese von Selenocystein verläuft nach einem ähnlichen Prinzip (Abb. 1.45). In diesem Fall dient das hochmolekulare Selenophosphat als Selendonor (Abb. 1.51). Die Eigenschaften der schlechten Abgangsgruppe HO^- (Abschn. 1.2.12) im ʟ-Serin werden durch Veresterung mit Phosphat verbessert. Nach dem Ersatz von OH gegen SH werden die beiden „Hilfsreagenzien", die den Austausch ermöglicht haben, in Form von Phosphat wieder dem Phosphatkreislauf des Organismus zugeführt.

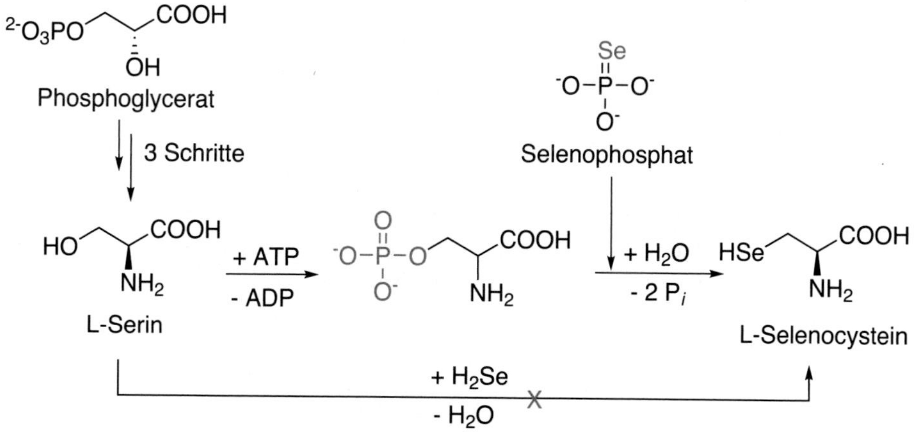

Abb. 1.45 Die Synthese von ʟ-Selenocystein aus ʟ-Serin vermittelt durch Aktivierungsschritte

Im Unterschied zu den Synthesen von Cystein bzw. Selenocystein entsteht L-Serin aus Phosphoglycerat, einem Abbauprodukt der Glycolyse. Die HO-Gruppe ist ein Relikt der Glucose, d. h. sie war schon von Beginn an im Molekül vorhanden. Die drei Beispiele zeigen, dass die drei Aminosäuren auf unterschiedlichen Wegen synthetisiert werden, obwohl sie sich nur in einem einzigen Heteroatom unterscheiden, das zudem noch der gleichen Hauptgruppe entstammt. Die Ursachen für die variierenden Mechanismen liegen u. a. in dem unterschiedlichen Vermögen zur Bildung von Wasserstoffbrücken in Verbindungen des Typs H_2X (mit X = O, S, Se), die einen unterschiedlichen Aggregatzustand zur Folge haben und unterschiedliche Aufbauwege nach sich ziehen.

1.2.12 Nucleophilie

Der Austausch von funktionellen Gruppen ist ein Weg, um Diversität in der organischen Chemie zu erzeugen. Da in allen biochemisch relevanten funktionellen Gruppen ein elektronegatives Element mit dem elektropositiveren Kohlenstoff verknüpft ist, sind Nucleophile, also negativierte Teilchen, für den Austausch prädestiniert. Die Reaktion wird als **nucleophile Substitution** bezeichnet. Man differenziert zwischen dem angreifenden Nucleophil (Nu), das meist durch ein freies Elektronenpaar gekennzeichnet ist bzw. eine negative Ladung trägt, und der austretenden Abgangsgruppe Y.

$$\ominus | Nu \ + \ \overset{|}{\underset{|}{C}}\!\!-\!Y \ \overset{\delta^+\delta^-}{\longrightarrow} \ Nu\!-\!\overset{|}{\underset{|}{C}}\!\!- \ +|Y^{\ominus}$$

Nucleophil   Abgangsgruppe

Das Gelingen dieser Reaktion hängt von den Eigenschaften des Nucleophils und der Abgangsgruppe sowie der Geometrie des angegriffenen Kohlenstoffatoms ab. In der Laborchemie steht ein breites Repertoire von Reagenzien und Methoden zur Verfügung, um diese Reaktion zu ermöglichen. Dazu gehört besonders die Variation des Lösungsmittels, eine Option, die in der Biochemie im exklusiven Lösungsmittel Wasser keine Relevanz besitzt.

Die Nucleophilie eines Teilchens ist abhängig von dessen **Polarisierbarkeit**. Die Polarisierbarkeit ist ein Maß für die Verschiebbarkeit einer Ladungswolke im Molekül, die durch Anlegen eines äußeren elektrischen Feldes induziert wird. In einer chemischen Reaktion bilden Nucleophil und Substrat das elektrische Feld und somit eine reaktive Einheit. Die Polarisierbarkeit ist eine Funktion der Eigenschaften Basizität und Ionengröße des Nucleophils. In der 6. Hauptgruppe nimmt die Basizität von Anionen des Typs HX^- von oben nach unten ab und somit die Tendenz zur Aufnahme eines Protons. Diese Anionen sind die korrespondierenden Basen von zunehmend stärker werdenden Säuren (Abb. 1.39). Die Ionengröße nimmt von oben nach unten tendenziell zu und

Abb. 1.46 Basizität und
Ionengröße im Vergleich
zwischen Ammoniak und Wasser

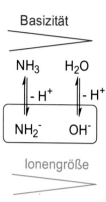

damit auch die Deformierbarkeit des Teilchens. Basizität und Polarisierbarkeit im PSE
können somit entgegengesetzt wirken.

Besonders wichtig im biochemischen Kontext ist der Austausch von Hydroxygruppen
in Alkoholen durch Aminogruppen. Dabei entstehen Amine. Diese Reaktion sollte
am effizientesten durch Reaktion des Alkohols mit Ammoniak erfolgen. Auch die
umgekehrte Reaktion, der Austausch einer Aminogruppe durch eine Hydroxygruppe
mittels Wasser, wäre der schnellste Weg. Prinzipiell gilt, Ammoniak ist weniger acid als
Wasser, das bedeutet im Umkehrschluss, Amid (NH_2^-) ist die stärkere Base im Vergleich
zu Hydroxid (HO^-) (Abb. 1.46). Gleichzeitig trägt der etwas größere Ionenradius von
Amid gegenüber Hydroxid zu einer besseren Polarisierbarkeit bei.

Der direkte Austausch von OH gegen NH_2 wird unter biotischen Bedingungen jedoch
nicht beobachtet. Dafür gibt es mehrere Begründungen: Kleine Teilchen, wie NH_3 oder
H_2O, sind prinzipiell nur gering polarisierbar und somit schlechte Nucleophile. Zudem
liegt Ammoniak in Wasser aufgrund seiner Basizität vorrangig als Ammoniumion vor,
was seine Nucleophilie zusätzlich verringert (1. Argument).

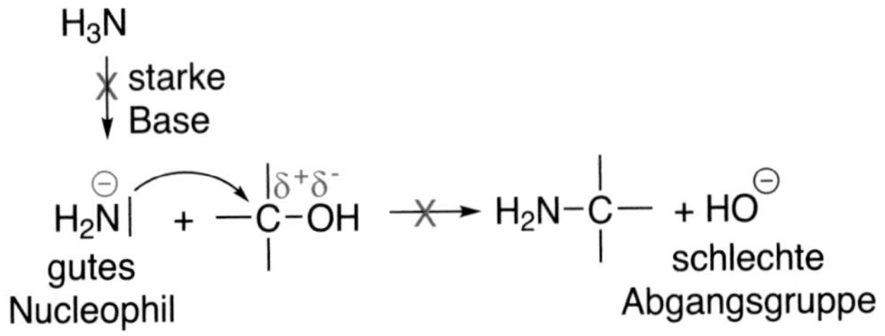

$$H_3N$$
$$\downarrow \text{starke}$$
$$\quad \text{Base}$$

$$\overset{\ominus}{H_2N}| \; + \; \overset{|}{\underset{|}{C}}\text{-OH} \; \xrightarrow{\;\;\times\;\;} \; H_2N{-}\overset{|}{\underset{|}{C}}{-} \; + \; HO^{\ominus}$$

gutes   schlechte
Nucleophil   Abgangsgruppe

Abb. 1.47 Warum der direkte Austausch von HO gegen NH$_2$ in biochemischen Systemen nicht gelingt (2. Argument)

Der Austausch wäre denkbar durch die Erhöhung der Basizität des Nucleophils beispielsweise durch Überführung von Ammoniak in die stärkere Base Amid NH$_2^-$ (Abb. 1.47) Unter biotischen Bedingungen ist aber Amid nicht existent, da dessen Generierung eine noch stärkere Base erfordert, die nicht existiert (2. Argument).

Das Hydroxidanion ist aufgrund seiner geringen Größe und der daraus resultierenden negativen Punktladung eine schlechte Abgangsgruppe. Protonierung und die Bildung von Wasser würden dessen Abgangseigenschaften erheblich verbessern. Das würde aber parallel zur Bildung von NH$_4^+$ führen und die bereits geringen nucleophilen Eigenschaften des Ammoniaks vollständig liquidieren (3. Argument, Abb. 1.48).

Vergleichbare Argumente sprechen auch gegen die Eignung von Wasser als Nucleophil. Diese Relationen sind dafür verantwortlich, dass die Substitution von HO gegen NH$_2$ und umgekehrt in der Biochemie nicht stattfindet. Für den Austausch muss deshalb ein „Umweg" über die entsprechenden Carbonylverbindungen im Rahmen eines Oxidations-Reduktions-Mechanismus genommen werden (Abschn. 3.2).

Nucleophile Substitutionen an Carbonsäurederivaten laufen hingegen auch unter biotischen Bedingungen ab. Die stärkere Polarisierung einer C=O-Gruppe im Vergleich zu einer C–OH-Gruppe und die geringere sterische Hinderung aufgrund der Planarität bilden dafür die Voraussetzungen. Meist wird die Carbonylgruppe durch Anhydridbildung mit Phosphat (z. B. mit AMP) noch zusätzlich aktiviert.

Ein Beispiel ist der Ersatz der alkoholischen Gruppe in Carbonsäureestern langkettiger Fettsäuren durch das Thiolderivat CoA–SH (Abb. 1.49). Dessen Anion bildet sich im Vergleich zu Wasser oder einem Alkohol leichter, da die HS-Gruppe die stärkere

Abb. 1.48 Warum der direkte Austausch von HO gegen NH$_2$ in biochemischen Systemen nicht gelingt (3. Argument)

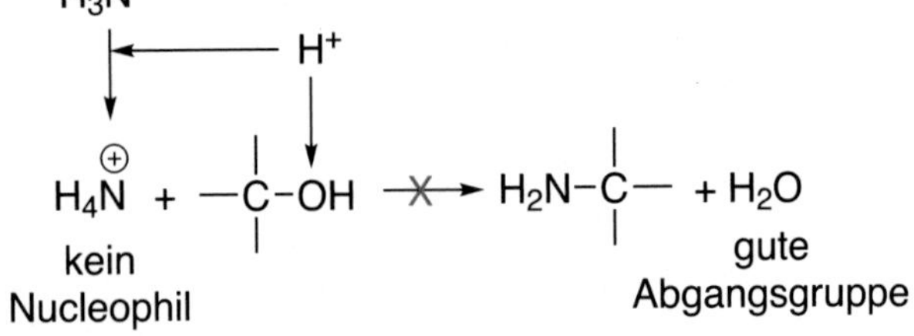

$$H_3N$$
$$\downarrow \longleftarrow \quad H^+$$

$$\overset{\oplus}{H_4N} \; + \; \overset{|}{\underset{|}{C}}\text{-OH} \; \xrightarrow{\;\;\times\;\;} \; H_2N{-}\overset{|}{\underset{|}{C}}{-} \; + \; H_2O$$

kein   gute
Nucleophil   Abgangsgruppe

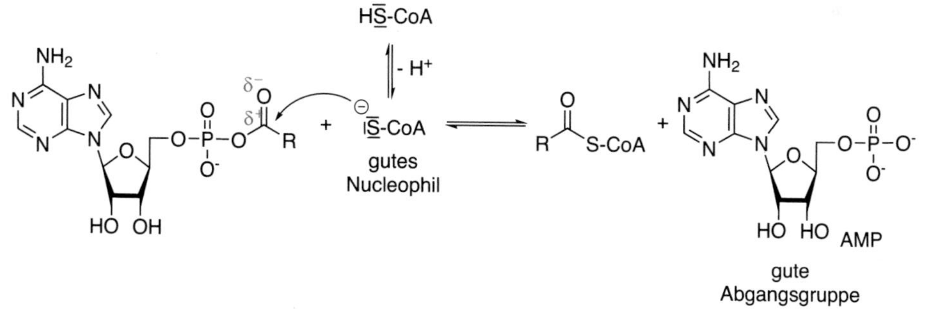

Abb. 1.49 Der Austausch von HO gegen SR als biochemisch realisierbare Option

Säure ist. Aufgrund der erheblichen Größe des anionischen Schwefels ist CoA–S$^-$ auch leicht polarisierbar und damit ein gutes Nucleophil. Die Eigenschaften von AMP als große und damit gute Abgangsgruppe erleichtern die Einstellung des Gleichgewichts.

Die Rückreaktion läuft ebenfalls in lebenden Organismen ab. Obwohl ein Alkohol, ebenso wie Wasser, ein schlechtes Nucleophil darstellt, wird dieser Nachteil durch die guten Eigenschaften der großen Abgangsgruppe CoA–S kompensiert. Diese Eigenschaften führen zu dem Ergebnis, dass das Thiolatanion (SH$^-$) und seine organischen Derivate, die Alkylthiolate (SR$^-$), gut substituierbar sind. Aufgrund der leichteren Spaltbarkeit der Acylthiolbindung im Vergleich zur analogen Esterbindung (mit O anstatt von S) dient die Thiolverbindung als „Transporter" für alle Arten von kurz- oder langkettigen Acylresten, z. B. Fettsäuren. Ester sind hingegen robuster und werden deshalb vor allem in dauerhafteren Zellorganellen wie Membranen gefunden.

Die höhere Stabilität eines Esters im Vergleich zu Thiolestern lässt sich nicht nur anhand der schlechteren Abgangseigenschaften des Alkoholats erklären, sondern auch durch das theoretische Konzept der Mesomerie. Als **Mesomerie** (auch Resonanz) versteht man das formale Phänomen, dass erst durch mehrere chemische (Grenz-)Formeln die Bindungsverhältnisse in einem Molekül oder Ion adäquat abgebildet werden. Eine große Anzahl von plausiblen mesomeren Grenzstrukturen ist ein Indiz für die hohe Stabilität der Verbindung bzw. Teilstruktur. Solche Betrachtungen erleichtern die Abschätzung von Reaktivitäten und den Ablauf von Reaktionen.

Die Formulierung von zwei mesomeren Grenzstrukturen liefert eine Erklärung für die größere Stabilität des Esters im Vergleich zum Thiolester (Abb. 1.50). Die Struktur des Esters mit den Ladungen zeigt, dass die positive Partialladung am Kohlenstoffatom auch über das doppelt gebundene Sauerstoffatom delokalisiert werden kann. Hingegen beschreibt eine entsprechende mesomere Grenzstruktur mit einer C=S-Doppelbindung und einem positiv geladenen Schwefelatom aufgrund des größeren Atomradius vom Schwefel weniger den realen Bindungszustand.

Ester anorganischer Säuren unterliegen ebenfalls den gleichen Tendenzen bei Substitutionsreaktionen. Ein Beispiel für die große Nucleophilie des HSe$^-$-Anions wurde bereits bei der Transformation von L-Selenocystein aus L-Serin gegeben

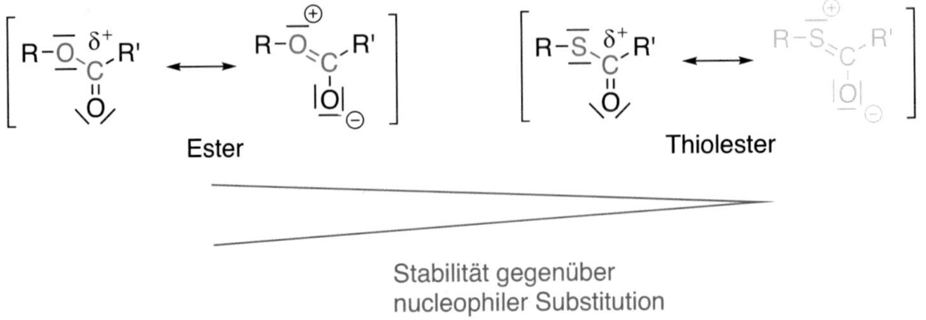

Abb. 1.50 Die Stabilität von Estern und Thiolestern

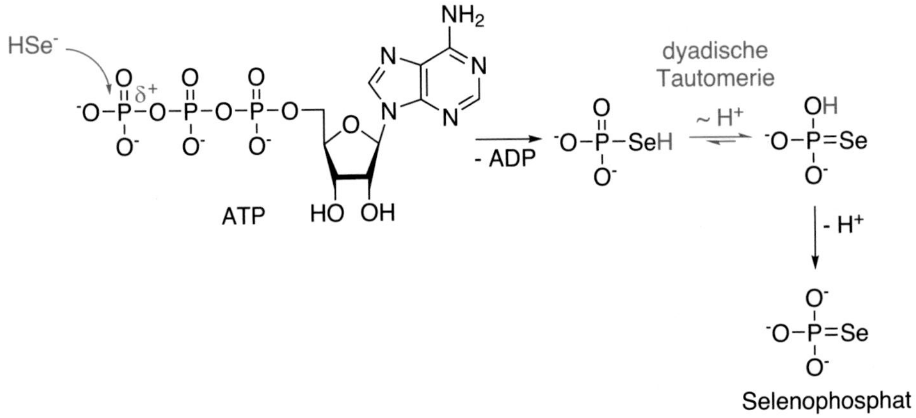

Abb. 1.51 Die Synthese von Selenphosphat via ATP

(Abschn. 1.2.11). Für die Synthese dieses „Hilfsreagenzes" substituiert zunächst Hydrogenselenid HSe⁻, und damit ein gut polarisierbares Anion, einen Hydrogen-phosphatrest in ATP (Abb. 1.51). Diese Reaktion gelingt aufgrund des großen Ionen-radius von HSe⁻, der eine hohe Polarisierbarkeit zur Folge hat. Das attackierte Phosphoratom zeichnet sich nicht nur durch einen größeren Atomradius im Ver-gleich zu Kohlenstoff aus, sondern ist durch den Elektronensog der Sauerstoffatome stark positiviert. Gleichzeitig stellt das hochmolekulare ADP eine gute Abgangs-gruppe dar. Aufgrund dieser Eigenschaften geht der O/Se-Austausch unter biotischen Bedingungen vonstatten. Nach einer **dyadischen Tautomerie,** das ist die Wanderung eines Protons zwischen Nachbaratomen unter gleichzeitiger Verschiebung einer Doppel-bindung, in diesem Fall vom Sauerstoff zu Selen, und Abspaltung des Protons entsteht Selenophosphat. Letzteres ist beispielsweise als höher molekulares Reagenz für die Transformation von L-Serin in L-Selenocystein bedeutsam (Abb. 1.45).

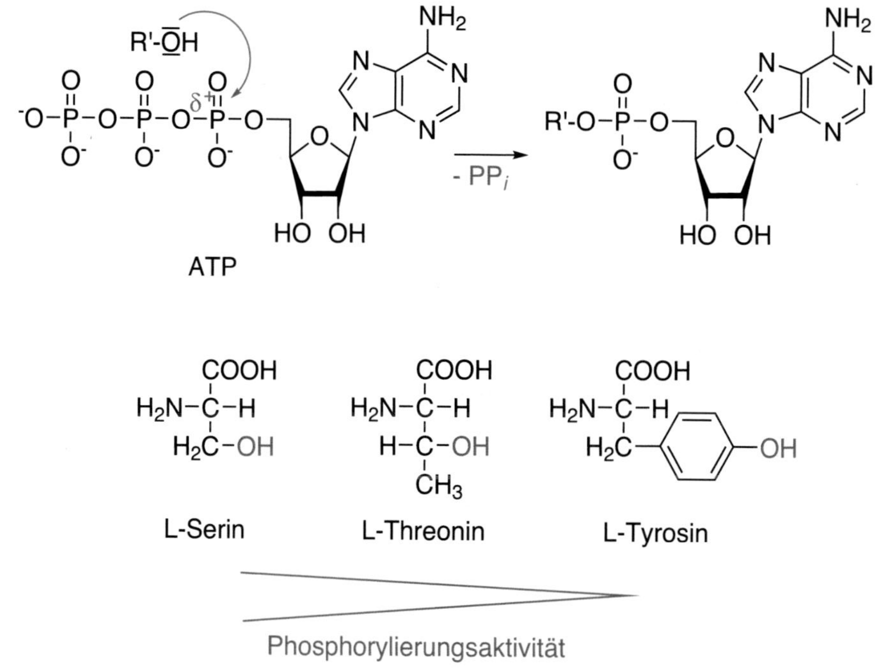

Abb. 1.52 Phosphorylierung von Alkoholen via ATP

Pyrophosphat (PP$_i$) kann ebenfalls als Abgangsgruppe wirken und damit eine Triebkraft bei der Veresterung von anionischen Phosphorsäuren mit Alkoholen darstellen, wie nachstehend am Beispiel der Reaktion von einem Alkohol mit ATP illustriert ist (Abb. 1.52). Mit dem Phosphat- oder dem Hydrogenphosphatanion würde diese Reaktion nur bedingt ablaufen. Deren Reaktionsfähigkeit wird erst durch Integration in ATP hergestellt.

Auf diese Weise wird eine Vielzahl von funktionellen Gruppen in Naturstoffen, z. B. Amino- oder Hydroxygruppen, phosphoryliert. Die Fähigkeit zur Phosphorylierung ist von deren Eigenschaften abhängig. Beispielsweise werden die Aminosäuren L-Serin, L-Threonin und L-Tyrosin in einem Verhältnis von 1800:200:1 phosphoryliert. L-Serin ist ein primärer und L-Threonin ein sekundärer Alkohol, was die unterschiedliche Zugänglichkeit für das Phosphorylierungsreagenz verursacht. L-Tyrosin ist ein Derivat eines aromatischen Alkohols (Abschn. 4.1.4.2), der unter physiologischen Bedingungen (in Abwesenheit von Basen) weniger nucleophil ist.

1.2.13 Oxidationszahlen und Sauerstoffverbindungen

Oxidationszahlen (auch Oxidationsstufen genannt) zeigen Tendenzen, die sich ebenfalls im PSE widerspiegeln. Oxidationszahlen sind das Ergebnis einer formalistischen

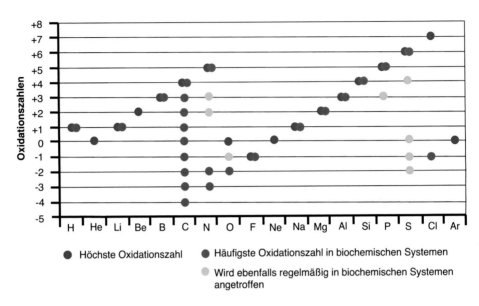

Abb. 1.53 Charakteristische Oxidationszahlen von Elementen der ersten drei Perioden; höchste und biologisch besonders relevante Oxidationszahlen

Modellvorstellung vom Aufbau der Moleküle. Sie geben die Ionenladungen der Atome in einer chemischen Verbindung oder in einem mehratomigen Ion an, wenn die Verbindung oder das mehratomige Ion aus einatomigen Ionen aufgebaut wäre. In der Abb. 1.53 sind charakteristische Oxidationszahlen von Elementen der ersten drei Perioden aufgetragen. Atomen im atomaren Zustand und Elementmolekülen wird immer die Oxidationszahl 0 zugeordnet. Das betrifft beispielsweise elementaren Kohlenstoff sowie molekularen Stickstoff und Sauerstoff. Auch die Edelgase Helium (He), Neon (Ne) und Argon (Ar) sind in der Abbildung nur mit ihrer Oxidationszahl von Null geführt, da sie so unreaktiv sind, dass sie unter den Bedingungen auf der Erde nicht oxidiert werden. Die höchsten Oxidationszahlen der anderen Elemente ergeben sich aus deren Stellung aus dem PSE, z. B. die Alkalimetalle (1. Hauptgruppe) Lithium und Natrium mit der Oxidationszahl +1, die Erdalkalimetalle (2. Hauptgruppe) Beryllium und Magnesium mit der Oxidationszahl +2, Bor (3. Hauptgruppe) mit der Oxidationszahl +3, etc. Eine Ausnahme bildet der Sauerstoff, bei ihm ist die niedrigste Oxidationsstufen (−2) dominant. Daneben existieren auch Sauerstoffverbindungen (Peroxide) mit der Oxidationszahl von −1. In organischen Verbindungen wird in der Regel Wasserstoff die Oxidationszahl +1 und Sauerstoff die Oxidationszahl −2 zugewiesen. Das beteiligte Kohlenstoffatom erhält am Ende eine Zahl, die in der Summe zur Neutralität der Gesamt- oder Teilstruktur führt.

In den meisten Fällen fallen die höchsten Oxidationszahlen bei biochemisch relevanten Elementen mit dem Hauptvorkommen in der lebenden Natur zusammen, was ein Indiz für die Affinität des betreffenden Elements gegenüber Sauerstoff ist, dem primären Reaktionspartner auf der Erde. Neben diesen dominanten Oxidationszahlen existieren in der lebenden Natur auch stabile Verbindungen mit niedrigeren Oxidationszahlen, das betrifft beispielsweise einige Stickstoffverbindungen (OZ = −3, −2 und +3), Schwefelverbindungen (OZ = −2, −1, 0 und +4) und Phosphorverbindungen (OZ = +3). Einzigartig, und deshalb besonders hervorzuheben, ist die große Variationsbreite der Oxidationszahlen des Kohlenstoffs von −4 bis +4. Die zugehörigen Verbindungen unterscheiden sich mit Ausnahme von Kohlendioxid kaum in ihrer Affinität gegenüber Sauerstoff. Sie kommen ausnahmslos alle in der belebten Natur vor und spielen deshalb die zentrale Rolle in der Biochemie.

Typische Oxidationsreaktionen laufen durch formalen Einschub eines Sauerstoffatoms in eine [X]–H-Bindung ab, wobei [X] den Molekülrumpf mit einem Zentralatom symbolisiert.

$$[X]-H \xrightarrow{+\,[O]} [X]-O-H \qquad \overline{[X]} \xrightarrow{+\,[O]} [X]^{\oplus}\ \overset{O^{\ominus}}{\underset{}{|}}\ \text{oder}\ [X]\overset{O}{\underset{}{\parallel}}$$

Sind mehrere [X]–H-Bindungen vorhanden, wird sich dieser Vorgang wiederholen, bis alle oxidiert sind. Auf diese Weise entstehen in der Reaktion mit Nichtmetallen die Oxosäuren (Abb. 1.17). Alternativ kann ein freies Elektronenpaar am Zentralatom mit Sauerstoff zu einer [X]–O-Bindung reagieren. In Abhängigkeit von den Eigenschaften von [X] bildet sich eine geladene Struktur oder Sauerstoff wird über eine Doppelbindung mit [X] verbunden. Die Oxidationsreaktionen laufen in vielen Fällen radikalisch und über mehrere instabile Zwischenstufen ab (über den genauen chemischen Mechanismus bei Kohlenstoff siehe Kap. 4). Zur Vereinfachung wird nachfolgend das Sauerstoffreagenz pauschal mit [O] abgekürzt, da nicht nur das Sauerstoffmolekül O_2, sondern auch reaktive Sauerstoffspezies (abgekürzt ROS = *reactive oxygen species*) oxidieren.

Durch den formalen Ersatz des Protons der HO-Gruppe durch einen organischen Rest (R) entstehen **Ester** von anorganischen Säuren (Abb. 1.54). Alternativ kann das

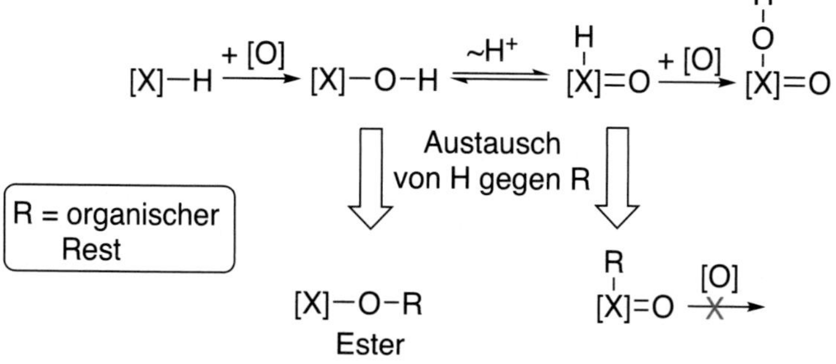

Abb. 1.54 Durch Austausch von H gegen R wird die Oxidierbarkeit eingeschränkt

Proton der HO-Gruppe auch zum benachbarten Zentralatom tautomerisieren und aus der ursprünglichen [X]–O(H)-Einfachbindung wird eine [X]=O-Doppelbindung. Parallel dazu entsteht eine neue [X]–H-Bindung, in die ebenfalls wieder Sauerstoff insertiert. Der Einschub wird „geblockt", wenn H zuvor gegen einen organischen Rest (R) ausgetauscht wird. Die X–C-Bindung ist nicht spaltbar. Die Reaktion bleibt somit auf dieser Oxidationsstufe des Zentralatoms von [X] stehen und höhere Oxidationsstufen sind nicht mehr zugänglich.

Auf diese Weise wird in einigen Fällen das Erreichen der maximalen Oxidationsstufen von Stickstoff, Schwefel und Phosphor verhindert. Die zugehörigen Naturstoffe finden sich oftmals in niederen Organismen, wie z. B. Bakterien.

Kohlenstoff versus Silicium
Kohlenstoff kommt in der Kohlensäure seine höchstmögliche Oxidationsstufe +4 zu. Kohlensäure entsteht formal durch Einschub von vier Sauerstoffatomen in die vier C–H-Bindungen des Methans (OZ = −4) (Abb. 1.55). Entsprechend der Erlenmeyer-Regel ist eine Kohlenstoffverbindung mit mehreren HO-Gruppen am Kohlenstoffatom nicht existent. Durch sukzessive Abspaltung von zwei Molekülen Wasser entsteht zunächst die Kohlensäure und am Ende Kohlendioxid, wobei sich die Oxidationszahl nicht mehr ändert.

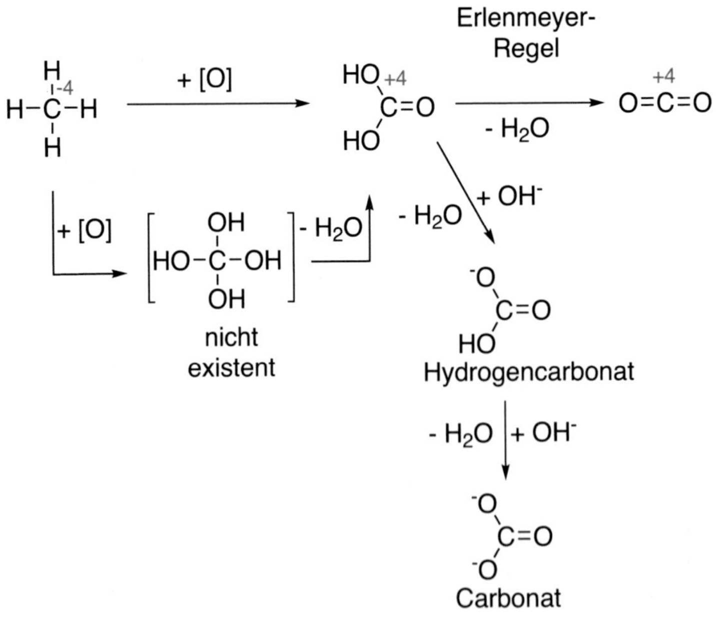

Abb. 1.55 Durch erschöpfende Oxidation von Methan entstehen Carbonate oder Kohlendioxid

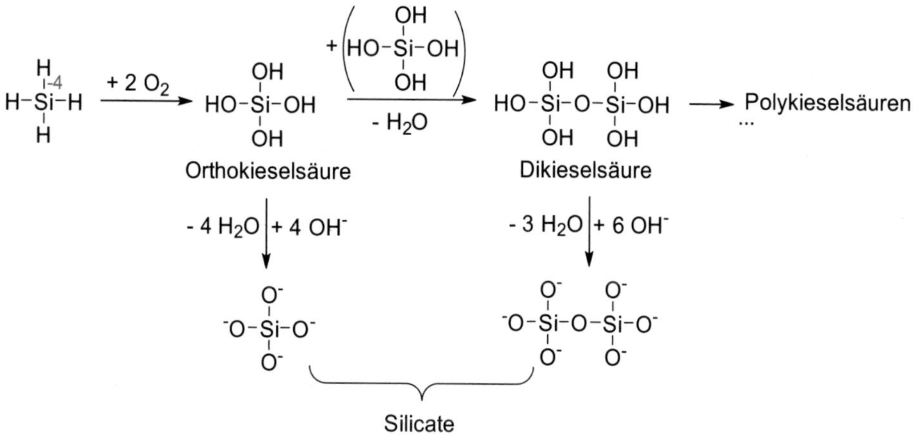

Abb. 1.56 Durch erschöpfende Oxidation von Silan entstehen Kieselsäuren oder Silicate

Kohlensäure ist eine **zweibasige Säure,** d. h. sie wird durch zwei Äquivalente einer Base neutralisiert. Es entsteht zuerst das Hydrogencarbonat- und nachfolgend das Carbonatanion.

Orthokieselsäure entsteht formal durch Einschub von Sauerstoff in die vier Si–H-Bindungen des Silans (Abb. 1.56). Da die Erlenmeyer-Regel bei größeren Zentralatomen wie Silicium nicht mehr gilt, aber auch Si=O-Bindungen unter biotischen Bedingungen nicht stabil sind (Abb. 1.4), entstehen durch intermolekulare Kondensation Di- und höhermolekulare Polykieselsäuren.

Durch Neutralisation werden die korrespondierenden Silicate gebildet. Hydrosilicate als Zwischenstufen von unvollständigen Neutralisationsreaktionen zeichnen sich durch eine variierende Anzahl von anionischen Sauerstoffen und HO-Gruppen aus, die vor allem vom pH-Wert des Milieus und der Struktur des meist amorphen Materials abhängt.

Stickstoff

Vergleichbar zu Kohlenstoff sticht auch Stickstoff mit mehreren Oxidationsstufen heraus, die zu stabilen Verbindungen gehören. Diese Diversität wird aber im Unterschied zu Kohlenstoff in der Biochemie wesentlich seltener realisiert. Hauptsächlich kommen neben molekularem Stickstoff (N_2 mit OZ $=0$) Verbindungen mit den beiden extremen Oxidationsstufen -3 (Ammoniak) und $+5$ (Salpetersäure bzw. deren Salze, die Nitrate) vor.

Molekularer Stickstoff wird durch biotische Luftstickstofffixierung in Ammoniak überführt, das als zentrale Ausgangsverbindungen für oxidative Umsetzungen dient. Diese Hydrierung liefert sämtlichen verfügbaren Stickstoff in Lebewesen und geht auf die Aktivität von prokaryotischen Mikroorganismen zurück. Eukaryoten verfügen nicht über diese Fähigkeit. Sie sind auf „externe chemische Unterstützung" durch andere Lebewesen angewiesen, was vielfach in der Biologie als Symbiose bezeichnet wird.

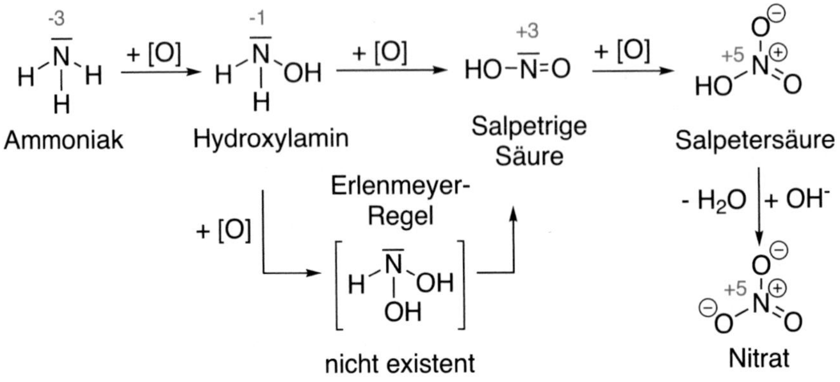

$$\overset{-3}{\overline{N}} \quad \xrightarrow{+[O]} \quad \overset{-1}{\overline{N}}\text{-OH} \quad \xrightarrow{+[O]} \quad \text{HO-}\overset{+3}{\overline{N}}\text{=O} \quad \xrightarrow{+[O]} \quad \overset{+5}{N}$$

Ammoniak   Hydroxylamin   Salpetrige Säure   Salpetersäure

$+[O]$ Erlenmeyer-Regel

$$\left[H\text{-}\overline{N}(\text{OH})\text{-OH} \right]$$

nicht existent

$- H_2O \mid + OH^-$

Nitrat

Abb. 1.57 Durch erschöpfende Oxidation von Ammoniak entsteht Salpetersäure oder Nitrat

Durch die industrielle Produktion (Haber-Bosch-Verfahren) wird die biochemisch verfügbare Stickstoffgrundlage von Pflanzen und Tieren bis hin zum Menschen um Millionen Tonnen Ammoniak jährlich erweitert.

$$\overset{0}{N_2} + 3\,H_2 \longrightarrow 2\,\overset{+3}{N}H_3$$

Formal lassen sich alle Oxidationsprodukte des Stickstoffs durch Einschub von Sauerstoff in N–H-Bindungen des Ammoniaks erklären (Abb. 1.57). Die Struktur der Salpetrigen Säure kann ebenfalls auf die Wirkung der Erlenmeyer-Regel zurückgeführt werden. Der Einschub von Sauerstoff in eine der beiden N–H-Bindungen des Hydroxylamins würde theoretisch zu zwei HO-Gruppen am Stickstoffatom führen. Aufgrund des kleinen Atomradius vom Stickstoff ist jedoch solch eine Verbindung, die strukturell den instabilen Hydraten des Kohlenstoffs ähnelt, nicht existent.

Wird das freie Elektronenpaar am Stickstoffatom in der Salpetrigen Säure in den Oxidationsprozess einbezogen, bildet sich eine polare N–O-Bindung. Salpetersäure ist eine **einbasige Säure,** d. h. durch Reaktion mit einem Äquivalent einer Base entsteht das Nitratanion.

Naturstoffe, die sich von der Salpetrigen Säure (Hydrogennitrit) ableiten, sind selten. Bisher wurden nur ca. 200 nachgewiesen. Sie entstehen durch Oxidation von primären Aminen, die über mehrere Zwischenstufen zu organischen Nitroverbindungen abreagieren.

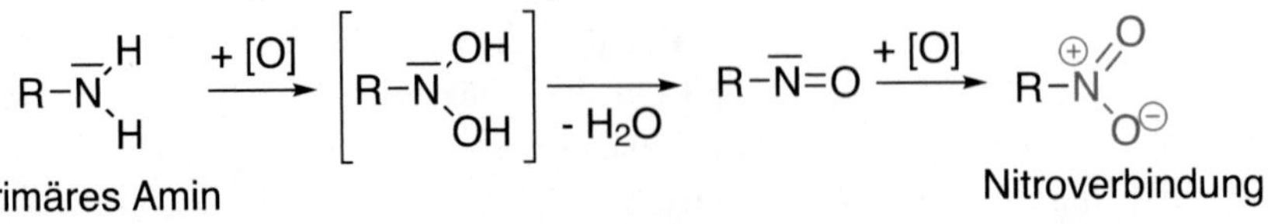

$$R\text{-}\overline{N}H_2 \quad \xrightarrow{+[O]} \quad \left[R\text{-}\overline{N}(\text{OH})\text{-OH} \right] \xrightarrow{-H_2O} R\text{-}\overline{N}\text{=O} \xrightarrow{+[O]} R\text{-}N$$

primäres Amin   Nitroverbindung

Biogene Nitroverbindungen wurden sowohl aus Pflanzen, Pilzen und Bakterien als auch aus Säugetieren isoliert. Sie sind durch eine große strukturelle Vielfalt charakterisiert. Die produktivste Quelle für aromatische Nitroverbindungen sind grampositive Bakterien *Salegentibacter* sp. T436, welche im arktischen Packeis vorkommen. Sie produzieren mehr als 20 relativ einfache Nitroverbindungen auf der Basis von Phenol (Abb. 1.58). Eine komplexere Verbindung mit einer Nitrogruppe ist das Chloramphenicol, eine Verbindung, die erstmals aus den grampositiven Bakterien *Streptomyces venezuelae* isoliert wurde und lange Zeit als Antibiotikum Anwendung fand.

Der vollständige Austausch aller H-Atome in Ammoniak gegen organische Reste führt zu Verbindungen, in denen einzig das freie Elektronenpaar am Stickstoffatom für die Bindung zu Sauerstoff übrigbleibt. Es entstehen Aminoxide, die in der Folge nur noch über C–H-Bindungen in den Kohlenstoffresten und nicht unter Beteiligung des Stickstoffatoms weiter oxidierbar und damit abbaubar sind. Ein einfaches Beispiel ist Trimethylaminoxid (TMAO), ein finales Abbauprodukt des Trimethylamins, das in vielen Organismen vorkommt (Abb. 1.59). Es hat aufgrund der beiden getrennten und gegensätzlichen Ladungen einen sehr polaren Charakter und dient in Seefischen dazu, den osmotischen Druck im Körper gegen das Salzwasser aufrecht zu erhalten.

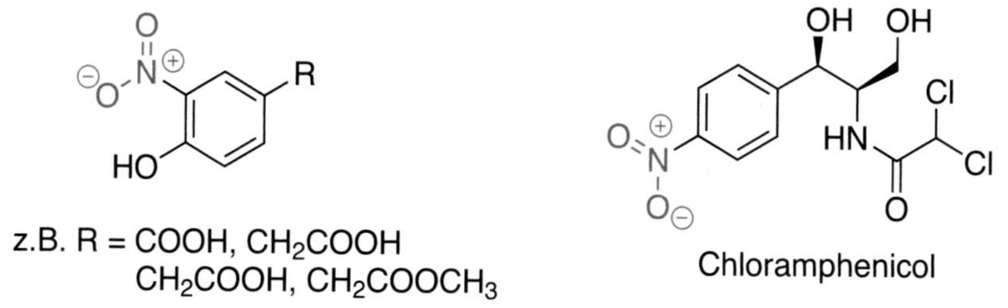

z.B. R = COOH, CH$_2$COOH
CH$_2$COOH, CH$_2$COOCH$_3$

Chloramphenicol

Abb. 1.58 Nitrogruppenhaltige Naturstoffe

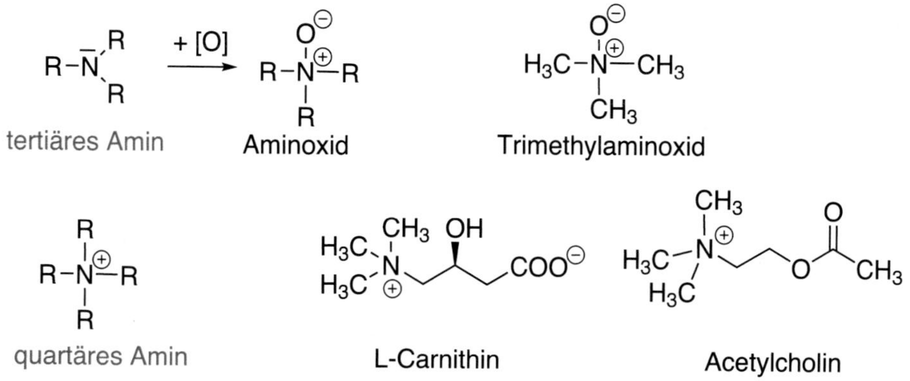

tertiäres Amin   Aminoxid   Trimethylaminoxid

quartäres Amin   L-Carnithin   Acetylcholin

Abb. 1.59 Organische Ammoniakderivate und Beispiele von Naturstoffen

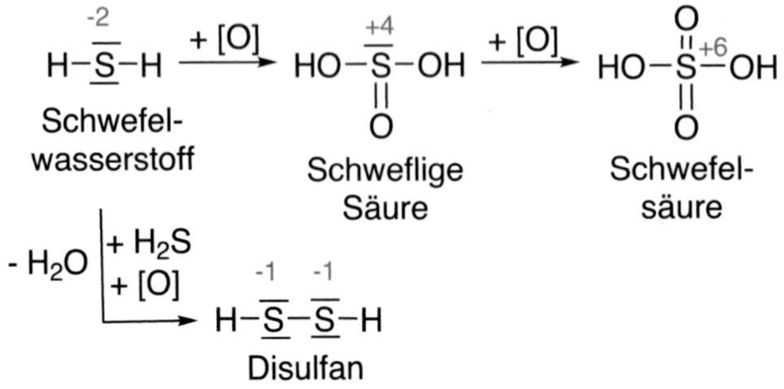

$$H-\overset{-2}{\underline{\underline{S}}}-H \xrightarrow{+[O]} HO-\overset{+4}{\underset{O}{\overset{\|}{S}}}-OH \xrightarrow{+[O]} HO-\overset{O}{\underset{O}{\overset{\|}{S}}}\overset{+6}{}OH$$

Schwefel-
wasserstoff   Schweflige   Schwefel-
                                 Säure   säure

$$-H_2O \left| \begin{matrix} +H_2S \\ +[O] \end{matrix} \right.$$

$$\xrightarrow{\quad\quad} H-\overset{-1}{\underline{\underline{S}}}-\overset{-1}{\underline{\underline{S}}}-H$$

Disulfan

Abb. 1.60 Oxidationsprodukte des Schwefels

In einem quartären Amin fehlt sogar das freie Elektronenpaar am Stickstoff. Deshalb sind diese organischen Strukturen besonders stabil. L-Carnitin (Abschn. 4.1.6) profitiert als Transporter von Fettsäuren von einer quartären Ammoniumfunktion und ist somit gegen den schnellen oxidativen Abbau geschützt. Acetylcholin ist ein Ester der Essigsäure und einer der wichtigsten Transmitter bei der Reizweiterleitung, auch im Menschen.

Schwefel

Eine ähnliche Reihung wie für Stickstoff ergibt sich für die Oxidationsprodukte des Schwefels, wobei vor allem die niedrigste Oxidationsstufe -2 (H_2S) und die höchste $+6$ (H_2SO_4) in der Chemie des Lebens von Bedeutung sind (Abb. 1.60). Alle organischen Schwefelverbindungen leiten sich hauptsächlich von Sulfat ab, das im Zuge verschiedener biochemischer Mechanismen reduziert wird. Im Unterschied zu Stickstoff und zum weiter unten behandelten Phosphor sind organische S–S-Verbindungen, die sich vom instabilen Disulfan (OZ $=-1$) ableiten, ein wichtiges Merkmal biologischer Strukturen (Abschn. 1.2.7).

Während Disulfidbrücken organische Strukturen stabilisieren, sind höhere Oxidationsprodukte von organischen Schwefelverbindungen meist chemische Zeugen von Abbauprozessen. Ein anschauliches Beispiel stellt der Abbau der proteinogenen Aminosäure L-Cystein dar (Abb. 1.61). Durch die Alkylierung mit einer Allylgruppe entsteht ohne Änderung der Oxidationsstufe ein Thioether, der mit Sauerstoff zu Alliin oxidiert wird. Bei Alliin handelt es sich um ein Sulfoxid, worin Sauerstoff und Schwefel durch eine Doppelbindung miteinander verbunden sind. Der ungesättigte Aminosäurerest wird anschließend eliminiert und es entsteht Propanthial-*S*-oxid. Dessen Säurecharakter wird durch die tautomere Sulfensäure deutlich. Propanthial-*S*-oxid ist neben anderen Sulfoxiden die tränenreizende Verbindung der Küchenzwiebel *(Allium cepa)*. Zwei Sulfensäuren vereinigen sich letztendlich unter Abspaltung von Wasser zu Allicin. Allicin mit zwei Schwefelatomen in unterschiedlichen Oxidationsstufen stellt ein partiell oxidiertes Disulfid dar und ist die geruchsbestimmende Verbindung des Knoblauchs

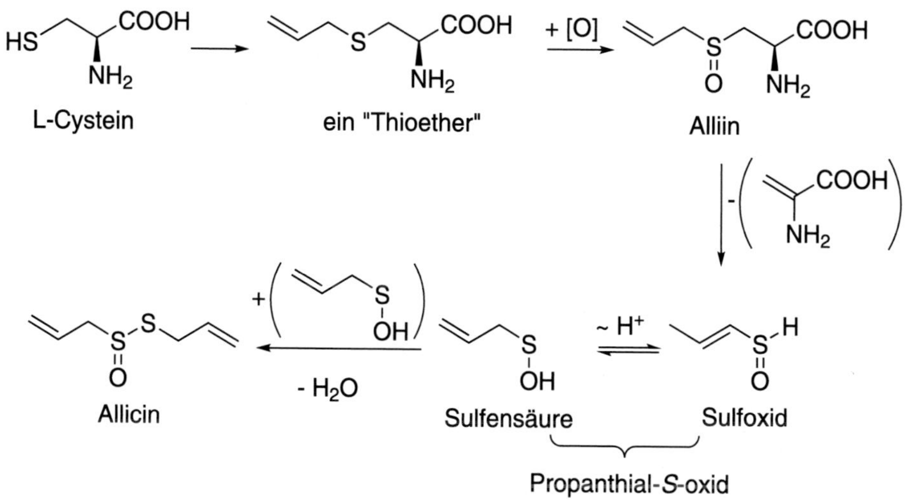

Abb. 1.61 Die Synthese des Allicins über Schwefelverbindungen mit unterschiedlichen Oxidationsstufen

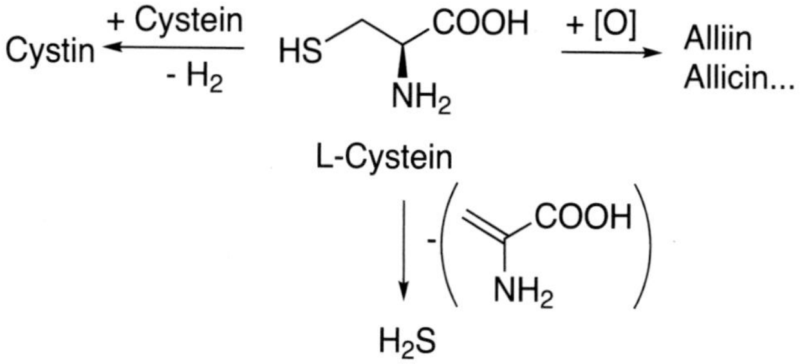

Abb. 1.62 Schwefelverbindungen mit unterschiedlichen Oxidationsstufen verhindern die Eliminierung von Schwefelwasserstoff

(*Allium sativum*). Die cytotoxischen chemischen Wirkungen treten erst nach Verletzung der Zwiebeln in Kraft, wenn das katalysierende Enzym und das Substrat aufeinandertreffen.

Alliin, Allicin und viele weitere Oxidationsprodukte, die sich von L-Cystein ableiten, haben Siedepunkte weit über 100 °C. Im Vergleich dazu ist H_2S ein Gas. Aus diesem Grund steht die Eliminierung von H_2S aus L-Cystein immer in Konkurrenz zu diesen Oxidationsreaktionen, wozu letztendlich auch die Bildung von Disulfidbrücken wie in Cystin gehört (Abb. 1.62). Der Grad der Oxidation trägt letztendlich zur Individualität der biologischen Spezies bei.

Sulfonsäuren, wie das Taurin, sind ebenfalls oxidative Abbauprodukte von organischen Schwefelverbindungen (Abb. 1.63). Die Verbindung entsteht im Stoff-

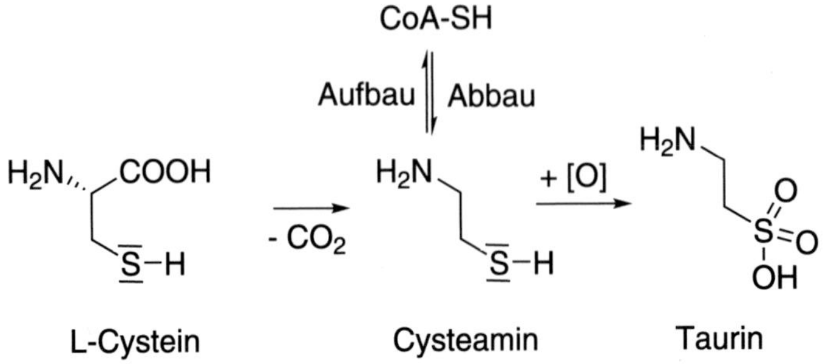

CoA-SH

Aufbau ∥ Abbau

H₂N,,,⁀COOH   H₂N⁀   + [O]   H₂N⁀
        | ──────▶ | ──────▶   O
       S̲–H   - CO₂   S̲–H   ‖S꞊O
                                                                       OH

L-Cystein   Cysteamin   Taurin

Abb. 1.63 Taurin als Beispiel einer seltenen Sulfonsäure in der Naturstoffchemie

wechsel aus der Aminosäure L-Cystein. Da Cysteamin eine Zwischenverbindung darstellt, kann Taurin ebenfalls aus dem Abbau des zentralen Acylgruppencarriers CoA–SH stammen. In einer aeroben Umgebung geht auf diesem Weg kontinuierlich L-Cystein verloren und muss nachgeliefert werden. Taurin hat in Säugetieren, darunter auch im Menschen, eine Vielzahl von regulierenden Funktionen. Der Organismus von Hunden ist in der Lage, Taurin selbst herzustellen, während Katzen primär auf externe Zufuhr angewiesen sind. Dies beweist, dass biochemische Unterschiede selbst bei solch einer zentralen Klasse von Naturstoffen wie Aminosäuren auch zwischen Säugetieren manifest sein können. Solche Unterschiede in der Chemie tragen letztlich zu deren Individualität bei.

Schwefelsäure, die Verbindung mit der höchsten Oxidationsstufe des Schwefels, reagiert sukzessive mit Basen (HO⁻) in zwei Neutralisationsreaktionen zunächst zu Hydrogensulfat und dann zu Sulfat. Aus diesem Grund ist sie eine **zweibasige Säure**.

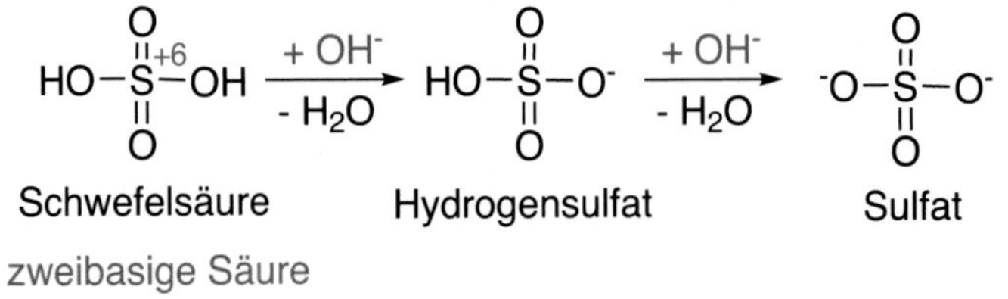

$$O \atop HO-\overset{+6}{S}-OH \xrightarrow[-H_2O]{+\ OH^-} HO-\overset{O}{\underset{O}{S}}-O^- \xrightarrow[-H_2O]{+\ OH^-} {}^-O-\overset{O}{\underset{O}{S}}-O^-$$

Schwefelsäure   Hydrogensulfat   Sulfat

zweibasige Säure

Phosphor versus Stickstoff versus Arsen

Im Unterschied zu Ammoniak NH_3 ist Phosphan PH_3 mit dem höchst oxophilen Phosphor in der Oxidationsstufe -3 nur in einer anaeroben Atmosphäre existent, beispielsweise in Sumpfgas oder auf dem Nachbarplaneten Venus. Aus diesem Grund gibt es in lebenden Systemen auch keine zu den Aminocarbonsäuren vergleichbaren Phosphinocarbonsäuren wie das phosphoranaloge Glycin (Abb. 1.64). Organische PH_2-Verbindungen sind nur unter anaeroben Bedingungen im Labor synthetisierbar und

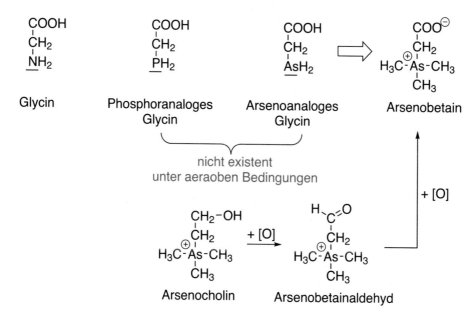

Abb. 1.64 Vier Alkylgruppen verhindern die Oxidation des Arsenatoms

stabil. Aus dem gleichen Grund gibt es auch keinen Naturstoff, bei dem in Glycin die NH$_2$-Gruppe gegen AsH$_2$ ausgetauscht ist. Arsen steht im PSE in der 5. Hauptgruppe direkt unter Phosphor. Solch eine Arsenverbindung sollte noch oxidationsanfälliger sein als die vergleichbare PH$_2$-Verbindung. Tatsächlich kommt aber das Arsenobetain in marinen Organismen und Pilzen vor. Die Voraussetzung für dessen Stabilität ist die Abwesenheit von oxidierbaren As–H-Bindungen und das Fehlen des freien Elektronenpaares am Arsenatom. Diese Situation ergibt sich durch die drei CH$_3$-Gruppen am Arsenatom und interne Salzbildung. Sie ist vergleichbar mit der hohen Oxidationsresistenz von quartären Aminen. Arsenobetain wirkt auch im Menschen nicht als Gift, sondern wird unverändert ausgeschieden. Offensichtlich gibt es keinen Abbaumechanismus mit der zugehörigen Enzymausstattung. Arsenobetain kann als Abbauprodukt von Arsenocholin betrachtet werden, das durch exklusive Oxidation von C–H-Bindungen über Arsenobetainaldehyd als Zwischenstufe gebildet wird. Arsenocholin kommt in Fischen (Fischarsen) vor, wobei angenommen wird, dass die Primärquelle Algen und Krebstiere darstellen.

Durch Reaktion des Phosphans mit Sauerstoff entstehen intermediär die entsprechenden Phosphorsauerstoffsäuren mit Oxidationsstufen des Phosphors zwischen −1 und +3. Phosphorsäure mit der Oxidationsstufe +5, von der sich zahlreiche biologisch wichtige Salze (Phosphate) ableiten, ist die stabilste und auch die in der Natur am häufigsten vorkommende Phosphorspezies. Aber auch Salze der Phosphorigen Säure (Phosphonate) stellen eine Phosphorquelle für Organismen dar.

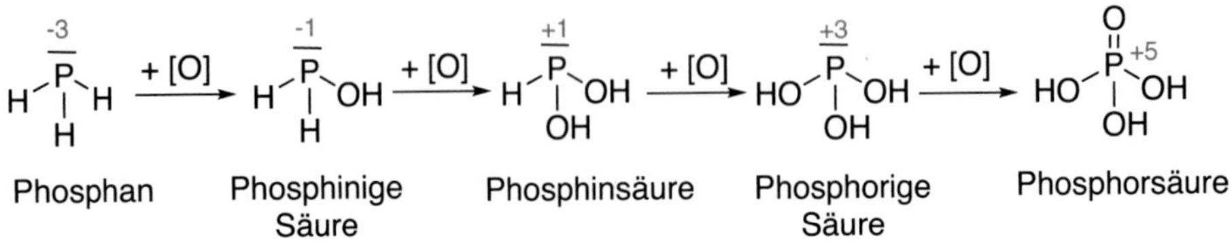

Organische Naturstoffe mit Phosphor in einer Oxidationsstufe kleiner als +5 spielen im biotischen Zusammenhang eine untergeordnete Rolle. Beispielsweise entstehen organische Derivate der Phosphorigen Säure, die Phosphonsäuren, ebenso wie die Derivate der Salpetrigen Säure formal durch eine vorgelagerte dyadische Tautomerie und anschließende Substitution von H gegen R (Abb. 1.65).

2-Aminoethylphosphonsäure kommt in den Membranen von Pflanzen und vielen Tieren vor. Ihre biologische Rolle ist noch weitgehend unbekannt.

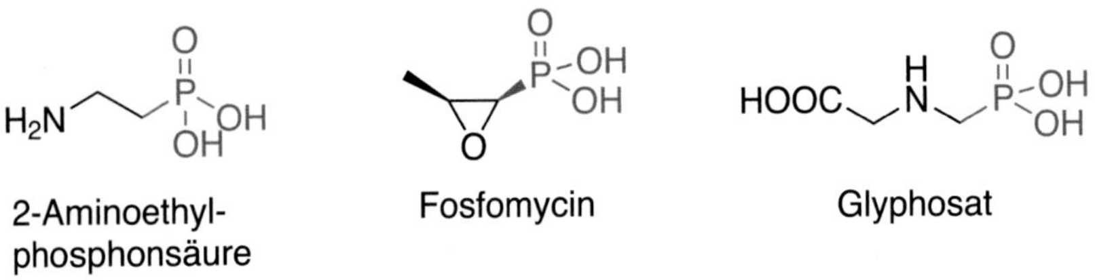

Ein weiteres Beispiel ist Fosfomycin. Es wurde aus der sehr artenreichen Gattung *Actinobacteria* isoliert und wird seitdem als Antibiotikum in der Humanmedizin eingesetzt. Da organische Phosphonate häufig als Herbizide in der Landwirtschaft Verwendung finden, sind einige Mikroorganismen mit ihrer schnellen Adaptationsfähigkeit an veränderte chemische Umweltbedingungen mittlerweile in der Lage, diese als Phosphorquelle zu nutzen. Ein populäres Beispiel ist Glyphosat, das nicht nur durch Bakterien, sondern auch durch Pilze abgebaut wird. Dies ist ein Indiz, dass synthesechemisch hergestellte, neuartige Verbindungen in die Dynamik biochemischer Prozesse einbezogen werden. Am Ende steht eine neue biologische Spezies. Zur Anpassung

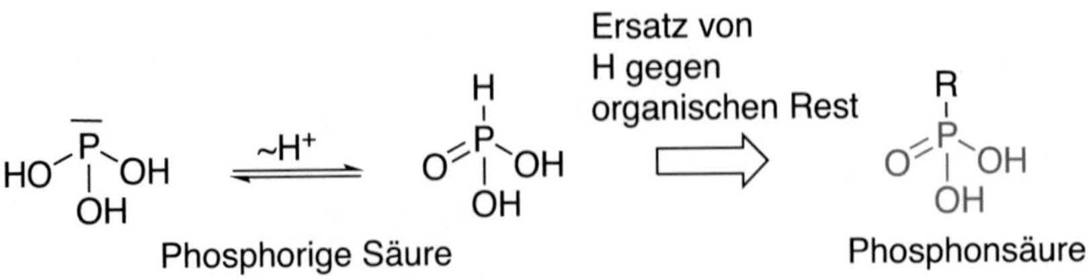

Abb. 1.65 Entstehung von Phosphonsäuren

erfordert es eine Übergangsphase, die je nach Entwicklungsniveau des Organismus unterschiedlich lang sein kann. Kurze Zeiten sind ein anschaulicher Echtzeitbeweis für das Wirken der biochemischen Evolution.

Phosphorsäure, mit der maximalen Oxidationsstufe des Phosphors, ist eine **dreibasige Säure,** d. h. sie verfügt über drei HO-Gruppen und kann deshalb mit drei Äquivalenten einer Base in Neutralisationsreaktionen reagieren. Dabei entstehen sukzessive Dihydrogenphosphat, Hydrogenphosphat und Phosphat. Eine aktive Rolle in biochemischen Mechanismen spielen hauptsächlich das monoanionische Dihydrogenphosphat und das dianionische Hydrogenphosphat.

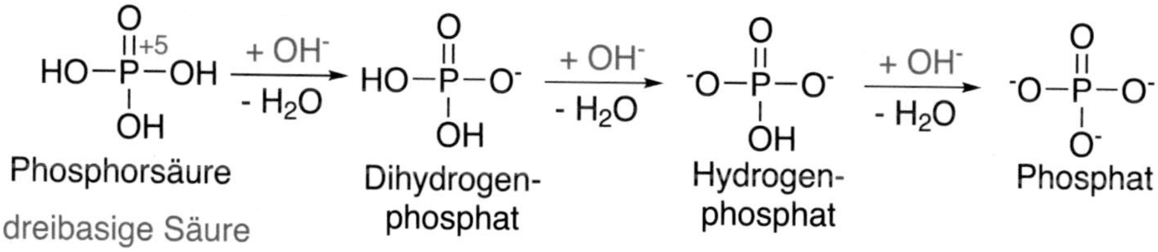

Dem Phosphat chemisch nahestehend ist Arsenat, welches durch die schrittweise Neutralisation von Arsensäure, ebenfalls eine dreibasige Säure, über Dihydroarsenat und Hydroarsenat gebildet wird.

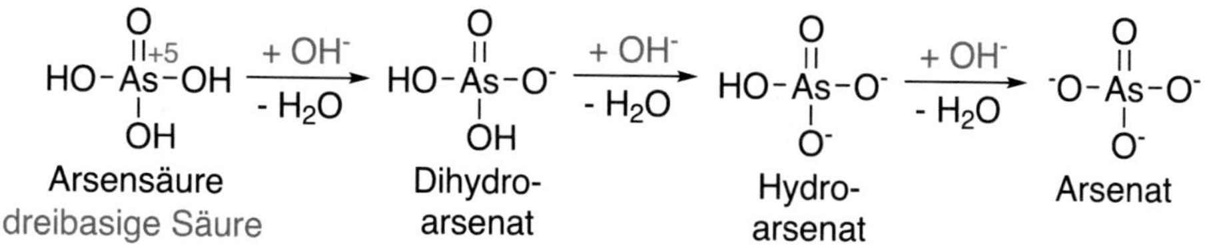

Vergleich der Geometrien von Oxosäuren

Kohlensäure- und Salpetersäuremoleküle sind eben (Abb. 1.66). Hingegen sind Orthokieselsäure, Schwefelsäure, Phosphorsäure und Arsensäure nicht planar, sondern nehmen die Geometrie eines Tetraeders an.

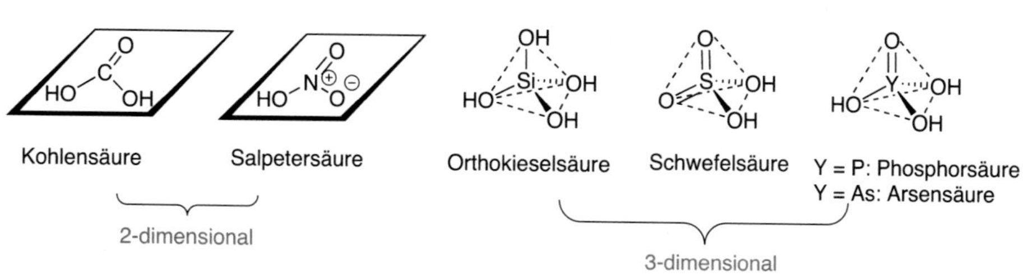

Abb. 1.66 Geometrien von Oxosäuren

Dies betrifft nicht nur die Säuren, sondern auch alle zugehörigen Salze und organischen Derivate. Dieser fundamentale Unterschied in der Geometrie hat Auswirkungen auf alle Verbindungen, insbesondere dort, wo sie als Brücke wirken: Sie sind – ebenfalls wie auch alle organischen Verbindungen mit vierbindigem Kohlenstoffatom – nicht zweidimensional, sondern dreidimensional aufgebaut. Durch den Übergang von der Zweidimensionalität in die Dreidimensionalität wird in der Biochemie ein höheres Evolutionsniveau erreicht. Dies ist letztendlich eine Folge des Atomradius und der sich daraus entwickelnden Wirkung der Erlenmeyer-Regel.

1.2.14 Ester von anorganischen Säuren und ihr Evolutionspotenzial

Wie im hinteren Teil des Buches (siehe Kap. 3 und 4) demonstriert wird, ist für die organische Chemie der Ersatz von H-Atomen in anorganischen Verbindungen gegen organische Reste konstitutiv. Im Falle von anorganischen Säuren werden dadurch Ester gebildet, die aufgrund der engen Beziehungen zu den anorganischen Oxosäuren hier separat behandelt werden. Ester entstehen prinzipiell durch Kondensation einer Säure mit einem Alkohol (Abb. 1.67). Der Ersatz der HO-Gruppe der Säure wird durch den nucleophilen Angriff eines der beiden freien Elektronenpaare der HO-Gruppe des Alkohols auf das positivierte Zentralatom der Säure eingeleitet. Am Ende wird Wasser abgespalten. Veresterungen sind Gleichgewichtsreaktionen. Insbesondere im Lösungsmittel Wasser liegt das Gleichgewicht auf der Seite der Edukte. Die schnelle Einstellung des Gleichgewichts muss durch saure Katalysatoren (Protonen) erzwungen werden. Gleichzeitig tragen im biochemischen Kontext Folgereaktionen der Ester zur Gleichgewichtsverschiebung bei. Es ist wichtig zu beachten, dass sich das Wasser aus der HO-Gruppe der Säure und dem Proton des Alkohols bildet und nicht umgekehrt. Somit ist das Vorhandensein dieser HO-Gruppe essenziell. In Salzen muss zunächst diese HO-Gruppe generiert werden, ehe sie ersetzt wird. Das gelingt nur durch die stöchiometrische Menge einer stärkeren Säure und folgt der Regel: Die stärkere Säure verdrängt die schwächere Säure aus ihren Salzen.

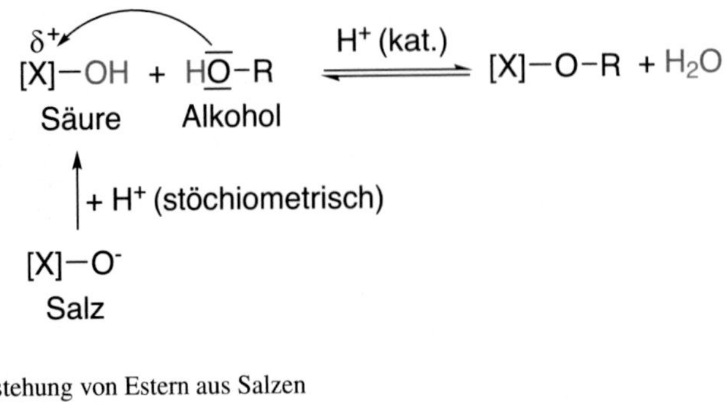

$$[X]-OH \; + \; H\overline{\underline{O}}-R \; \overset{H^+ \text{(kat.)}}{\rightleftharpoons} \; [X]-O-R \; + \; H_2O$$

Säure   Alkohol

$$\uparrow + H^+ \text{(stöchiometrisch)}$$

$$[X]-O^-$$

Salz

Abb. 1.67 Entstehung von Estern aus Salzen

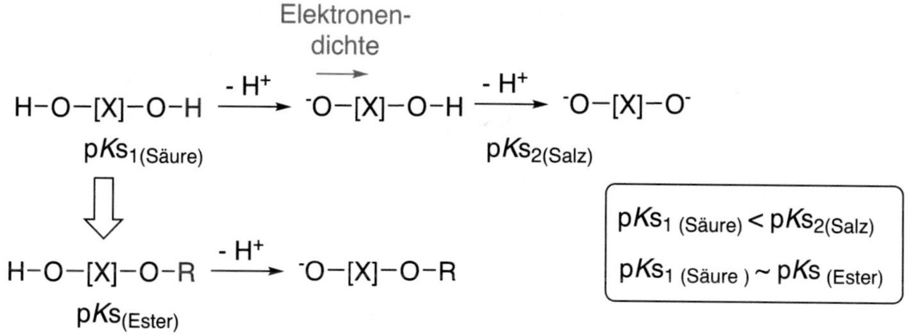

Elektronen-
dichte
$\longrightarrow$

$$\text{H–O–[X]–O–H} \xrightarrow{\ -\,H^+\ } {}^-\text{O–[X]–O–H} \xrightarrow{\ -\,H^+\ } {}^-\text{O–[X]–O}^-$$

$$pKs_{1(\text{Säure})} \qquad\qquad pKs_{2(\text{Salz})}$$

⇓

$$\text{H–O–[X]–O–R} \xrightarrow{\ -\,H^+\ } {}^-\text{O–[X]–O–R}$$

$$pKs_{(\text{Ester})}$$

$$pKs_{1\ (\text{Säure})} < pKs_{2(\text{Salz})}$$
$$pKs_{1\ (\text{Säure})} \sim pKs_{\ (\text{Ester})}$$

Abb. 1.68 pK_s-Werte von mehrbasigen Oxosäuren, Salzen und Estern im Vergleich

Phosphor-
säure
$$H_3PO_4 + H_2O \rightleftharpoons H_2PO_4^- + H_3O^+ \qquad pK_{s1} = 2,1$$
$$H_2PO_4^- + H_2O \rightleftharpoons HPO_4^{2-} + H_3O^+ \qquad pK_{s2} = 7,2$$
$$HPO_4^{2-} + H_2O \rightleftharpoons PO_4^{3-} + H_3O^+ \qquad pK_{s3} = 12,4$$

Arsen-
säure
$$H_3AsO_4 + H_2O \rightleftharpoons H_2AsO_4^- + H_3O^+ \qquad pK_{s1} = 2,1$$
$$H_2AsO_4^- + H_2O \rightleftharpoons HAsO_4^{2-} + H_3O^+ \qquad pK_{s2} = 6,9$$
$$HAsO_4^{2-} + H_2O \rightleftharpoons AsO_4^{3-} + H_3O^+ \qquad pK_{s3} = 11,5$$

Schwefel-
säure
$$H_2SO_4 + H_2O \rightleftharpoons HSO_4^- + H_3O^+ \qquad pK_{s1} = -3$$
$$HSO_4^- + H_2O \rightleftharpoons SO_4^{2-} + H_3O^+ \qquad pK_{s2} = 1,92$$

Abb. 1.69 Vergleich der pK_s-Werte von Phosphorsäure, Arsensäure und Schwefelsäure

Bei mehrbasigen Säuren ist der Grad der Veresterung von der Anzahl der HO-Gruppen abhängig. Die Acidität einer HO-Gruppe hängt nicht nur von der Oxidationszahl und der Elektronegativität des Zentralatoms ab, sondern auch davon, ob ein zweiter Substituent als anionischer Sauerstoff oder als HO-Gruppe vorliegt (Abb. 1.68). Im Unterschied zu einer neutralen HO-Gruppe schiebt ein negativ geladenes Sauerstoffatom Elektronendichte in die benachbarte H–O-Bindung, was zur Folge hat, dass die negativ geladenen Ionen weniger leicht Protonen abgeben als die zugehörigen Neutralsäuren. Letztere sind somit stärkere Säuren.

Dieses Phänomen kann durch die **pK_S-Werte** quantifiziert werden, die folgerichtig bei mehrbasigen Säuren unterschiedlich sind (Abb. 1.69). Der pK_S-Wert der 2. (oder

3.) Dissoziationsstufe ist immer größer als jener der vorangegangenen Stufe, wie am Beispiel von Phosphorsäure, Arsensäure und Schwefelsäure gezeigt ist. Bei einem pH-Wert von 7,20 liegen näherungsweise gleich große Konzentrationen an Dihydrogen-phosphat- ($H_2PO_4^-$) und Hydrogenphosphationen (HPO_4^{2-}) vor. Die Konzentrationen an undissoziierter Phosphorsäure und Phosphationen sind im Vergleich dazu millionen-fach kleiner. Gelöstes Phosphat (PO_4^{3-}) existiert nur im stark basischen Milieu, während in stark saurer Lösung die Phosphorsäure (H_3PO_4) dominiert. Die drei pK_S-Werte der Arsensäure sind vergleichbar dazu.

Schwefelsäure hingegen ist um fünf Größenordnungen saurer als Phosphorsäure und Arsensäure. Aber auch bei ihr ist Hydrogensulfat, das in nur geringen Konzentrationen unter physiologischen Bedingungen vorliegt, die schwächere Säure als die Schwefel-säure selbst.

Durch Ersatz des Protons in einer HO-Gruppe gegen einen organischen Rest R (H gegen C) ändern sich die elektronischen Eigenschaften kaum. Deshalb sind bei mehr-basigen Säuren die pK_S-Werte von Säure und Ester annähernd gleich (Abb. 1.68). Diese Zusammenhänge haben grundlegende Auswirkungen auf die Esterbildung in einem wässrigen, neutralen Milieu, wie sie nachstehend diskutiert werden.

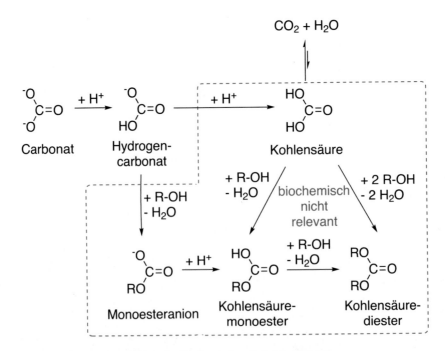

Abb. 1.70 Kohlensäure und Derivate im biochemischen Relevanzvergleich

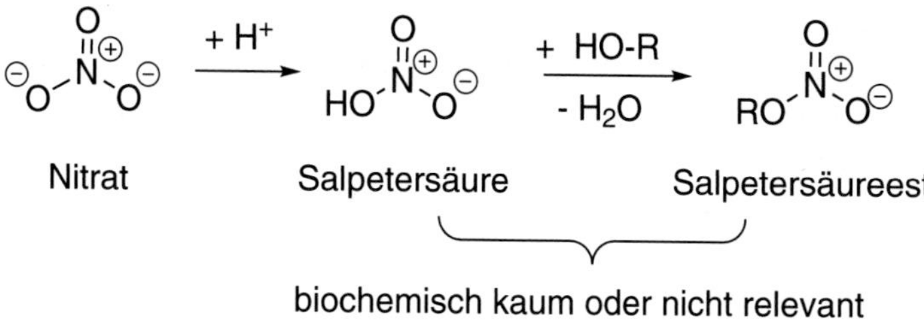

Abb. 1.71 Salpetersäure und Derivate im biochemischen Relevanzvergleich

Kohlensäure- und Salpetersäureester

Es fällt auf, dass es weder Mono- noch Diester der Kohlensäure in der belebten Natur gibt, was an der Instabilität der Kohlensäure und der enormen Stabilität der beiden Zerfallsprodukte Kohlendioxid und Wasser liegt (Abb. 1.70). Kohlensäurediester können nur unter bestimmten Bedingungen im Labor synthetisiert werden. Selbst in diesem Rahmen sind Kohlensäuremonoester in Form ihrer Anionen höchst instabil. Die einzigen biogenen Formen der Kohlensäure sind deshalb Carbonat und Hydrogencarbonat.

Salpetersäureester haben eine nur geringe Verbreitung in der lebenden Natur. Die Salpetersäure liegt ausschließlich in Form ihrer Salze (Nitrate) vor (Abb. 1.71). Zur Generierung der freien Salpetersäure aus den Nitraten ist eine noch stärkere Säure als die bereits sehr starke Salpetersäure notwendig. Solche extremen Bedingungen zur Formierung von Salpetersäureestern sind völlig untypisch in biochemischen Systemen. Sie sollten prinzipiell nur in einem Labor synthetisierbar sein.

Ungeachtet dessen wurden einige wenige Salpetersäureester aus biogenen Quellen isoliert. Bisher gibt es noch keine Hinweise darüber, wie sie gebildet werden. Die subarktische Koralle *Alcyonium paessleri* produziert beispielsweise eine Reihe von zyklischen Verbindungen, die als Illudalane klassifiziert werden. (Z)-9-Tetradecenylnitrat wurde als Komponente des Sexuallockstoffes der weiblichen Baumwollblattperforatormotte (*Bucculatrix thurberiella*) identifiziert.

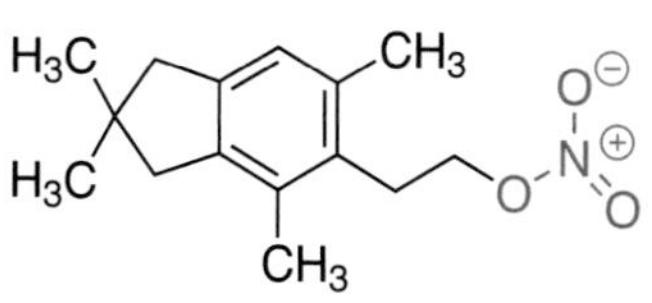

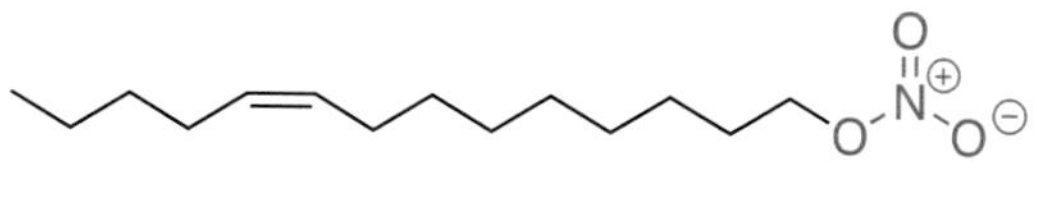

(Z)-9-Tetradecenylnitrat

Illudalan

Es bleibt anzumerken, dass ein zweiter organischer Rest in der Salpetersäure aufgrund einer fehlenden weiteren HO-Gruppe nicht gebunden werden kann (siehe Wirkung der Erlenmeyer-Regel bei der Totaloxidation von NH_3). Mit anderen Worten, Salpetersäurediester sind selbst unter Laborbedingungen nicht existent. Das hat zur logischen Konsequenz, dass Salpetersäure nicht als Brücke zwischen zwei organischen Resten fungieren kann.

Schwefelsäure-, Phosphorsäure- und Arsensäureester
Sowohl Salpetersäure als auch Schwefelsäure sind sehr starke Säuren. Diese Aussage lässt sich aus einer **Schrägbeziehung im PSE** ableiten (Abb. 1.72). Als Schrägbeziehungen bezeichnet man die Ähnlichkeit von Eigenschaften jener Elemente und ihrer Verbindungen, die im PSE jeweils schräg untereinanderstehen. In vorliegenden Fall betrifft das die Säureeigenschaften der beiden Oxosäuren.

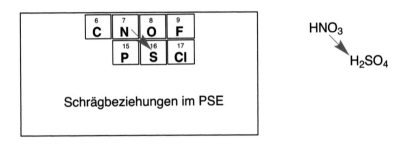

Abb. 1.72 Schrägbeziehungen im PSE, Anwendung auf die Abschätzung von Säurestärken

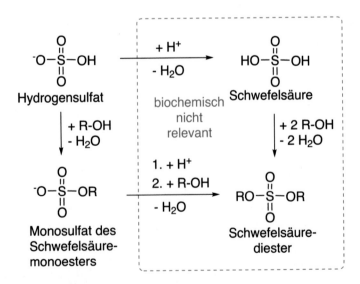

Abb. 1.73 Schwefelsäure und Derivate im biochemischen Relevanzvergleich

Schwefelsäure besitzt jedoch im Unterschied zu Salpetersäure zwei veresterbare HO-Gruppen und kann daher bis zu einem Diester transformiert werden (Abb. 1.73). Das Hauptvorkommen der Schwefelsäure in der Natur ist Sulfat. Im annähernd neutralen Milieu der belebten Natur existieren nur geringe Konzentrationen der meist gut wasserlöslichen Salze des Hydrogensulfats. Hydrogensulfat verfügt nur über eine einzige HO-Gruppe. Wird diese mit einem Äquivalent eines Alkohols ausgetauscht, entsteht das Salz eines Schwefelsäuremonoesters. Eine weitere HO-Gruppe kann nur durch Einwirkung einer sehr starken Säure – vergleichbar zum Gleichgewicht zwischen Nitrat und Salpetersäure – generiert werden, was aber unter biotischen Bedingungen nicht gegeben ist. Aus diesem Grund sind nur Schwefelsäuremonoester, aber keine -diester, als Naturstoffe von Bedeutung.

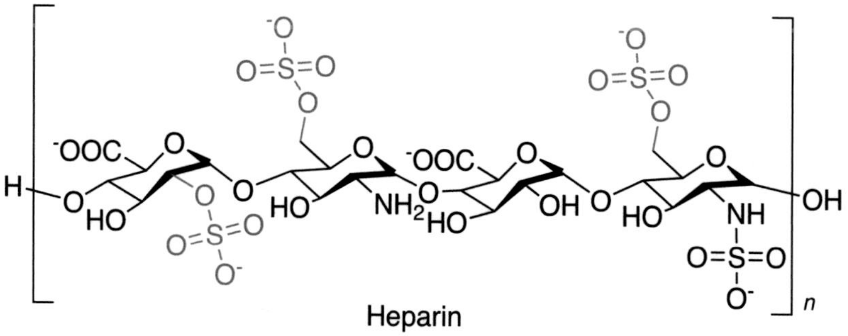

Abb. 1.74 Heparin als Beispiel für das Salz eines Schwefelsäuremonoesters

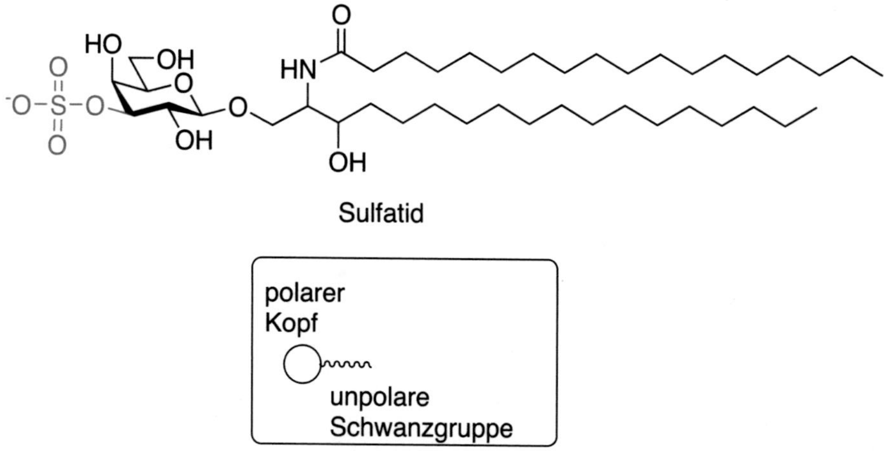

Abb. 1.75 Ein langkettiges Sulfatid als typisches Beispiel eines Amphiphils

Salze von Schwefelsäuremonoestern sind in der lebenden Natur weit verbreitet. Ein Beispiel sind die Heparine, die als Blutgerinnungsstoffe wirken (Abb. 1.74). Durch die negative Ladung am Sulfatsauerstoffatom wird die intrinsische Polarität der Sulfatgruppe noch verstärkt und attraktive Wechselwirkungen mit anderen polaren oder sogar geladenen Verbindungen sind möglich.

Auch Sulfatide (Abb. 1.75), eine Gruppe von Glycosphingolipiden, die sich aus einem Zucker und Fettsäuren zusammensetzen und als Bestandteil der Hirnsubstanz auftreten, sind Salze von Schwefelsäuremonoestern.

Durch den zuckerbasierten Sulfatrest und die langen unpolaren Ketten vereinigt das Molekül in sich polare Eigenschaften (Kopf) und unpolare Eigenschaften (Schwanz). Solche Verbindungen werden als **Amphiphile** bezeichnet. Sie sind die strukturellen Voraussetzungen für die Bildung von geordneten Aggregaten, die als Substrukturen von biologischen Membranen zusammen mit Fettsäureestern und Phospholipiden (Abb. 1.82) fungieren.

Phosphorsäure ist im Vergleich zu Schwefelsäure die schwächere Säure. Das ergibt sich aus der Stellung des Phosphors in der 5. und der des Schwefels in der 6. Hauptgruppe und ist durch die unterschiedlichen Oxidationsstufen der Zentralatome begründet.

$$\overset{+5}{H_3PO_4} \quad < \quad \overset{+6}{H_2SO_4}$$

Säurestärke

Wie bereits anhand der pK_S-Werte gezeigt (Abb. 1.69), liegen im neutralen Milieu Hydrogenphosphat und Dihydrogenphosphat zu ungefähr gleichen Konzentrationen gelöst vor und dominieren gegenüber Phosphat und Phosphorsäure. Das heißt, sie werden unter physiologischen Bedingungen mit Alkoholen in die korrespondierenden Mono- bzw. Diester überführt (Abb. 1.76), wenn auch oftmals unter Mitwirkung von

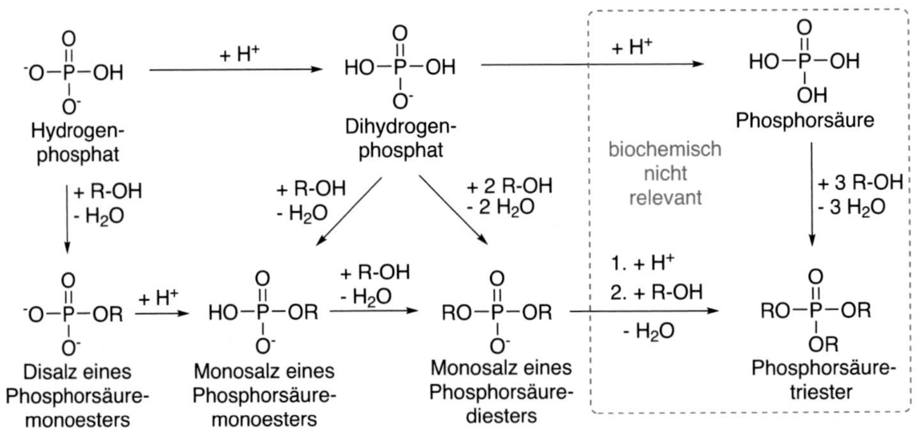

Abb. 1.76 Phosphorsäure und Derivate im biochemischen Relevanzvergleich

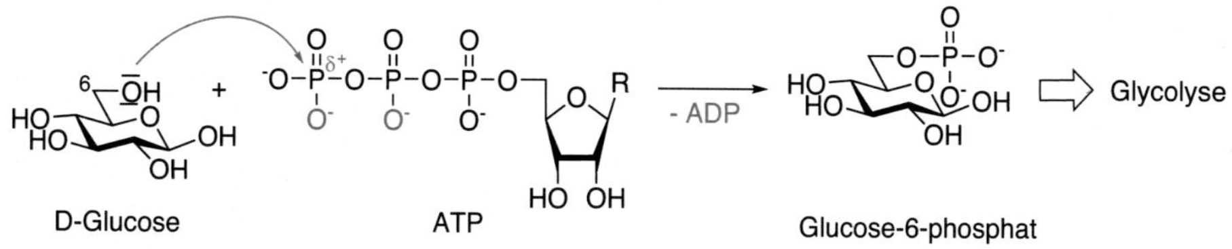

Abb. 1.77 Bildung eines biochemisch wichtigen Phosphorsäuremonoesters via ATP

Abb. 1.78 Spaltung eines Phosphorsäureesters zur gekoppelten Erzeugung von ATP

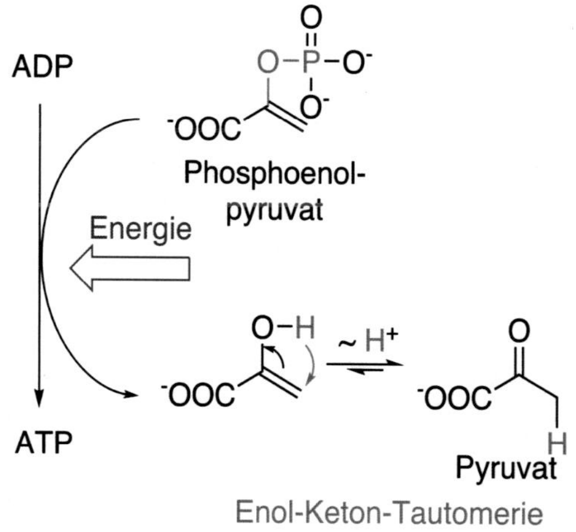

aktivierten Phosphorsäureanhydriden (z. B. ATP). Die nicht veresterten HO-Gruppen sind meist neutralisiert, d. h. sie liegen in anionischer Form vor. Triester der Phosphorsäure spielen keine Rolle.

Die Salze von Phosphorsäuremono- und -diestern gehören zu den herausragendsten Naturstoffklassen, die sich von einer anorganischen Grundstruktur ableiten. Ein Beispiel für einen Monoester stellt Glucose-6-phosphat dar (Abb. 1.77). Die Verbindung entsteht durch Veresterung mit der äußeren Phosphatgruppe des ATP. Insbesondere die abstoßende Wirkung der anionischen Sauerstoffatome in Pyrophosphat und die Größe von ADP als Abgangsgruppe begünstigen die Substitution unter biotischen Bedingungen. Glucose-6-phosphat steht am Eingang der Glycolyse, dem zentralen Mechanismus zum Abbau der Glucose.

Phosphorsäureester sind in Abwesenheit von Katalysatoren prinzipiell stabil. Die C–O–P-Spaltung kann jedoch durch Eigenschaften des organischen Restes unterstützt werden, wobei noch Energie für andere Reaktion übrigbleibt. Ein Beispiel ist die energieverbrauchende Synthese von ATP aus ADP zum Ende der Glycolyse aus Phosphoenolpyruvat (Abb. 1.78). Die Energie zur Hydrolyse des Phosphorsäureesters und zum gleichzeitigen Aufbau der energiereichen Phosphorsäureanhydridstruktur in

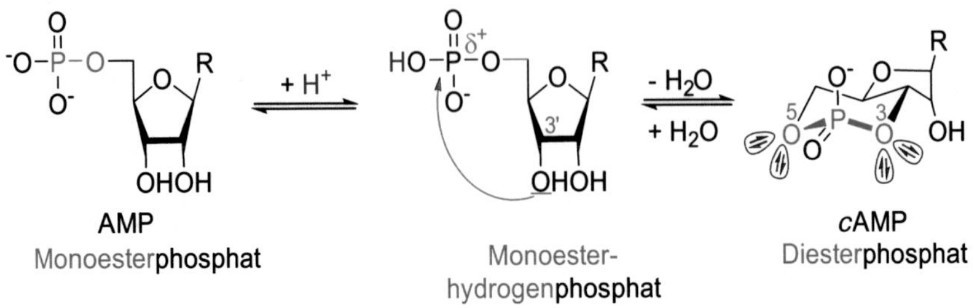

Abb. 1.79 pH-abhängiges Gleichgewicht zwischen Phosphorsäuremono- und Phosphorsäurediester

ATP wird durch die parallel ablaufende, irreversible Enol-Keton-Tautomerie zu Pyruvat aufgebracht.

Phosphorsäuremonoester können unter physiologischen Bedingungen reversibel zu den korrespondierenden Diestern reagieren. Ein Beispiel ist die Umwandlung von AMP in den Phosphorsäurediester cAMP (cyclisches AMP) und zurück (Abb. 1.79). Zur Veresterung greift die HO-Gruppe am $C^{3'}$ des Zuckers das Phosphoratom an und ersetzt formal eines der beiden anionischen Sauerstoffatome. Deren Ersatz ist aber nur möglich durch die vorhergehende Protonierung, wodurch die abgangsfähige HO-Gruppe generiert wird. Sie verlässt letztendlich in Form von Wasser die Reaktion.

Die Rückreaktion und damit die Spaltung einer der beiden Estergruppen wird durch die spezielle Struktur des cAMP ermöglicht. Das cyclische AMP ist im Unterschied zu seiner Vorstufe, dem AMP, aus zwei anellierten Ringen (6-Ring und 5-Ring sind über eine gemeinsame Bindung miteinander verknüpft) aufgebaut. Ein „anomerer Effekt" (Abb. 4.56), verursacht durch sich abstoßende freie Elektronenpaare an den beiden Sauerstoffatomen in Nachbarschaft des Phosphoratoms, ist dafür verantwortlich, dass die Verbindung gespannter und damit energiereicher als AMP ist. Der Diester cAMP geht damit leicht wieder in den Monoester AMP über, wobei die sterisch stärker belastete O^3–P-Bindung vorrangig vor der O^5–P-Bindung (sekundärer versus primärer Alkohol, Abschn. 4.1.4.2) gespalten wird.

Die Lage des chemischen Gleichgewichts mit ATP zu cAMP über AMP als Zwischenprodukt wird durch die Konzentration an Phosphat nach dem Prinzip von Le Chatelier-Brown bestimmt. Hohe Konzentrationen an Phosphat (energiearm) verschieben es in Abhängigkeit vom pH-Wert zugunsten von ATP (energiereich). Auf der anderen Seite führen hohe Konzentrationen an ATP zur verstärkten Bildung von cAMP über AMP. Da die Phosphorylierung von biochemischen Substraten einen energieverbrauchenden Schritt darstellt, werden durch eine hohe Konzentration von cAMP bzw. P_i zahlreiche biochemischen Transformationen initiiert. In dieser Hinsicht reagiert cAMP auf den Mangel an Glucose und wirkt als „Hungersignal" nicht nur beim Menschen, sondern bis hin zu Bakterien.

Die Wirkung lässt sich am Beispiel der Abspaltung von D-Glucose aus einer Glycogenkette mit einem Überschuss an Hydrogenphosphat illustrieren (Abb. 1.80).

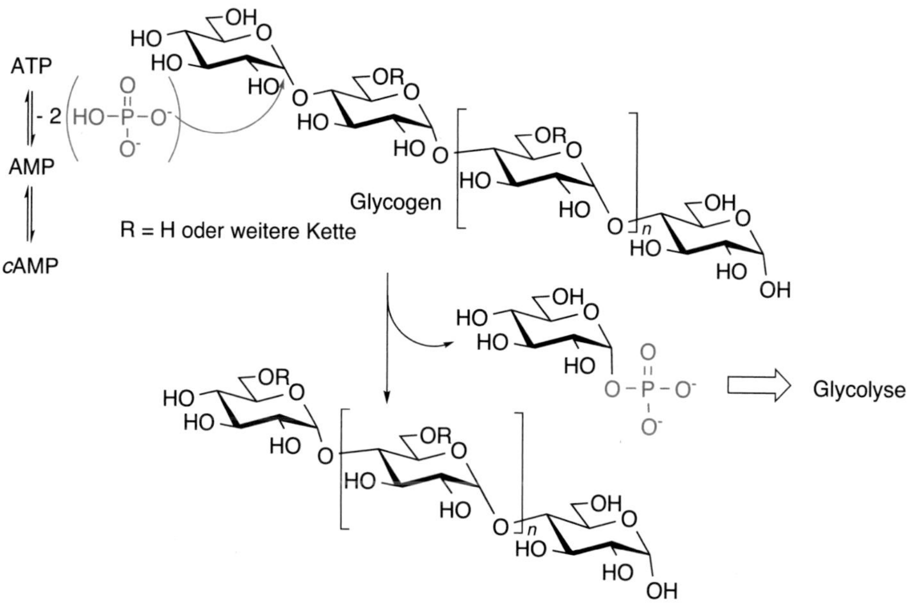

Abb. 1.80 Abspaltung eines Glucosemonomers aus Glycogen durch Phosphorylierung

Glycogen (Abb. 4.60) dient in tierischen Organismen als Speicherform von Glucose. Die Phosphorylierung ist somit der Auftakt zur Glycolyse und nachfolgend zum Citratzyklus, den wichtigsten katabolischen Prozessen zur Energieerzeugung.

Aufgrund der zentralen Funktion von ATP in energieverbrauchenden Reaktionen in allen Organismen sind auch die Spaltprodukte ADP und AMP in allen Zellen vorhanden. Deren Übertragung auf Verbindungen mit verschiedenen funktionellen Gruppen (Alkohole, Carbonsäuren, Carbonsäureamide, Abb. 4.108) wird von jener Energie vorangetrieben, die bei der Hydrolyse von ATP zu ADP bzw. bei der Hydrolyse von Pyrophosphat PP_i zu zwei Phosphationen P_i parallel dazu entsteht. In der Biochemie wird von einem großen „Gruppenübertragungspotenzial" gesprochen.

Von größter biochemischer Bedeutung sind Phosphorsäurediester für die Ausbildung intramolekularer Brücken zwischen komplexen organischen Strukturen. Wird Dihydrogenphosphat z. B. mit einer Glycerol- und einer geladenen Cholineinheit verknüpft, entsteht solch ein Diester (Abb. 1.81). Durch Verknüpfung der beiden verbleibenden HO-Gruppen am Glycerol mit langen Fettsäuren werden amphiphile Phospholipide gebildet.

Ebenso wie Sulfatide bilden Phospholipide in Wasser geordnete Aggregate unterschiedlicher Organisationsqualität. Die einfachste Struktur stellen Doppelschichten dar, wo sich die unpolaren Ketten gegenüberstehen und die polaren Kopfgruppen zur polaren Wasserphase orientieren (Abb. 1.82).

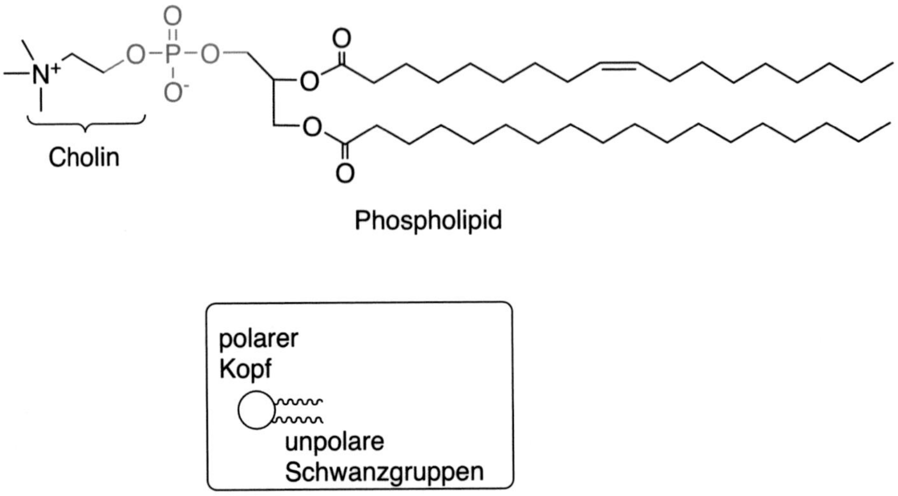

Cholin

Phospholipid

polarer
Kopf

unpolare
Schwanzgruppen

Abb. 1.81   Ein Phospholipid als Beispiel für ein Amphiphil

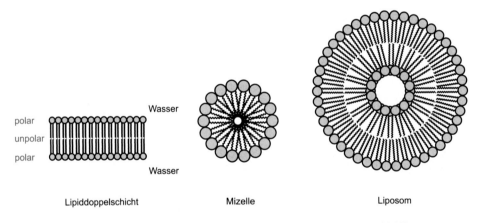

polar
unpolar
polar

Wasser

Wasser

Lipiddoppelschicht   Mizelle   Liposom

Abb. 1.82   Konzentrationsabhängige Bildung von geordneten Aggregaten aus Amphiphilen

Höhere Aggregate sind Mizellen und Liposomen. Allen Strukturen ist gemeinsam, dass sie in Wasser biologische Membranen für Organellen und Zellen bilden und damit die Voraussetzung für Reaktionen in abgegrenzten Räumen sind. Durch die Strukturierung von Amphiphilen in polare Kopf- und unpolare Schwanzgruppen entstehen nicht nur geordnete Aggregate, sondern Membranen zeichnen sich auch durch einen asymmetrischen Aufbau aus. Man kann zwischen einer Außen- und einer Innenseite unterscheiden, die im Zusammenwirken mit Proteinen und seltenen Kohlenhydraten eine selektive Permeabilität gewährleisten.

Ein weiteres sehr prominentes Beispiel für Phosphorsäurediester stellt die Verbrückung von Nucleosiden in den Ketten der Polynucleinsäuren RNA und DNA dar

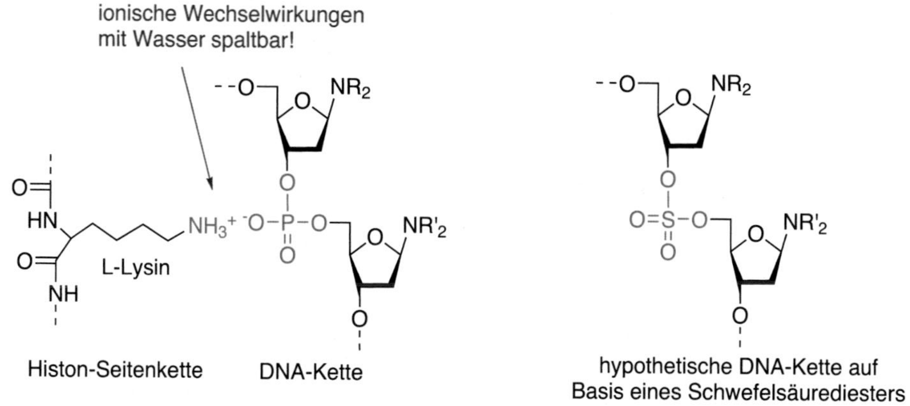

ionische Wechselwirkungen
mit Wasser spaltbar!

Histon-Seitenkette   DNA-Kette

hypothetische DNA-Kette auf
Basis eines Schwefelsäurediesters

Abb. 1.83 Phosphorsäure oder Schwefelsäure als Brückenbildner in der DNA – ein Vergleich

(Abb. 1.83). Über die beiden Estergruppen wird die Kette, bestehend aus Nucleosid-monomeren, gebildet. Gleichzeitig liegt die dritte HO-Gruppe am Phosphoratom als anionischer Sauerstoff vor. Das ist die Voraussetzung für ionische Wechselwirkungen mit geladenen Seitenketten von Proteinen (z. B. mit der Ammoniumgruppe der Amino-säure L-Lysin). Auf diese Weise entsteht ein Assoziat zwischen einer genetischen Grundstruktur und einem Protein. Ionische Bindungen sind leicht durch Wasser spalt-bar. Tatsächlich wird die genetische Information im Rahmen der Proteinsynthese nicht nur von der DNA auf die Proteine übertragen, sondern spezielle Proteine, Histone genannt, bezeichnen die Abschnitte, die abgelesen werden. Funktionell wird damit ein höheres Evolutionsniveau erreicht, was sogar ein neues Forschungsgebiet in der Biologie begründet hat: Die Genetik wird durch die **Epigenetik** ergänzt.

Abgesehen von der pH-bedingten Nichtexistenz von entsprechenden Diestern in einem biotischen Milieu würde sich für Schwefelsäure dieser Evolutionskanal nicht bieten. Die S=O-Bindung **A** trägt zwar aufgrund der Doppelbindungsregel teilweise Ein-fachbindungscharakter (**„semipolare Bindung"**), was durch die entsprechende **meso-mere Grenzstruktur B** verdeutlicht wird (Abb. 1.84). Im Vergleich zu der negativen Ladung im anionischen Phosphat ist jedoch die Ausbildung von ionisch basierten attraktiven Wechselwirkungen nicht möglich; Schwefelsäurediester sind neutral.

Abb. 1.84 Anionische P–O-
versus semipolare S=O-Bindung

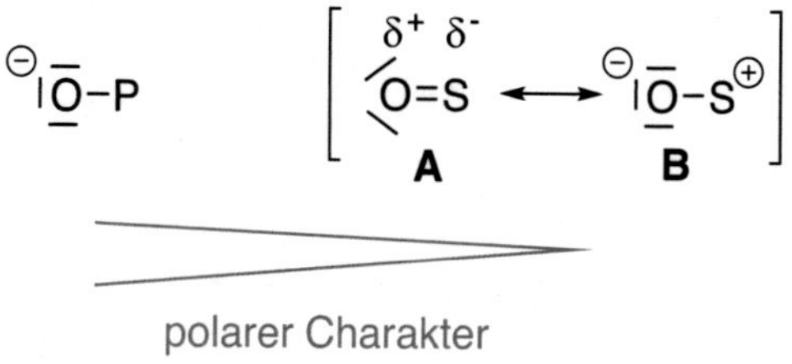

polarer Charakter

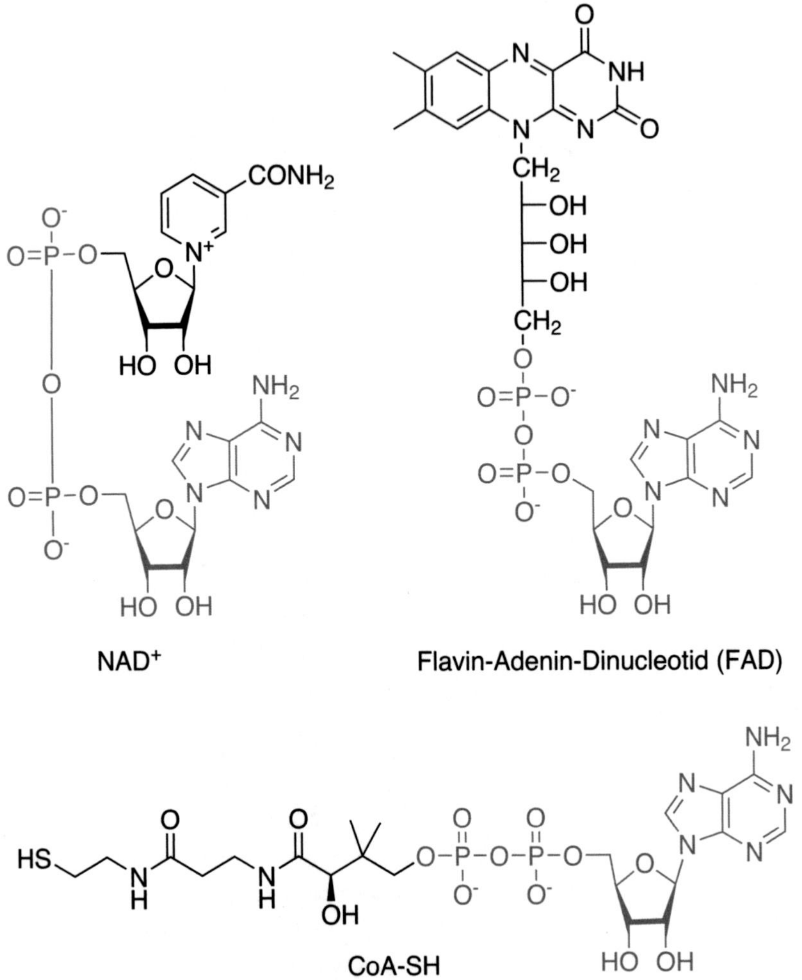

Abb. 1.85 Naturstoffe mit AMP- bzw. ADP-Substrukturen

ADP und AMP kommen als Unterstrukturen in einer Vielzahl von Naturstoffen, darunter auch Coenzymen, vor, bei denen der Energie- oder Informationsaspekt in den Hintergrund tritt. In diesem Kontext erhöhen die anionischen Phosphatsauerstoffatome die Wasserlöslichkeit bzw. sind für attraktive elektrostatische Wechselwirkungen mit umhüllenden Proteinen verantwortlich und betten die katalytisch wirkenden Strukturen in das finale Enzym ein. Bekannte Beispiele sind die Wasserstoffakzeptoren NAD$^+$ und FAD, bei denen die terminalen Enden durch anhydridisch gebundenes ADP gebildet wird (Abb. 1.85). Die ADP-Substruktur findet sich auch im Acylgruppencarrier CoA–SH (Abschn. 4.1.6), der sowohl beim Abbau von Kohlenhydraten als auch von Fetten von größter Bedeutung ist.

AMP als Basisstruktur und Abkömmling der (schwachen!) Phosphorsäure stellt einen eindrucksvollen Beweis für die multiple und damit ökonomische Nutzung von bestimmten chemischen Grundstrukturen in verschiedenen biochemischen Abläufen dar. Gleichzeitig wird deutlich, dass die Chemie des Lebens in Hinblick auf die Anzahl und Diversität der Naturstoffe im Vergleich zur Synthesechemie in den Forschungslabors und der chemischen Industrie stärkeren Begrenzungen unterliegt.

Aufgrund der chemischen Ähnlichkeit zur Phosphorsäure kann auch die Arsensäure Mono-, Di- und Triester bilden. Diese sind jedoch im Vergleich zu Phosphorsäureestern in wässriger Lösung äußerst instabil. Die Halbwertszeit von Arsentriestern und -diestern in Wasser liegt bei weniger als 0,02 s. Eine Ursache ist die um ca. 10 % größere Länge der As–O-Bindungen in Relation zu P–O-Bindungen, die durch den größeren Atomradius von Arsen (3. Achterperiode des PSE!) begründet ist. Gleichzeitig ist der Sauerstoff in einer P–O-Bindung im Vergleich zu Arsen in einer As–O-Bindung stärker negativiert, was ihn für nucleophile Substitutionen prädestiniert. Im Unterschied zu Phosphor(V) wird Arsen(V) leicht reduziert zu Arsen(III). Insbesondere Thiole spielen dabei eine Rolle, was in der Folge die toxischen Eigenschaften von Arsen erst zur Wirkung bringt. Aus diesen Gründen haben Phosphor und seine Oxidationsprodukte ein ungleich höheres

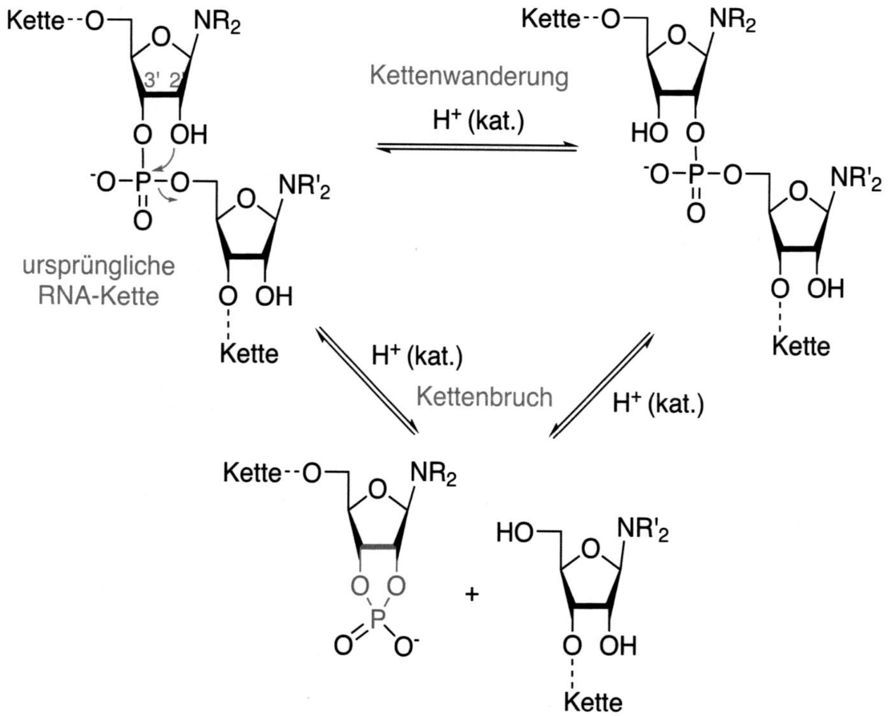

Abb. 1.86 Dynamik von Phosphorsäurediestern in Gegenwart eines weiteren Alkohols

Evolutionspotenzial als Arsen, obwohl beide in der 5. Hauptgruppe des PSE benachbart sind und Arsen (in geringen Konzentrationen) fast überall im Boden vorkommt.

Zur Dynamik von anionischen Phosphorsäurediestern

Ungeachtet der einzigartigen strukturellen Vorzüge destabilisiert die potenzielle Dreibasigkeit der Phosphorsäure die Kettenstruktur der RNA. In der Folge wird ein neuer chemischer Selektionskanal eröffnet, der revolutionäre Auswirkungen auf Biochemie und Biologie hat. Zwei Effekte sind zu diskutieren (Abb. 1.86):

1. Durch eine intramolekulare **Umesterungsreaktion,** an der die benachbarte Hydroxygruppe des Zuckers am $C^{2'}$ teilnimmt, entsteht ein 5-Ring auf der Basis eines Phosphorsäurediesters. Die Reaktion verläuft über eine nucleophile Substitution am Phosphoratom, wobei die Bildung der erforderlichen HO-Abgangsgruppe aus dem anionischen Sauerstoff durch eine katalytische Protonierung vorbereitet wird. Durch diese Reaktion wird die RNA-Kette gespalten.
2. Die Kette wandert in einem anschließenden Schritt vom $C^{3'}$ zum $C^{2'}$. Auch diese Reaktion wird durch vorhergehende katalytische Protonierung des anionischen Sauerstoffs ermöglicht.

In beiden Umesterungsreaktionen, die unabhängig von der Veränderung des pH-Wertes sind, wird die Struktur der ursprünglichen RNA gestört; sie verliert ihre Funktion als

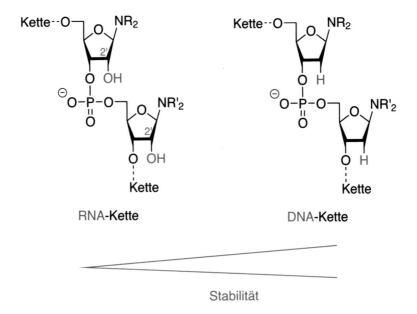

Abb. 1.87 Die Stabilität einer DNA-Kette gegenüber einer RNA-Kette

Informationsmolekül. Solche Umlagerungen sind dafür verantwortlich, dass RNA-Viren, die ihre genetische Information ausschließlich in der RNA tragen, schnell ihren genetischen Bauplan und damit auch ihre Infektiosität ändern. Aber auch die vergleichsweise kurzen Kettenlängen aller RNAs in höheren Organismen sind eine Folge davon.

Durch die „Entfernung" der Hydroxygruppe am $C^{2'}$ des Zuckers (durch Reduktion) werden der Kettenbruch der RNA bzw. die Wanderung der Kette vom $C^{3'}$ zum $C^{2'}$ unterbunden (Abb. 1.87): Aus der RNA entsteht die DNA. Letztere ist somit bereits als Einstrangmolekül wesentlich robuster. Durch Doppelstrangbildung über die Nucleobasen mittels Wasserstoffbrücken erwächst ein weiterer Stabilitätsgewinn (Abb. 4.128). Letztendlich nimmt der Übergang von exklusiv RNA-basierten Organismen, vor allem Viren, zu DNA-basierten und damit höheren Organismen, wie Bakterien, Pflanzen und Tieren, ihren Ausgang in der Differenz einer einzigen HO-Gruppe (andere Ursachen siehe Kap. 4).

Fazit des biochemischen Evolutionspotenzials von Oxosäuren
Durch Einschub von Sauerstoff in X–H-Bindungen (X = C, Si, N, S, P, As, Cl) entstehen Oxosäuren. Durch Neutralisation entstehen die korrespondierenden Salze. Die Kondensation der X–OH-Gruppen mit Alkoholen führt zu Estern. Das Vorkommen und die Bedeutung von Estern der Oxosäuren im biotischen Kontext sind von zwei Einflussgrößen abhängig:

1. dem Potenzial zur Synthese von Estern unter biotischen Bedingungen.
2. der Evolution von komplexen Überstrukturen, die eine Folge der Anzahl von HO-Gruppen in den Oxosäuren und deren Geometrie ist.

Bezogen auf das Evolutionspotenzial ergibt sich folgendes Bild: Auf der untersten Stufe fällt die Kohlensäure aufgrund ihrer Instabilität aus der Auswahl heraus. Die Salpetersäure ist zwar wesentlich stabiler, liegt aber ausschließlich in Form ihrer Salze vor, die unter biotischen Bedingungen nicht zu Estern reagieren. Zudem eignet sie sich als einbasige Säure nicht als Brückenbildner. Zur Brückenbildung potenziell fähig sind Orthokieselsäure, Schwefelsäure, Phosphorsäure und Arsensäure. Orthokieselsäure kondensiert unter biotischen Bedingungen zu Polykieselsäuren, bevor die Veresterung einsetzen kann. Die Synthese definierter Kieselsäureester gelingt nur unter Laborbedingungen. Bei den Schwefelsäureestern sind die Monoester als organische Derivate des Hydrogensulfats von biologischer Relevanz. Hingegen fallen die korrespondierenden Diester als Derivate einer sehr starken Säure und damit als Brückenbildner aus der Auswahl heraus. Arsensäureester sind zu instabil, um im biotischen Kontext eine Rolle zu spielen. Einzig die Eigenschaften der Phosphorsäure als schwache dreibasige Säure mit den extrem hohen Konzentrationen an Dihydrogenphosphat und Hydrogenphosphat unter physiologischen Bedingungen prädestinieren sie für die Konstruktion multipel einsetzbarer und stabiler Strukturen in der belebten Natur.

Durch den dreidimensionalen Aufbau von Phosphorsäurederivaten wird eine neue chemische Evolutionsebene erreicht, die in der Genetik kulminiert. Tatsächlich bewirkt die Phosphorsäure im Rückgrat von RNA oder DNA, dass diese Polynucleinsäuren nicht eben sind, sondern eine Helix bilden. Obwohl die einzelnen **Nucleotide** und ihre über Wasserstoffbrücken vermittelten Assoziate selbst annähernd planar sind, entwickelt sich aus diesen zweidimensionalen Strukturen über die Verknüpfung als Phosphorsäurediester eine dreidimensionale Struktur, wodurch sich Quantität und Qualität der Informationsspeicherung und -weitergabe erhöhen.

Halogensauerstoffsäuren spielen in der Natur keine Rolle. Beispielsweise ist die bekannteste, die Perchlorsäure (Abschn. 1.2.5), mit der Oxidationsstufe des Chlors von +7 ein extrem starkes Oxidationsmittel, d. h. die Verbindung überträgt Sauerstoff teilweise explosionsartig auf andere Verbindungen und geht dabei in Chlorverbindungen mit niedrigeren Oxidationsstufen über. Darüber hinaus ist sie eine extrem starke Säure. Selbst ohne diese Eigenschaft wäre die Perchlorsäure als einbasige Säure, vergleichbar zur Salpetersäure, nicht als Brückenbaustein geeignet. Das biochemische Evolutionspotenzial der Perchlorsäure ist somit bereits auf sehr niedrigen Niveaus ausgeschöpft.

Extrinsische Eigenschaften, die das Vorkommen von Elementen im biologischen Kontext begünstigen

2

Im Wesentlichen kann man zwischen zwei extrinsischen Voraussetzungen unterscheiden, die in unterschiedlichem Maße für den Zugang eines Elementes in biochemische Mechanismen relevant sind:

- Die Häufigkeit des Vorkommens des betreffenden Elements und dessen Verbreitung auf der Erde
- Die Reaktivität unter den Bedingungen auf der Erde unter besonderer Berücksichtigung der abgestuften Reaktionsfähigkeit gegenüber Wasser und Sauerstoff.

2.1 Die Häufigkeit des Vorkommens des betreffenden Elements und dessen Verbreitung auf der Erde

Das gehäufte Vorkommen eines Elementes auf der Erde ist eine wichtige Voraussetzung, damit es in lebenden Organismen überhaupt eine Rolle spielt. Lebensrelevante Gase wie Stickstoff, Sauerstoff oder Kohlenstoffdioxid (= Kohlendioxid) sind ubiquitär in der Atmosphäre verteilt. Molekularer Stickstoff N_2 ist mit 78 % der Hauptbestandteil der Luft, gefolgt von molekularem Sauerstoff O_2 mit einem derzeitigen Anteil auf der Erde von 21 %. Der Anteil von CO_2 in der Erdatmosphäre stieg seit Beginn der Industrialisierung von ca. 280 ppm (Teile pro Million) auf ca. 415 ppm derzeit an, vor allem durch Verbrennung fossiler Energieträger. Stickstoff und Sauerstoff werden von den Organismen direkt über die Luft aufgenommen. Entweder werden sie in Mikroorganismen (N_2) oder speziellen Organellen von höheren Organismen, die sich aus Einzellern entwickelt haben, den Mitochondrien (O_2), chemisch weiterverarbeitet. Kohlendioxid dient als Grundlage für die Synthese organischer Verbindungen (Zucker)

A. Börner und J. Zeidler, *Chemie der Biologie*, https://doi.org/10.1007/978-3-662-64701-1_2

mittels Fotosynthese. Es wird über die Spaltöffnungen (Stomata) der Pflanzen auf-genommen und in Abhängigkeit vom Pflanzentyp, C3- oder C4-Pflanzen, unterschiedlich fixiert.

Zwei prinzipielle Unterschiede in der Verfügbarkeit von lebenswichtigen Gasen ergeben sich daraus, ob der Organismus im Wasser oder auf dem Land lebt. In Wasser ist die Konzentration von Gasen wesentlich geringer als in der Luft, was durch die begrenzte Gaslöslichkeit bedingt ist. Die Löslichkeit von O_2 und CO_2 in Wasser nimmt mit steigender Temperatur ab. Im Unterschied zur Synthesechemie spielt der Gasdruck bei der Löslichkeit in biochemischen Systemen keine Rolle, er ist annähernd konstant. Gelöste Feststoffe vermindern jedoch die Gaslöslichkeit. Deshalb ist weniger Sauerstoff in Salz- als in Süßwasser gelöst. Der Übergang des Lebens vom Wasser auf das Land im Laufe der biologischen Evolution könnte eine wesentliche Triebkraft dafür gewesen sein, sich diese Ressourcen für den Energiegewinn und zum Größenwachstum in verstärktem Umfang zu erschließen. Aufgrund der geringen Konzentration von Sauerstoff im Wasser im Vergleich zur Luft haben Fische andere Mechanismen zur Energieerzeugung evolviert. Beispielsweise ist bei ihnen die Glycolyse, also ein anaerober Mechanismus, dominant. Das führt in der Konsequenz dazu, dass die typisch rot gefärbten Sauerstoff-überträger (vor allem Myoglobin) eine untergeordnete Rolle spielen und damit das Fleisch von vielen Fischen eine weißliche Farbe hat.

Feste Verbindungen sind ungleichmäßiger als Gase auf der Erde verteilt. Für die bio-logische Relevanz ist entscheidend, wo das Element vorkommt: auf der gesamten Erde oder nur in der Erdhülle, der Erdkruste bzw. gelöst oder ungelöst im Wasser der Ozeane. In Abb. 2.1 sind die Massenanteile der Elemente in unterschiedlichen Sphären der Erde dargestellt.

Wie im gesamten Weltall nimmt die Häufigkeit der Verbreitung auf der Erde mit steigender Atommasse der Elemente ab, was sich auch durch die sinkende Bedeutung in der lebenden Natur niederschlägt. Beispielsweise bilden die sogenannten **Seltenen Erden** schon aufgrund ihrer Seltenheit keine Basis für Leben, wie der Sammelname bereits suggeriert. Auch Iridium und andere Platinmetalle (Rhodium, Platin, Palladium, Ruthenium), die wahrscheinlich über den Einschlag eines Meteoriten auf die Erde gelangt sind und die deshalb nur in einer sehr dünnen geologischen Schicht auf der Erde vorkommen **(Iridium-Anomalie)**, findet man nicht in lebenden Organismen. Darüber hinaus werden sie unter den Bedingungen auf der Erde nicht durch Sauerstoff oder Wasser in reaktive Spezies überführt (Abschn. 2.2.1).

Wasserstoff, Kohlenstoff, Sauerstoff, Stickstoff, Phosphor und Schwefel waren hin-gegen schon seit Beginn der erdgeschichtlichen Entwicklung in großen Mengen ent-weder elementar oder später in chemisch gebundener Form vorhanden und sind deshalb folgerichtig in zahlreichen Naturstoffen zu finden. Möglicherweise existierte vor dem Aufkommen von freiem Sauerstoff eine primitive „**Eisen-Schwefel-Welt**". Schwefel-haltige organische Verbindungen, wie eine Anzahl von Thiolestern (z. B. der Acyl-gruppenüberträger CoA-SH), in heutigen biochemischen Mechanismen könnten ein Erbe dieser vorbiogeschichtlichen Entwicklung sein.

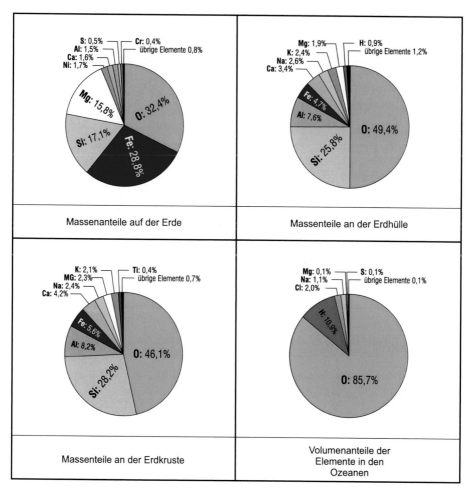

Abb. 2.1 Massenanteile der Elemente in unterschiedlichen Sphären der Erde, adaptiert nach https://de.wikipedia.org/wiki/Liste_der_H%C3%A4ufigkeiten_chemischer_Elemente

Unedle Metalle und Halbedelmetalle, die bereits in den Urozeanen durch Oxidation in wasserlösliche Verbindungen überführt wurden, dienen bis heute als Zentralmetalle für eine Vielzahl von Enzymen, die entweder stark (dazu zählen die Übergangsmetall-ionen Fe^{2+}, Fe^{3+}, Cu^{2+}, Zn^{2+}, Mn^{2+} oder Co^{2+}) bzw. schwach (dazu zählen die Ionen von Alkali- und Erdalkalimetallen wie Na^+, K^+, Mg^{2+} oder Ca^{2+}) mit Proteinen verbunden sind.

Nicht nur die Häufigkeiten von Elementen auf der Erde sind entscheidend für deren biologische Relevanz, sondern auch die tatsächlichen Verfügbarkeiten vor Ort. Dabei kommt Wasser als Lösungs- und Transportmittel aus der Umwelt in den Organismus die zentrale Funktion zu (Abb. 2.2).

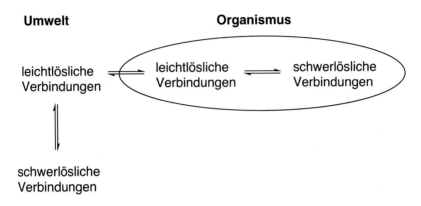

Abb. 2.2 Transfer von Verbindungen aus der Umwelt in einen Organismus

In Wasser schwerlösliche Verbindungen, z. B. viele Oxide und einige Salze, werden nicht von lebenden Organismen aufgenommen und spielen daher keine Rolle in der Biochemie. Prinzipiell kann zwischen konzentrierten und weniger konzentrierten Lösungen unterschieden werden. Eine mathematische Beschreibung von Lösungsprozessen erfolgt mittels des **Löslichkeitsprodukts**. In einer gesättigten Lösung stehen die gelösten Komponenten A und B mit dem festen Bodenkörper AB im chemischen Gleichgewicht, was durch das **Massenwirkungsgesetz** ausgedrückt wird. Da die Konzentration des Feststoffs unabhängig und damit konstant ist, wird die Gleichgewichtskonstante K zu einer neuen Konstante K_L, dem Löslichkeitsprodukt, zusammengefasst. Die Löslichkeit von Feststoffen hängt von den Bindungsverhältnissen in AB und den individuellen Wechselwirkungen der dissoziierten Teilchen A und B mit dem Lösungsmittel, hier Wasser, ab.

$$AB \rightleftharpoons A^+ + B^- \qquad K = \frac{[A^+] \cdot [B^-]}{[AB]} \quad \Longrightarrow \quad K_L = [A^+] \cdot [B^-]$$
$$\text{Löslichkeitsprodukt}$$

In biotischen Systemen kommen von gesättigten bis hin zu hoch verdünnten Lösungen alle Konstellationen vor. Die Löslichkeit eines Feststoffes in Wasser ist temperaturabhängig. Deshalb sind auch klimatische Bedingungen vor Ort von Bedeutung. Meere und Ozeane können in Abhängigkeit von der Erdregion und der Wasserschicht Temperaturdifferenzen von bis zu 30 Grad aufweisen. Daher spielen auch temporäre **Konzentrationsgradienten** eine Rolle. In diesem Zusammenhang sind ebenfalls Wetterphänomene zu berücksichtigen: Es ist bekannt, dass der Iodanteil in Meeresfischen höher ist als der von Süßwasserfischen in Seen, was auf die stärkere Durchmischung von Ozeanen durch Stürme zurückzuführen ist, die zur Aufwirbelung des Sediments führen.

Der Anreicherung von schwerlöslichen Verbindungen in lebenden Organismen durch **Biomineralisation** liegt ein Mechanismus zugrunde, bei dem zunächst leichtlösliche Verbindungen erst im Organismus selbst in schwerlösliche Verbindungen überführt werden und in dieser Form biologische Funktionen erfüllen. Typische Beispiele betreffen den gesamten Calciumstoffwechsel in Pflanzen und Tieren. Mit Ausnahme der Alkalicarbonate (Li^+, Na^+, K^+) sind anorganische Carbonate nur wenig wasserlöslich, sodass die meisten Metallionen in wässriger Lösung in der Reaktion mit Alkalicarbonaten ausgefällt werden. Das trifft auch auf die biologisch relevanten Carbonate der Erdalkalimetalle (Mg^{2+}, Ca^{2+}) zu. Deren Löslichkeit ist abhängig vom pH-Wert.

Das schwerlösliche Calciumcarbonat (Aragonit) steht beispielsweise in Korallen mit Calciumhydrogencarbonat im Gleichgewicht (Abb. 2.3). Der Verbrauch von CO_2 durch die Fotosynthese unter Bildung von Glucose führt entsprechend dem Prinzip von Le Chatelier-Braun zur Bildung des wasserunlöslichen Calciumcarbonats. Letzteres schützt die Korallen mit einem Kalkgerüst und verankert sie am Meeresboden. Ein chemischer Prozess ist wie immer die Basis für ein biologisches Phänomen. Gleichzeitig wird dadurch die Konzentration von $Ca(HCO_3)_2$ auf einem niedrigem Niveau gehalten und $CaCO_3$ wirkt als CO_2-Depot. Durch erhöhte Konzentrationen an CO_2 in der Luft, was derzeit vor allem aufgrund anthropogener Ursachen geschieht, löst sich Calciumcarbonat zugunsten des wasserlöslichen Calciumhydrogencarbonats und damit die Korallen auf.

Organische Calciumsalze können ebenfalls unlöslich sein und dann einen biologischen Evolutionsvorteil für den betreffenden Organismus bieten. Calciumoxalat kommt in einigen Pflanzen (Schildampfer, Pastinaken, Dieffenbachien) vor und dient als Schutz gegen Fraßfeinde. Auf der anderen Seite sind pathogene Nieren- und Blasensteine beim Menschen auch hauptsächlich aus Calciumoxalat aufgebaut, ein Indiz, dass gleiche chemische Verbindungen bei unterschiedlichen Organismen divergierende biologische Effekte bewirken können. Dies betrifft nicht nur unterschiedliche Spezies, sondern Konzentrationsunterschiede können im gleichen Organismus vorteilhaft oder nachteilig wirken.

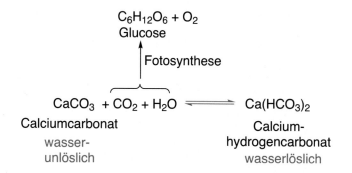

Abb. 2.3 Das Carbonat/Hydrogencarbonat-Gleichgewicht in Korallen

Phosphate stellen ebenfalls begrenzende Ressourcen für das Wachstum von Organismen dar. Schwerlösliche Calciumphosphate bilden die Hartsubstanz (Knochen und Zähne) aller Wirbeltiere. Solche Phosphate stellen gleichzeitig Phosphatspeicher für gut lösliche organische Phosphorderivate dar (ATP, AMP, FAD, NAD^+ etc.), womit sich das biochemische Anwendungsgebiet verändert (Abb. 5.1) und gleichzeitig eine Konkurrenz im Rahmen verschiedener, meist nur vorübergehend eingestellter Gleichgewichte erwächst. Schwerlösliche Calciumphosphate entstehen durch Mineralisation von calciumdefizitärem Hydroxylapatit mit Calcium. Je kleiner der Calciumanteil ist, desto höher ist die Wasserlöslichkeit. Mit anderen Worten, durch den zunehmenden Einbau von Calciumionen vermindert sich das Löslichkeitsprodukt der zugehörigen Phosphate. Von den biotisch relevanten Calciumphosphaten hat Dicalciumphosphat-Dihydrat die größte Wasserlöslichkeit (Abb. 2.4). Es wird gefolgt von Octacalciumphosphat. Hydroxylapatit ist das stabilste und somit am wenigsten lösliche Salz in dieser Reihe. Hydroxylapatit ist mit einem Anteil von über 50 % z. B. am Aufbau des menschlichen Skeletts und der Zähne beteiligt und macht etwa 90 % der Mineralsubstanz des Körpers aus.

Pathologische Verkalkungen beim Menschen wie die Auflösung von Zahnstein durch Karies, Chondrocalcinose (Pseudogicht) und Blasensteine werden auf stärker wasserlösliche Vorstufen des Hydroxylapatits zurückgeführt.

Alle biogenen Hydroxylapatite sind nichtstöchiometrisch aufgebaut, was Räume für evolutionäre Veränderungen eröffnet. Die oft zitierte Formel $Ca_5(PO_4)_3(OH)$ [manchmal auch als $Ca_{10}(PO_4)_6(OH)_2$ formuliert] ist daher eine Näherung. Durch Kontakt mit Carbonationen zum Beispiel aus dem Blut findet ein Ersatz von PO_4^{3-} durch CO_3^{2-} statt. Aber auch organische Verbindungen wie Citrat oder Proteine können die Anionen ersetzen, wodurch die Festigkeit des Materials erhöht wird. Die Calciumionen werden unter biotischen Bedingungen teilweise durch Kationen von Kalium, Natrium, Magnesium oder Zink ausgetauscht. Aber auch körperfremde Ionen werden in das Kristallgitter des Hydroxylapatits integriert. Dies ist die Voraussetzung dafür, dass beispielsweise Fluoridionen mittels Zahnpasten oder fluoriertem Trinkwasser in den Zahnschmelz eingebaut werden können, was die Haltbarkeit der Zähne verlängert.

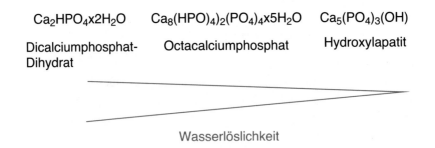

$Ca_2HPO_4 \times 2H_2O$ $Ca_8(HPO_4)_2(PO_4)_4 \times 5H_2O$ $Ca_5(PO_4)_3(OH)$

Dicalciumphosphat-   Octacalciumphosphat   Hydroxylapatit
Dihydrat

Wasserlöslichkeit

Abb. 2.4 Wasserlöslichkeit von Calciumphosphaten

$$Ca_5(PO_4)_3(OH) + F^- \longrightarrow Ca_5(PO_4)_3F + OH^-$$

Fluorapatit

Das entstehende Fluorapatit besitzt bei gleichem pH-Wert ein viel geringeres Löslichkeitsprodukt. Es dissoziieren weitaus weniger Fluorapatitmoleküle in einer wässrigen Lösung als Hydroxylapatitmoleküle. Deshalb ist Fluorapatit beständiger als das körpereigene Hydroxylapatit. Das besonders schwerlösliche Calciumsulfat (Gips) spielt im Unterschied zum Calciumcarbonat keine Rolle in biologischen Systemen.

2.2 Reaktivität unter den Bedingungen auf der Erde

Chemische Verbindungen müssen nicht nur hinreichend wasserlöslich sein, um in biochemische Kreisläufe eingeschleust zu werden, sie müssen auch abgestuft reagieren. Die wichtigsten Reaktionspartner auf der Erde bilden Sauerstoff und Wasser. Beide sind, abgesehen von wenigen Orten auf der Erde, wie Vulkane (Abwesenheit von Sauerstoff und Wasser), Tiefseegebiete (Abwesenheit von Sauerstoff) oder Wüsten (Abwesenheit von Wasser), allgegenwärtig. Die Reaktion mit diesen beiden Partnern überführt nicht nur zahlreiche Elemente in reaktionsfähige Verbindungen, sondern ist der erste Schritt zur Wasserlöslichkeit.

Die Reaktivität von Elementen ist unabhängig vom Vorkommen auf der Erde. Zum Beispiel ist das Edelgas Argon mit einem Volumenanteil von knapp 1 % stark in der Atmosphäre vertreten, spielt aber aufgrund seiner nicht vorhandenen Reaktivität keine Rolle. Das trifft ebenso für andere Edelgase wie Helium oder Neon zu, die in wesentlich geringeren Mengen auftreten. Die Ursachen für die fehlende biochemische Passfähigkeit von Silicium, obwohl es das zweithäufigste Element in der Erdkruste nach dem Sauerstoff ist, wurden bereits im Kap. 1 herausgearbeitet.

2.2.1 Reaktionen mit Wasser und die elektrochemische Spannungsreihe

Wasser dient in allen biochemischen Reaktionen als Lösungsmittel. Deshalb müssen biotisch relevante Verbindungen oder deren Vorstufen eine hinreichende Wasserlöslichkeit aufweisen. Die Voraussetzung wird durch Reaktion mit Sauerstoff und/oder Wasser geschaffen. Die Oxidation von Nichtmetallen und deren Überführung in Oxosäuren wurden bereits im Abschn. 1.2.5 diskutiert, nachfolgend soll die Verfügbarmachung von Metallen im Fokus stehen. Unedle Metalle werden zunächst in wasserlösliche Verbindungen überführt, was durch die Einwirkung von Wasser geschieht (Abb. 2.5). Dabei entstehen Metallhydroxide. Bei dieser Reaktion wird auch molekularer Wasserstoff gebildet. Metallhydroxide entstehen gleichermaßen durch direkte Oxidation von

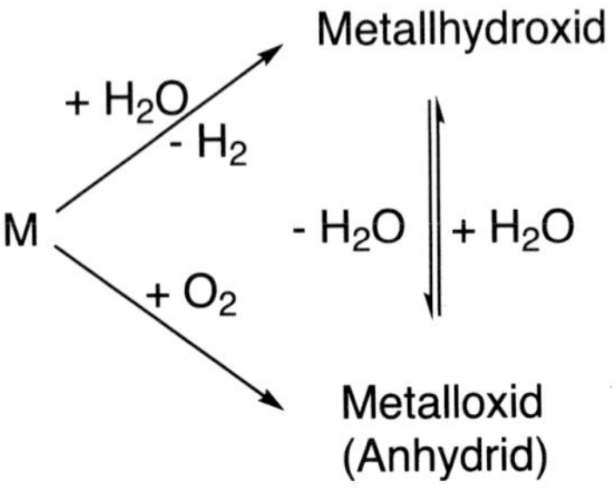

Abb. 2.5 Wie Metalle
wasserlöslich werden

Metallen mit Sauerstoff und nachfolgender Reaktion der entstandenen Metalloxide mit Wasser. Durch die Rückreaktion, die Dehydratisierung (Wasserabspaltung) von Metallhydroxiden, entstehen wieder Metalloxide. Aus diesem Grund werden sie auch als (basische) **Anhydride** bezeichnet.

Prinzipiell sind Metallhydroxide im Unterschied zu den reinen Metallen besser wasserlöslich. Im Vergleich zu vielen Metallsalzen ist aber deren Wasserlöslichkeit oft nur gering.

Ob Metalle durch Wasser oxidiert werden oder nicht, kann der **elektrochemischen Spannungsreihe** entnommen werden, in der deren Standardredoxpotenziale gegen das Standardpotenzial von Wasserstoff gelistet sind. Letzterem wird ein Standardpotenzial von null Elektronenvolt zugewiesen.

$$H_2 \rightleftharpoons 2\,H^+ + 2\,e^- \quad \text{Standardpotenzial} = 0\ eV$$

Allgemein gilt: Je negativer das Redoxpotenzial, desto stärker ist die Reduktionskraft, desto leichter wird das Element oxidiert. In biologischen Systemen bezieht sich das Standardredoxpotenzial auf eine Standardwasserstoffelektrode bei einem pH-Wert von 7,0 und einem Partialdruck des Wasserstoffs von 1 bar. Alle Metalle, die im Vergleich dazu ein negatives Standardredoxpotenzial aufweisen, werden durch Wasser oder wässrige Säuren oxidiert, was zu der Bezeichnung **unedle Metalle** geführt hat. Dazu gehören die biologisch wichtigen Metalle Kalium, Natrium, Magnesium, Zink und Calcium. **Halbedelmetalle** wie Kupfer, Bismut oder Antimon haben im Vergleich ein positives Redoxpotenzial. Noch mehr trifft das auf die **Edelmetalle** wie Gold, Platin, Iridium, Palladium, Osmium, Silber, Quecksilber, Rhodium oder Ruthenium zu. Besonders letztere werden unter diesen Bedingungen nicht oxidiert, was direkte Auswirkungen auf ihre biochemische Verfügbarkeit hat.

Die elektrochemische Spannungsreihe ist nicht nur auf Metalle beschränkt und erlaubt, auch nichtmetallische Redoxsysteme (z. B. Ubichinon/Ubihydrochinon, FAD/FADH$_2$, NAD$^+$/NADH+H$^+$, Ascorbinsäure/Dehydroascorbinsäure) in die Betrachtung aufzunehmen. Insbesondere bei Elektronentransportketten, an denen sowohl Metallkomplexe als auch rein organische Redoxsysteme teilnehmen, sind diese Kenntnisse wichtig. Durch die Beteiligung von mehreren Redoxsystemen mit nur minimalen Unterschieden in den Redoxpotenzialen werden schnelle Oxidationen, vor allem die Knallgasreaktion, die normalerweise explosionsartig verläuft, entschleunigt. Das bekannteste Beispiel findet sich in der Elektronentransportkette, die parallel zum Citratzyklus abläuft und in deren Folge AMP zu ATP phosphoryliert wird.

Das Redoxpotenzial ist nicht nur von der Stellung in der Spannungsreihe, sondern auch von den Konzentrationen der beteiligten Partner im Redoxgleichgewicht, bestehend aus **Oxidationsmittel** (Ox) und **Reduktionsmittel** (Red), abhängig. Das Oxidationsmittel wird reduziert und das Reduktionsmittel oxidiert. Diesem Prozess liegt die Übertragung von Elektronen zugrunde. Deren Anzahl (z) hängt von den chemischen Eigenschaften der beteiligten Reaktionspartner ab.

$$Ox + z \text{ Elektronen} \rightleftharpoons Red$$

Die Konzentrationsabhängigkeit des Potenzials (E) eines Redoxsystems lässt sich durch die modifizierte Nernst'sche Gleichung beschreiben, worin das begrenzte Temperaturregime, in dem biochemische Prozesse ablaufen, bereits annähernd berücksichtigt wurde (Abb. 2.6). Da in die Konzentration der oxidierten Form [Ox] auch die Konzentration der Protonen (bzw. alternativ auch die der HO^--Ionen) eingeht, wird deutlich, dass sich mit zunehmenden Konzentrationen an Säuren (oder Basen) das Potenzial des Redoxsystems (E) im Vergleich zum Standardpotenzial (E^0) verändert.

Von der säurebedingten Erhöhung des Standardpotenzials profitiert die Synthesechemie, wenn die Oxidation von Edelmetallen beabsichtigt ist, da diese nur durch sehr starke Säuren in die entsprechenden Salze überführt werden. In die Nernst'sche Gleichung geht dann die Konzentration der Protonen als Potenz ein, was deren entscheidende Wirkung erklärt. Ein bekanntes Beispiel ist Königswasser, ein Gemisch aus konzentrierter (37%iger) Salzsäure und konzentrierter (65%iger) Salpetersäure im Verhältnis von 3:1, mit dem man in der Lage ist, sogar Gold zu oxidieren und in einen wasserlöslichen Metallkomplex ($HAuCl_4$) zu überführen.

$$E = E^0 + \frac{0{,}059 \text{ V}}{z} \cdot \lg \frac{[Ox]}{[Red]}$$

E : Potenzial des Redoxsystems
E^0 : Standardpotenzial
z : Zahl der aufgenommenen bzw. abgegebenen Elektronen
[Ox] : Konzentration der oxidierten Form
[Red] : Konzentration der reduzierten Form

Abb. 2.6 Nernst'sche Gleichung zur Abschätzung der Oxidierbarkeit

$$\text{Au} + 4\,\text{HCl} + \text{HNO}_3 \longrightarrow \underset{\text{wasserlöslich}}{\text{HAuCl}_4} + \text{NO} + 2\,\text{H}_2\text{O}$$

Die Reaktion ist auch mit metallischem Platin erfolgreich. Solche Bedingungen existieren aber nicht in der Natur. Deshalb spielen Edelmetalle seit Beginn der Erde bis in die Gegenwart hinein im Rahmen der chemisch-biologischen Evolution keine Rolle, was neben ihrer Seltenheit der wichtigste Ausschlussfaktor ist. Synthesechemisch hergestellte Edelmetallverbindungen wirken in Organismen vielfach toxisch, da keine evolutionschemisch eingefahrenen Verwertungs- bzw. Abbauwege existieren. Dies wird in Pharmaka ausgenutzt, um beispielsweise mit Platinverbindungen, wie *cis*-Platin $[\text{Pt}(\text{NH}_3)_2\text{Cl}_2]$, gezielt Tumore zu bekämpfen.

In größeren Mengen giftig sind auch die Halbedelmetalle Bismut, Technetium, Rhenium oder Antimon und deren Oxidationsprodukte. Im Unterschied zu den Edelmetallen werden die meisten Halbedelmetalle nicht nur durch verdünnte Säuren, sondern auch durch schwache Basen angegriffen. Ihre Salze finden sich auf der Erde und wurden somit während der Evolution in geringen Konzentrationen in biochemische Kreisläufe integriert.

2.2.2 Die Rolle des Sauerstoffs

Dem Sauerstoff kommt im biochemischen Kontext *die* zentrale Funktion als Reaktionspartner zu. Zu Beginn der erdgeschichtlichen Entwicklung spielte ungebundener Sauerstoff keine Rolle. Organische Verbindungen waren mit Ausnahme von Methan ebenfalls noch nicht vorhanden. Die Uratmosphäre war eine reduzierende Atmosphäre, d. h. die wenigen vorkommenden Verbindungen hatten nicht nur eine sehr kleine Molmasse, sondern enthielten Elemente in niedrigen Oxidationsstufen. Die damalige Atmosphäre bestand wahrscheinlich aus Ammoniak (NH_3), Wasserstoff (H_2), Wasser (H_2O), Schwefelwasserstoff (H_2S), Phosphan (PH_3) und Cyanwasserstoff (HCN). Möglicherweise gehörten auch Kohlenmonoxid (CO), Kohlendioxid (CO_2) und Stickstoff (N_2) dazu. Sauerstoff fand sich ausschließlich in gebundener Form, d. h. vorrangig in Wasser, in einigen Metalloxiden (z. B. Siliciumdioxid) oder in Carbonaten (z. B. Calciumcarbonat). Aus diesen Grundbausteinen formten sich unter dem Einfluss von Sonnenstrahlen, Radioaktivität und vulkanischen Aktivitäten die ersten chemischen Bausteine des Lebens, aus denen sich evolutionär die ersten Lebewesen, die Prokaryoten, entwickelten.

Einige dieser primitiven Organismen waren in der Lage, ungebundenen Sauerstoff (O_2) beispielsweise durch Wasserspaltung zu generieren. Aus ihnen entwickelten sich später die Chloroplasten der heutigen grünen Pflanzen, die in einer Parallelreaktion den gewonnenen Wasserstoff auf Kohlendioxid übertragen und somit letztendlich Glucose ($\text{C}_6\text{H}_{12}\text{O}_6$) produzieren. Beide Prozesse bilden die Bruttoreaktion der Fotosynthese, die durch Sonnenenergie gespeist wird.

$$6\,H_2O \longrightarrow 3\,O_2 + 6\,H_2 \qquad \text{(Wasserspaltung)}$$

$$\underline{6\,H_2 + 6\,CO_2 \longrightarrow C_6H_{12}O_6 + 3\,O_2} \qquad \text{(Hydrierung von Kohlendioxid)}$$

$$6\,H_2O + 6\,CO_2 \longrightarrow C_6H_{12}O_6 + 6\,O_2 \qquad \text{(Fotosynthese)}$$

Der Sauerstoffanteil in der Atmosphäre stagnierte eine lange Zeit der Erdentwicklung auf einem niedrigen Niveau (Abb. 2.7). Der schnelle Übergang von einer reduzierenden zu einer oxidierenden Atmosphäre wurde durch zahlreiche Elemente und Verbindungen „ausgebremst", die zunächst fast vollständig durch den produzierten Sauerstoff oxidiert wurden. Es entstanden die großen Vorkommen an Metalloxiden, Phosphaten und Sulfaten, die viele geologische Erdschichten prägten. Mit dem Aufkommen von sauerstoffproduzierenden Einzellern erhöhte sich in der Folge die Anzahl der Minerale auf der Erde von 250 auf 5000. Dies ist ein Beweis, dass nicht erst mit dem Auftreten des Menschen grundsätzliche Änderungen der Umwelt stattfinden, sondern dass organisches Leben für sich bereits einen dramatischen Eingriff in die globale Chemie der Erde darstellt. Parallel zum Aufkommen von freiem Sauerstoff wurde durch die Produktion von Glucose eine stabile, vielseitig verwendbare und hochfunktionalisierte organische Verbindung geschaffen, die andere Einzeller für die eigene Energieproduktion verwendeten. Mit der Zunahme von atmosphärischem Sauerstoff wurde mehr und mehr auch Sauerstoff in organische Verbindungen mit biochemischer Relevanz eingebaut. Neben Wasser,

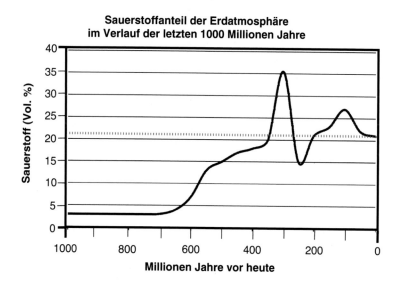

Abb. 2.7 Entwicklung des Sauerstoffanteils im Verlauf der letzten 1000 Mio. Jahre. (Quelle: A. Börner A (2019) Chemie – Verbindungen fürs Leben, WBG, Darmstadt)

Metall- und Nichtmetalloxiden entwickelten sich nun auch organische Oxidationsprodukte des Kohlenstoffs zu „Sauerstoffsenken", die jedoch im Vergleich zu den
anorganischen Sauerstoffverbindungen um ein Vielfaches instabiler sind und miteinander
reagieren. Es entstanden Verbindungen mit sehr hohen Molekularmassen wie Cellulose,
Chitin oder Keratin, die als Gerüstbausteine für komplexere Lebensformen dienten.
Je höher der Sauerstoffanteil, desto größer konnten biologische Organismen werden.
Zeugen dieser erdgeschichtlichen Entwicklung sind Riesenmammutbäume, Riesen-
insekten und Saurier.

Molekularer Sauerstoff wirkt als Oxidationsmittel und nimmt Elektronen auf. Er
kann bis zum oxidischen Sauerstoff in Wasser reduziert werden. Der Prototyp dieser
Oxidationsreaktion findet bei der Atmung in den Mitochondrien statt. Umgekehrt wird,
wie oben erläutert, der Sauerstoff im Wasser während der Fotosynthese wieder zu
molekularem Sauerstoff oxidiert.

$$O_2 + 2\,H_2 \underset{\text{Fotosynthese}}{\overset{\text{Atmung}}{\rightleftharpoons}} 2\,H_2O$$

Die Reduktion von molekularem Sauerstoff verläuft über mehrere Ein-Elektronen-Über-
tragungsschritte, in denen Sauerstoff Oxidationszahlen zwischen 0 (molekularer Sauerstoff) und −2 (in Wasser) annimmt (Abb. 2.8).

Bereits molekularer Sauerstoff hat radikalischen Charakter, der in den drei Zwischenverbindungen Superoxidradikal (Hyperoxidanion), Wasserstoffperoxid und Hydroxylradikal noch stärker ausgeprägt ist. Solche Radikale spielen in Zellen eine überragende
Funktion, indem sie Lebensprozessen ihren typischen dynamischen Charakter verleihen.
Auch bei der Oxidation des Wassers bis hin zu molekularem Sauerstoff (Rückreaktion)
können die gleichen Spezies auftreten. Um die ungerichtete Wirkung solcher Radikale
einzuschränken, finden Redoxreaktionen mit Sauerstoff meist in speziellen Organellen
in der Zelle, den Chloroplasten bzw. Mitochondrien, statt. Verlassen die Radikale den
Ort ihrer Entstehung, wird in den Ernährungswissenschaften von „freien Radikalen"
gesprochen. Die Separierung von radikalgenerierenden Prozessen in speziellen

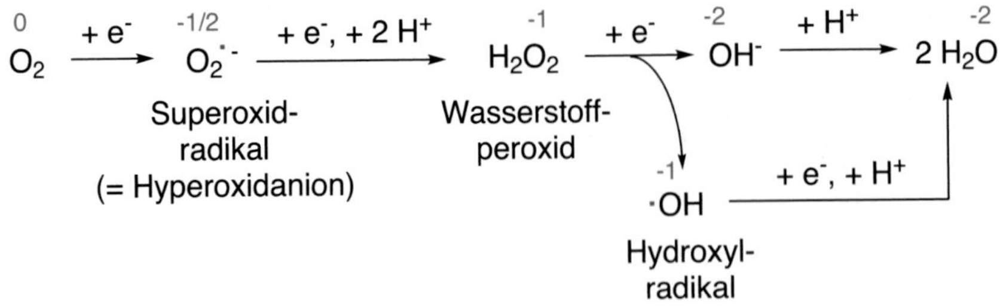

Abb. 2.8 Oxidationsstufen des Sauerstoffs

Organellen, was insbesondere auch dem Schutz der besonders sensiblen DNA dient, die besonders vorsorglich im Zellkern lokalisiert ist, stellt einen schönen Beweis dar, wie sich chemische Naturgesetzlichkeiten im allgemeinen Zellaufbau widerspiegeln.

2.2.3 Die Löslichkeit in Wasser: Oxide, Hydroxide, Salze und Komplexverbindungen

Prinzipiell werden alle unedlen Metalle und viele Übergangsmetalle in einer aeroben Atmosphäre, also durch molekularen Sauerstoff, zu den entsprechenden Oxiden oxidiert. Durch Reaktion der Oxide mit Wasser (Hydratisierung) entstehen basische Metall-hydroxide. Sie sind in Abhängigkeit vom Löslichkeitsprodukt in Wasser löslich und dissoziieren in Metallkationen und HO^--Ionen. Durch Neutralisation dieser Basen mit Säuren entstehen Salze. Diese Reaktionssequenz ist am Beispiel des Lithiums illustriert (Abb. 2.9).

Vergleichbare Reaktionen lassen sich für die Alkalimetalle Natrium und Kalium bzw. für die Erdalkalimetalle Magnesium, Calcium, Strontium und Barium formulieren, wobei die Kationen Na^+, K^+, Mg^{2+}, Ca^{2+}, Sr^{2+} und Ba^{2+} entstehen. Deren Salze sind oft in Wasser gut löslich. Deshalb spielen manche der „nackten" Metallionen eine zentrale Rolle bei schnellen Reizweiterleitungssystemen in lebenden Organismen, die über elektrochemische Prozesse vermittelt werden.

Die meisten biologisch relevanten Metalle werden zu den sogenannten **Spuren-elementen** gezählt, dazu gehören Eisen, Kupfer, Zink, Cobalt, Mangan, Molybdän und Nickel. Mittlerweile gehören auch Vanadium und Chrom hinzu. Der Ausdruck Spuren-element bezieht sich in diesem Zusammenhang auf deren geringes Vorkommen in Organismen und nicht auf deren Vorkommen auf der Erde. Tatsächlich sind sie auf der Erde in sehr unterschiedlichen Konzentrationen zu finden. Beispielsweise ist Eisen das vierthäufigste Element in der Erdkruste, während Cobalt nur zu 0,004 % vorkommt. In dieser Hinsicht stellen lebende Organismen nicht nur abgegrenzte Orte dar, wo neue Verbindungen produziert werden, die in ihrer Umgebung nicht vorkommen, sondern

$$\text{Oxidation} \qquad \text{Hydratisierung} \qquad \text{Dissoziation}$$

$$4\,Li \xrightarrow{+\,O_2} 2\,Li_2O \xrightarrow{+\,2\,H_2O} 4\,LiOH \rightleftharpoons 4\,Li^+ + 4\,OH^-$$

$$\text{Neutralisation}$$

$$2\,LiOH + H_2CO_3 \longrightarrow Li_2CO_3 + 2\,H_2O$$

Abb. 2.9 Die Transformation von metallischem Lithium zu wasserlöslichen Verbindungen

in ihnen werden auch bestimmte Elemente oder Verbindungen aus der Umwelt auf-
konzentriert. Man kann sie in Anlehnung an den gebräuchlichen Begriff des Biotops als
„Chemotope" bezeichnen.

Metallionen in variierenden Oxidationsstufen spielen eine zentrale Rolle in der Biochemie, da sie als Sauerstoff- bzw. Elektronenakzeptoren bzw. -donatoren fungieren.
Wichtige Beispiele sind die **korrespondierenden Redoxpaare** des Eisens: $Fe^{2+}/Fe^{3+}/$
Fe^{4+}, des Kupfers: Cu^+/Cu^{2+}, oder des Cobalts: $Co^+/Co^{2+}/Co^{3+}$.

Die intrinsischen chemischen Eigenschaften von Metallionen werden durch deren
Bindung vor allem an organische Moleküle verändert. Dabei entstehen **Komplexver-**
bindungen, die ein wesentlich höheres biochemisches Evolutionspotenzial aufweisen als
einfache Metallsalze (Abb. 2.10). Die meisten Komplexverbindungen zeichnen sich im
Vergleich zu den zugehörigen Salzen durch größere Molekularmassen und eine höhere
Komplexität in der Struktur aus. Durch Komplexbildung wird das Metall in der wäss-
rigen Lösung gehalten und fällt nicht als Oxid oder Hydroxid aus, was die Mobilitäts-
eigenschaften und die Reaktionsfähigkeit des Metalls zunichtemachen würde. Die
Bildung von Komplexverbindungen stellt einen Qualitätssprung in der chemischen
Evolution dar, worauf zentrale Eigenschaften von biochemischen Reaktionen aufbauen.

Komplexverbindungen zeichnen sich prinzipiell durch Bindung von einfachen
anorganischen oder von höhermolekularen organischen **Liganden** aus. Solche Liganden
können Ladungen tragen oder auch neutral sein. Die Bindung an das zentrale Metallatom
erfolgt über Haftatome. Dabei handelt es sich in der lebenden Natur meist um Heteroatome wie Sauerstoff, Stickstoff oder Schwefel, die über freie Elektronenpaare verfügen
(Lewis-Basen), die mit dem **Zentralmetall** attraktive Wechselwirkungen aufbauen. Den
einfachsten Typ von Komplexverbindungen stellen Aquakomplexe dar, worin Wassermoleküle die Liganden von in Wasser gelösten Salzen sind.

$$M(L)_x \qquad \begin{array}{l} M = \text{Zentralmetall} \\ L = \text{Ligand} \\ x = \text{Anzahl der Liganden} \end{array}$$

Anorganische Liganden wie beispielsweise Wasser, aber auch Sauerstoff oder Kohlendioxid, koordinieren oftmals nur temporär am Metall. Sie werden durch diese Bindung

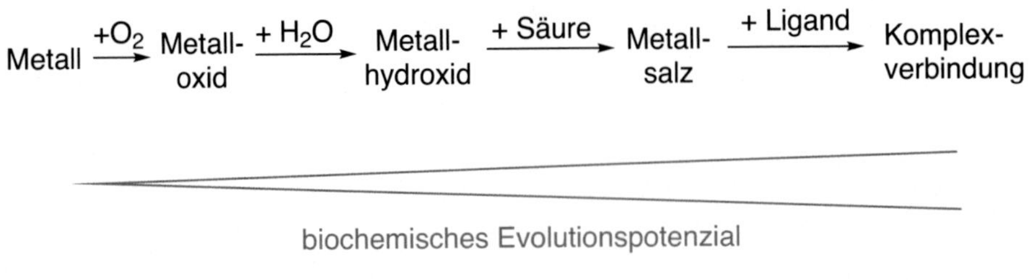

$$\text{Metall} \xrightarrow{+O_2} \text{Metall-oxid} \xrightarrow{+H_2O} \text{Metall-hydroxid} \xrightarrow{+\text{Säure}} \text{Metall-salz} \xrightarrow{+\text{Ligand}} \text{Komplex-verbindung}$$

biochemisches Evolutionspotenzial

Abb. 2.10 Das biochemische Evolutionspotenzial von verschiedenen Metallverbindungen

aktiviert und können in der Folge leichter konvertiert werden als im unkoordinierten Zustand. Organische Liganden sind in der belebten Natur oft Proteine. Sie können permanent gebunden sein und verändern nach erfolgter Bindung an das Metall kaum noch ihre Struktur. Insbesondere hochmolekulare organische Liganden stabilisieren für einen längeren Zeitraum das zentrale Metallatom. Durch die Koordination verändern sie sowohl die elektronischen Eigenschaften des Metalls als auch die sterischen Eigenschaften darum herum. Das resultierende molekulare Ensemble verfügt im Vergleich zum „nackten" Metallion über neue und biochemisch vorteilhafte elektronische und sterische Eigenschaften, die es zum Prototypen vieler Coenzyme machen. Insbesondere die Elektronenverteilung im Metallzentrum wird modifiziert, was dessen Redoxpotenzial und Reaktionsfähigkeit beeinflusst.

Liganden können mit nur einem, mit zwei oder noch mehr Haftatomen am Metall koordiniert sein. Letztere umfassen das Zentralatom wie eine Krebsschere, altgriechisch χηλή, *chēlé* für „Kralle" oder „Krebsschere", deshalb hat sich der Begriff **Chelatligand** eingebürgert. Man unterscheidet zwischen ein-, zwei-, dreizähnigen etc. Liganden. Die Haftatome müssen nicht gleich sein. Mehrzähnige Liganden erlauben die Koordination von mehreren Metallatomen. Die dazugehörige Komplexverbindung wird als di- (oder auch trinuklearer) Komplex bezeichnet, wobei gleiche oder unterschiedliche Metalle gebunden sein können. Die Metalle beeinflussen sich in ihrer Reaktivität gegenseitig bzw. nehmen in konzertierten Aktionen an gemeinsamen Reaktionen teil.

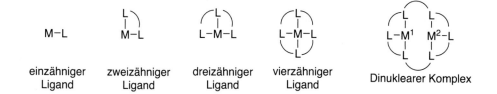

einzähniger Ligand   zweizähniger Ligand   dreizähniger Ligand   vierzähniger Ligand   Dinuklearer Komplex

Eine der bekanntesten Komplexverbindung mit einem vierzähnigen Liganden ist der rote Blutfarbstoff Häm, der für den Sauerstofftransport im Blut verantwortlich ist (Abb. 2.11). Im Häm wird ein Eisen(II)-Ion durch vier *N*-Liganden „eingerahmt". Der Ligand verhindert, dass das Eisen während des Sauerstofftransports zum wasserunlöslichen Eisenoxid konvertiert und somit seiner wiederholten Transportaufgabe nicht mehr nachkommen kann. Das umgebende Protein, das Globin, enthält vier solcher Hämuntereinheiten und steuert synergetisch die Aktivierung und Übertragung von molekularem Sauerstoff. In den beiden Formen des Chlorophylls (*c1* und *c2*), dem grünen Farbstoff der Blätter, findet sich eine ähnliche Struktur. Es ist bemerkenswert, dass die beiden Komplexe in völlig unterschiedlichen Organismen, d. h. Tieren und Pflanzen, vorkommen, was auf biochemisch determinierte Synthesewege und Anschlussverwendungen hinweist.

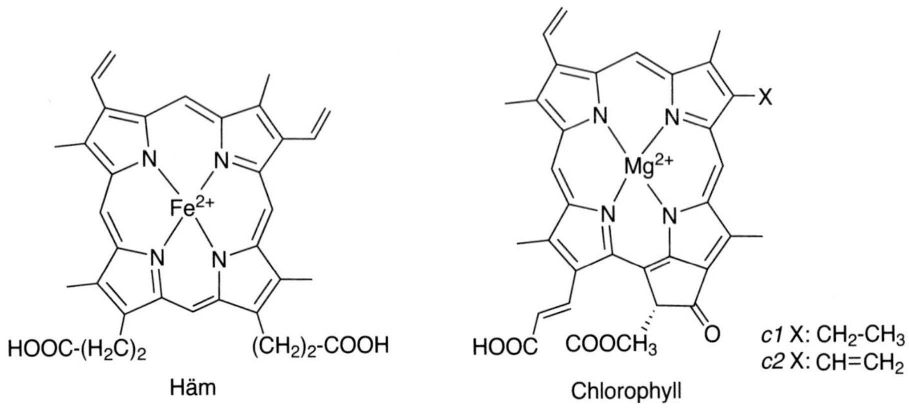

N
N
Fe2+
N
N
HOOC-(H2C)2
(CH2)2-COOH
Häm
N
N
Mg2+
N
N
X
HOOC
COOCH3
O
Chlorophyll
c1 X: CH2-CH3
c2 X: CH=CH2

Abb. 2.11 Hämoglobin und Chlorophyll

Das ubiquitäre ATP wird ebenfalls als Metallkomplex stabilisiert, was die schnelle Hydrolyse, d. h. die Reaktion mit einem Überschuss Wasser, verhindert (Abb. 2.12). Der gesamte Triphosphatrest ist in Form eines dreizähnigen *N,O,O*-Liganden an einem Mg^{2+}-Zentralion koordiniert. Damit inhibiert auch die Koordination am Metall zusammen mit der Esterbildung mit der Ribose die Entstehung von anorganischen und wasserunlöslichen Polyphosphaten mit mehr als drei Phosphateinheiten (Abschn. 1.2.1). Bemerkenswerterweise ist die vierte Koordinationsstelle am Metall durch einen Wasserliganden besetzt, der gleichzeitig über eine Wasserstoffbrücke den Kontakt zu einem Brückensauerstoffatom im Anhydrid herstellt. Der Komplex stellt somit die „eingefrorene" Reaktion der Hydrolyse von ATP zu AMP und Pyrophosphat (PP_i) dar, die erst unter dem Einfluss eines Enzyms abläuft.

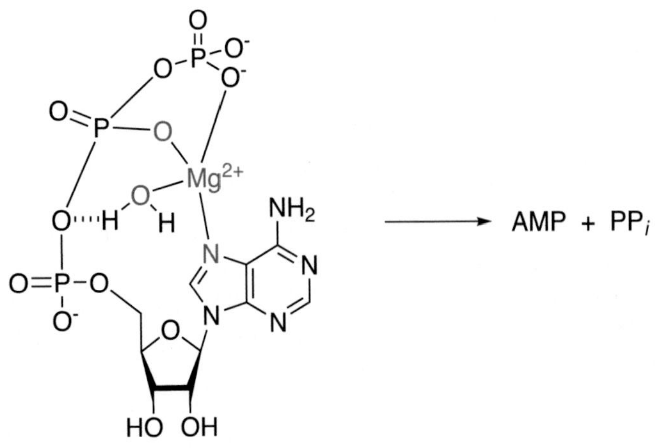

Mg2+
NH2
HO OH
AMP + PPi

Abb. 2.12 Magnesiumkomplex des ATP

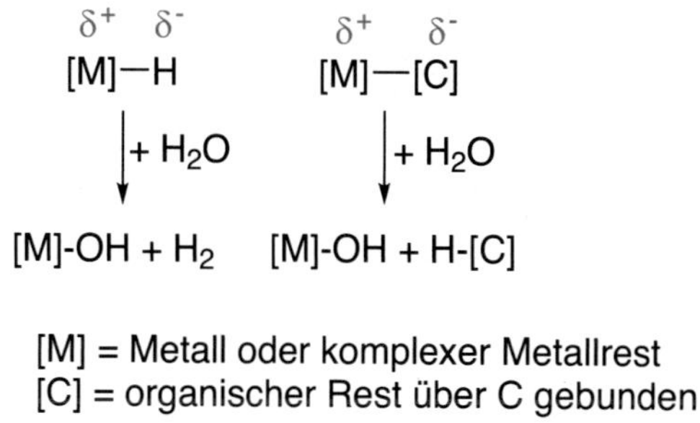

Abb. 2.13 Analogie der
Reaktion von M–H- zu M–C-
Bindungen mit Wasser

$$\overset{\delta^+}{[M]}\overset{\delta^-}{-H} \qquad \overset{\delta^+}{[M]}\overset{\delta^-}{-[C]}$$

$$\Big\downarrow + H_2O \qquad \Big\downarrow + H_2O$$

$$[M]\text{-}OH + H_2 \qquad [M]\text{-}OH + H\text{-}[C]$$

[M] = Metall oder komplexer Metallrest
[C] = organischer Rest über C gebunden

Organometallverbindungen, in denen ein Ligand über ein Kohlenstoffatom am Metall gebunden ist (Abb. 2.13), kommen nur selten in der belebten Natur vor. Die Situation ist vergleichbar mit jener in Metallhydriden und deren typischen Ladungsverteilung in einer Metall-Wasserstoff-Bindung (Abb. 1.37): Das Metallatom trägt die positive und das elektronegativere Wasserstoffatom die negative Partialladung. In Wasser entstehen unmittelbar das korrespondierende Metallhydroxid und molekularer Wasserstoff.

Auch in Organometallverbindungen ist das Metallatom elektropositiver als das Kohlenstoffatom. Mit Wasser reagieren Organometallverbindungen üblicherweise durch Spaltung. Das Kohlenstoffatom am Metallatom wird durch einen HO-Liganden ersetzt, und im ursprünglichen Kohlenstoffliganden wird eine C–H-Bindung gebildet, was die Koordination sofort suspendiert. Aus diesem Grund ist die überwiegende Anzahl von Organometallverbindungen nur im Labor unter Wasserausschluss synthetisierbar und stabil.

Bei den wenigen Ausnahmen für Metall-Kohlenstoff-Bindungen in lebenden Organismen handelt es sich z. B. um gemischte Organometallkomplexe von Nickel und Eisen, worin niedermolekulare Liganden wie Kohlenmonoxid oder Cyanid am Metallatom koordinieren. Durch spezielle Bindungsverhältnisse (**π-Rückbindung**), an denen nicht nur das Haftatom, sondern auch weitere Teile des Ligands beteiligt sein können, wird die oben beschriebene Ladungsverteilung zwischen Metall- und Kohlenstoffatom aufgehoben. Verbindungen dieses Typs wirken beispielsweise als wasserstoffübertragende Enzyme (Hydrogenasen) in Archaeen, die unter anaeroben Bedingungen aus einer Vielzahl von organischen Verbindungen in unterschiedlichsten Oxidationsstufen (Biopolymere, Fette, kurzkettige Carbonsäuren etc.) Methan erzeugen (Abb. 2.14).

Einige Organometallkomplexe des Cobalts finden sich auch in höheren Organismen und selbst in der Biochemie des Menschen. Cobalt gehört zu den elektronenreichen Übergangsmetallen, was die singulären Eigenschaften einiger seiner Metallkomplexe erklärt. So ist ein sehr einfacher wasserstoffhaltiger Komplex wie $HCo(CO)_4$ in Wasser eine sehr starke Säure (Abgabe von H^+) und hat keine hydridischen Eigenschaften, was die Abgabe von H^- bedeuten würde.

Abb. 2.14 Ein biochemisch
seltener Fall eines
Organometallkomplexes

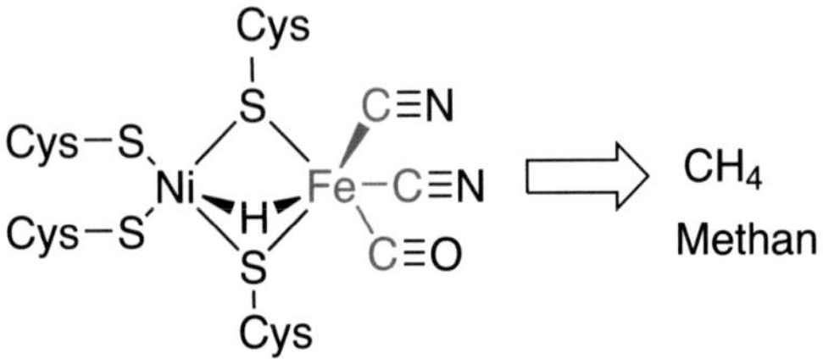

Biologisch relevante Organometallverbindungen sind oftmals hochmolekular (Abb. 2.15). Ein Beispiel ist Coenzym B_{12}, umgangssprachlich auch als Vitamin B_{12} bezeichnet, in dem die sterische Abschirmung der Co–C-Bindung durch Teile des großen organischen Liganden eine Rolle bei der selektiven katalytischen Reaktion spielt. Im verwandten Methylcobalamin ist Cobalt mit einer CH_3-Einheit verbunden, die übertragen werden kann.

Gut belegt ist die Wirkung von Coenzym B_{12} bei der **Isomerisierung** (Umlagerung) von Methylmalonyl-CoA, einer verzweigten C4-Einheit und einem Abbauprodukt von Fettsäuren mit ungeradzahliger Kohlenstoffanzahl, zu Succinyl-CoA (Abb. 2.16). Für das an CoA gebundene Methylmalonat existiert kein Anschlussmechanismus, hingegen ist Succinat unverzweigt und kann im Citratzyklus verwertet werden. Durch Wanderung der CoA–C=O-Einheit vom C^1 zum C^2 wird die Umlagerung realisiert. Zentral sind die

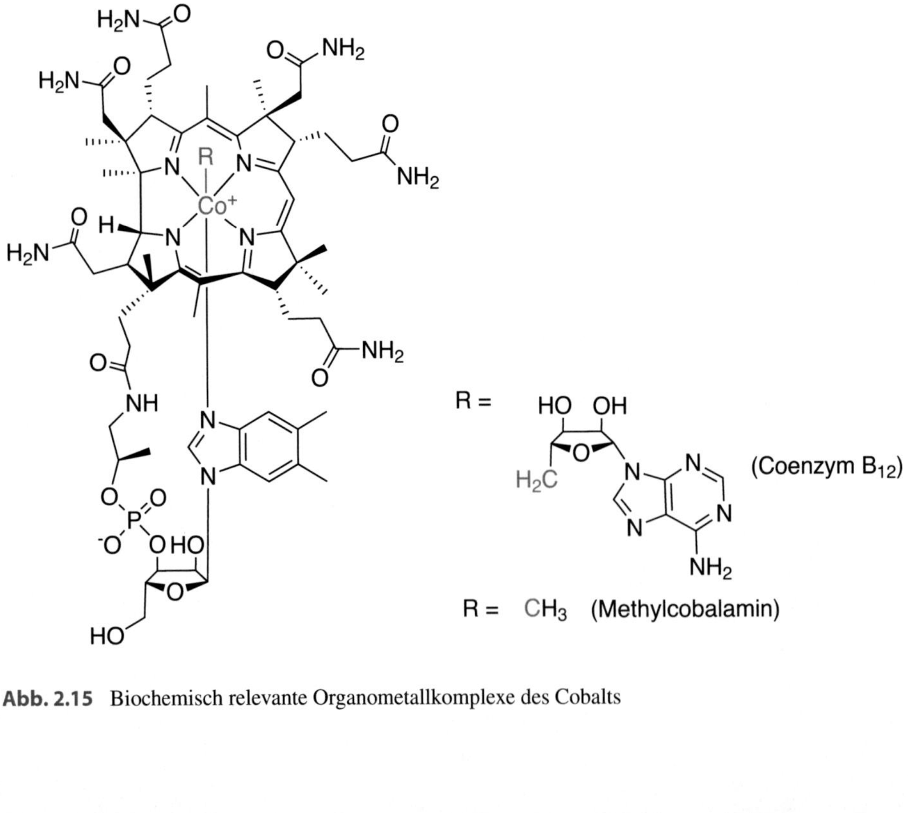

Abb. 2.15 Biochemisch relevante Organometallkomplexe des Cobalts

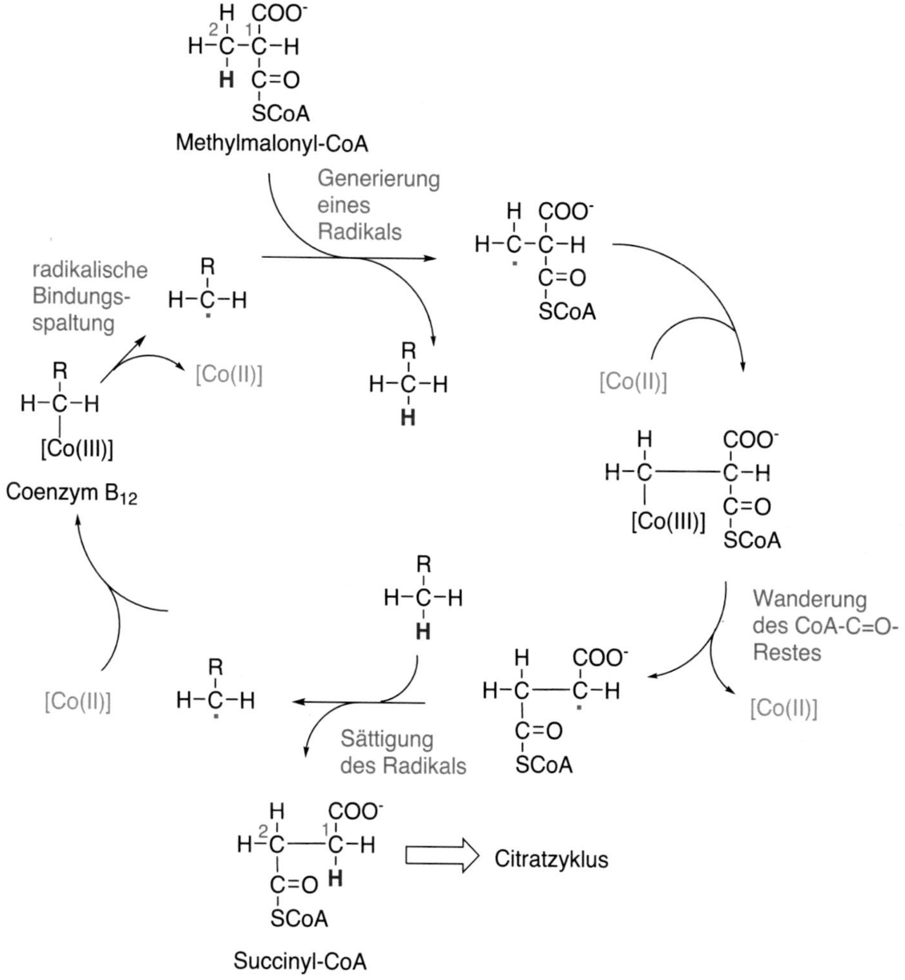

Abb. 2.16 Die Rolle eines Organometallkomplexes als Katalysator in der radikalischen Isomerisierung

Kohlenstoffintermediate, die durch Wechsel vom Cobalt(II) zu Cobalt(III) und wieder zurück in Coenzym B_{12} generiert werden. Die Bindungsspaltung zwischen Cobalt- und Kohlenstoffatom erfolgt aufgrund der geringen Polarität in dieser Bindung in einem radikalischen Mechanismus, d. h. es verbleibt jeweils ein Elektron am ursprünglichen Bindungspartner.

Methylcobalamin überträgt ebenfalls in einem radikalischen Mechanismus eine Methylgruppe auf L-Homocystein, wodurch die proteinogene Aminosäure L-Methionin entsteht.

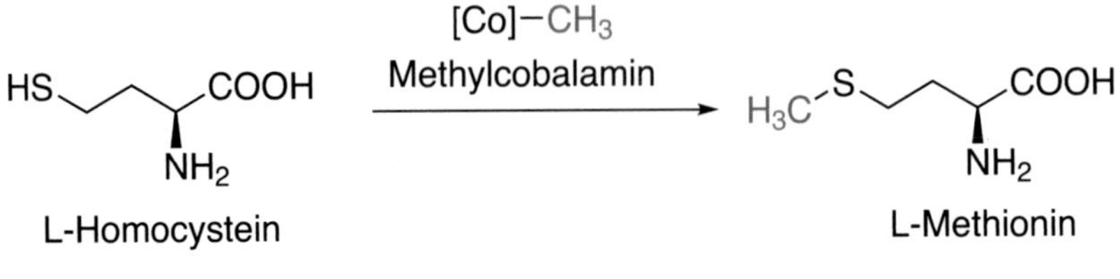

HS⌒⌒COOH →[Methylcobalamin][[Co]−CH$_3$] H$_3$C−S⌒⌒COOH

L-Homocystein   L-Methionin

Es muss betont werden, dass radikalische C–C-Knüpfungen selten in der Biochemie sind. Hauptsächlich erfolgen C–C-Kopplungsreaktionen über polare Mechanismen (Abschn. 4.1.1).

2.2.4 Biokatalyse durch Enzyme

Viele Komplexverbindungen, wie auch die oben beschriebenen Cobaltkomplexe, stellen in chemischen Stoffwandlungen **Katalysatoren** (bzw. Cokatalysatoren) dar, d. h. sie beschleunigen die Einstellung des chemischen Gleichgewichts durch Absenkung der Aktivierungsenergie und werden selbst nicht verbraucht. Bei Vorhandensein mehrerer konkurrierender Reaktionspfade selektieren sie einen bestimmten. In der Biochemie werden Katalysatoren als **Enzyme** bezeichnet. Die meisten biochemischen Reaktionen werden durch sie erst möglich. Enzyme erlangen ihre funktionale Daseinsberechtigung durch Umwandlung von biochemischen Substraten in Produkte. Die Substrate stellen in den meisten Fällen, dann nämlich, wenn sie am Metall koordinieren, ebenfalls Liganden dar, haben aber nur eine äußerst kurze Verweildauer am Metall. Solche „Substratliganden" werden während der Reaktion vielfach mit „Reagenzien", die ebenfalls kurzzeitig als Liganden koordinieren, strukturell modifiziert und am Ende des Katalysezyklus als nicht mehr koordinierfähiges Produkt abgespalten. Nachstehend ist ein typischer Katalysezyklus schematisch illustriert, wobei $M(L)_x$ den Prototyp eines Katalysators darstellt (Abb. 2.17). Die Anzahl x, y und z der jeweiligen Liganden kann während der Katalyse gleichbleiben oder sich verändern. Damit wird ersichtlich, dass jeder Metallkomplex im Katalysezyklus neue Eigenschaften aufweist, was die Analyse von katalytischen Reaktionen gegenüber stöchiometrischen Reaktionen erschwert.

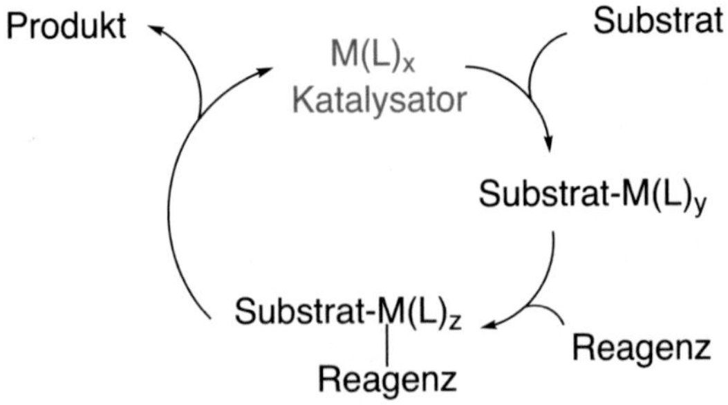

Abb. 2.17 Prinzip eines Katalysezyklus

Die nur kurzzeitige Bindung von Substraten und Reagenzien an das Enzym und die „theoretische" Unversehrtheit des Enzyms am Ende der Reaktion kennzeichnen das Wesen jeglicher Katalyse und unterscheiden katalytische Prozesse grundlegend von stöchiometrischen Reaktionen. Katalytische Reaktionen sind prinzipiell reversible Reaktionen. Ob katalytische Prozesse während der biochemischen Evolution aus stöchiometrischen Reaktionen hervorgegangen sind, ist wahrscheinlich, muss an dieser Stelle aber spekulativ bleiben. Es gibt zahllose Beispiele aus der Laborchemie, wo durch den Zusatz von Additiven eine erhebliche Beschleunigung der ursprünglichen Reaktion eintritt und wobei das Additiv nicht verbraucht wird. Auf der anderen Seite ist die Lebensdauer jedes Katalysators entgegen der Theorie auch begrenzt. Insbesondere Enzyme, deren Proteinbestandteile ständig Abbaureaktionen unterliegen, werden kontinuierlich neu synthetisiert, was ein Hinweis ist, dass Katalysen aus stöchiometrischen Reaktionen hervorgegangen sein könnten und dass Enzyme im Laufe der Evolution einem Optimierungsprozess unterlegen waren.

Katalysatoren werden danach beurteilt, wie oft und wie schnell sie eine chemische Umsetzung katalysieren. Die Anzahl pro Zeiteinheit wird in der **Wechselzahl** (engl. *turnover frequency,* abgekürzt TOF) beschrieben, d. h. wie oft hat der Katalysator ein bestimmtes Substrat in einer bestimmten Zeit transformiert. Die **katalytische Produktivität** (engl. *turnover number,* abgekürzt TON) hingegen gibt an, welche Menge Produkt unter bestimmten Reaktionsbedingungen pro Katalysator entsteht. Somit könnte eigentlich jede Reaktion mit einer TOF>1 mit dem Begriff der Katalyse versehen werden, was wiederum auf die generische Verwandtschaft von stöchiometrischen und katalytischen Reaktionen verweist.

Auch die Produkte von chemischen Reaktionen können selbst ihre eigene Bildung beeinflussen. In diesem Fall wird von Autokatalyse gesprochen. Sind die Produkte proteinogene α-Aminosäuren, die nachfolgend in Enzyme eingebaut werden, erfolgt die Rückkopplung wesentlich später, aber sie erfolgt.

Es ist wichtig festzustellen, dass Enzyme keine Reaktionen unterstützen, die aus chemischer Sicht unmöglich sind. Enzyme sind an bestimmte Substrate oder Reaktionstypen angepasst. Demzufolge werden sie in zahlreiche Klassen und Unterklassen eingeteilt. Ihr Aufbau und ihre Wirkungsweise stehen in der Biochemie ganz besonders im Zentrum des Interesses. Da sie aber ausnahmslos die grundsätzliche Funktion haben, die Aktivierungsenergie für bestimmte Reaktionen herabzusetzen, wird in diesem Buch, das die grundsätzlichen chemischen Prinzipien im Blick hat, nicht weiter darauf eingegangen.

Die Derivatisierung anorganischer Verbindungen mit Kohlenstoffresten

3

Die organische Chemie kann als extreme Erweiterung der anorganischen Chemie aufgefasst werden, wobei neue Strukturen mit neuen Eigenschaften entstehen. Die organische Chemie war vor der „menschengemachten" Synthesechemie Biochemie! Organische Verbindungen waren über Hunderte Millionen von Jahren sowohl Voraussetzung als auch Produkte von Leben. Erst seit ca. hundert Jahren haben sich die Menschen mit der akademischen und industriellen Synthesechemie von den engen Rahmenbedingungen der lebenden Natur emanzipiert. Ungeachtet wirken die Naturgesetze der Chemie weiterhin fort.

Wie bereits ausschnittsweise bei der Behandlung der Oxosäuren in Bezug auf die Esterbildung angemerkt wurde (Abschn. 1.2.14), können in anorganischen Verbindungen prinzipiell alle Wasserstoffatome gegen Kohlenstoffreste ausgetauscht werden. Dieser Vorgang erweitert die eigenschafts- und zahlenmäßig stark limitierte Palette der anorganischen Verbindungen fast bis ins Unendliche, was eine Voraussetzung für Evolution ist. Die Rückführung der organischen Chemie auf die anorganische Chemie hat darüber hinaus auch einen wertvollen kognitiven Vorteil: Viele der Eigenschaften der anorganischen Stammverbindung aus dem PSE können auf die organischen Derivate übertragen werden. Gleichzeitig ändern sich aber auch Eigenschaften. Nachfolgend sollen beispielhaft charakteristische Effekte näher analysiert und gleichzeitig Differenzen zwischen den anorganischen Verbindungen und ihren organischen Derivaten herausgearbeitet werden.

3.1   Wasser, Alkohole und Ether

Alkohole und Ether können als Abkömmlinge des Wassers betrachtet werden (Abb. 3.1). Wird in H_2O ein Wasserstoffatom gegen einen Kohlenstoffrest ersetzt, entsteht ein Alkohol. Bei Ersatz des zweiten Wasserstoffatoms wird ein Ether gebildet.

Vertreter der Verbindungsklassen der Alkohole und Ether haben vergleichbare Geometrien wie Wasser, d. h. die Substituenten am Sauerstoff befinden sich nicht in einem 180°-Winkel zueinander, sondern die Moleküle sind gewinkelt. Alkohole verfügen noch über ein Wasserstoffatom, das prinzipiell als Proton abgegeben werden kann. Da Wasser nur eine äußerst schwache Arrhenius-Säure darstellt, kann man davon ausgehen, dass dies auch auf Alkohole zutrifft. Hingegen ist die C–O-Bindung so stark, dass Alkohole keine Arrhenius-Basen sind. Ether haben durch den Verlust beider Wasserstoffatome das Potenzial zur Arrhenius-Säure verloren. Aufgrund der freien Elektronenpaare am Sauerstoff stellen sie aber, ebenso wie Wasser und Alkohole, Lewis-Basen dar.

Atomgruppen, die immer die gleichen Heteroelemente in den gleichen Bindungsverhältnissen enthalten, wie hier an den Alkoholen oder Ethern gezeigt, werden als **funktionelle Gruppen** bezeichnet. Diese Gruppen können neben Heteroelementen, wie Sauerstoff, Stickstoff, Schwefel oder Halogenen, auch Kohlenstoff und Wasserstoff enthalten. Die dazugehörigen Verbindungen werden in einer Substanzklasse zusammengefasst.

Der Verlust an potenziellen Säure-Base-Eigenschaften der anorganischen Stammverbindung wird durch die enorme Anzahl von neuen Verbindungen und durch den Gewinn an Variabilität der organischen Derivate mehr als wettgemacht. Erst dadurch entsteht die

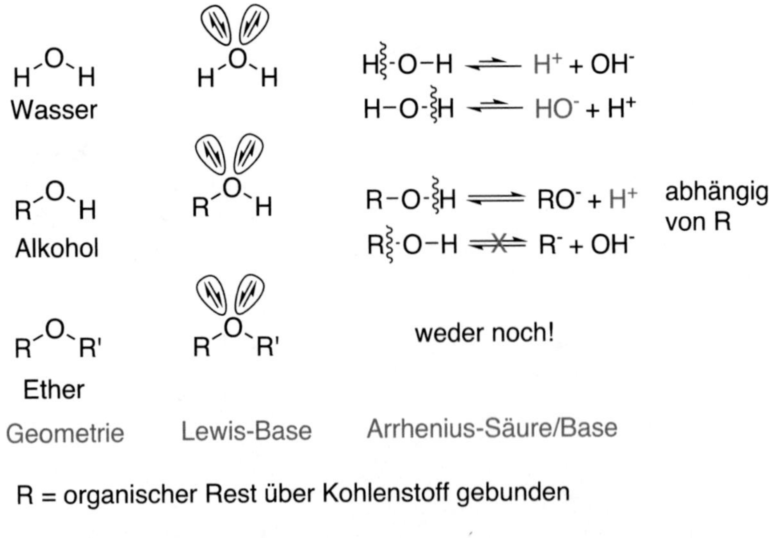

Abb. 3.1 Vergleich einiger Eigenschaften von Wasser mit seinen organischen Derivaten

Basis für Leben. Organische Reste übertragen ihre elektronischen und sterischen Eigenschaften auf die benachbarten funktionellen Gruppen, die dadurch eine Verbreiterung ihrer ursprünglichen Eigenschaften erfahren. Dieses Phänomen soll nachfolgend am Beispiel der Alkohole im Vergleich zu Wasser illustriert werden.

Wasser unterliegt unter den Bedingungen der Erde einem stets konstant bleibenden Dissoziationsgleichgewicht, das durch die (sich nicht ändernden) Elektronegativitäten von Sauerstoff und Wasserstoff bedingt ist. Wie bereits angemerkt wurde, liegt dieses Gleichgewicht weit auf der Seite des undissoziierten Wassers. Durch Ersatz eines Wasserstoffatoms durch organische Reste wird das Gleichgewicht beeinflusst. Die Ursache liegt in der unterschiedlichen Polarisierung der O–H-Bindung durch den organischen Rest: Elektronenschiebende Reste (illustriert durch einen roten Pfeil in Richtung des Elektronenschubs) schwächen die Polarität dieser Bindung, damit werden die H^+-Donor-Eigenschaften des Alkohols im Vergleich zum Wasser noch weiter abgeschwächt. Elektronenziehende Reste verstärken hingegen die Polarität der HO-Bindung. In der Folge resultiert eine stärkere Säure im Vergleich zu Wasser.

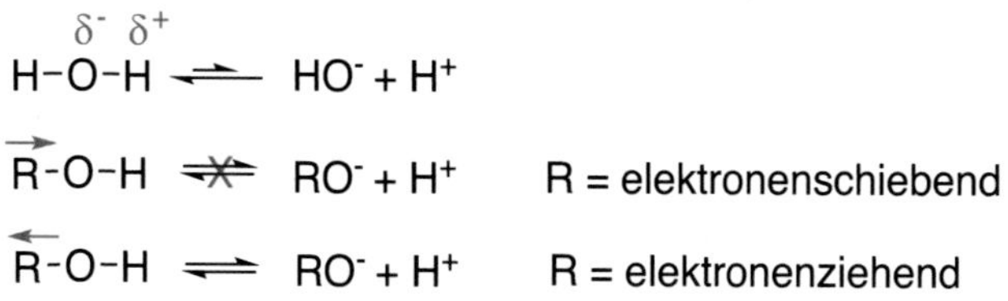

Die Eigenschaften der funktionellen Gruppe, die bei der anorganischen Verbindung intrinsisch und nicht veränderbar sind, werden nun durch die des organischen Restes dominiert und modifiziert. Im Allgemeinen gilt, Alkylgruppen, beispielsweise eine CH_3-Gruppe, haben einen **+I-Effekt** (positiven induktiven Effekt), der bewirkt, dass Elektronendichte zu den benachbarten Gruppen hin verschoben wird (Abb. 3.2). Methanol ist somit noch weniger acid als Wasser.

Die experimentell gefundene erhöhte Acidität des Phenols gegenüber Methanol wird durch Mesomerie des Phenolats beschrieben (Abb. 3.3). Im Vergleich zum Edukt Phenol können für das Produkt Phenolat vier mesomere Grenzstrukturen konstruiert werden. Dies ist für Methanol nicht möglich.

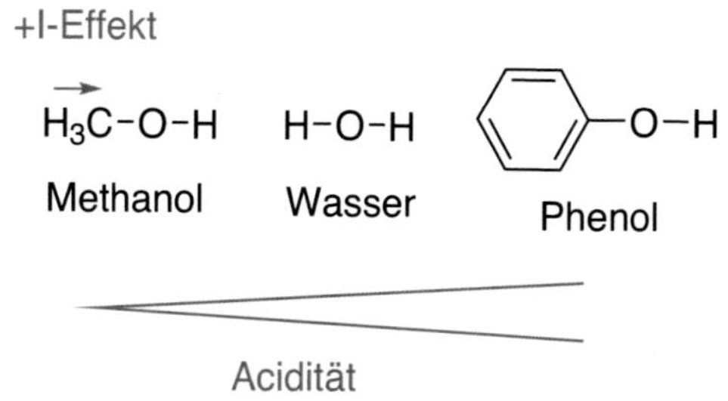

Abb. 3.2 Beispiele für die Beeinflussung der Acidität durch organische Reste

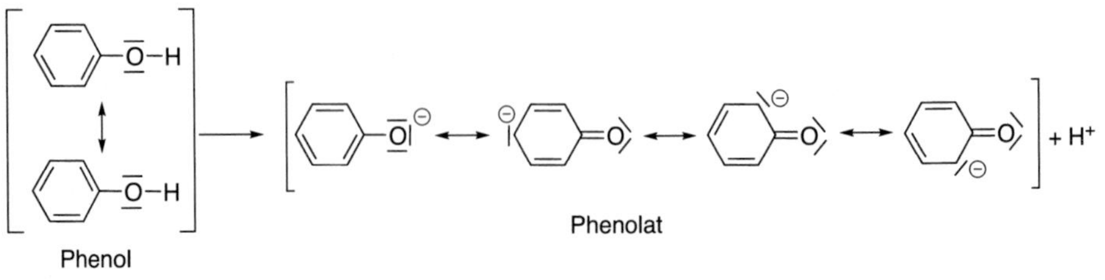

Abb. 3.3 Mesomerie als Erklärung für die erhöhte Acidität von Phenol

Im biochemischen Kontext findet dieses Phänomen beispielsweise einen Ausdruck in der Existenz von zwei proteinogenen α-Aminocarbonsäuren. Eine Aminosäure mit einer aliphatischen Hydroxygruppe, wie das L-Serin, tritt immer dann in Aktion, wenn keine sauren Eigenschaften notwendig sind bzw. wenn saure Eigenschaften kontraproduktiv wären. Die aliphatische HO-Gruppe ist bevorzugter Angriffsort von Phosphorylierungs-reaktionen (Abb. 1.52). Hingegen wird die phenolische Seitenkette des L-Tyrosins weniger häufig phosphoryliert. Sie ist dafür als (schwache) Säure präsent.

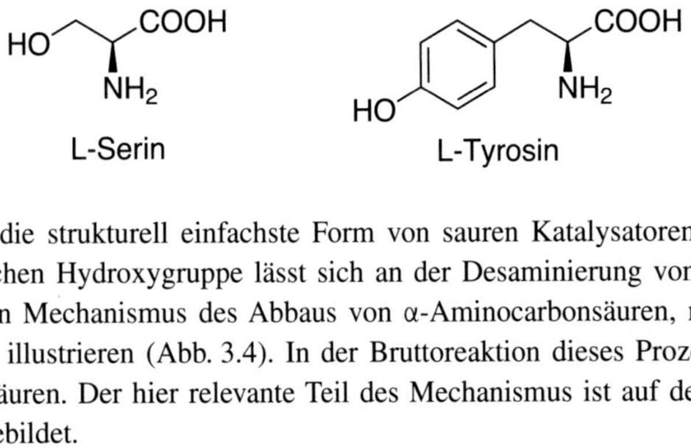

Protonen sind die strukturell einfachste Form von sauren Katalysatoren. Die Wirkung einer phenolischen Hydroxygruppe lässt sich an der Desaminierung von Aminosäuren, einem zentralen Mechanismus des Abbaus von α-Aminocarbonsäuren, mittels Vitamin B_6 (Pyridoxal) illustrieren (Abb. 3.4). In der Bruttoreaktion dieses Prozesses entstehen α-Ketocarbonsäuren. Der hier relevante Teil des Mechanismus ist auf der rechten Seite im Kasten abgebildet.

Bei der Reaktion der Zwischenverbindung A zu B handelt es sich um den Spezialfall einer Tautomerie. In der Struktur A wird klar, warum Vitamin B_6 diesen speziellen Auf-bau haben *muss*. Ein essenzielles Strukturelement ist die aromatische Hydroxygruppe. Sie ist nicht grundlos in Nachbarschaft der ursprünglichen Aldehydgruppe in Vitamin B_6 angeordnet. Nur in dieser Position kann sich eine Wasserstoffbrücke mit dem basischen Iminostickstoffatom ausbilden, wie das Schema ausschnittsweise zeigt (Abb. 3.5). Zu beachten ist weiterhin, dass über die H-Brücke ein energetisch günstiger Ring, ein 6-Ring, gebildet wird. Das Iminostickstoffatom wird durch diese Säure-Base-Reaktion protoniert. Das entstehende Iminiumkation (positive Ladung!) übt in der Folge einen Elektronensog auf die benachbarte C–H-Bindung aus. Das betreffende Wasserstoff-atom wird dadurch acid und wandert als Proton im Zuge der Tautomerisierung in Richtung des Aromaten. Gleichzeitig verschiebt sich die ursprüngliche C=N-Doppel-bindung. Die neu entstandene C=N-Bindung wird mit Wasser gespalten und die

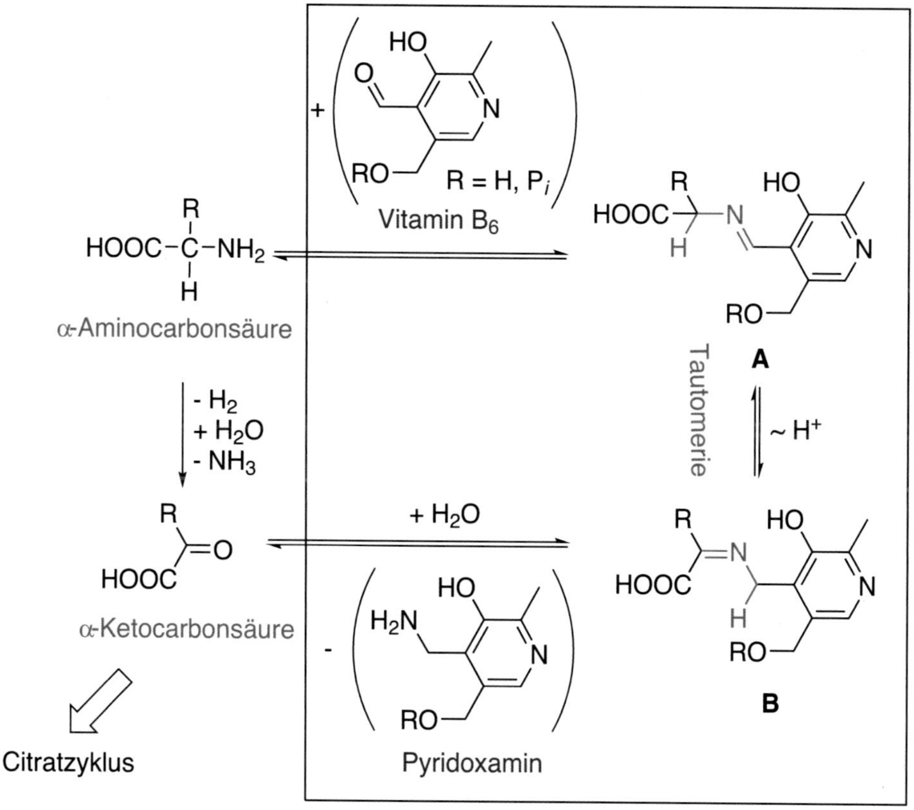

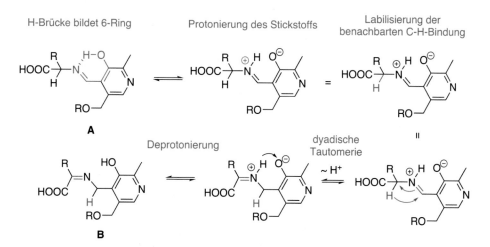

Abb. 3.4 Desaminierung von Aminosäuren

Abb. 3.5 Bedeutung von Position und Acidität einer Hydroxygruppe während der Desaminierung von Aminosäuren

ursprüngliche Aminosäure hat ihre NH_2-Gruppe verloren. Dieses Produkt verlässt als α-Ketocarbonsäure den Prozess und wird im sich anschließenden Citratzyklus weitertransformiert. Das Pyridoxamin wird in einem parallelen Mechanismus, der hier nicht diskutiert wird, zu Vitamin B_6 oxidiert und damit das Coenzym regeneriert.

In der Gesamtschau wird die zentrale Rolle einer aromatischen Hydroxygruppe in einer bestimmten geometrischen Position als „interner" saurer Katalysator deutlich; ohne sie würde die Reaktionssequenz unter den typisch moderaten Bedingungen der Biochemie nicht ablaufen.

Mithilfe dieses Mechanismus werden sämtliche α-Aminocarbonsäuren desaminiert. Als Beispiel ist die **Desaminierung** von L-Alanin gezeigt (Abb. 3.6). Zunächst entsteht Brenztraubensäure (bzw. deren Salz, das Pyruvat). Die abschließende Hydrierung führt zu L-Milchsäure. Brenztraubensäure leitet in den Citratzyklus über. Milchsäure ist das Produkt der homolactischen Fermentation unter anaeroben Bedingungen, z. B. in Hefen. Sie kommt aber auch in Säugetieren vor, was die Einheitlichkeit vieler Verbindungen und Prozesse in Organismen von unterschiedlichen Entwicklungsstufen erneut beweist.

3.2   Ammoniak und Amine

Eine ähnliche Betrachtung wie auf die Verwandtschaft zwischen Wasser, Alkoholen und Ethern lässt sich auf die organischen Derivate des Ammoniaks, die Amine, anwenden (Abb. 3.7). Letztere entstehen formal durch sukzessiven Ersatz der drei Wasserstoffatome in Ammoniak gegen organische Reste. Wie auch die anorganische Stammverbindung, das Ammoniak, stellen sie aufgrund des freien Elektronenpaares Lewis-Basen dar. Das freie Elektronenpaar führt zur Ausbildung einer tetraedrischen Struktur. Amine generieren ebenfalls mit Wasser Hydroxidionen. Sie sind somit auch nach der Theorie von Arrhenius Basen. Die zugehörigen Ammoniumionen sind die dazugehörigen korrespondierenden Säuren.

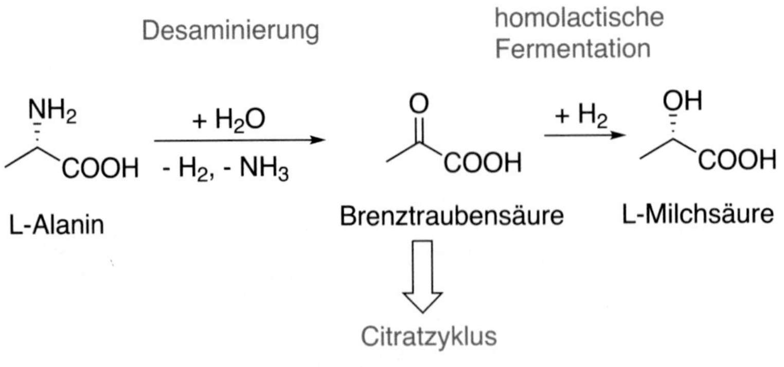

Abb. 3.6 Die Desaminierung von L-Alanin und Anschlusstransformationen

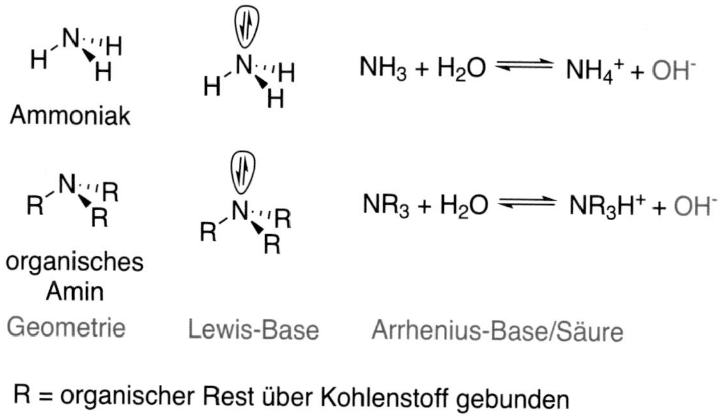

$$NH_3 + H_2O \rightleftharpoons NH_4^+ + OH^-$$

Ammoniak

$$NR_3 + H_2O \rightleftharpoons NR_3H^+ + OH^-$$

organisches
Amin

Geometrie   Lewis-Base   Arrhenius-Base/Säure

R = organischer Rest über Kohlenstoff gebunden

Abb. 3.7 Der Einfluss von organischen Resten auf die Eigenschaften von Aminen gegenüber Ammoniak

Wie bereits bei den organischen Derivaten des Wassers gesehen, wird durch den Ersatz von H gegen organische Reste die Anzahl möglicher Derivate potenziert. Es können bis zu vier Alkyl- (oder auch Aryl-)Gruppen am Stickstoffatom gebunden werden. Demzufolge wird zwischen primären, sekundären, tertiären und quartären Aminen unterschieden. Vergleichbar zu den Alkoholen beeinflussen auch hier die elektronischen Eigenschaften dieser Reste die Eigenschaften der funktionellen Gruppe. Alkylgruppen verstärken aufgrund ihres +I-Effekts die Lewis-Basizität am Stickstoffatom oder, anders formuliert, die „Verfügbarkeit" des freien Elektronenpaars am Stickstoffatom für die Bindung zu einem Proton wird positiv beeinflusst. Folgerichtig nimmt die Basizität in der Reihe Ammoniak, Methylamin und Dimethylamin zu (Abb. 3.8).

Die Wirkung von drei Methylgruppen wie in Trimethylamin sollte folgerichtig ein noch stärkeres Amin hervorbringen, da ein dreifacher +I-Effekt zur Wirkung kommt.

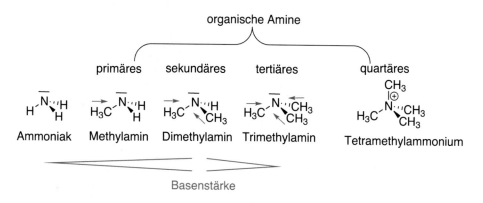

Abb. 3.8 Die Basizität von Aminen in Abhängigkeit von der Anzahl der Methylgruppen

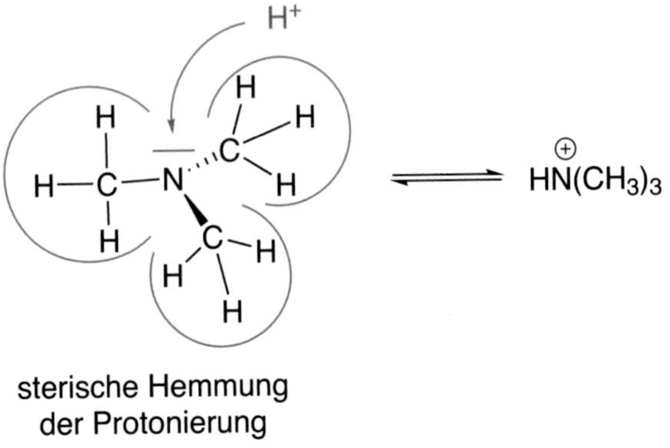

Abb. 3.9 Erklärung für die
verminderte Basizität von
tertiären Aminen

H^+

$$H-C-N \cdots C \quad \Longrightarrow \quad HN(CH_3)_3^{\oplus}$$

sterische Hemmung
der Protonierung

Diese Tendenz wird aber experimentell nicht beobachtet. Der Abfall der Basenstärke beim Übergang vom sekundären zum tertiären Amin wird mit dem erhöhten Platzanspruch der organischen Reste gegenüber den „kleinen" Wasserstoffatomen erklärt. Er behindert den Aufbau einer Bindung des Protons mit dem freien Elektronenpaar am Stickstoffatom (Abb. 3.9). Es handelt sich um den typischen Fall einer **sterischen Hinderung**. Gleichzeitig wird das sehr große Trimethylammoniumion weniger effektiv von einer Wasserhülle umhüllt, was die Gleichgewichtsverschiebung zugunsten des Produktes negativ beeinflusst.

Wie in Kap. 1 ausgeführt, kann in Ammoniak in alle drei N–H-Bindungen Sauerstoff insertiert werden, wobei nach Abspaltung von Wasser aufgrund der Wirkung der Erlenmeyer-Regel die anorganischen Stickstoffsauerstoffsäuren entstehen. Auf vergleichbare Weise werden in lebenden Organismen die meisten organischen Amine abgebaut. Im ersten Schritt erfolgt, analog zur Reaktion mit Ammoniak, die Oxidation einer N–H-Bindung (Abb. 3.10).

Hydroxylamin, das erste Oxidationsprodukt, spaltet Wasser ab, und es entsteht ein Imin. Die erneute Anlagerung von Wasser führt zu einem Halbaminal, das wiederum

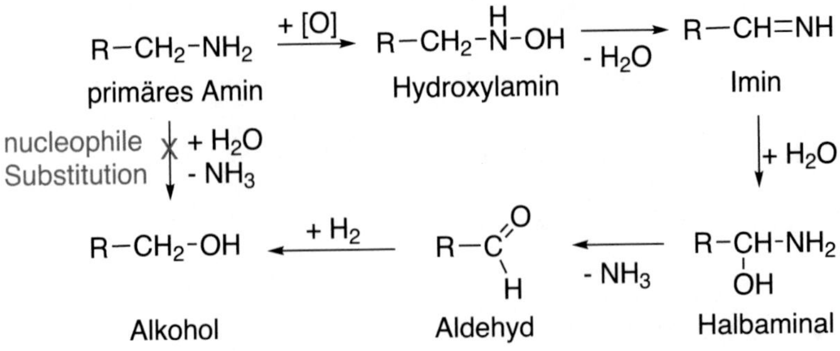

$$R-CH_2-NH_2 \xrightarrow{+\,[O]} R-CH_2-\overset{H}{N}-OH \xrightarrow[-\,H_2O]{} R-CH=NH$$

primäres Amin   Hydroxylamin   Imin

nucleophile $+ H_2O$ $+ H_2O$
Substitution $- NH_3$

$$R-CH_2-OH \xleftarrow{+\,H_2} R-\overset{O}{\underset{H}{C}} \xleftarrow[-\,NH_3]{} R-\underset{OH}{CH}-NH_2$$

Alkohol   Aldehyd   Halbaminal

Abb. 3.10 Indirekte Transformation von Aminen in Alkohole im biochemischen Kontext

durch Abgabe von Ammoniak zu einem Aldehyd abreagiert. In Eukaryoten wird diese Oxidation durch Monoaminooxidasen (MAOs) katalysiert. In vielen biochemischen Systemen schließt sich eine Hydrierung an, wodurch in diesem Fall ein Alkohol entsteht. Das Fazit der gesamten Reaktionssequenz, in der sich Oxidation und Reduktion abwechseln, ist: Die basische und damit im Grunde lebensfeindliche Aminogruppe wurde entfernt.

Dieser Weg stellt die Alternative zur nucleophilen Substitution dar, die unter biotischen Bedingungen nicht abläuft (Abschn. 1.2.12). Deshalb wird der „Umweg" über eine Oxidations-Reduktions-Sequenz eingeschlagen.

Auf diese Weise werden die **biogenen Amine** Dopamin, Noradrenalin und Adrenalin im postsynaptischen Spalt desaminiert (Abb. 3.11). Die biogenen Amine entstehen aus kanonischen α-Aminocarbonsäuren durch Decarboxylierung und haben vermittels ihrer Aminofunktion zentrale physiologische Aufgaben als Transmitter. Die Wirkungsdauer der Amine wird durch die Desaminierung limitiert, wodurch deren wichtige, aber nur temporäre Wirkung bei der Reizweiterleitung zum Ausdruck kommt.

Es sei daran erinnert, dass auch das freie Elektronenpaar am Stickstoffatom zu einer Bindung mit dem Sauerstoffatom genutzt werden kann, wie das bei der Oxidation von Ammoniak bis zu Salpetersäure demonstriert wurde (Abb. 1.57). Durch den Ersatz von Wasserstoffatomen in Ammoniak durch organische Reste wird die Oxidierbarkeit eingeschränkt. Besonders markant tritt diese Situation bei der Reaktion von tertiären Aminen mit Sauerstoff in Erscheinung. Beispielsweise führt die Reaktion von Trimethylamin mit Sauerstoff nur bis zu Trimethylaminoxid (TMAO), da keine oxidierbare N–H-Bindung zur Verfügung steht (Abb. 3.12, Reaktion a). Tertiäre Amine werden deshalb in biochemischen Prozessen durch den konkurrierenden Einschub von Sauerstoff in benachbarte C–H-Bindungen (Reaktion b) abgebaut.

Es entsteht zunächst ein instabiles Halbaminal (Abb. 4.69), das mit Wasser unter Abspaltung von Formaldehyd zu Dimethylamin abreagiert. Letzteres repräsentiert ein sekundäres Amin und wird durch den üblichen Oxidationsmechanismus desaminiert. Am Ende der gesamten Reaktionssequenz entsteht Ammoniak, das als Gas das Gleichgewicht sämtlicher Abbaureaktionen von N-haltigen Verbindungen in Organismen nach dem Prinzip von Le Chatelier-Brown zugunsten der Endprodukte verschiebt und somit

Abb. 3.11 Beispiele für biogene Amine

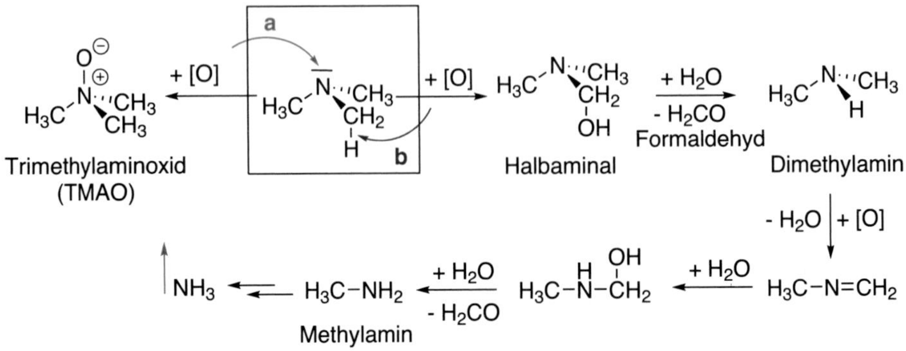

Abb. 3.12 Oxidationsreaktionen an einem tertiären Amin

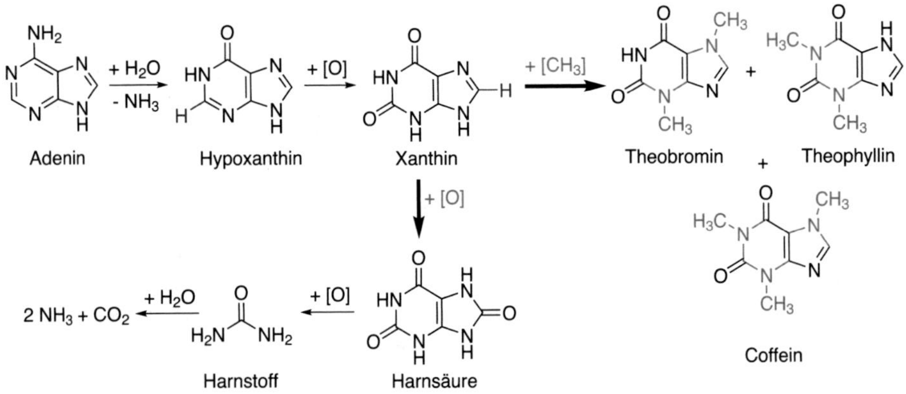

Abb. 3.13 Oxidative Abbauprodukte von Adenin

die ständige Neubeschaffung von Aminosäuren und anderen stickstoffhaltigen Verbindungen provoziert.

Tertiäre Amine sind ebenfalls stabile Endstationen beim biochemischen Abbau von Nucleobasen, wie sie in der RNA oder der DNA vorkommen. Ein bekanntes Beispiel betrifft die Alkaloide Theobromin, Theophyllin und Coffein, die aus Adenin gebildet werden (Abb. 3.13). Adenin wird zunächst durch Wasser zu Hypoxanthin hydrolysiert. Danach wird die einzige C–H-Bindung im 6-Ring oxidiert und Xanthin entsteht. Auf dieser Stufe entscheidet sich der weitere Abbauweg. Entweder wird auch noch die C–H-Gruppe im benachbarten 5-Ring oxidiert, was zu Harnsäure führt. Harnsäure wird in Gegenwart von Sauerstoff dann weiter je nach Tierart in Harnstoff (Frösche, Säugetiere) oder Ammoniak und Kohlendioxid (Fische, Kaulquappen) zerlegt. Ist die Methylierung an den N-Atomen jedoch dominant, entstehen die stabilen pflanzlichen Alkaloide, die eine langanhaltende biologische Wirkung entfalten. Auf Bakterien, Pilze und Algen können sie mutagen wirken. Weiterhin wird ein Abwehreffekt auf Schnecken,

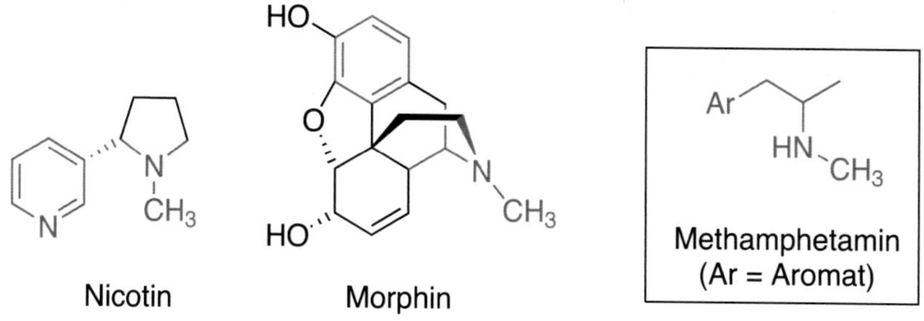

Abb. 3.14 Tertiäre Amine mit psychoaktiver Wirkung

verschiedene Larven und Insekten diskutiert, was in jedem Fall einen Vorteil für die produzierenden Pflanzen nahelegt. Diese Beispiele zeigen, dass evolutionsbiologische Fitnesseffekte, die erst auf einem höheren Niveau wirksam werden, die Richtung der Oxidationschemie im Sinn einer Rückkopplung determinieren.

Einige biogene Drogen repräsentieren ebenfalls tertiäre Amine, dazu gehören Nicotin und Morphin (Abb. 3.14). Beide leiten sich von der Grundstruktur des Methamphetamins (Ar = Phenyl), einem sekundären Amin, ab. Im Unterschied zu letzterem werden sie im ersten Schritt durch den Einschub von Sauerstoff in eine dem Stickstoff benachbarte C–H-Bindung abgebaut. Dieser veränderte Abbaumechanismus kann eine Ursache für die oftmals stärkere Wirkung von Drogen gegenüber körpereigenen psychologisch wirksamen (biogenen) Aminen beim Menschen sein.

3.3 Carbonsäureamide

Im Gegensatz zu Alkylgruppen mit ihrem elektronenschiebenden Effekt haben **Acylgruppen** einen elektronenziehenden Effekt auf eine benachbarte N–H-Gruppierung. Dies hat erhebliche Konsequenzen: In Carbonsäureamiden ist die Lewis-Basizität des Stickstoffatoms stark gemindert. Der theoretische Beweis lässt sich anhand einer mesomeren Grenzstruktur antreten, in der das freie Elektronenpaar in die Bindung zum benachbarten Kohlenstoffatom involviert ist. Es entsteht eine **Einfachbindung mit partiellem Doppelbindungscharakter**. Doppelbindungen zeichnen sich gegenüber Einfachbindungen durch eine gehinderte Drehbarkeit der Substituenten aus. Man kann zwei **geometrische Isomere** unterscheiden: *cis* (Z = zusammen) und *trans* (E = entgegengesetzt), in denen sich die beiden Reste R^1 und R^2 auf unterschiedlichen Seiten gegenüberstehen. Erst bei höheren Temperaturen (ΔT), die meist unter biotischen Bedingungen nicht erreicht werden, stehen sie miteinander im Gleichgewicht.

Abb. 3.15 Acylgruppen erhöhen die Acidität von N–H-Bindungen und sind die Voraussetzung für Wasserstoffbrücken

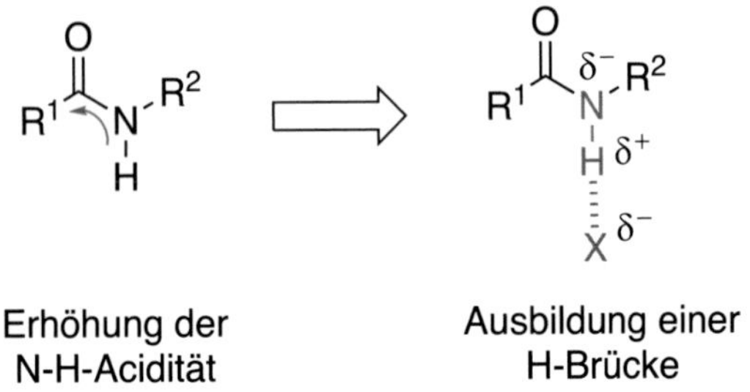

Erhöhung der
N-H-Acidität

Ausbildung einer
H-Brücke

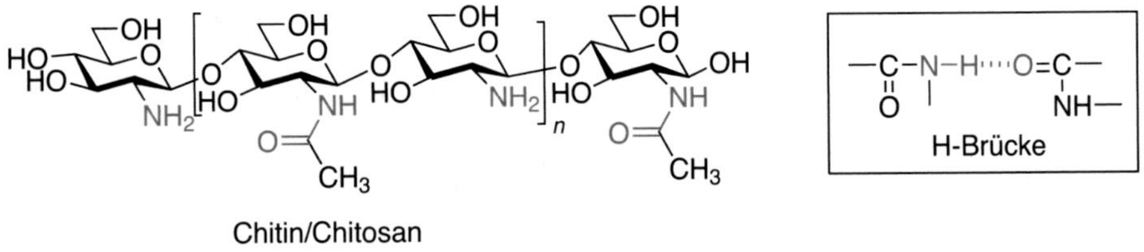

Chitin/Chitosan

H-Brücke

Abb. 3.16 Wasserstoffbrücken, die von Chitin ausgehen

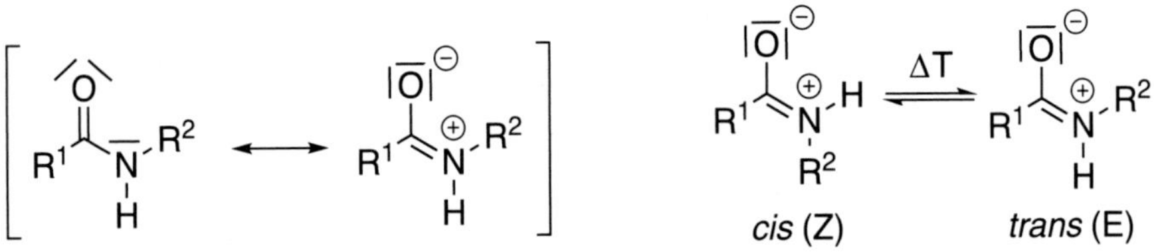

cis (Z)   *trans* (E)

Ammoniak ist (ebenfalls wie primäre und sekundäre Amine) keine Säure im Sinn der Arrhenius-Definition. Es bildet auch keine Wasserstoffbrücken aus, was die Ursache dafür ist, dass Ammoniak unter Normalbedingungen ein Gas darstellt. Durch den Elektronensog der Acylgruppe in Carbonsäureamiden wird jedoch die N–H-Bindung stärker polarisiert (Abb. 3.15). Das Proton wird acid. Dies ist die Voraussetzung für eine Wasserstoffbrücke zu einem elektronegativen Element (X).

Solche Wasserstoffbrücken zwischen Acetylamidgruppen sind beispielsweise für die Weichheit und Biegsamkeit von Chitin verantwortlich. Die Verbindung besteht aus langen Ketten von D-Glucosemonomeren, in denen die HO-Gruppe am C^2 durch eine Acetamidgruppe ersetzt wurde (Abb. 3.16). Bemerkenswerterweise wird die gluco-Konfiguration beim Austausch und somit auch die Ausrichtung der Acetamidgruppe in äquatorialer Position am 6-Ring beibehalten (Abschn. 4.1.5.2). Dies ist ein weiterer Beweis für die überragende Stabilität von Strukturen, die sich von der Geometrie der Glucose ableiten. Die Chitinketten sind über Wasserstoffbrücken zwischen N–H und C=O miteinander vernetzt, die noch stärker sind als Wasserstoffbrücken zwischen

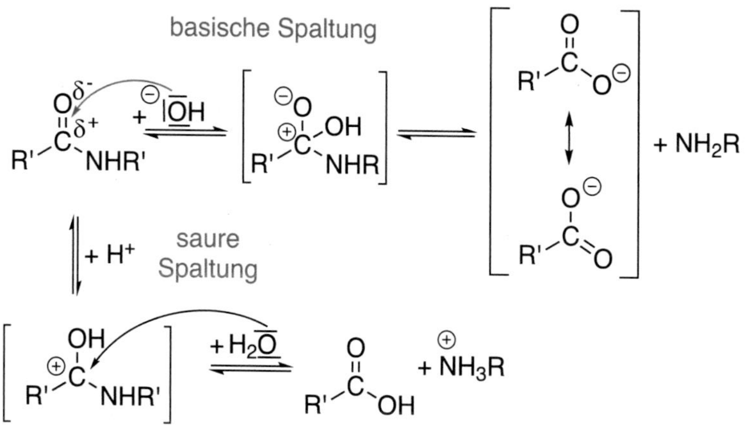

Abb. 3.17 Warum ein saures oder ein basisches Milieu lebensfeindlich ist

Hydroxygruppen beispielsweise in der Cellulose. Die Kettenlänge von Chitin ist abhängig vom Acetylierungsgrad der Aminogruppe. Ist er niedriger als 50 %, spricht man von Chitosan. Chitin kommt bei vielen niederen Eukaryoten wie Algen, Pilzen, Gliedertieren und Weichtieren vor, aber nicht bei Wirbeltieren. In letzteren dominiert das Keratin, ein Biopolymer auf der exklusiven Basis von Proteinen. Bei Gliederfüßern ist Chitin Hauptbestandteil des Exoskeletts, wobei erst durch die Wechselwirkung mit dem Strukturprotein Sklerotin die Cuticula hart und stabil wird. Chitin ist nach Cellulose das zweithäufigste Biopolymer mit einer geschätzten Bioproduktion von 10^9–10^{11} t pro Jahr.

Carbonsäureamide werden durch starke Basen gespalten, wobei am Ende ein mesomeriestabilisiertes Carboxylatanion entsteht (Abb. 3.17). In Wasser als Lösungsmittel stellen Hydroxidionen die einfachste Base dar. Die Hydrolyse in Gegenwart von Säuren ist ebenfalls bekannt, wobei neben dem Ammoniumion die freie Carbonsäure gebildet wird. Das ist die Ursache dafür, dass sowohl ein basisches als auch ein saures Milieu kontraproduktiv für die Chemie des Lebens ist. Deshalb ist es selbsterklärend, dass Leben bevorzugt in einer neutralen Umgebung abläuft.

Weitere biochemische Konsequenzen werden in Zusammenhang mit der Organisation von Proteinen und genetischen Strukturen in Abschn. 4.1.6 präsentiert.

Die singulären Eigenschaften des Kohlenstoffs als Grundlage für die Entstehung von Leben

4

Biochemie ist prinzipiell Chemie auf der Basis von Kohlenstoff und Wasserstoff, erweitert durch die Chemie einiger anderer Elemente – hauptsächlich Sauerstoff, Stickstoff, Schwefel, Phosphor –, von einigen Metallen und Halbmetallen sowie wenigen Halogenen. Diese Tatsache ergibt sich aus der singulären Variabilität von Kohlenstoffverbindungen. Kombiniert man nur diese wenigen lebenswichtigen Elemente miteinander und begrenzt die Molmasse auf 500 g/mol, sind 10^{62}–10^{63} Varianten möglich. Bei dieser Rechnung wurden nur solche Verbindungen berücksichtigt, die gegenüber Wasser und Sauerstoff einigermaßen stabil sind. Die Limitierung auf 500 g/mol schließt alle Makromoleküle und Polymere aus, die in der lebenden Natur ebenfalls eine bedeutende Rolle spielen, d. h. die Variationsmöglichkeiten sind real noch wesentlich größer. Einige Ursachen für das einzigartige Evolutionspotenzial des Kohlenstoffs wurden bereits in den ersten Teilen dieses Buches behandelt (Punkte 1–4). Andere, die nachfolgend im Detail diskutiert werden, ergeben sich aus den Konsequenzen der Reaktion gegenüber Sauerstoff (Punkte 5 und 6).

1. Aufgrund des relativ kleinen Atomradius von Kohlenstoff ist die Ausbildung von Einfachbindungen, Doppelbindungen und Dreifachbindungen mit sich selbst bzw. kleinen Heteroatomen möglich.
2. Stabile Ketten auf der Basis von C–C-Bindungen können bis zu eine Million Kohlenstoffatome und wahrscheinlich noch mehr enthalten. Ringbildung und Anellierung sind ebenfalls möglich und einzigartig.
3. Die Elektronegativität des Kohlenstoffs ist vergleichbar zu der des Wasserstoffs. C–H-Bindungen sind daher in Abwesenheit von benachbarten elektronenziehenden Gruppen kaum polarisiert. Sie sind vor allem gegenüber Wasser stabil.
4. Kohlenstoff ist mengenmäßig zu einem erheblichen Anteil auf der Erde vorhanden.

A. Börner und J. Zeidler, *Chemie der Biologie,*
https://doi.org/10.1007/978-3-662-64701-1_4

5. Durch radikalischen Einschub von Sauerstoff in C–H-Bindungen entstehen sauerstoffhaltige funktionelle Gruppen, die den Ausgangspunkt für die Funktionalisierung
   mit anderen Heteroelementen wie N, S, P oder Halogenen darstellen.
6. Als Element der ersten 8er Periode des PSE ist Kohlenstoff in der Lage, stabile C=C-
   bzw. C=X-Bindungen (X = O, N, S) auszubilden, die hinreichend labil sind, um als
   zentrale „Schaltstellen" in dynamischen Reaktionsnetzwerken zu dienen.

Wendet man das von Darwin stammende Prinzip der biologischen Evolution auch auf
die Chemie des Lebens an, wird deutlich, dass nur auf der Basis des Elements Kohlenstoff eine hinreichend große Anzahl von Verbindungen möglich ist, die die Grundlage für
biochemische Prozesse von enorm hoher Komplexität und gegenseitiger Durchdringung
bildet. Evolution bedeutet im hier behandelten Kontext, dass in parallel verlaufenden
Auswahlverfahren chemische Strukturen entstehen, die mit anderen wechselwirken und
sich somit gegenseitig bedingen. Gleichzeitig unterliegen sie einer kontinuierlichen
Modifikation und Weiterentwicklung durch interne und externe Einflüsse. Die neuen
Strukturen und Mechanismen werden durch Rückkopplungseffekte zu Strukturen und
Mechanismen auf niedrigerem Komplexitätsniveau bis hin zu den Elementen selektiert.
Auf diese Weise entstehen chemische Stabilitätsinseln. Dynamik und Stabilität dieser
Prozesse bedingen Phänotyp, Verhalten und Lebenszeit von biologischen Organismen-
klassen und deren Individuen.

4.1   Die Redoxchemie des Kohlenstoffs

Die „Eröffnungsreaktion" in der Chemie des Lebens und damit der Zugang zu biochemisch relevanten Verbindungen besteht im Einschub von Sauerstoff in C–H-
Bindungen. Dies soll an der schrittweisen Oxidation von Methan, der einfachsten
Kohlenwasserstoffverbindung, bis zu Kohlendioxid demonstriert werden (Abb. 4.1). Die
formale Bezeichnung [O] für einen Sauerstoffdonor wurde zur Vereinfachung gewählt,
der präzise chemische Mechanismus wird weiter unten erläutert.

Zunächst entsteht beim Einschub eines „Sauerstoffatoms" in eine der vier C–H-
Bindungen des Methans Methanol. Die Wiederholung dieses Prozesses führt zu einer
neuen Verbindungsklasse, hier allgemein nur als Hydrat bezeichnet. Schon bei der Diskussion von Eigenschaften von Kohlenstoffverbindungen auf der einen Seite und der von
Silicium-, Phosphor- und Schwefelverbindungen auf der anderen Seite (Abschn. 1.2.1)
wurde herausgestellt, dass Verbindungen mit mehr als einer HO-Gruppe in Abhängigkeit vom Radius des Zentralatoms eine unterschiedliche Stabilität aufweisen. Hydrate
des (kleinen) Kohlenstoffs sind nicht stabil und spalten gemäß der Erlenmeyer-Regel
Wasser ab. Es entsteht als Produkt Formaldehyd. In Formaldehyd sind noch zwei C–H-
Bindungen übrig. Deren Oxidation führt zunächst zur Ameisensäure und letztendlich
zur Kohlensäure. Letztere zerfällt wieder gemäß der Erlenmeyer-Regel zu Wasser und
Kohlendioxid.

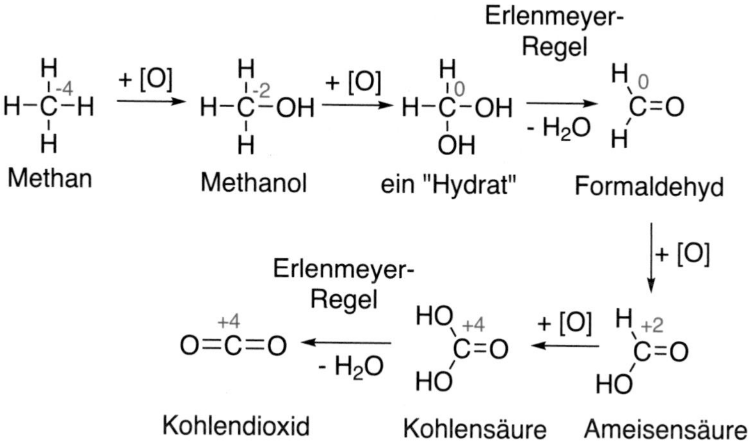

$$H-\underset{\underset{H}{|}}{\overset{\overset{H}{|}}{C}}-H \xrightarrow{+ [O]} H-\underset{\underset{H}{|}}{\overset{\overset{H}{|}}{C}}-OH \xrightarrow{+ [O]} H-\underset{\underset{OH}{|}}{\overset{\overset{H}{|}}{C}}-OH \xrightarrow[- H_2O]{\text{Erlenmeyer-Regel}} \underset{H}{\overset{H}{C}}=O$$

Methan   Methanol   ein "Hydrat"   Formaldehyd

$$O=C=O \xleftarrow[- H_2O]{\text{Erlenmeyer-Regel}} \underset{HO}{\overset{HO}{C}}=O \xleftarrow{+ [O]} \underset{HO}{\overset{H}{C}}=O$$

$$\downarrow + [O]$$

Kohlendioxid   Kohlensäure   Ameisensäure

Abb. 4.1 Die schrittweise Oxidation von Methan

Beim Vergleich der Oxidationszahlen wird ersichtlich, dass sich nach jedem Einschub von Sauerstoff in eine C–H-Bindung die Oxidationsstufe des Kohlenstoffatoms um zwei Einheiten erhöht. Beginnend mit −4 in Methan werden Verbindungen mit den geraden Oxidationszahlen −2, 0, +2 und +4 generiert. Methan, Methanol, Formaldehyd und Ameisensäure repräsentieren die jeweils ersten Vertreter der homologen Reihen der **Alkane, Alkohole, Carbonylverbindungen** und **Carbonsäuren**, die in der Didaktik der organischen Chemie meist in Form von Verbindungsklassen abgehandelt werden.

Eine Methylgruppe am Ende einer Kohlenwasserstoffkette kann somit ebenfalls durch Einschub von Sauerstoff in C–H-Bindungen bis zu Kohlendioxid abgebaut werden (Abb. 4.2). Zu beachten ist, dass mit Ausnahme der Ameisensäure (R = H) alle anderen Carbonsäuren keine weiteren C–H-Bindungen mehr enthalten. CO_2 wird in diesem Fall durch Decarboxylierung generiert und die Alkankette in der Folge um eine CH_2-Einheit verkürzt. Aus „Alkan 1" wird auf diese Weise „Alkan 2".

Die sauerstoffhaltigen Zwischenverbindungen bilden den Ausgangspunkt für die Bildung zahlloser Derivate, in denen Sauerstoff gegen andere Heteroatome ersetzt wird. Die Gesamtheit der so gebildeten Substrukturen führt zu Naturstoffen und stellt die chemische Basis der Biologie dar. In Abb. 4.3 sind die wichtigsten Verbindungsklassen unter diesem Aspekt geordnet. Die Rückführung der Substitutionsprodukte auf sauerstoffhaltige Grundstrukturen erfordert zahlreiche und teilweise sehr komplexe biochemische Reaktionssequenzen und somit Zeit. Aus diesem formalen Zusammenhang, der eine der Grundthesen dieses Buches darstellt, lässt sich ableiten, dass ein Großteil der Biochemie als **entschleunigte Totaloxidation des elektronenreichen Kohlenstoffs** betrachtet werden kann. Daran ändern auch Prozesse nichts, in denen intermediär Verbindungen mit Kohlenstoff in niedrigeren Oxidationsstufen (beispielsweise durch Hydrierungen) gebildet werden. Grundsätzliche Ausnahmen von diesem allgemeinen

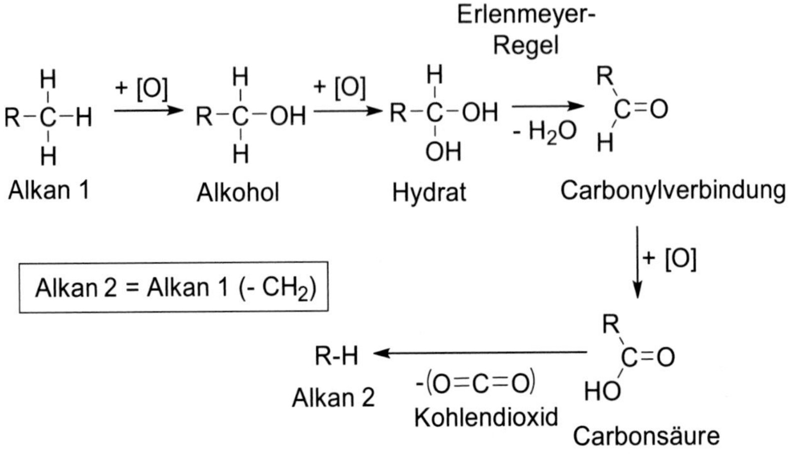

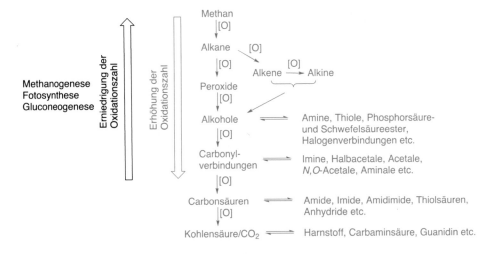

Abb. 4.2 Die Verkürzung einer Alkankette durch Oxidation und Decarboxylierung

Abb. 4.3 Leben als entschleunigte Totaloxidation des elektronenreichen Kohlenstoffs

Phänomen jeglichen organischen Lebens bilden Methanogenese und Fotosynthese, in deren Verlauf aus Kohlendioxid Produkte mit niedrigen Oxidationszahlen wie Methan oder Glucose gebildet werden, was die Zufuhr von Energie (beispielsweise Sonnenlicht) erfordert. Auch die Fettsäuresynthese in Algen und die Gluconeogenese, bei der kleinere Mengen an D-Glucose aus Nichtkohlenhydraten gebildet werden und die bei allen Organismen auftritt, gehören zu diesen Ausnahmen.

Es ist bemerkenswert, dass nur wenige Naturstoffe und biochemische Mechanismen mit dem Aufbau von solchen energiereichen Verbindungen assoziiert sind. Deren

Ursprung geht vielfach auf Prozesse in ausgewählten einzelligen Organismen zurück. Beispielgebend sind Cyanobakterien und methanogene Bakterien. Auch wenn diese Einzeller im Laufe der biologischen Evolution von höheren Wirtsorganismen, z. B. grünen Pflanzen (Chloroplasten) oder Huftieren (methanogene Bakterien) in symbiotischen Prozessen integriert wurden, blieben die grundsätzlichen Mechanismen gleich. Das bedeutet, dass Diversität und Individualität von biologischen Organismen vor allem durch oxidative Abbauprozesse zum Ausdruck kommen, die sich in Umfang und Richtung unterscheiden. Der in diesem Buch gewählte Ansatz, die Gesamtheit von biologischen Phänomenen auf verzögerte oxidative Abbauprozesse zurückzuführen, findet darin seine Berechtigung.

Es gilt zu beachten, dass sich bei vielen Austauschreaktionen die jeweilige Oxidationszahl des betreffenden Kohlenstoffatoms nicht ändert. Daraus ergibt sich die wichtige Schlussfolgerung, dass es in der Biochemie prinzipiell zwei Typen von Verbindungen bzw. Teilstrukturen gibt:

1. jene, die die gleiche Oxidationszahl am Kohlenstoffatom tragen, und
2. jene, die sich hinsichtlich ihrer Oxidationszahlen am Kohlenstoffatom unterscheiden.

Die Ermittlung von Oxidationszahlen in Verbindungen bzw. Teilstrukturen und Reaktionstypen ist deshalb wichtig, um Verwandtschaften bzw. Unterschiede zu erkennen. Bei vielen Strukturen, z. B. *N*-Heterocyclen, die keine Sauerstoff- oder Wasserstoffatome enthalten, ist das vordergründig nicht möglich, da entsprechend den Regeln nur letztere die Grundlage für die Berechnung von Oxidationszahlen bieten. Durch die formale Rückführung auf Sauerstoff-Wasserstoff-Strukturen lassen sich aber leicht die Oxidationszahlen ermitteln, was die Einordung auch der Reaktionen (Substitution, Eliminierung, Addition, Redoxreaktion) im biochemischen Geschehen erheblich erleichtert und einen roten Faden für die gesamte Biochemie vorgibt.

4.1.1 C–C-Knüpfungsreaktionen

Es existieren nicht nur Verbindungen des Kohlenstoffs mit geradzahligen Oxidationsstufen (Abb. 4.1), sondern auch solche mit ungeradzahligen. Der Prototyp ergibt sich aus der Kopplung von zwei Methanmolekülen zu Ethan (Abb. 4.4).

Beide Kohlenstoffatome in Ethan erhalten in der Konsequenz die Oxidationszahl −3. Formal wird aus zwei Methylradikalen, die aus zwei Methanmolekülen durch Wasserstoffabspaltung entstehen, Ethan gebildet. Durch oxidative Verknüpfung mit weiteren Methanmolekülen entstehen längerkettige Kohlenwasserstoffe aus der homologen Reihe der Alkane, in denen nur noch die beiden endständigen CH_3-Gruppen die Oxidationszahl von −3 tragen (Abb. 4.4). In den CH_2-Gruppen kommt Kohlenstoff die Oxidationszahl −2 zu. Es handelt sich bei den C–C-Knüpfungsreaktionen um Dehydrierungen, d. h. es wird molekularer Wasserstoff (H_2) abgespalten. Tatsächlich wird in biochemischen

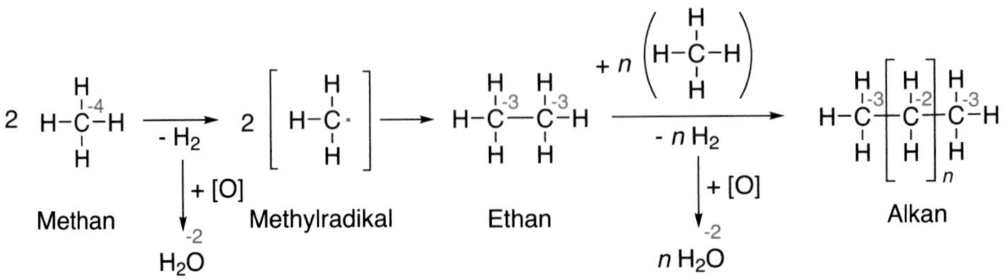

Abb. 4.4 C–C-Verknüpfungsreaktionen als oxidativer Prozess

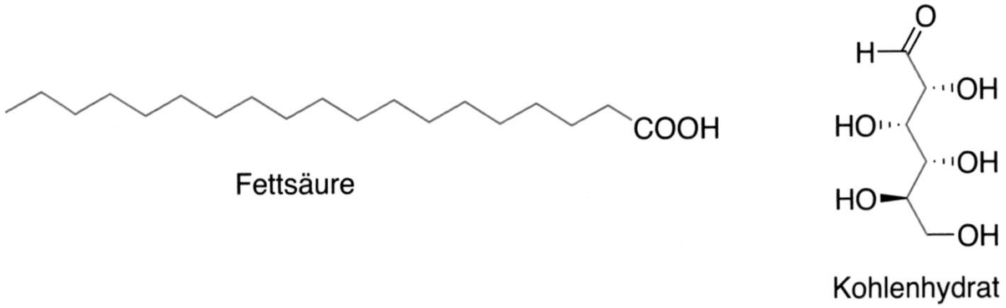

Abb. 4.5 Beispiele für Kohlenstoffketten in Naturstoffen

Systemen der Wasserstoff nie direkt frei, er würde als sehr leichtes Gas die Erd-atmosphäre verlassen. In der Konsequenz würde die Wasserstoffkonzentration auf der Erde mit unabsehbaren Folgen für die Chemie des Lebens sinken. Deshalb ist es folge-richtig, dass höhermolekulare Wasserstoffakzeptoren wie NAD^+ oder FAD (Abb. 1.85) Wasserstoff chemisch binden. Im häufigsten Fall, und damit am Ende einer langen Reaktionssequenz, ist der Wasserstoffakzeptor der allgegenwärtige Sauerstoff, der dadurch zu Wasser reduziert wird. Auch Wasser stellt mit seinem hohen Siedepunkt aus dieser Sicht eine stabile „H_2-Falle" dar. Der gebundene Wasserstoff behält bei allen Transformationen seine Oxidationsstufe von +1 bei.

Im biochemischen Kontext entstehen auf diese Weise formal die langen Kohlenstoff-ketten von geringfügig funktionalisierten Naturstoffen, wie Fettsäuren, oder auch jene Ketten, die das Rückgrat von hochfunktionalisierten Verbindungen wie Kohlenhydraten bilden (Abb. 4.5).

C–C-Knüpfungsreaktionen stellen nicht nur in der Synthesechemie im Labor eine erhebliche Herausforderung dar, da zwei gleiche Elemente miteinander gekoppelt werden müssen und somit *a priori* Ladungsunterschiede nicht zur Wirkung kommen können (Abb. 4.6). Auch im biochemischen Kontext laufen nur in den seltensten Fällen Kopplungen von Kohlenwasserstoffradikalen ab. Eine solche Ausnahme bildet die durch Vitamin B_{12} (Cobaltkomplex!) vermittelte Umlagerung von Methylmalonyl-CoA zu

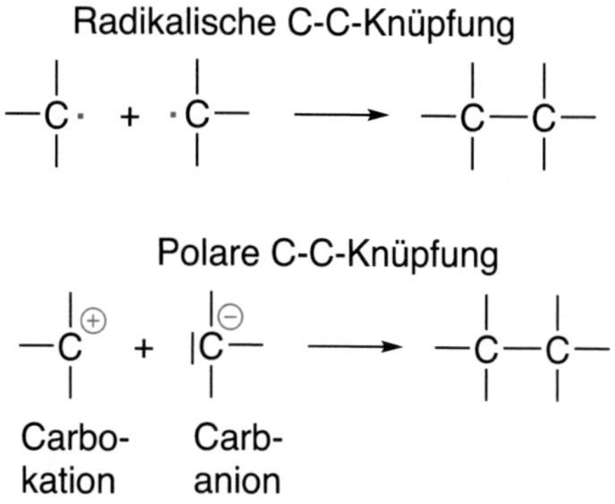

Abb. 4.6 Möglichkeiten für die Knüpfung von C–C-Bindungen

Radikalische C-C-Knüpfung

$$-\overset{|}{\underset{|}{C}}\cdot \;+\; \cdot\overset{|}{\underset{|}{C}}- \;\longrightarrow\; -\overset{|}{\underset{|}{C}}-\overset{|}{\underset{|}{C}}-$$

Polare C-C-Knüpfung

$$-\overset{|}{\underset{|}{C}}^{\oplus} \;+\; {}^{|}_{|}\overset{}{C}^{\ominus}- \;\longrightarrow\; -\overset{|}{\underset{|}{C}}-\overset{|}{\underset{|}{C}}-$$

Carbo-   Carb-
kation   anion

Succinyl-CoA (Abb. 2.16). Meistens werden jedoch zwei Kohlenstoffenden miteinander verknüpft, die unterschiedliche Polaritäten bzw. im Extremfall sogar gegensätzliche Ladungen aufweisen.

Ein positiviertes bzw. positiv geladenes Kohlenstoffatom (**Carbokation**) in der Nachbarschaft von elektronegativen Heteroatomen wie O oder N stellt aufgrund der intrinsisch geringeren Elektronegativität des Kohlenstoffs den Normalfall dar. Voraussetzungsvoller ist die Generierung eines negativierten bzw. negativ geldenen Kohlenstoffatoms (**Carbanion**), was auch für die Laborchemie gilt. Solche reaktiven Spezies lassen sich nur durch Beteiligung von benachbarten funktionellen Gruppen erzeugen. In einigen Fällen wird auch von „**Umpolung der Reaktivität**" gesprochen, wenn das Ladungsvorzeichen an dem betrachteten Kohlenstoffatom invertiert.

Beispielhaft für eine polare C–C-Knüpfung ist der Aufbau von Citrat aus Acetyl-CoA und Oxalacetat zu Beginn des Citratzyklus (Abb. 4.7). Durch ein basisch wirkendes Enzym wird ein Proton aus der Methylgruppe des Acetyl-CoA abstrahiert. Dadurch erhält das betroffene Kohlenstoffatom eine negative Ladung. Die Ladung wird über die benachbarte Carbonylgruppe delokalisiert und somit durch Mesomerie stabilisiert. Das negativ geladene Kohlenstoffatom attackiert jenes Kohlenstoffatom in Oxalacetat, das aufgrund des benachbarten Sauerstoffatoms und der beiden Carboxylatgruppen eine positive Partialladung trägt. Im Ergebnis wird eine C–C-Bindung geknüpft (im Citryl-CoA rot dargestellt). Nach Abspaltung des Acylgruppenüberträgers CoA–SH entsteht das für den gesamten Mechanismus namensgebende Citrat.

Ein anderes Beispiel für polare C–C-Knüpfungen betrifft die katalytische Wirkung von Vitamin B_1 (Thiamin). Bei Thiamin handelt sich um ein Molekül aus zwei Heterocyclen, die miteinander über eine CH_2-Brücke verknüpft sind (Abb. 4.8). Die Biosynthese vom Thiamin geht über zwei völlig unterschiedliche Stoffwechselwege vonstatten, einer in Enterobakterien und einer in Hefen. Letzterer wird auch von Pflanzen genutzt. Offensichtlich ist die biochemische Wirkung dieser Struktur so einzigartig und wichtig, dass sich heterologe Aufbaumechanismen unabhängig voneinander evolvieren *mussten.*

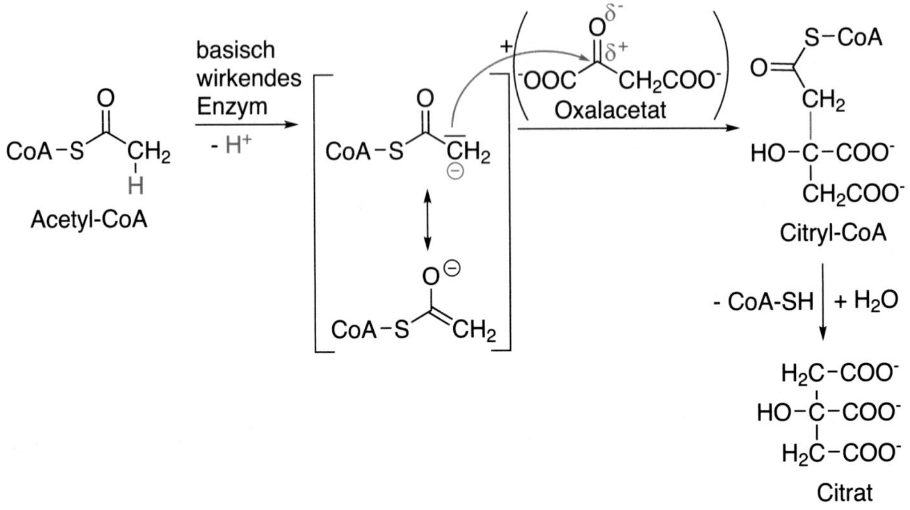

Abb. 4.7 Die Synthese von Citrat als Beispiel für eine polare C–C-Knüpfung

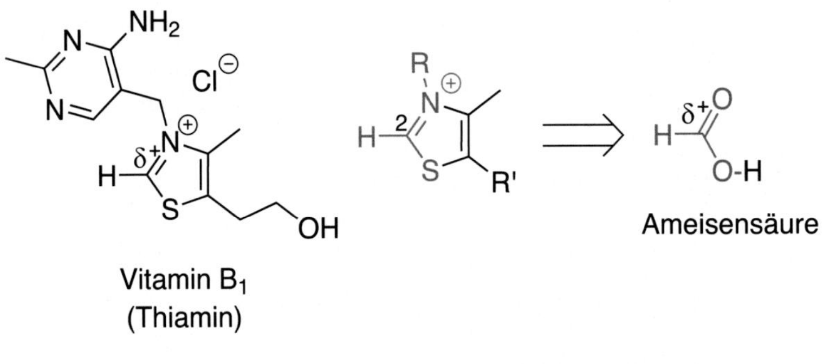

Abb. 4.8 Thiamin und seine formale Rückführung auf die Struktur der Ameisensäure

Wie anschließend diskutiert werden wird, ist nur einer der beiden Heterocyclen in die biochemische Transformation involviert. Die unterschiedliche Bedeutung von Substrukturen für die eigentliche chemische Reaktion ist ein Charakteristikum von Naturstoffen. Oftmals haben Molekülteile, die sich weit entfernt vom reaktiven Zentrum befinden, *a priori* keinen erkennbaren Nutzen. Dafür gibt es verschiedene Ursachen: Zum Beispiel können bindende Wechselwirkungen mit proteinhaltigen Überstrukturen (Enzymen), in denen diese reaktiven Zentren eingebettet sind, deren evolutionäre Notwendigkeit begründen. Weiterhin können polare Abschnitte als Löslichkeitsvermittler dienen. „Sinnlose" Molekülteile können aber auch Relikte der eigenen Biosynthese sein, wobei ihre Anwesenheit essenziell war. Eine weitere Möglichkeit ist die Abkunft solcher „Anhängsel" aus zentralen biochemischen Mechanismen, aus denen parallel noch andere

Biomoleküle mit anderen Aufgaben hervorgehen. In diesem Fall stellt die betrachtete Verbindung einen strukturellen und reaktiven Kompromiss dar. Eine befriedigende Antwort kann meist nur aus einer detaillierten und umfassenden Analyse von chemischer Genese und Reaktionserfordernissen abgeleitet werden.

Im hier betrachteten Reaktionskontext spielt in Vitamin B_1 nur der 5-Ring-Heterozyklus mit Schwefel und Stickstoff eine Rolle. Wie noch exemplarisch gezeigt wird (Abschn. 4.1.7), lässt sich ein Teil des Heterozyklus auf die Grundstruktur der Ameisensäure zurückführen, was hilfreich für die Bestimmung der Oxidationszahl am reaktionsrelevanten Kohlenstoffatom C^2 ist.

Sowohl in Thiamin als auch in der Ameisensäure ist der Kohlenstoff positiviert und damit als Nucleophil für eine polare C–C-Knüpfungsreaktion ungeeignet (Abb. 4.9). Die erforderliche negative Ladung am C^2-Atom entsteht durch Abspaltung eines Protons mittels eines basisch wirkenden Enzyms. Die negative Ladung wird zu den benachbarten Heteroatomen Schwefel und Stickstoff im 5-Ring delokalisiert, was deren Anwesenheit und nachbarschaftliche Position im Molekül erklärt; mit der Ameisensäure selbst wäre die Reaktion im biochemischen Kontext nicht möglich. Es handelt sich um eine perfekte „Umpolungsreaktion", die durch die negative Ladung am C^2 in den Resonanzstrukturen B und C auch deutlich indiziert wird. In der Chemie werden solche Strukturen als Carbene bezeichnet. Durch den Angriff des umgepolten Kohlenstoffatoms im Thiamin auf das positivierte Kohlenstoffatom im Reaktionspartner Pyruvat wird die neue C–C-Bindung geknüpft.

Das Produkt mit zwei entgegengesetzten Ladungen bildet den Ausgangspunkt für eine Reihe von Auf- und Abbaureaktionen (Abb. 4.10). Durch Abspaltung von CO_2 entsteht eine neutrale Verbindung A, die jedoch ebenfalls das Potenzial zur Carbanionbildung hat, wie die geladene mesomere Struktur B zum Ausdruck bringt. Dieses Anion kann beispielsweise mit einem zweiten Pyruvatmolekül reagieren, und es wird eine weitere C–C-Bindung geknüpft. Nach Abspaltung des katalytischen Thiamins resultiert eine hochfunktionalisierte Kohlenstoffkette mit vier C-Atomen. Hauptsächlich wird jedoch

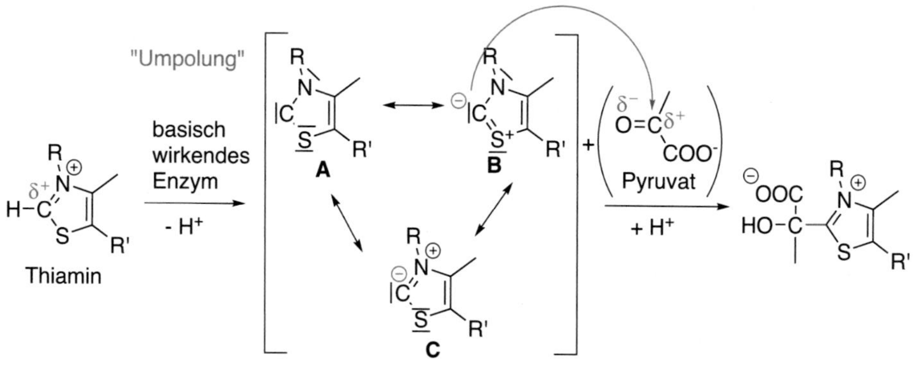

Abb. 4.9 C–C-Knüpfung durch eine vorgeschaltete „Umpolung" der Reaktivität

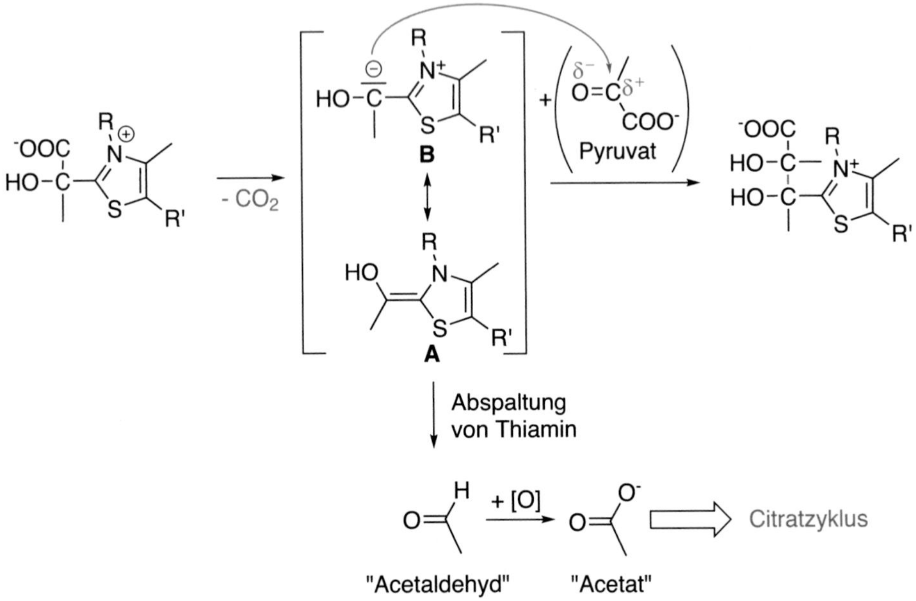

Abb. 4.10 Ein C–C-Kupplungsprodukt als Edukt für Aufbau- und Abbaureaktionen

die Bindung zwischen dem Katalysator und dem C_2-Rest gespalten. Formal entsteht dabei Acetaldehyd, der zu Acetat oxidiert wird. Beide Strukturen, die den Übergang zwischen der Glycolyse mit Pyruvat als Produkt und dem Citratzyklus mit Acetat als Substrat bilden, kommen im biochemischen Kontext in dieser Form nicht vor und sind nur des besseren Verständnisses wegen abgebildet. Tatsächlich würde der freie Acetaldehyd mit einem Siedepunkt von 20 °C unter physiologischen Bedingungen sofort dem Organismus entweichen, womit der gesamte Citratzyklus den wichtigsten Zufluss und damit seine Relevanz verlieren würde. Alternativ könnte Acetaldehyd mit Aminen kondensieren, was auch seine toxische Wirkung beim Abbau von Ethanol erklärt. Acetat kommt in diesem Kontext ebenfalls nicht vor; es ist immer an CoA geknüpft. Durch die Thiolesterbildung wird das Prinzip der Molekulargewichtsvergrößerung wirksam und gleichzeitig der Acetatrest für die nachfolgende Kopplung mit Oxalacetat aktiviert.

4.1.2 Dehydrierung von Alkanen

Alkene
Durch Abspaltung von molekularem Wasserstoff aus Alkanen entstehen Alkene, wie am Beispiel der Dehydrierung von Ethan zu Ethen illustriert ist.

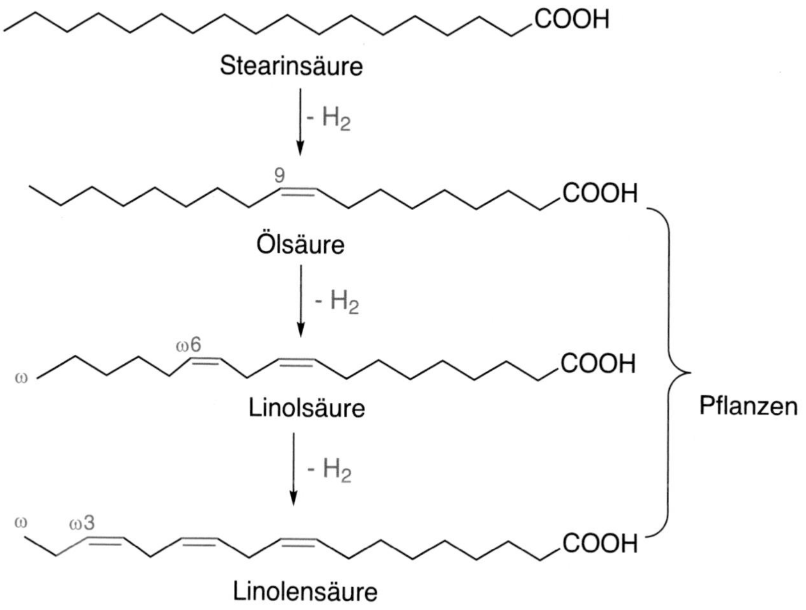

Stearinsäure

$- H_2$

9

Ölsäure

$- H_2$

$\omega 6$

ω

Linolsäure

Pflanzen

$- H_2$

ω $\omega 3$

Linolensäure

Abb. 4.11 Gesättigte und ungesättigte Fettsäuren

Ethan

Ethen

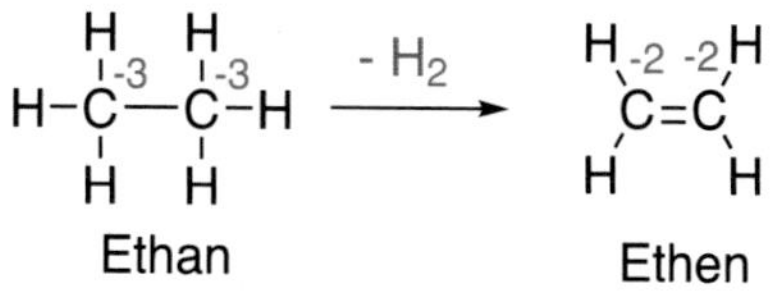

Typische Verbindungen mit C=C-Doppelbindungen sind zahlreiche **ungesättigte** Fettsäuren (Abb. 4.11). Sie werden durch Dehydrierung (Desaturierung) von gesättigten Vorläufern synthetisiert. Diese entstehen wiederum aus wiederholten Verknüpfungen von C_2- und C_3-Einheiten. Repräsentanten sind die Pflanzensäuren Ölsäure, Linolsäure oder Linolensäure, die alle aus Stearinsäure entstehen und sowohl ungesättigte als auch **gesättigte** Abschnitte enthalten. Im Rahmen der Biochemie von Säugetieren gibt es keinen Mechanismus, mit dem Doppelbindungen jenseits des neunten Kohlenstoffatoms eingefügt werden, obwohl die Verbindungen für weitergehende Reaktionen und biologischen Funktionen notwendig sind. Aus diesem Grund zählen die sogenannten ω-6- oder auch ω-3-Fettsäuren zu den essenziellen Fettsäuren. Sie müssen mit der Nahrung aufgenommen werden. Aus chemischer Sicht stellt damit jegliche Nahrungsaufnahme nicht nur die Basis, sondern immer auch eine Erweiterung der chemischen Ressourcen und der biochemischen Mechanismen über die Grenzen des eigenen Organismus hinaus dar. Der in der Biologie gebräuchliche Begriff der „Symbiose" knüpft teilweise an diesen chemisch basierten Sachverhalt an.

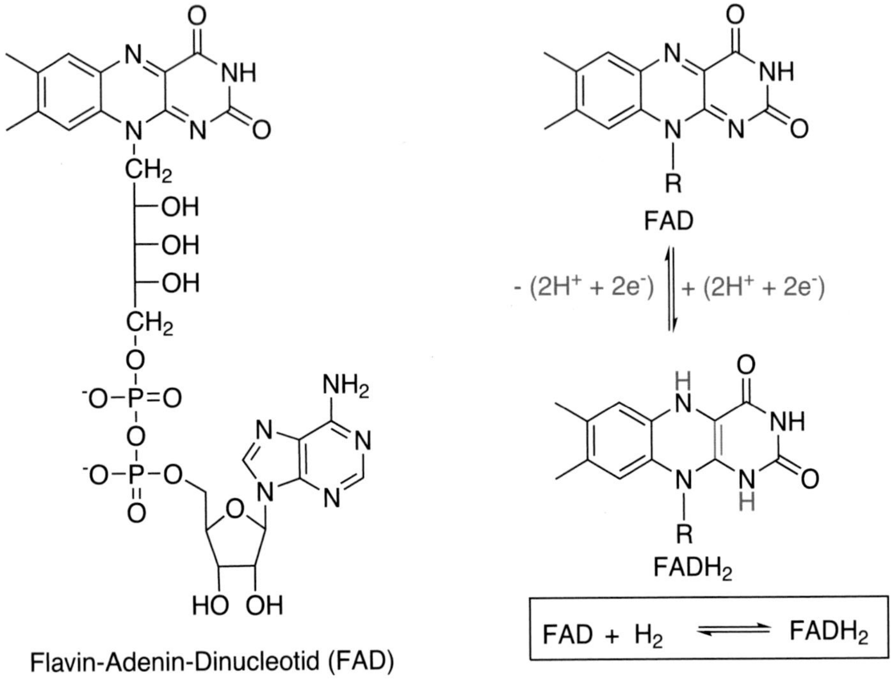

Abb. 4.12 FAD und seine Funktion als reversibler Wasserstoffakzeptor

Als Wasserstoffakzeptor für die Dehydrierung von Alkanen wirkt in biochemischen Systemen aufgrund seines „passenden" Redoxpotenzials Flavin-Adenin-Dinucleotid (FAD) (Abb. 4.12). In der reduzierten Form als $FADH_2$ ist das Coenzym in der Lage, Alkene zu reduzieren. Solche höhermolekularen Wasserstoffspeicher verhindern das Entweichen von H_2 aus biochemischen Systemen. Das ist ein Unterschied zu synthese-chemischen Reaktionen, wo unter Verwendung von Druckapparaturen mit gasförmigen H_2 problemlos gearbeitet werden kann, obwohl auch hier höhermolekulare Wasserstoff-transferreagenzien bekannt sind.

Bemerkenswerterweise findet im biochemischen Kontext auch die direkte Über-tragung von H_2 nicht statt. H_2 wird in der Regel in zwei Protonen und zwei Elektronen aufgesplittet, die separat und oftmals nacheinander übertragen werden, wobei die Teil-reaktionen durch spezialisierte Protonen- und Elektronenüberträger mediiert werden können.

Die Dehydrierung von gesättigten Molekülabschnitten ist vielfach der Auftakt für eine Reihe von Folgereaktionen. Aus einem unreaktiven C–C-Einfachbindungssystem ent-steht eine reaktive C=C-Doppelbindung mit zahlreichen Reaktionsalternativen.

Eine populäre Dehydrierungsreaktion findet gegen Ende des Citratzyklus statt, wo aus Succinat Fumarat gebildet wird (Abb. 4.13). In einem anschließenden Schritt wird Wasser an die Doppelbindung addiert und es entsteht L-Malat. Bei der Reaktionssequenz

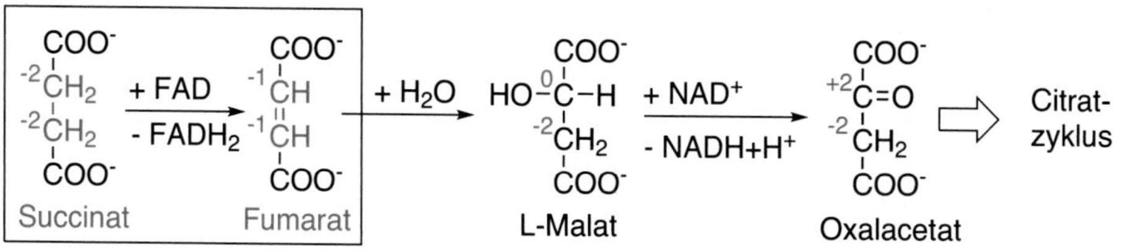

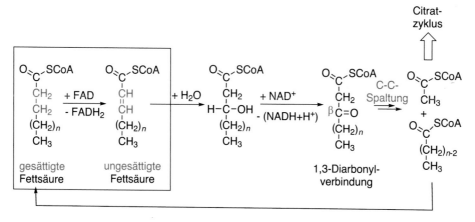

Abb. 4.13 Funktionalisierung von Alkanen durch Dehydrierung

Abb. 4.14 Kettenspaltung in der Folge einer Dehydrierung

ist zu beachten, dass die erste Reaktion eine Dehydrierung darstellt und sich folge-richtig die Oxidationsstufe an den beiden mittleren Kohlenstoffatomen ändert. Hin-gegen werden beim Übergang von Fumarat zu L-Malat durch Addition von Wasser keine Elektronen transferiert, obwohl sich die Oxidationszahlen verändern; ein Kohlenstoff-atom erhält eine niedrigere und das andere eine höhere Oxidationsstufe. Als Fazit kann festgestellt werden, dass durch die Dehydrierung-Hydratisierungs-Sequenz die ursprüng-liche Alkankette mit einer HO-Gruppe funktionalisiert wird. Meist schließt sich an die Addition von Wasser die Oxidation des Alkohols zur Carbonylverbindung an, wodurch eine noch reaktivere Spezies generiert wird. Oxalacetat bringt die Voraussetzungen für die Verknüpfung mit Acetyl–S–CoA mit (Abb. 4.7), wobei Citrat gebildet wird und der Citratzyklus erneut beginnen kann.

Der prinzipiell gleiche Ablauf findet sich zu Beginn und dann immer wiederkehrend im Verlauf des Abbaus von langkettigen Fettsäuren (Abb. 4.14). Zunächst wird eine Alkankette direkt in Nachbarschaft zur funktionellen Gruppe dehydriert. Die Anlagerung von Wasser, gefolgt von der Oxidation der neu gebildeten Hydroxygruppe, führt zu einer 1,3-Dicarbonylverbindung. Da die C=O-Gruppe in β-Position zur Estergruppe gebildet wird, heißt dieser Prozess β-Oxidation. Die dazwischen liegenden C–C-Bindungen solcher Strukturen unterliegen leicht Spaltungsreaktionen. Auf diese Weise werden aus langkettigen Fettsäuren sukzessive C_2-Einheiten abgespalten, die beispielsweise im Citratzyklus im Rahmen der Energieerzeugung weiterverwertet werden. Die verkürzte Kette unterliegt jeweils wieder dem gleichen Mechanismus.

Aromatische Systeme

Die Dehydrierung von cyclischen Alkanen kann zu aromatischen Systemen führen, und zwar immer dann, wenn ein konjugiertes Doppelbindungssystem entsteht und die **Hückel-Regel** erfüllt ist. Die Hückel-Regel bezieht sich auf die Anzahl der π-Elektronen und lautet: Wenn $(4n + 2)$ π-Elektronen in einem Ring mit konjugierten Doppelbindungen enthalten sind, handelt es sich um einen Aromaten. Diese sind im Vergleich zu anderen Systemen mit mehreren Doppelbindungen stabiler. In Aromaten sind die π-Elektronen über das gesamte System verteilt, wie das Beispiel des Benzens (mit $n = 1$) illustriert, das durch zwei mesomere Grenzstrukturen beschrieben werden kann. Alle C–C-Bindungen sind gleich lang. Aromaten sind planar.

Aromaten bauen untereinander schwache attraktive Wechselwirkungen auf. Die C–H-Bindungen geben dabei den positivierten Rahmen ab und die π-Elektronen im Inneren bilden eine negative Elektronenwolke, die oftmals in Form eines Kreises dargestellt wird. Zwei Benzenringe können sich somit entweder parallel und etwas verschoben anordnen bzw. die Form eines „T" annehmen. Solche Anziehungskräfte spielen zwischen aromatischen Ringen von Aminosäuren beim Aufbau von Proteinen eine Rolle. Als biologische Strukturelemente verleihen sie beispielsweise Vogelschwingen ihre elastische Stabilität.

Anziehung

In biotischen Systemen läuft die Aromatisierung immer über zahlreiche Intermediate ab, wobei auch die Abspaltung von Wasser (Dehydratisierung) von Alkoholen eine Rolle spielt. Der bekannteste Zugang zu substituierten Benzenderivaten wird durch den Shikimatweg beschrieben (Abb. 4.15). Am Beginn steht das namensgebende Shikimat, eine Verbindung mit sieben Kohlenstoffatomen, das aus Kohlenhydraten, somit Poly-

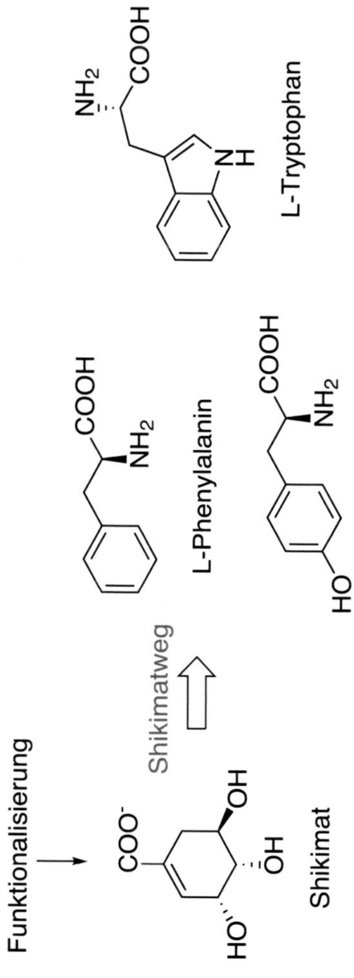

Abb. 4.15 Prinzieller Zugang und Beispiele von aromatischen Naturstoffen

alkoholen, synthetisiert wird. Die Carboxylatgruppe an der Spitze des Moleküls aktiviert das bindende Kohlenstoffatom des Ringes und bietet das Potenzial zur Einführung von funktionalisierten Resten.

In Pflanzen werden auf diesem Weg die aromatischen Aminosäuren L-Phenylalanin, L-Tyrosin und L-Tryptophan synthetisiert. Sie gehören zu den essenziellen Aminosäuren, d. h. sie müssen im Rahmen der menschlichen Ernährung aufgenommen werden.

Aromatische Systeme können auch Heteroatome enthalten. Eine in Naturstoffen häufig vorkommende Grundstruktur ist Pyrrol. Pyrrol ist ein sekundäres Amin und müsste somit eine besonders starke Lewis-Base darstellen. Durch Einbindung des freien Elektronenpaares in den Ring, der aufgrund von sechs π-Elektronen aromatischen Charakter hat, wird die Basizität erheblich abgeschwächt, was die Voraussetzung ist, dass Pyrrolderivate als freie Basen in biochemischem Kontext (neutrales Milieu!) überhaupt eine Rolle spielen.

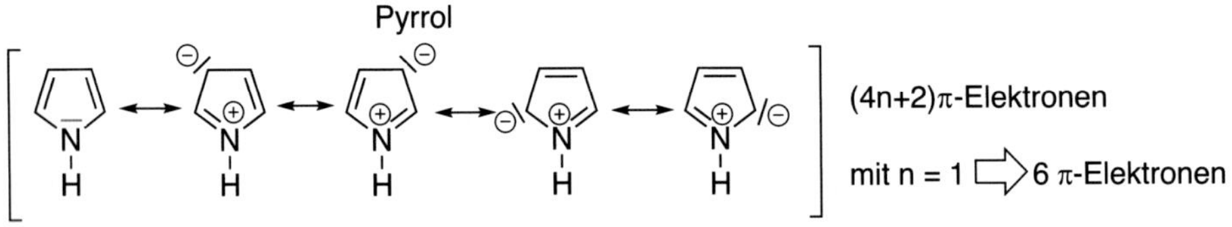

Hämoglobin, Chlorophyll und Vitamin B_{12} enthalten Strukturen mit vier Pyrrolringen, die zum überwiegenden Teil durch CH-Brücken miteinander verbunden sind (Abb. 4.16). Im Porphinsystem des Hämoglobins ergibt sich daraus eine Konjugation von elf Doppelbindungen über das gesamte Molekül, die durch freie N-Elektronenpaare ergänzt wird. Die Struktur ist somit planar. Das Zentralmetall Eisen wechselt während des Sauerstofftransports im Blut zwischen einer Position oberhalb des Ringes mit der genau im Ring in Abhängigkeit davon, ob es ein Sauerstoffmolekül gebunden hat oder nicht. Chlorin und Corrin sind hingegen aufgrund von gesättigten Abschnitten nicht mehr völlig eben,

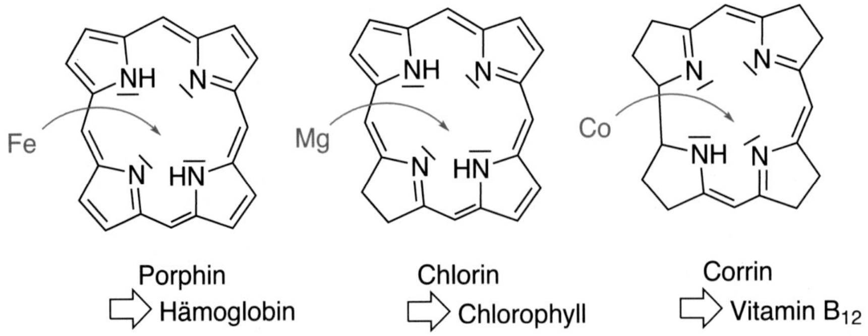

Abb. 4.16 Naturstoffe auf der Basis von Pyrrol

was den elektronischen Eigenschaften der komplexierten Metallionen Magnesium bzw. Cobalt und deren Funktionen als Sauerstoffüberträger in Pflanzen bzw. als Vitamin B_{12} entgegenkommt. Die Strukturvarianten und deren Synthesen konvergierten somit in Abhängigkeit vom Metall und der biochemischen Funktion, ein typisches Evolutionsphänomen.

Ein anderer biochemisch wichtiger Heterozyklus ist Pyrimidin. Die Verbindung mit zehn π-Elektronen erfüllt ebenfalls die Hückel-Regel. Wie auch bei Pyrrol ist der basische Charakter der freien Elektronenpaare an den beiden Stickstoffatomen abgeschwächt, eine Vorbedingung für das Vorkommen als freie Base in biologisch relevanten Verbindungen.

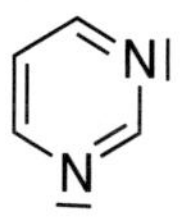

Pyrimidin

$(4n+2)\pi$-Elektronen

mit n = 2 $\Rightarrow$ 10 π-Elektronen

Durch Kombination (Anellierung) von einem Pyrrol- mit einem Pyrimidinring entsteht die Grundstruktur des Purins (Abb. 4.17). Der bekannteste Naturstoff, der sich davon ableitet, ist Adenin. Adenin ist im biochemischen Kontext zumeist an D-Ribose gebunden. Diese Verbindung wird als Adenosin bezeichnet. Bei der Veresterung der Hydroxygruppe am $C^{5'}$ mit Phosphorsäure entsteht Adenosin-5'-monophosphat (AMP). Andere AMPs werden durch Veresterung an Position $C^{2'}$ oder $C^{3'}$ der Ribose gebildet.

Wird das aromatische System gestört, geht es leicht wieder in den aromatischen Ausgangszustand zurück. Ein Beispiel wurde bereits bei der Iodierung von Tyrosin gegeben (Abb. 1.13) Dieses Phänomen findet sich auch bei redoxaktiven Katalysatorsystemen, wie dem System NAD$^+$/NADH, welches bei katabolischen H_2-Übertragungen in Aktion tritt (Abb. 4.18). Das System spielt insbesondere bei der Oxidation von Alkoholen bzw. bei der Reduktion von Carbonylverbindungen eine Rolle. Der Pyridiniumring (Pyridin mit positiver Ladung am Stickstoff) stellt mit sechs π-Elektronen einen Aromat dar. Durch Reaktion mit H_2, genauer durch Aufnahme eines Protons und zweier Elektronen

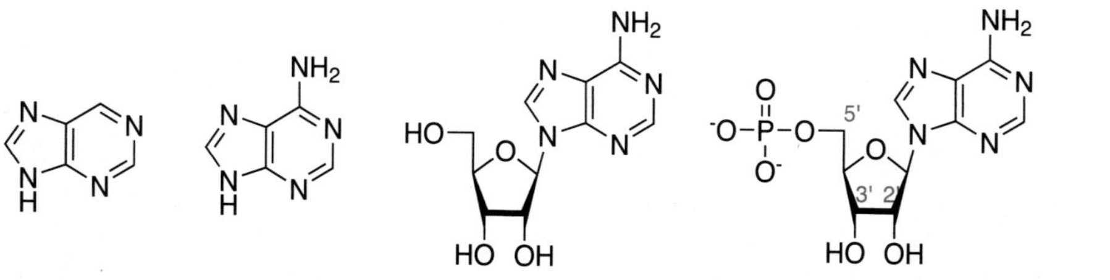

Purin   Adenin   Adenosin   Adenosin-5'-monophosphat (AMP)

Abb. 4.17 Naturstoffe, die sich vom Purin ableiten

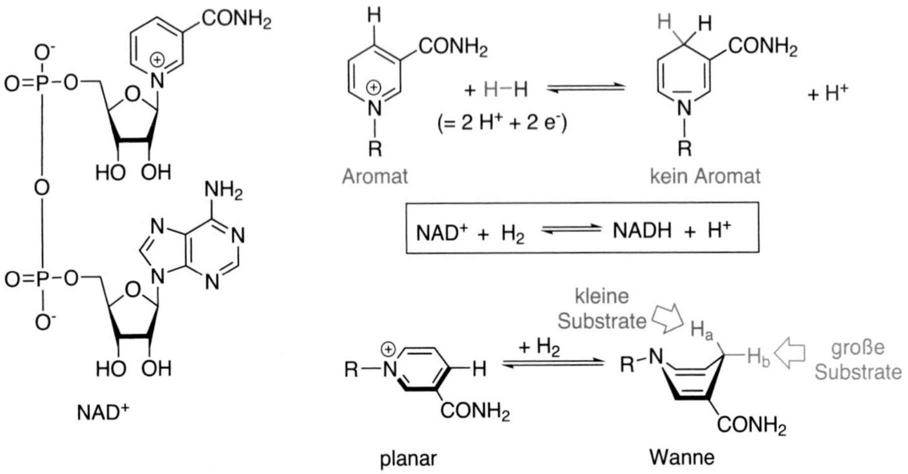

Abb. 4.18 Das Redoxgleichgewicht des Wasserstoffakzeptors NAD⁺

(somit von Hydrid H⁻), wird die C–H-Bindung zum Ring geknüpft und gleichzeitig der Ring dearomatisiert. Durch die Rückreaktion, d. h. durch Oxidation von NADH, wird das aromatische System wiederhergestellt.

Am Ende der Hydrierung bleibt ein Proton vom ursprünglichen H_2-Molekül übrig. Läuft diese Reaktion wiederholt ab, sinkt der pH-Wert der Umgebung. In den Mitochondrien, wo solche Oxidationsreaktionen stattfinden, wandern diese Protonen aus dem Innenraum in den Zwischenraum der mitochondrialen Doppelmembran. Es baut sich ein Konzentrationsgradient auf. Kommt die Oxidation aufgrund des Mangels an oxidierbaren Kohlenhydraten und Fetten zum Erliegen, wird auch die Migration von Protonen in den Membranzwischenraum gestoppt, und sie wandern wieder zurück. Die Konzentrationsunterschiede zwischen den beiden Seiten der Membran werden in der Folge wieder ausgeglichen. Parallel wird in einer gekoppelten Reaktion die Synthese des Pyrophosphats ATP aus dem Phosphorsäureester AMP angetrieben, die abhängig von der H⁺-Ionenkonzentration ist (Abb. 1.6). Deshalb ist es selbsterklärend, dass die Generierung von Protonen durch oxidative Abbauprozesse von energiereichen Kohlenstoffverbindungen und die Synthese von ATP auch räumlich in den Mitochondrien gekoppelt sind.

Die Dearomatisierung von NAD⁺ durch Hydrierung bewirkt gleichzeitig, dass der ursprünglich planare aromatische Pyridiniumring in die dreidimensionale Wannengeometrie des Dihydropyridins übergeht. Dadurch befinden sich die beiden H-Atome (H_a und H_b) in einer unterschiedlichen Umgebung. Bei der Übertragung von Wasserstoff (Reduktion) auf unterschiedlich große Substrate erwächst daraus eine Selektionsoption, welches der beiden Hydride übertragen wird. Insbesondere bei der Generierung von homochiralen Alkoholen spielt dies eine Rolle. Aus dieser Gesamtschau wird offensichtlich, dass die Pyridinsubstruktur des NAD-Systems optimal an diese komplexen Zusammenhänge eingepasst ist.

4.1.3 Organische Peroxide

Entstehung von Sauerstoffradikalen und ihre Wirkung
Es wurde gezeigt (Abb. 4.13 und 4.14), dass die Dehydrierung von Alkanen und die Addition von Wasser an die entstehende C=C-Doppelbindung eine Möglichkeit zur Synthese von Alkoholen darstellt. Alkohole bilden sich alternativ durch Einschub von Sauerstoff in eine C–H-Bindung. In der Diskussion am Anfang von Abschn. 3.1 wurde pro forma der Sauerstoff als atomarer Sauerstoff [O] in die Reaktionsgleichung eingebracht. Organismen nehmen aber molekularen Sauerstoff O_2 auf, der strukturell ein Diradikal darstellt. Radikale sind durch ein ungepaartes Elektron charakterisiert. In dieser Hinsicht stellen auch Wasserstoffatome Radikale dar. Radikale treten bevorzugt mit anderen Radikalen in Wechselwirkung. Radikalreaktionen sind **Kettenreaktionen**. Sie werden durch den Kettenstart initiiert, wobei eine Einfachbindung homolytisch gespalten wird. Die entstandenen Radikale pflanzen sich anschließend fort und generieren neue Radikale. Durch Rekombination und damit Paarung mit anderen Radikalen kommt die Kettenreaktion zum Erliegen.

Nachstehend ist die Reaktionssequenz von Methan mit O_2 als Beispiel dargestellt, wobei unterschiedliche Radikalspezies beteiligt sind.

Am Anfang der Reaktionssequenz steht die Spaltung einer C–H-Bindung. Die homolytische Spaltung kann durch äußere Einflüsse (erhöhte Temperaturen oder Einstrahlung von energiereichem Licht) erfolgen oder – im biochemischen Kontext weitaus häufiger – durch reaktivierende Strukturen im Molekül, wie beispielsweise benachbarte Doppelbindungen.

Am vorläufigen Ende der Radikalkettenreaktion steht ein Peroxid. Peroxide sind organische Derivate vom Wasserstoffperoxid, d. h. in H_2O_2 können beide H-Atome gegen organische Reste ersetzt werden. In Abweichung von den allgemeinen Regeln zur Bestimmung der Oxidationszahlen wird Sauerstoff im H_2O_2 die Oxidationszahl -1 zugewiesen, was folgerichtig auch für die organischen Derivate gilt.

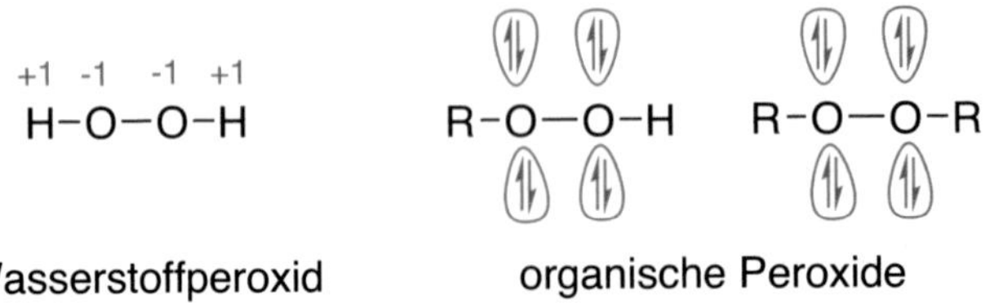

$$+1 \quad -1 \quad -1 \quad +1$$
$$H-O-O-H$$

$$R-O-O-H \qquad R-O-O-R$$

Wasserstoffperoxid   organische Peroxide

In der Darstellung der organischen Peroxide sind die vier freien Elektronenpaare an den beiden Sauerstoffatomen hervorgehoben. Wie schon im anorganischen Teil des Buches in Abb. 1.26 gezeigt, sind aufgrund des kleinen Atomradius vom Sauerstoff, der einen kurzen O–O-Bindungsabstand zur Folge hat, erhebliche Abstoßungskräfte in H_2O_2 wirksam. Deshalb sind auch organische Peroxide nicht stabil und zerfallen schnell in Radikale.

Peroxide spielen eine Schlüsselrolle in biochemischen Prozessen. Auf der einen Seite sind sie die ersten Produkte und damit Voraussetzung für die Funktionalisierung von Alkanketten. Peroxide stehen aus dieser Sicht am Anfang der entschleunigten Totaloxidation des energiereichen Kohlenstoffs, die letztendlich bei Kohlendioxid endet. Die ganze Vielfalt der lebenswichtigen funktionellen Gruppen wird formal durch diese Eröffnungsreaktion zugänglich. Dadurch werden nicht nur Struktur- und Informationsmoleküle generiert, sondern auch jegliche Energieerzeugung in der Zelle beginnt mit Varianten dieser Reaktion. Diese Folgereaktionen sind Inhalt des letzten Teils des Buches.

Auf der anderen Seite werden durch Sauerstoff lebenswichtige Strukturen attackiert und deren biologische Funktion zerstört. In dieser Hinsicht sind Sauerstoff und seine Abkömmlinge, die sich in den Oxidationsstufen unterscheiden (Abb. 2.8), mit der Ausnahme von Wasser Zellgifte. Beispielsweise werden C–H-Bindungen in direkter Nachbarschaft von C=C-Doppelbindungen in ungesättigten Fettsäureestern angegriffen (Abb. 4.19). Auch C–H-Bindungen, die C=N-Bindungen benachbart sind, unterliegen dem Angriff von Sauerstoff. Die Folge ist beispielsweise der Abbau von Nucleosiden in der DNA.

Oftmals wird die Peroxidbildung in langkettigen, mehrfach ungesättigten Fettsäuren durch die Verschiebung (Isomerisierung) von C=C-Doppelbindungen begleitet

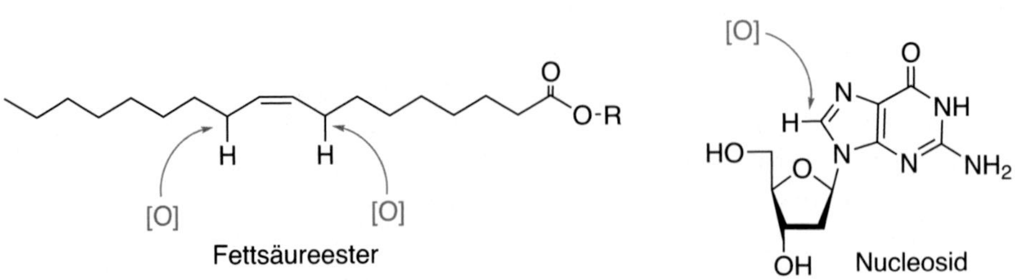

Fettsäureester   Nucleosid

Abb. 4.19 Der oxidative Abbau von ungesättigten Strukturen in Naturstoffen

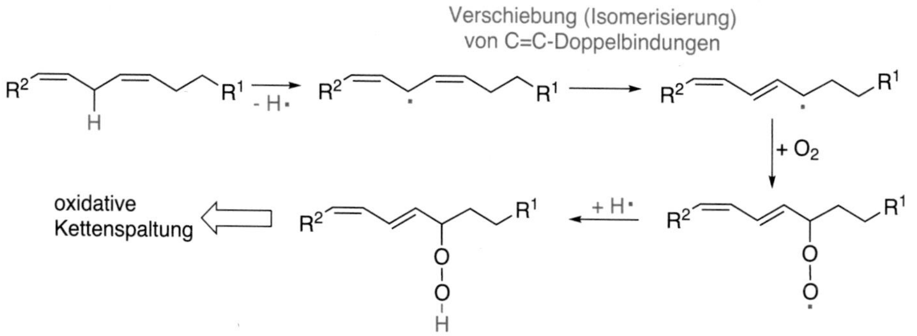

Abb. 4.20 Die Isomerisierung einer Doppelbindung im Rahmen der radikalischen Oxidation

(Abb. 4.20). Die Oxidation führt letztendlich zur Spaltung der Kette, wodurch deren Funktion als Membranbildner verlorengeht.

Prinzipiell ist keine klare Differenzierung zwischen produktiven und kontraproduktiven Effekten von Sauerstoffradikalen möglich. Die Einschätzung, welcher Aspekt dominiert, hängt vom Zellort und vom Zeitpunkt ab. Konstruktive Effekte beziehen sich auf die Biosynthese von Naturstoffen auf der Basis von oxidativen Prozessen. Pathogene Auswirkungen finden sich beispielsweise beim ungehemmten Zellwachstum, d. h. bei der Entstehung von Krebs, der durch Sauerstoff initiiert und propagiert wird. Jeder Organismus stellt ein dynamisches System dar, in dem sich Auf- und Abbaureaktionen, die durch Sauerstoff vermittelt werden, für eine gewisse (Lebens) Zeit die Waage halten. Überwiegen die negativen Effekte, kommt es zum Ausfall einzelner Organellen, Zellen oder Organe, und es tritt am Ende der Tod des Organismus ein.

In biologischen Systemen existieren zwei Mechanismen, die die negative Oxidationswirkung von Sauerstoff begrenzen und damit einen Entschleunigungseffekt bewirken:

1. die Ablenkung des Sauerstoffangriffs auf interne „Opferverbindungen" oder auf externe Strukturen,
2. die Zersetzung von Wasserstoffperoxid sowie anorganischen Sauerstoffradikalen und organischen Peroxiden, bevor sie zerstörerische Kettenreaktionen initiieren.

Ablenkung auf interne „Opferverbindungen" oder auf externe Strukturen
Die destruktive Radikalwirkung von Sauerstoffspezies kann auf andere reaktive Verbindungen, sogenannte „Opferverbindungen", abgelenkt werden. Dadurch wird der Angriff auf lebenswichtige Biomoleküle verhindert. Oftmals enthalten diese Verbindungen sehr viele **konjugierte Doppelbindungen**, das sind Systeme, worin Einfach- und Doppelbindungen alternieren. Beispiele sind β-Carotin (Karotten), Astaxanthin (Flamingos, Lachse) oder Canthaxanthin (Hühner) (Abb. 4.21). Sie weisen besonders viele Angriffsstellen für Sauerstoffradikale auf. Aufgrund der konjugierten Doppel-

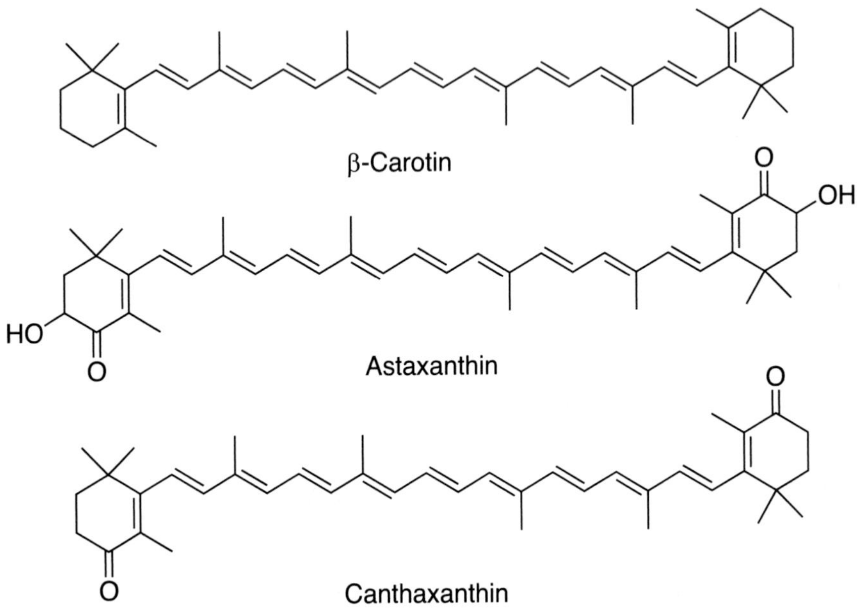

β-Carotin

Astaxanthin

Canthaxanthin

Abb. 4.21 Konjugierte Doppelbindungssysteme als „Opferverbindungen" gegenüber Sauerstoff-radikalen

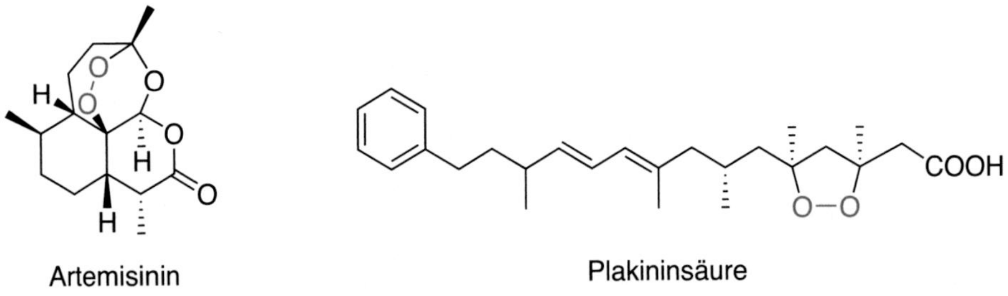

Artemisinin   Plakininsäure

Abb. 4.22 Peroxide als Schutzverbindungen gegenüber biologischen Angriffen

bindungen sind diese Verbindungen farbig und dienen damit aus biologischer Sicht bei Tieren der Arterkennung. Die Farbe verblasst bei der Oxidation. Sie haben somit neben der ursächlichen chemischen Antioxidanswirkung auch einen evolutionsbiologischen Fitnesseffekt für die Spezies bzw. für das Individuum. Wie in Abschn. 4.1.4.2 gezeigt wird, sind auch alle aromatischen Alkohole Radikalfänger.

Wird der destruktive Effekt auf lebenswichtige Strukturen anderer Organismen umgelenkt, resultiert eine biochemische Schutzwirkung. Organische Peroxide helfen dann bei der Abwehr gegenüber Parasiten, Pilzen oder Bakterien und erhalten somit die chemische Integrität des produzierenden Organismus.

Ein bekanntes Beispiel ist Artemisinin, das in Blättern und Blüten des Einjährigen Beifußes *(Artemisia annua)* vorkommt (Abb. 4.22). Strukturell handelt es sich um ein Dialkylperoxid, welches durch die Wirkung von Eisen(II)ionen in ein Radikal überführt wird und in dieser Form die Membranen von Bakterien zerstört. Da Eisenionen in besonders hoher Konzentration in den Erythrozyten (roten Blutkörperchen) vorkommen, könnte dieser Mechanismus für die Abwehr von *Plasmodium falciparum,* dem Erreger der Malaria verantwortlich sein, wozu Artemisinin mittlerweile weltweit als Medikament eingesetzt wird.

See-Schwämme der Gattung *Plakinastrella* produzieren eine Reihe von zyklischen Peroxiden der Plakininsäure teilweise in Symbiose mit anderen Schwämmen, die eine abschreckende Wirkung auf Pilze haben.

Die schnelle Zersetzung von radikalischen Sauerstoffverbindungen und ihre Entschleunigung

Neben der Umlenkung von freien Radikalen auf Opferverbindungen ist deren schnelle Zersetzung die häufigste Form der biochemischen Abwehr. Wasserstoffperoxid, Superoxid oder Hydroxylradikale und organische Peroxide werden durch zahlreiche redoxaktive Metallionen zerstört. Im Reagenzglas läuft die Reaktion meist nur im basischen Milieu ab. Die bekannteste anorganische Reaktion ist die Zersetzung von Wasserstoffperoxid in Gegenwart von katalytischen Fe^{3+}-Ionen, die zu Wasser und Sauerstoff führt. Im einfachsten Fall stellt der Katalysator $FeCl_3$ dar.

$$2\ H_2O_2 \xrightarrow{\ FeCl_3\ } 2\ H_2O + O_2$$

Einen ähnlichen Effekt haben Manganionen. Es ist deshalb evolutionsbiochemisch folgerichtig, dass Enzyme, die Peroxide zersetzen, vorrangig diese beiden Metalle enthalten, zumal sie auch mengenmäßig sehr häufig in der Erdkruste vorkommen. Die bekanntesten sind die **Katalasen.** Sie gehören zu den produktivsten Enzymen, die bisher bekannt wurden. Sie können bis zehn Millionen Substratmoleküle pro Sekunde umsetzen. Die nichtkatalysierte Reaktion ist hingegen um das Milliardenfache langsamer. Katalasen sind aus evolutionärer Sicht sehr alte Enzyme, was logisch ist, da das „Sauerstoffmanagement" seit Beginn von Leben auf der Erde und dem Entstehen von freiem Sauerstoff immer eine herausragende Rolle gespielt hat. Katalasen entwickeln im Unterschied zu einfachen Eisensalzen unter neutralen Bedingungen ihre Wirkung.

Aufgrund der Einbettung des redoxaktiven Metallions in Metallkomplexe mit variierenden organischen Liganden evolvieren Katalysatoren mit einem breit gefächerten, aber auch abgestuften Funktionsspektrum. Davon profitieren Geschwindigkeit und Selektivität biochemischer Reaktionen. Erst durch die Modifikation mit organischen Liganden wird der „destruktive" Effekt des originären Metallsalzes als Enzym für die „konstruktive" biochemische Anwendung verfügbar (Abb. 4.23).

Komplexitätszunahme

einfaches   metallhaltiges
Metallsalz   Enzym

Entschleunigung

- schnelle Zersetzung   - Sauerstofftransport
  von sauerstoff-   - Sauerstoffaktivierung für selektive
  basierten Radikalen   Redoxreaktionen

Abb. 4.23 Erst durch Komplexitätszunahme werden selektive Transformationen möglich

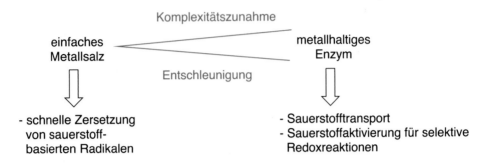

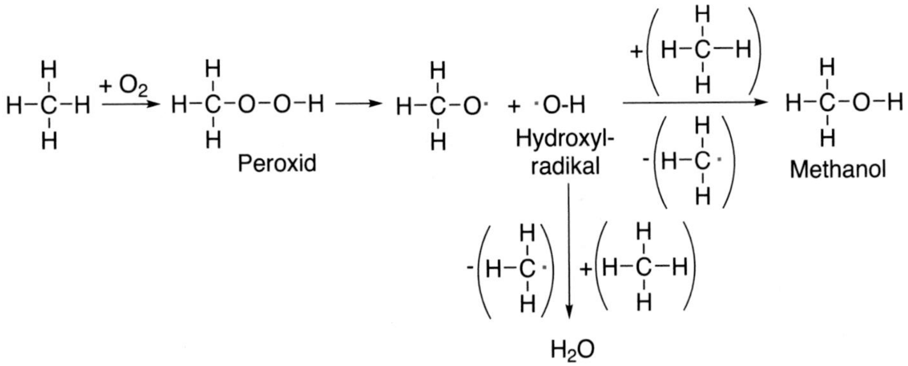

Abb. 4.24 Die Entstehung eines Alkohols über ein Peroxid als instabile Zwischenstufe

Dadurch ergibt sich prinzipiell ein Entschleunigungseffekt auf die Zersetzung von aggressiven Sauerstoffspezies. Katalasen zersetzen nicht nur Sauerstoffradikale, sondern sie sind auch in der Lage, Sauerstoff zu transportieren. Das bedeutet, sie stabilisieren reaktive Sauerstoffspezies für eine bestimmte Zeit und aktivieren sie gleichzeitig für selektive Weiterreaktionen. Eines der bekanntesten Beispiele ist das Hämoglobin, ein eisenhaltiges Enzym, das den Sauerstofftransport in Säugetieren übernimmt. Mangan-komplexe spielen eine vergleichbare Rolle in der Fotosynthese bei Pflanzen, und zwar bei der Oxidation von Wasser zu Sauerstoff in Enzymen des Fotosystems II.

4.1.4 Alkohole

4.1.4.1 Entstehungsmöglichkeiten

Nach Einschub von Sauerstoff in eine C–H-Bindung, Spaltung und Rekombination der intermediären Radikale entsteht am Ende ein Alkohol. Im nachstehend diskutierten Spezialfall wird aus Methan über das korrespondierende Peroxid Methanol gebildet (Abb. 4.24).

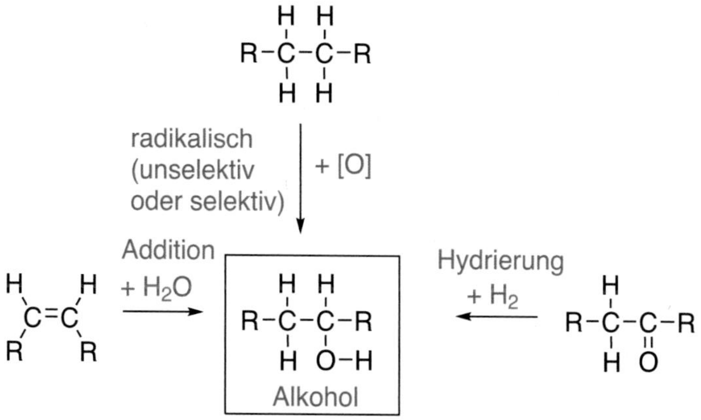

Abb. 4.25 Möglichkeiten der Bildung von Alkoholen im biochemischen Kontext

In dieser Hinsicht stellen Alkohole den stabilen „Einstieg" in die Chemie des Lebens dar, da sie wesentlich langlebiger als ihre Vorläufer, die Peroxide, sind (Abb. 4.25). Im Vergleich zu der ursprünglichen unpolaren C–H-Bindung ist eine C–OH-Gruppe polar, womit sich die Wasserlöslichkeit der zugehörigen Verbindung erhöht. Je mehr HO-Gruppen vorhanden sind, desto schneller wird die Verbindung mit Wasser aus dem Organismus ausgeschwemmt. Mit der Leber hat sich in vielen Tieren ein spezielles oxidierendes Organ entwickelt, das vor allem mit der Entgiftung von Toxinen assoziiert wird. Die Leber kann sich sogar an einen erhöhten Sauerstoffbedarf durch eine Änderung der Sauerstoffaufnahme aus dem Blut anpassen. Ungeachtet dieser vorteilhaften Wirkung ist der Aufbau von biochemischen und biologischen Strukturen immer auch ein „Wettlauf" gegen die zunehmende Wasserlöslichkeit von biochemisch wichtigen Verbindungen in der Folge von Oxidationsreaktionen.

Alternativ entstehen Alkohole durch Addition von Wasser an C=C-Doppelbindungen. Die Hydrierung von Carbonylverbindungen (Aldehyde, Ketone) führt ebenfalls zu Alkoholen.

Radikalische Oxidation von C–H-Bindungen
Radikalische Oxidationen von C–H-Bindungen in Abwesenheit von Enzymen haben eine destruktive Wirkung, da sie unselektiv ablaufen und lebenswichtige biologische Strukturen zerstören. Solche „Nebenreaktionen" sind mit dem Auftreten von „freien Radikalen" assoziiert. Die Ungerichtetheit führt zu einer Vielzahl und Diversität von oxidierten Produkten, für die keine etablierten biochemischen Verwertungsmechanismen existieren. Trotzdem kann aus diesem Phänomen ein evolutionsbiologischer Vorteil abgeleitet werden, der darin besteht, dass weniger fitte Organellen, Zellen oder auch ganze Organismen zerstört und damit Erneuerungsprozesse initiiert werden.

In der Biologie wird manchmal der Term **Homöostasis** gebraucht, der die Langzeit-stabilität von biologischen Organismen zum Ausdruck bringen soll. Da Homöostasis jedoch Stillstand und keine Veränderung impliziert, wie sie für Leben typisch ist, wird er mittlerweile durch den Begriff **Homöodynamik** ergänzt. Homöodynamik kann die Folge veränderter Umweltbedingungen sein oder ist das Resultat von chaotischen Prozessen im Organismus selbst. Zu letzteren gehört in erster Linie die ungerichtete Oxidation durch freie Radikale.

Selektivität im biochemischen Kontext wird hingegen durch Enzyme erzeugt. Des-halb ist es bemerkenswert, wenn Enzyme, wie die Mangan-basierte Laccase, in der Lage sind, unselektiv alle Arten von C–H-Bindungen zu attackieren. Das Enzym findet sich in Weißfäulepilzen, die Lignin (Abb. 4.53), ein besonders heterogen aufgebautes polymeres aromatisches System, bis zu Steinkohle abbauen.

Der enzymvermittelte selektive Einschub von Sauerstoff in ausgewählte aromatische oder aliphatische C–H-Bindungen stellt aber den „Normalfall" dar und gehört zum bio-chemischen Grundrepertoire im Rahmen der entschleunigten Totaloxidation des energie-reichen Kohlenstoffs. Die Reaktion wird auch als Hydroxylierung bezeichnet. Die Enzyme sind vielfach durch Eisenkomplexe, die verschiedene Oxidationsstufen im Kata-lysezyklus annehmen, charakterisiert. Durch Hydroxylierung am C^4 entsteht beispiels-weise aus der proteinogenen Aminosäure L-Phenylalanin eine andere, nämlich L-Tyrosin. In einer Proteinkette koexistiert somit bereits eine Aminosäure mit dem eigenen oxidativen Abbauprodukt. Ähnliche Zusammenhänge existieren auch bei den Nuclein-säuren (Abb. 4.126). L-Tyrosin wird am C^3 selektiv weiter zu L-DOPA oxidiert, das nicht mehr in Proteine eingebaut wird.

Enzymatisch generierte Oxidationsprodukte erfüllen vielfältige biochemische Funktionen, die sogar zwischen den Organismen variieren können. Das Monophenol L-Tyrosin gehört zu den proteinogenen Aminosäuren und ist somit ubiquitär in der belebten Natur. Das Diphenol L-DOPA ist eine Vorstufe der Neurotransmitter Adrenalin und Noradrenalin, die zwar in allen Wirbeltieren, aber nur in einigen Wirbellosen vor-kommen (Abb. 4.26). Sie sind bei der Reizweiterleitung wichtig. Auch Miesmuscheln bilden L-DOPA. Die Funktion des L-DOPA besteht in diesem Zusammenhang darin, die Hydrophilie der Proteinkette, die den eigentlichen Klebstoff darstellt, zu erhöhen, was hilft, sich auf festen Oberflächen anzuheften. Dazu leisten die beiden HO-Gruppen einen Beitrag. Noradrenalin wird durch die Hydroxylierung einer aliphatischen C–H-Bindung im Dopamin gebildet. Durch *N*-Methylierung entsteht Adrenalin. Bei L-DOPA handelt es sich um ein aromatisches Diol, das umgehend zu Benzochinon weiter oxidiert werden könnte (Abschn. 4.1.4.2). Dieser Reaktionskanal wird verhindert durch

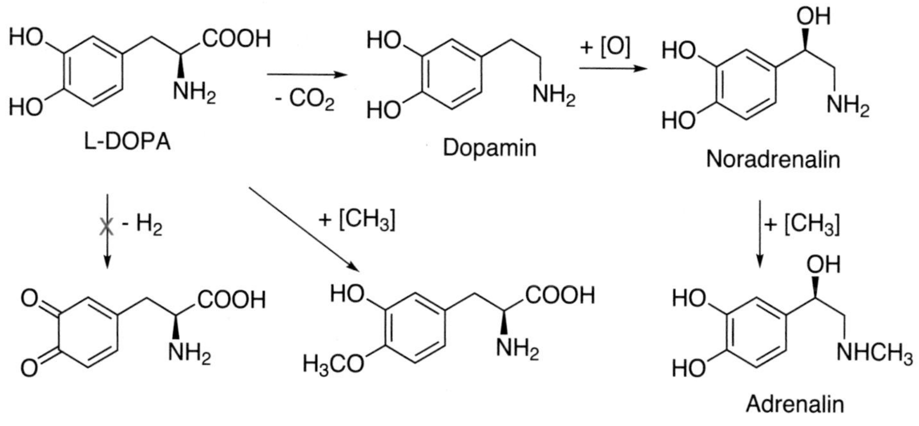

Abb. 4.26 Die Synthese von Adrenalin durch eine selektive Oxidationsreaktion

Monomethylierung einer HO-Gruppe und stellt eine tatsächlich *in vivo* beobachtete Alternative zur Bildung von Noradrenalin und Adrenalin dar.

Die aromatische Aminosäure L-Tryptophan steht ebenfalls am Anfang zahlreicher selektiver Oxidationsreaktionen (Abb. 4.27). Je nachdem, ob der Einschub von Sauerstoff am Aromaten in den Positionen C^4, C^5 oder C^6 erfolgt, entstehen Naturstoffe mit unterschiedlichen physiologischen Wirkungen: Die Oxidation am C^5-Atom von Tryptophan mit anschließender Decarboxylierung führt über 5-Hydroxy-L-tryptophan (5-HTP) zu Serotonin. Die Verbindung ist weit im Pflanzen und Tierreich verbreitet. Zu den bekanntesten Wirkungen auf das Zentralnervensystem im Menschen zählt die Beeinflussung der Stimmungslage. Bufotenin findet sich im Hautsekret verschiedener Kröten *(Bufo marinus)*. Daneben wurde die Substanz in geringen Mengen im menschlichen Urin nachgewiesen und scheint somit auch ein normales Abbauprodukt des menschlichen Stoffwechsels zu sein.

Psilocybin und Psilocin entstehen durch Oxidation am C^4 des Aromaten. Sie sind in Pilzarten der Gattung der Kahlköpfe *(Hymenogastraceae)* beheimatet. Der Einschub von Sauerstoff in die C–H-Bindung des C^6 führt zu einem Phenolderivat, das über zahlreiche Synthesestufen in das Polypeptid α-Amanitin mit acht Aminosäuren eingebaut wird. α-Amanitin gehört zu den Hauptgiften des Grünen Knollenblätterpilzes *(Amanita phalloides)*.

Die Selektivität bei der Oxidation von C–H-Bindungen in Naturstoffen erzeugt nicht nur **primäre Naturstoffe** wie proteinogene Aminosäuren, sondern trägt zu dem großen Reichtum an biologischen Spezies bei. Viele dieser Naturstoffe sind für die betreffenden Organismen charakteristisch, aber nicht lebensnotwendig. Sie werden deshalb als **sekundäre Naturstoffe** bezeichnet. Sekundäre Naturstoffe auf der Basis aromatischer Phenole sind die Inhaltsstoffe des grünen Tees wie (–)-Catechin und Gallotannin (Abb. 4.28). Letzteres gehört zur Klasse der Gerbstoffe und verleihen dem betreffenden

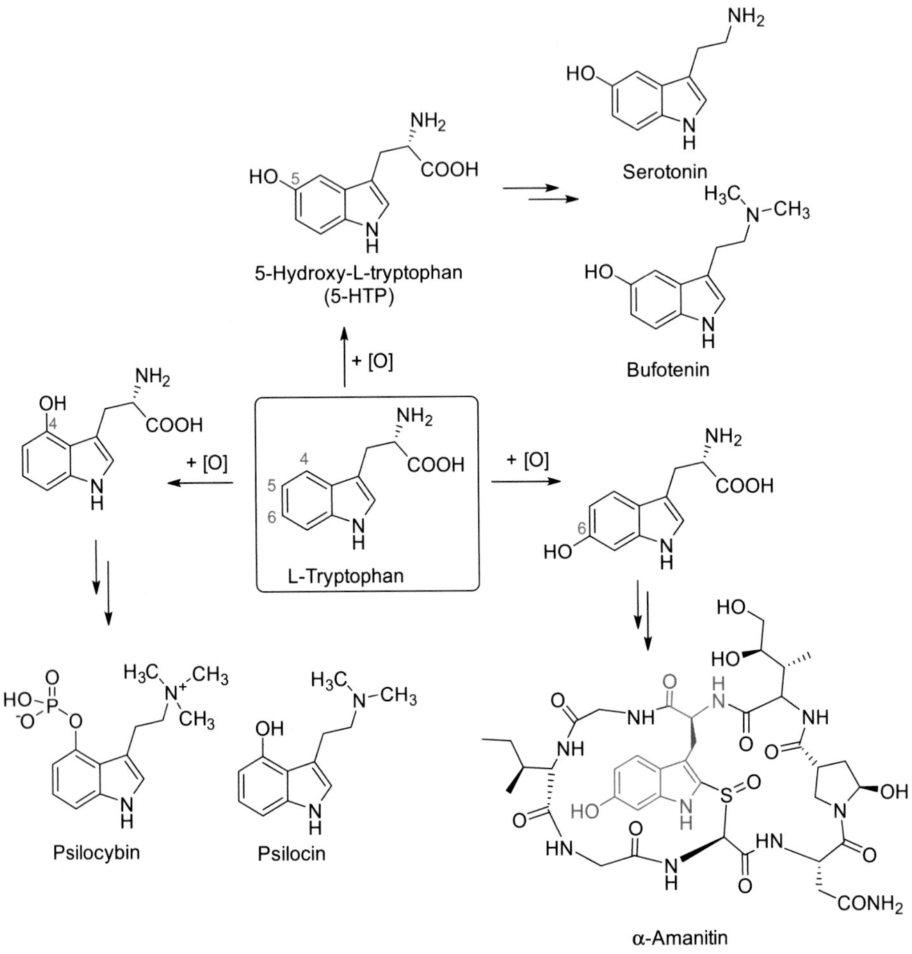

Abb. 4.27 Naturstoffe durch selektive Oxidation von L-Tryptophan

Organismus aufgrund des bitteren Geschmacks eine Schutzwirkung gegenüber Fress-
feinden.

Viele Blütenfarbstoffe haben ebenfalls eine Phenolstruktur. Beispiele sind Apigenin,
das in vielen Gemüsearten wie Sellerie oder Petersilie vorkommt, und Pelargonidin,
welches in höheren Pflanzen weit verbreitet ist und die rötliche Färbung vieler Blüten-
blätter und Früchte hervorruft (Abb. 4.29). Auch Cyanidin ist ein Polyphenol mit Verbreitung in roten Rosen, Hibiskus und zahlreichen Beerenarten.

Alle diese substituierten Phenole entstehen durch Oxidation von C–H-Bindungen in
den entsprechenden Vorstufen. Auffallend ist, dass auch diese Verbindungen nicht nur
eine evolutionsbiologische Funktion wie Farbe oder abschreckende Wirkung auf andere
Organismen haben, sondern ihnen *a priori* eine chemische Funktion zukommt: Wie

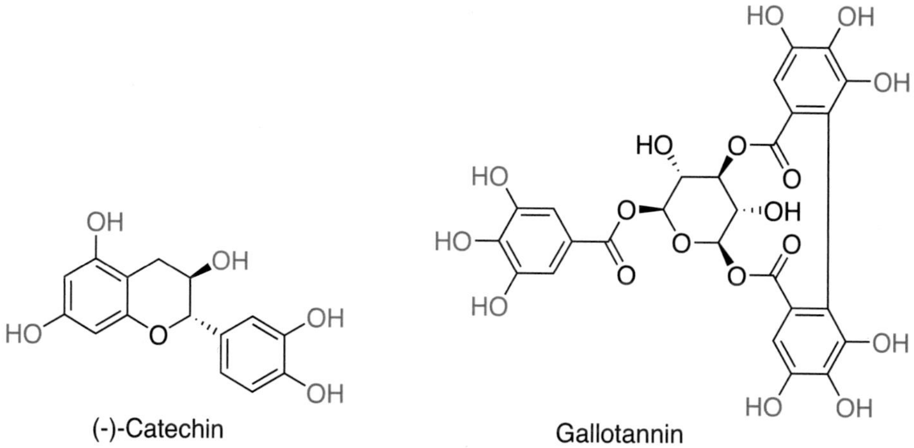

Abb. 4.28 Aromatische Polyole als Produkte der Oxidation von C–H-Bindungen

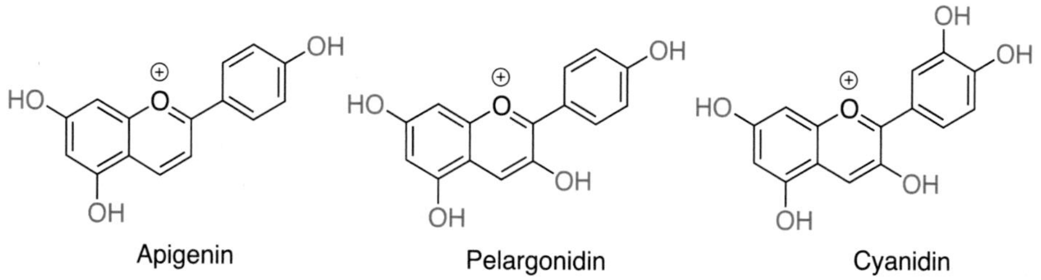

Abb. 4.29 Blütenfarbstoffe mit Phenolstruktur

Abb. 4.30 Die Synthese von
L-Malat durch Hydratisierung
von Succinat

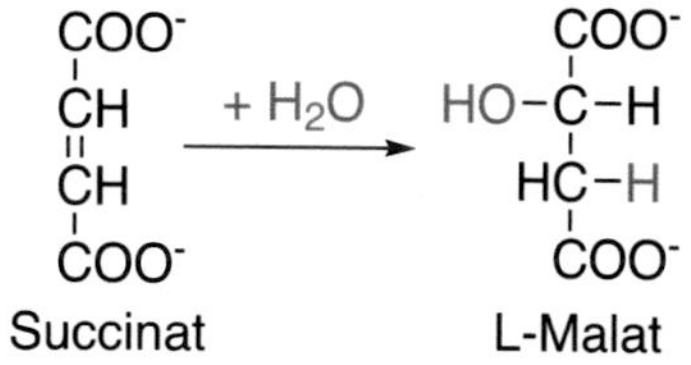

weiter unter gezeigt wird, wirken viele von ihnen als Radikalfänger (Abschn. 4.1.3) und entschleunigen die Totaloxidation des energiereichen Kohlenstoffs.

Hydratisierung von Olefinen

Die Hydratisierung, d. h. die Addition von Wasser an C=C-Doppelbindungen, ist eine Reaktion, die zu aliphatischen Alkoholen führt. Ein Beispiel betrifft die bereits oben diskutierte Synthese von L-Malat aus Succinat (Abb. 4.30).

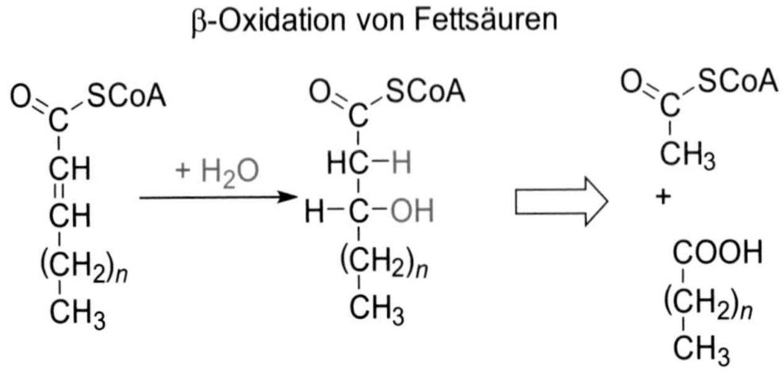

β-Oxidation von Fettsäuren

$$\begin{array}{ccc}
\underset{C}{\overset{O}{\diagdown}}\text{SCoA} & \underset{C}{\overset{O}{\diagdown}}\text{SCoA} & \underset{C}{\overset{O}{\diagdown}}\text{SCoA} \\
\text{CH} & \text{HC–H} & \text{CH}_3 \\
\| & \text{H–C–OH} & \\
\text{CH} & & + \\
(\text{CH}_2)_n & (\text{CH}_2)_n & \text{COOH} \\
\text{CH}_3 & \text{CH}_3 & (\text{CH}_2)_n \\
& & \text{CH}_3
\end{array}$$

$+ H_2O$

Abb. 4.31 Die Hydratisierung von Olefinen als Vorstufe zur Spaltung von C–C-Ketten

Abb. 4.32 Die Dehydrierung einer HO- zur C=O-Gruppe unter Formulierung eines Hydrats als Zwischenstufe

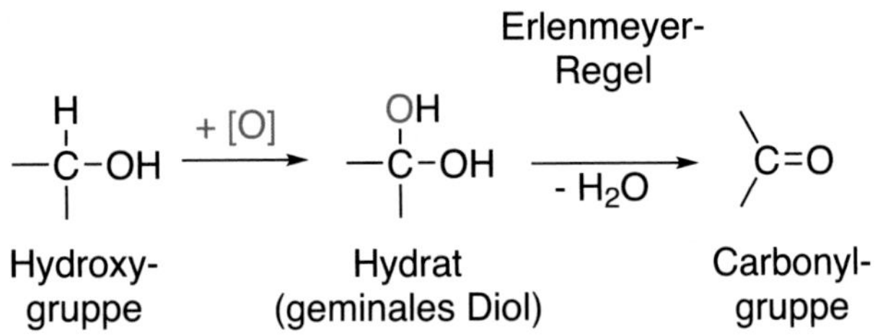

Erlenmeyer-Regel

$$-\overset{H}{\underset{|}{C}}-OH \xrightarrow{+\,[O]} -\overset{OH}{\underset{|}{C}}-OH \xrightarrow[-\,H_2O]{} \underset{/}{\overset{\diagdown}{C}}=O$$

Hydroxy-gruppe   Hydrat (geminales Diol)   Carbonyl-gruppe

Eine andere Hydratisierung ist die Überführung von ungesättigten Fettsäuren in die entsprechende β-Hydroxycarbonsäuren während des Fettsäureabbaus (Abb. 4.31).

Die aliphatischen Alkohole sind Edukte für die Oxidation zu Aldehyden und Ketonen. Letztere sind chemische „Schaltzentralen" für Aufbau- und Abbauprozesse.

4.1.4.2 Die Oxidation von Alkoholen und die Entstehung von Carbonylverbindungen

Primäre, sekundäre und tertiäre Alkohole

Die Carbonylgruppe in **Aldehyden** und **Ketonen** entsteht durch Dehydrierung von aliphatischen Alkoholen. Durch die Abgabe von molekularem Wasserstoff wird die Oxidationszahl um zwei Einheiten beim Übergang vom Alkohol zur Carbonylverbindung erhöht. Umgekehrt kann eine Carbonylgruppe wieder zum Alkohol hydriert werden.

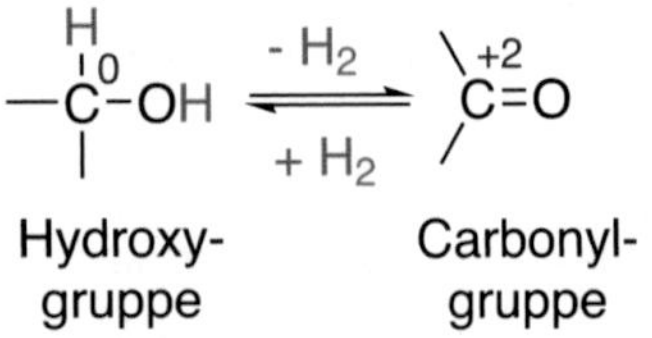

$$-\overset{H}{\underset{|}{\overset{0}{C}}}-OH \underset{+\,H_2}{\overset{-\,H_2}{\rightleftharpoons}} \underset{/}{\overset{\diagdown}{\overset{+2}{C}}}=O$$

Hydroxy-gruppe   Carbonyl-gruppe

Man kann die Dehydrierung formal auch als Oxidation beschreiben und als Zwischenstufe ein Hydrat (geminales Diol) formulieren, welches entsprechend der Erlenmeyer-Regel Wasser abspaltet (Abb. 4.32).

Bei den Alkoholen unterscheidet man zwischen primären, sekundären und tertiären Alkoholen. Aldehyde werden durch Oxidation von primären Alkoholen gebildet. Ketone entstehen aus sekundären Alkoholen.

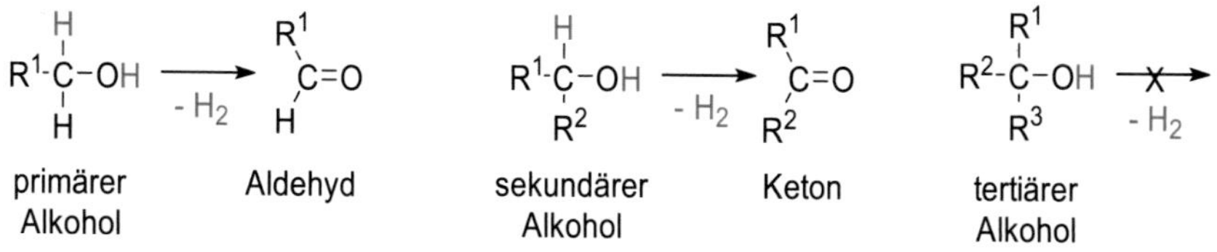

primärer Alkohol — Aldehyd — sekundärer Alkohol — Keton — tertiärer Alkohol

Da in tertiären Alkoholen kein Wasserstoffatom am benachbarten Kohlenstoffatom gebunden ist, werden sie im Regelfall nicht oxidiert. Bei ihnen fehlt das zweite Wasserstoffatom, das zur Bildung von H_2 erforderlich ist. Der Oxidation von tertiären Alkoholen muss daher in biochemischen Abbauprozessen eine Verschiebung der HO-Gruppe vorausgehen. Beispielhaft ist die Isomerisierung von Citrat zum Isocitrat zu Beginn des Citratzyklus (Abb. 4.33). Durch eine Dehydratisierungs-Hydratisierungs-Sequenz wird über *cis*-Aconitat als Zwischenverbindung Isocitrat gebildet. Isocitrat ist im Unterschied zu Citrat ein sekundärer Alkohol und unterliegt der Oxidation. Im hier gezeigten Fall entsteht daraus Oxalsuccinat, und der Citratzyklus kann erst nach dieser Modifikation fortgesetzt werden.

Aromatische Alkohole und Enole

Aromatische Alkohole, meist als Phenole bezeichnet, nehmen im Rahmen der Oxidation von Alkoholen eine Sonderstellung ein. Sie sollten definitionsgemäß als tertiäre Alkohole nicht oxidierbar sein. Die Nachbarschaft zu einem aromatischen System und die Anwesenheit von weiteren alkoholischen Gruppen am Aromaten führen jedoch zu einer Ausnahmesituation. Prinzipiell wird bei aromatischen Alkoholen zwischen Mono-, Di- und Polyphenolen unterschieden.

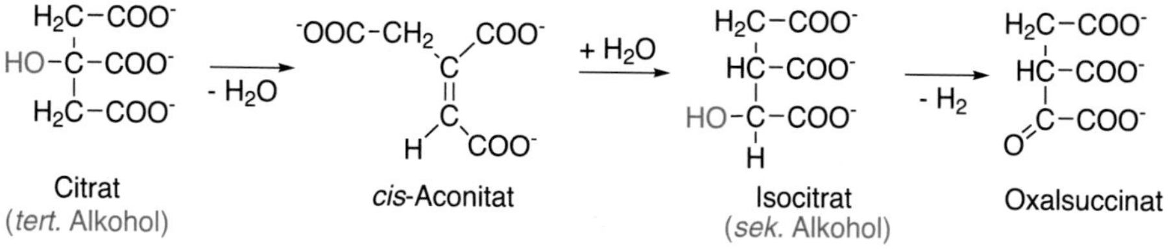

Citrat (*tert.* Alkohol) — *cis*-Aconitat — Isocitrat (*sek.* Alkohol) — Oxalsuccinat

Abb. 4.33 Die Isomerisierung einer HO-Gruppe als Voraussetzung für Oxidierbarkeit

Bei der Oxidation von bestimmten Diphenolen (Dihydroxyphenolen), wie dem Brenz-catechin, stammt das zweite Wasserstoffatom zur Bildung von H_2 von einer zweiten HO-Gruppe. Die beiden Hydroxygruppen sind benachbart, was man als *ortho*-Position bezeichnet. Der aromatische Ring des Brenzcatechins wird in der Folge dearomatisiert. Da sich in Benzochinon jedoch ein konjugiertes Doppelbindungssystem zusammen mit den zwei Carbonylgruppen ausbildet, sind beide Verbindungen energetisch fast gleichwertig. Eine vergleichbare Situation findet sich bei der Oxidation eines *para*-substituierten Diphenols wie dem Hydrochinon, das zum Chinon dehydriert wird. Hin-gegen wird aus dem Resorcin (*meta*) kein molekularer Wasserstoff abgespalten, da sich das Produkt nicht durch Konjugation stabilisieren lässt.

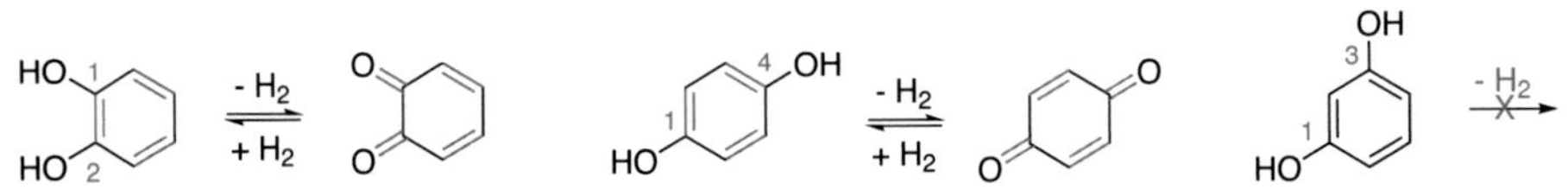

Brenzcatechin	Benzochinon	Hydrochinon	Chinon	Resorcin
ortho		*para*		*meta*

Das Redoxgleichgewicht zwischen Chinon und Hydrochinon spielt in der lebenden Natur eine Rolle bei reversiblen Elektronenübertragungsprozessen und damit bei redoxaktiven Enzymen. Ein typisches Beispiel ist das Zusammenspiel zwischen Ubichinon und Ubihydrochinon (Abb. 4.34). Der Trivialname leitet sich von ubiquitär (überall vorkommend) ab, ein semantischer Hinweis, dass Ubichinone in allen Lebe-wesen vorkommen. Auffallend an beiden Strukturen sind die beiden CH_3O-Gruppen. Sie entstehen durch Methylierung von zwei Hydroxygruppen und entziehen diese somit dem Redoxgeschehen (Abb. 4.40).

In Ausnahmefällen kann das zweite Wasserstoffatom von einer benachbarten Methyl-gruppe stammen, die der phenolischen Hydroxygruppe benachbart ist. Dann bilden sich pseudochinoide Strukturen aus, wie weiter unten am Beispiel des Vitamin E gezeigt werden wird (Abb. 4.39).

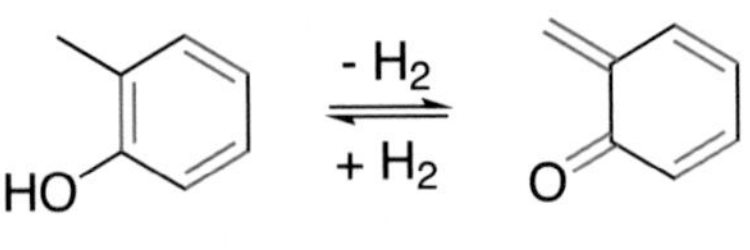

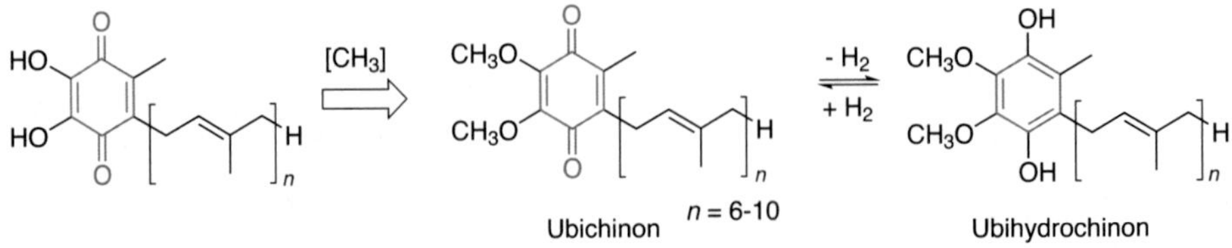

Ubichinon $n = 6{-}10$ Ubihydrochinon

Abb. 4.34 Methylierung schützt vor Oxidation

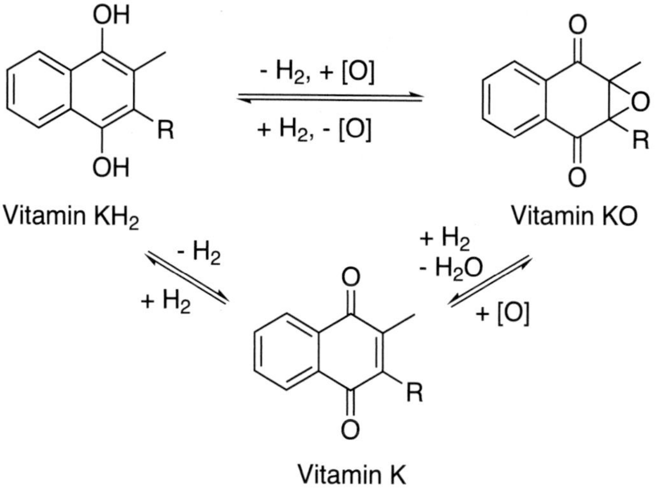

Abb. 4.35 Das redoxreversible System von Vitamin K

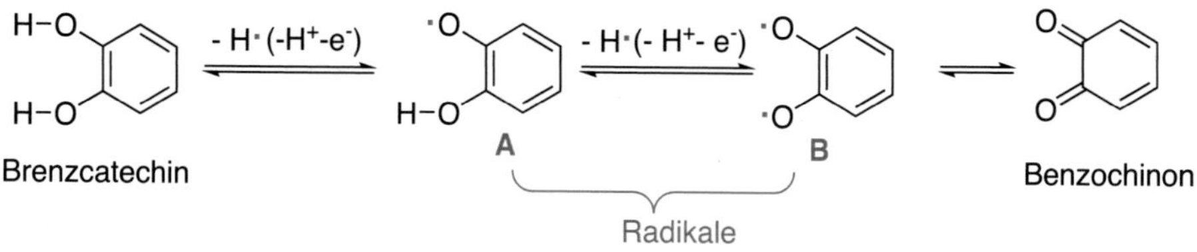

Abb. 4.36 Schrittweise Oxidation von Brenzcatechin

Die Oxidation von Hydrochinonsystemen muss nicht notwendigerweise auf der Stufe des Chinons stehenbleiben, wenn noch andere oxidationsempfindliche Strukturen in der Verbindung vorhanden sind. Ein Beispiel für eine reversible Weiterreaktion stellt das enzymatische System mit dem Blutgerinnungsfaktor Vitamin K im Zentrum dar (Abb. 4.35). Die isolierte C=C-Doppelbindung im Vitamin K, die durch Dehydrierung von Vitamin KH$_2$ entsteht, wird durch Sauerstoffradikale zum Epoxid (Vitamin KO) weiteroxidiert. Ein Epoxid ist ein gespannter Dreiring und stellt somit ein energiereiches System dar, das mit seiner Vorstufe, dem Vitamin K, in einem Redoxgleichgewicht steht. Damit ist auch in diesem Fall die Voraussetzung für die Wirkung als Coenzym gegeben.

Dehydrierung und Hydrierung sind bei *ortho-* und *para*-Diphenolen aufgrund der niedrigen Energiebarriere unter biotischen Bedingungen reversibel. Man kann die Reaktion von Brenzcatechin zu Benzochinon auch als Mehrstufenreaktion formulieren, bei der sukzessive ein Wasserstoffatom nach dem anderen abgespalten wird (Abb. 4.36). Dabei entstehen als Zwischenstufen Radikale. Die Abgabe eines Wasserstoffatoms kann sogar noch differenzierter als Abgabe eines Protons (H$^+$) und eines Elektrons (e$^-$)

aufgefasst werden. Tatsächlich verlaufen in biochemischen Systemen (z. B. bei den Ubichinonen) oftmals beide Prozesse, Protonentransfer und Elektronentransfer, getrennt, was separate Carriersysteme erfordert. Gleichzeitig erfolgt dadurch eine Regulierung der Gesamtreaktion in der Zelle über den pH-Wert.

In Phenol existiert nur eine HO-Gruppe, und damit ist die intramolekulare Abspaltung von H_2 nicht möglich. Ungeachtet dessen kann ein H-Atom abgespalten werden und es entsteht ein Radikal. Radikale aus Monophenolen erfahren im Unterschied zu denen aus aliphatischen Alkoholen eine Stabilisierung durch den aromatischen Ring. Im Extremfall erlangen Radikale nur durch eine einzelne benachbarte C=C-Doppelbindung, wie sie ein Enol darstellt, vorübergehende Stabilität.

Phenol   Radikal   Enol   Radikal

Zahlreiche biochemisch wichtige Strukturen, die durch Oxidation von aromatischen C–H-Bindungen entstehen, enthalten das Potenzial zur Bildung von Radikalen und wirken somit auch selbst als Radikalfänger, indem sie Kettenreaktionen stoppen. Dazu gehören das weibliche Sexualhormon Estradiol und andere Estrogene, wie 2-Hydroxyestron und 2-Methoxyestron (Abb. 4.37). Die Phenole haben eine anti-oxidative Wirkung. Estrogene kommen in allen Vertebraten und einigen Insekten, z. B. weiblichen Fleischfliegen (*Sarcophaga bullata*), vor, ein Hinweis, dass sie einer gemeinsamen biochemischen Entwicklung entstammen.

Ein besonders bekanntes Beispiel für ein Antioxidans ist Vitamin C, das strukturell ein Endiol darstellt (Abb. 4.38). Es kann nach und nach Wasserstoff abgeben, wobei das intermediär gebildete Monoradikal durch zwei Wasserstoffbrücken besonders effektiv stabilisiert wird. Der Wasserstoff vereinigt sich beispielsweise mit einem Sauerstoff-molekül zu Wasserstoffperoxid. Beim Zerfall von Wasserstoffperoxid werden weitere Radikale gebildet, wie das Hydroxylradikal (Abschn. 2.2.2), deren zerstörerische Wirkung ebenfalls durch Vitamin C gebremst wird. Am Ende entsteht immer Wasser.

Aus Vitamin C (L-Ascorbinsäure) wird Dehydroascorbinsäure, die, wenn sie der Organismus nicht als wasserlösliche Verbindung ausscheidet, zurück zu Vitamin C hydriert wird.

Ganz ähnlich ist die antioxidative Wirkung vom Vitamin E (Abb. 4.39). Die Ver-bindung zeichnet sich aufgrund ihrer langen unpolaren Seitenkette durch eine hohe Lipophilie aus. Diese Eigenschaft verursacht die räumliche Nähe zu Membranen, die aus langen hydrophoben Alkylketten aufgebaut sind. Die attraktiven Wechselwirkungen werden durch Van-der-Waals-Kräfte hervorgerufen. Daher ist Vitamin E die erste Station in einer Kaskade mit anderen Radikalfängern (Vitamin C, Glutathion). Für die dehydrierte Form des Vitamin E gibt es zwei Möglichkeiten der Stabilisierung: Ent-weder eine der beiden benachbarten Methylgruppen beteiligt sich an der Konjugation

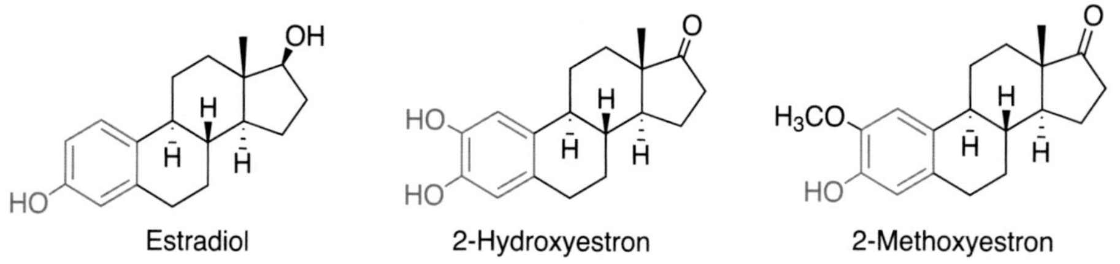

Abb. 4.37 Sexualhormone als Antioxidanzien

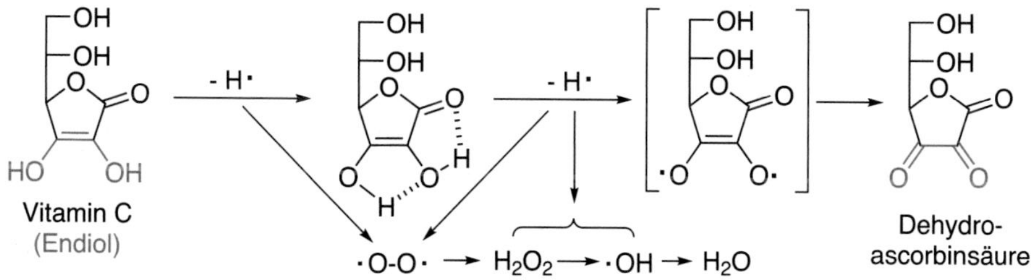

Abb. 4.38 Die Wirkung von Vitamin C als Antioxidans

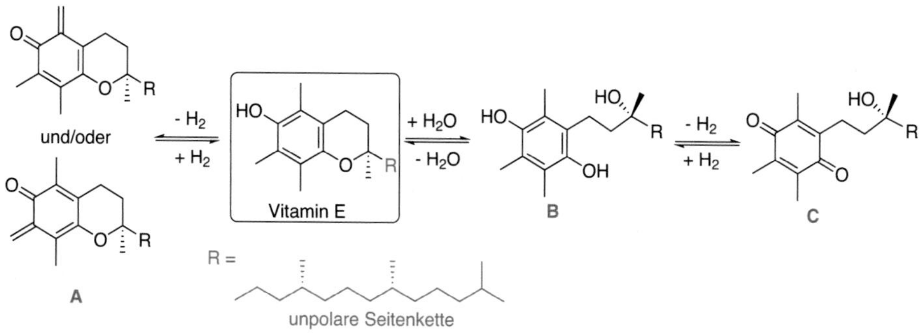

Abb. 4.39 Die Wirkung von Vitamin E als Antioxidans

der Doppelbindungen, wobei zwei Strukturen A entstehen, oder alternativ bildet sich das Chinon C. Für letzteres muss jedoch der cyclische 6-Ring, ein Ether, mit Wasser geöffnet werden, wobei die zweite Hydroxygruppe freigesetzt wird. Der Weg über B nach C erhöht die Wasserlöslichkeit (Hydrophilie) von Vitamin E und verbessert somit die Wechselwirkung mit dem nächsten Radikalfänger, dem (wasserlöslichen) Vitamin C.

Die diskutierte Spaltung des Etherringes in Vitamin E führt zu einem weiteren Phänomen im Radikalgeschehen der Zelle: Sind phenolische Hydroxygruppen verethert, wird die Dehydrierung gestoppt. Ether wirken somit als Schutz für Hydroxygruppen gegen die Oxidation. Diese Schutzwirkung wurde bereits an den beiden Methylether-

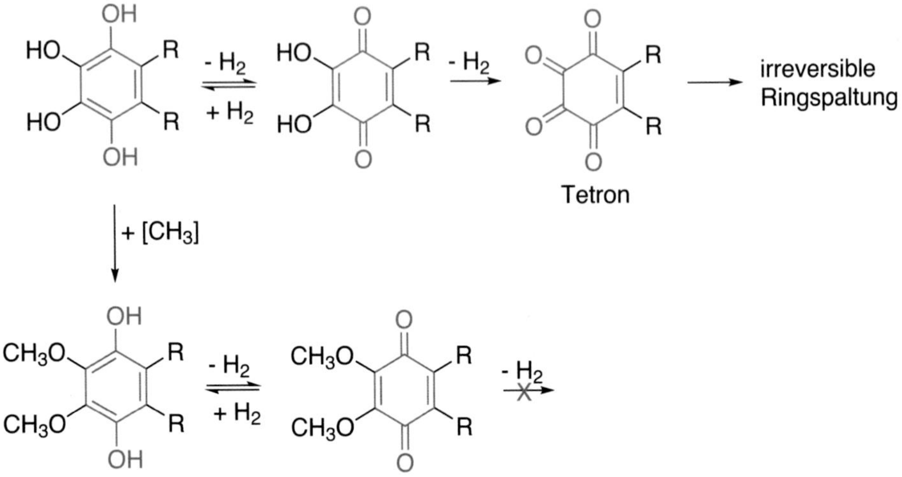

Abb. 4.40 Dimethylierung verhindert die Dehydrierung

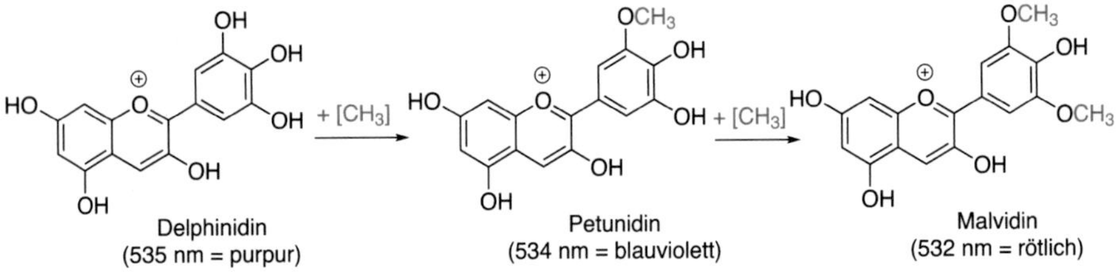

Abb. 4.41 Methoxy- und Hydroxygruppen sind für unterschiedliche Blütenfarbstoffe verantwortlich

gruppen des Ubiquinons erkennbar (Abb. 4.40). Ohne diese würde die Oxidation über die Stufe des Chinons bis hin zu einem Tetron ablaufen, das strukturell äußerst instabil ist und umgehend einer irreversiblen Ringspaltung unterliegt. Mit anderen Worten, ohne die beiden Methylethergruppen wäre ein entsprechendes Ubichinonderivat nicht reversibel hydrierbar und würde nicht mehr als Coenzym wirken. Die spezielle Struktur des Ubichinons ist somit nicht wahl-, sondern alternativlos.

Vergleichbare Beispiele für die Schutzwirkung durch Veretherung finden sich in den Anthocyanen, einer großen Klasse von Blütenfarbstoffen (Abb. 4.41). Delphinidin weist sechs Hydroxygruppen auf, die alle der Oxidation unterliegen. In Petunidin ist eine davon als Methylether geschützt und in Malvidin zwei. Sie werden nicht mehr oxidiert.

Da die betreffenden Hydroxygruppen gleichzeitig nun nicht mehr in der Farbgebung über die Konjugation der zahlreichen Doppelbindungen einbezogen werden, ändert sich durch die Methylierung auch das Absorptionsmaximum. Aus der Änderung der Oxidationseigenschaften ergibt sich ein biologischer Fitnesseffekt, der sich in der

Individualität der zugehörigen Blütenpflanzen manifestiert. Damit ist ein erneuter Beweis für die grundlegende These dieses Buches erbracht, dass ein Großteil der Chemie des Lebens auf der entschleunigten Oxidation des energiereichen Kohlenstoffs beruht, worauf biologische Phänomene aufbauen.

4.1.5 Carbonylverbindungen – Aldehyde und Ketone

4.1.5.1 Bildung und Eigenschaften der Carbonylgruppe

Aldehyde entstehen durch Oxidation von primären Alkoholen. Ketone werden durch Oxidation von sekundären Alkoholen gebildet. Die Carbonylgruppe, die beiden Verbindungsklassen gemeinsam ist, nimmt aufgrund ihrer speziellen Eigenschaften eine herausragende Stellung innerhalb aller anderen funktionellen Gruppen ein. In der Carbonylgruppe findet sich die gleiche Elektronegativitätsdifferenz zwischen C und O wie in einem Alkohol (Abb. 4.42a). Gleichzeitig ist das Sauerstoffatom neben der σ-Bindung noch über eine π-Bindung mit dem Kohlenstoff verknüpft. Es befinden sich vier Elektronen in diesem Bereich, und damit handelt es sich um eine Anhäufung von negativer Ladung. Diese Situation erinnert an eine C=C-Doppelbindung. Durch Kombination beider Bindungsphänomene in einer funktionellen Gruppe potenziert sich die Reaktivität. Im Unterschied zu einem aliphatischen Alkohol ist das Kohlenstoffatom nur noch durch drei Substituenten umgeben. Die funktionelle Gruppe ist deshalb planar, wodurch der Angriff von Nucleophilen erleichtert ist (Abb. 4.42b). Die Bindung des Kohlenstoffatoms zum elektronegativen Sauerstoff ist stark polarisiert, was in der geladenen mesomeren Grenzstruktur zum Ausdruck kommt (Abb. 4.42c). Dadurch hat die gesamte Carbonylgruppe gleichzeitig einen starken elektronenziehenden Effekt auf die Nachbarschaft. Durch Protonierung, die durch sauer wirkende Enzyme realisiert wird, verstärkt sich die Separierung der Ladungen zwischen C und O noch weiter (Abb. 4.42d).

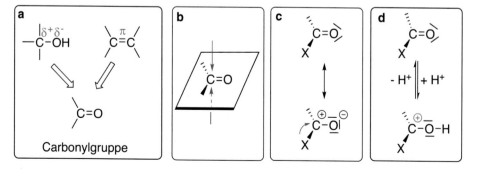

Abb. 4.42 Eigenschaften einer Carbonylgruppe

4.1.5.2 Reaktionen von Carbonylverbindungen

Hydrate und Halbacetale

Die Reaktionen einer Carbonylgruppe können allgemein mit dem nachstehenden Schema beschrieben werden.

$$\begin{array}{c}R\\\diagdown\\{}^{\delta+}C={}^{\delta-}O\\\diagup\\R\end{array}\ +\ H\text{-}\underline{Nu}\ \rightleftharpoons\ \begin{array}{c}R\\\diagdown\ \diagup O\text{-}H\\C\\\diagup\ \diagdown\\R\quad Nu\end{array}$$

Ein Nucleophil (Nu), das in den meisten Fällen mit einem aciden H-Atom verknüpft ist, greift das positivierten Carbonylkohlenstoffatom an, und es bildet sich eine C–Nu-Bindung heraus. Das Proton verbindet sich mit dem Sauerstoffatom zur Hydroxygruppe. Es entsteht ein vierbindiges Kohlenstoffatom mit annähernd tetraedrischer Geometrie. Mit der Transformation der sehr reaktiven C=O-Doppelbindung geht somit auch die ursprüngliche trigonale Geometrie verloren. Aus einer zweidimensionalen wird eine dreidimensionale Struktur, was die Umgebung um das zentrale Kohlenstoffatom beeinflusst. Es handelt sich bei der Reaktion um ein chemisches Gleichgewicht, dessen Lage von den elektronischen und sterischen Eigenschaften von Carbonylverbindung, Nucleophil und Produkt abhängig ist.

Ist Wasser das angreifende Reagenz, entsteht ein organisches Hydrat, manchmal auch als geminales Diol bezeichnet. Das Gleichgewicht liegt mit wenigen Ausnahmen weit auf der linken Seite. Dies erklärt auch die schon mehrmals zitierte Erlenmeyer-Regel, nach der die meisten Hydrate nicht stabil sind und somit keine Relevanz in der Biochemie haben. Wäre es anders, würden im biologischen Lösungsmittel Wasser und damit im extremen Überschuss von Wasser sämtliche Folgereaktionen, die nachstehend diskutiert werden, blockiert. Aldehyde und Ketone würden als „Wasserschwamm" wirken. Mehr noch, ein Großteil biochemischer Nachfolgereaktionen würde wegfallen, was grundsätzliche Auswirkungen auf die materielle Basis der Biologie hätte. Es sei daran erinnert, dass die Erlenmeyer-Regel eine Konsequenz des relativ kleinen Atomradius des Kohlenstoffatoms ist.

$$\begin{array}{c}R\\\diagdown\\C=O\\\diagup\\R\end{array}\ +\ H\text{-}OH\ \rightleftharpoons\ \begin{array}{c}R\\\diagdown\ \diagup O\text{-}H\\C\\\diagup\ \diagdown\\R\quad OH\end{array}$$

Hydrat
(geminales Diol)

Es gibt nur ganz wenige stabile Hydrate, wie z. B. Ninhydrin und Chloralhydrat. Beide sind nur synthesechemisch herstellbar. Die Struktur der beiden Verbindungen lässt erkennen, dass das organische Rückgrat für die Stabilität der Hydrate verantwortlich ist. In beiden Fällen sind es elektronenziehende Effekte der Substituenten C=O bzw. Cl, die es ermöglichen, dass zwei Hydroxygruppen an dem (kleinen) Kohlenstoffatom gebunden werden. Das Fehlen von solchen Strukturen in biochemischen Systemen lässt die Schlussfolgerung zu, dass organische Hydrate *dead-ends* wären und sie deshalb von der biochemischen Evolution „aussortiert" wurden.

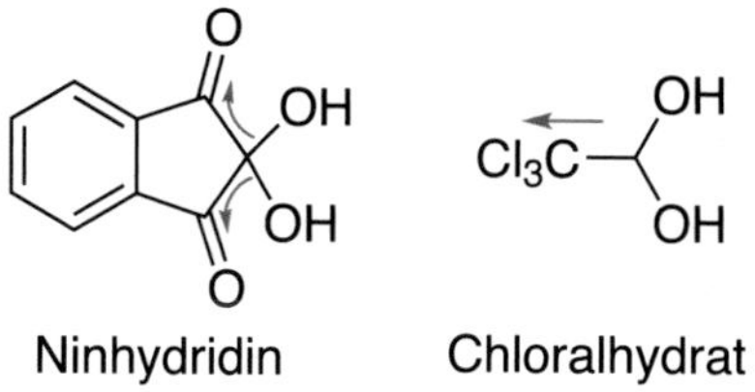

Ninhydridin Chloralhydrat

Die Existenz beider Hydrate ist ein erster Hinweis, dass bestimmte organische Reste die Erlenmeyer-Regel außer Kraft setzen können, also jene Regel, die bei der Bildung von Kohlendioxid aus Kohlensäure solch eine dominante Rolle spielt. Die beiden Beispiele zeigen, wie die organische Chemie die Eigenschaften anorganischer Verbindungen erweitert. Dieser Qualitätssprung kommt vor allem bei der nachfolgend diskutierten Addition von Alkoholen an Carbonylverbindungen zum Ausdruck. Auch diese Reaktion verläuft nach dem gleichen Mechanismus. Dabei entstehen Halbacetale, für die prinzipiell ebenfalls die Erlenmeyer-Regel gilt, d. h. das Gleichgewicht liegt im Allgemeinen auf der linken Seite.

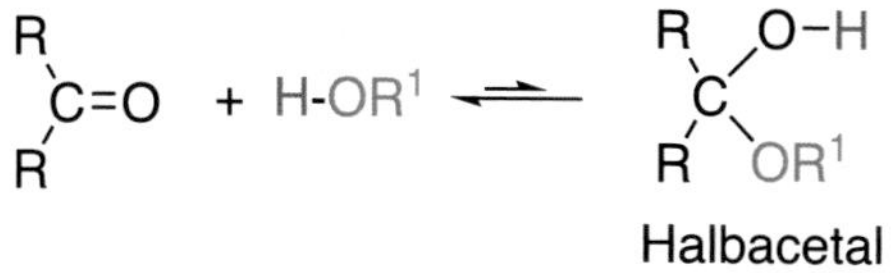

Halbacetal

Biochemisch enorm wichtig sind die stabilen Ausnahmen, die erst durch den organischen Rest ermöglicht werden. Die wichtigste Ausnahme betrifft die Ringbildung der D-Glucose, bei der durch nucleophilen Angriff der HO-Gruppe am C^5 ein Ring gebildet wird und vorrangig die β-D-Glucopyranose entsteht (Abb. 4.43).

Das Gleichgewicht dieser speziellen Halbacetalbildung liegt ungewöhnlich weit auf der rechten Seite. Die Suspendierung der Erlenmeyer-Regel hat drei Ursachen (Abb. 4.44):

Abb. 4.43 Halbacetalbildung bei der D-Glucose

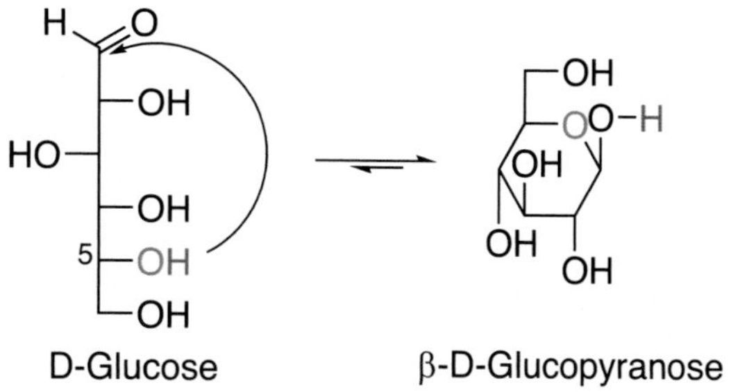

D-Glucose β-D-Glucopyranose

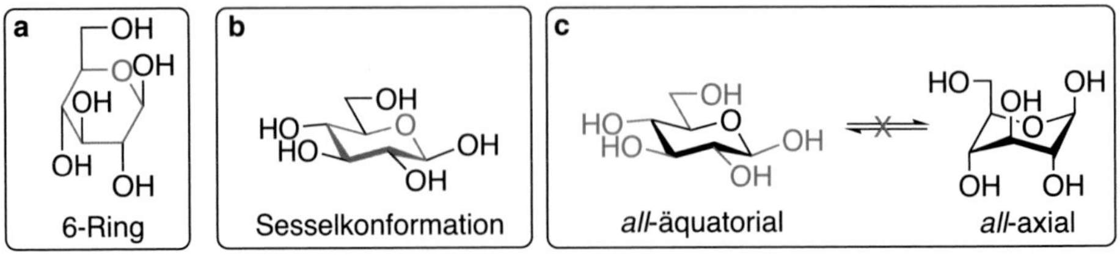

Abb. 4.44 Gründe dafür, warum D-Glucose solch stabile Halbacetale bildet

1. Die β-D-Glucopyranose basiert auf einem gesättigten 6-Ring. Solche sechsgliedrigen Ringe besitzen unter allen anderen Ringsystemen aufgrund der geringsten Spannung und minimaler Abstoßungskräfte zwischen den Substituenten die größte Stabilität (Abb. 4.44a).
2. Der 6-Ring nimmt die energetisch besonders günstige Sesselkonformation ein (Abb. 4.44b).
3. Alle Substituenten sind in der energetisch stabilen *all*-äquatorialen Position ausgerichtet, was sich aus der *gluco*-Konfiguration des Monosaccharids ergibt. Ein Gleichgewicht mit jenem Konformer, worin alle großen Substituenten axial stehen, existiert nicht (Abb. 4.44c).

Sollte nur eines dieser drei Kriterien außer Kraft gesetzt werden, verliert das Halbacetal an Stabilität. Dies tritt beispielsweise ein, wenn im 6-Ring ein oder mehrere Substituenten die axiale Position einnehmen. Besonders destabilisierend wirken axiale HO-Gruppen in 2- oder 3-Position. D-Mannose ist dafür ein Beispiel. Die Bildung von zwei Grundstrukturen, die miteinander im Gleichgewicht stehen, ist dafür ein Indiz. Das Gleichgewicht hat Einfluss auf die Stabilität von Polymeren und deren Kettenlänge (Abb. 4.63). Das biochemische Evolutionspotenzial der D-Mannose ist deshalb kleiner als das der D-Glucose.

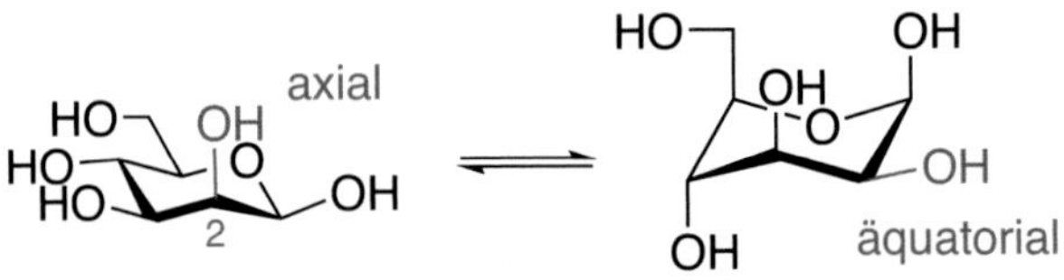

D-Mannose

Eine Veränderung der Ringgröße hat ebenfalls einen Einfluss. Solch ein weniger stabiles System stellt beispielsweise die β-D-Glucofuranose dar, die durch nucleophilen Angriff der HO-Gruppe am C⁴ und Halbacetalbildung entsteht (Abb. 4.45).

Bei dem Produkt handelt es sich um einen 5-Ring (Abb. 4.46). In der für 5-Ringe bevorzugten Briefumschlagkonformation nehmen alle Substituenten im Unterschied zum

Abb. 4.45 β-D-Glucofuranose, das Halbacetal eines 5-Ringes

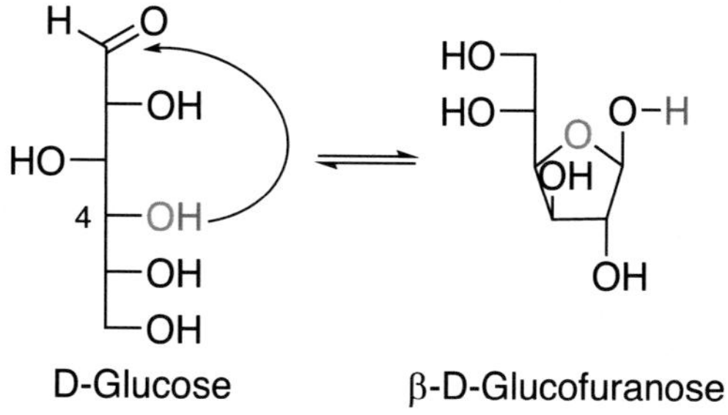

D-Glucose

β-D-Glucofuranose

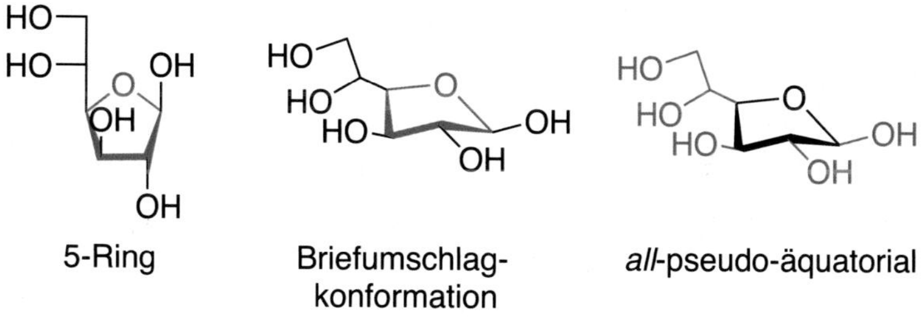

5-Ring

Briefumschlag-konformation

all-pseudo-äquatorial

Abb. 4.46 Geometrische Eigenschaften eines 5-Ringes

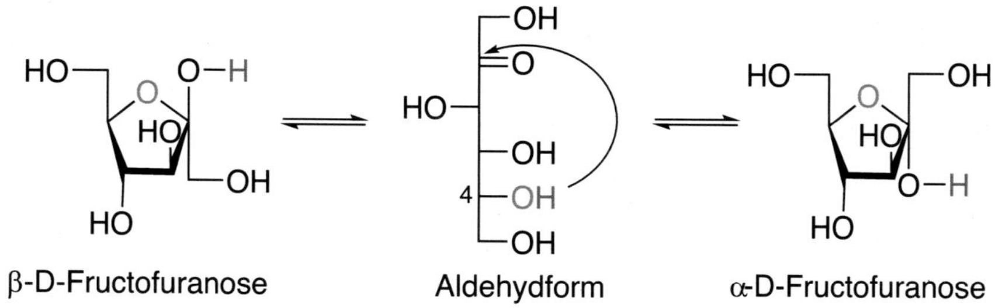

β-D-Fructofuranose

Aldehydform

α-D-Fructofuranose

Abb. 4.47 Halbacetalformen der D-Fructofuranose

6-Ring der D-Glucose keine ideale äquatoriale Ausrichtung an, sondern sind pseudo-äquatorial ausgerichtet.

Dieser weniger stabile 5-Ring bildet sich (neben dem 6-Ring) auch als Halbacetal der D-Fructose und wird hier als β-D- bzw. α-Fructofuranose bezeichnet (Abb. 4.47). Alle Formen stehen mit der offenkettigen Aldehydform im Gleichgewicht.

Wie weiter unten gezeigt wird (Abb. 4.62), kommt durch die Halbacetalbildung von Zuckern ein erster Entschleunigungseffekt auf deren Abbau zustande. Jegliche Destabilisierung des Halbacetals führt zur schnelleren Zerlegung. Mit anderen Worten, die überragende Dominanz der D-Glucose in der belebten Natur gegenüber allen anderen Zuckern ist u. a. auf die oben genannten drei Ursachen 6-Ring-Bildung,

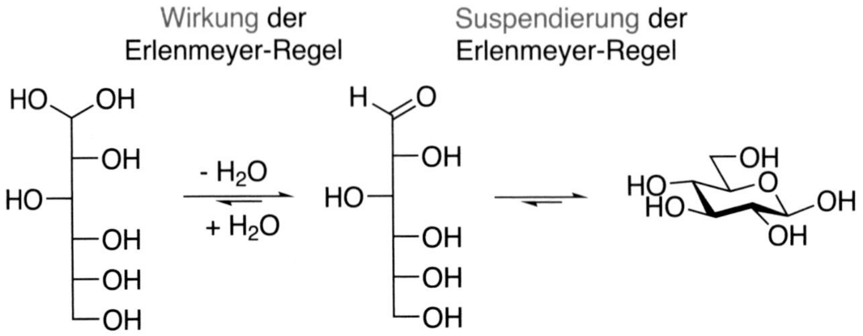

Abb. 4.48 Hydratisierung *versus* Halbacetalbildung am Beispiel der D-Glucose

Sesselkonformation und *all*-äquatoriale Ausrichtung aller großen Substituenten bei der Halbacetalbildung zurückzuführen. Prinzipiell ist die gesamte Kohlenhydratchemie ein Beweis, wie dramatisch organische Reste die ursprünglichen Eigenschaften der funktionellen Gruppen modifizieren (Abb. 4.48): Glucose bildet mit Wasser kein Hydrat, was in Übereinstimmung mit der Erlenmeyer-Regel steht, hingegen bildet sich intramolekular ein Halbacetal entgegen der Erlenmeyer-Regel. Damit eröffnen sich neue Reaktionskanäle, die beispielsweise zur Formierung von Acetalen führen.

Acetale

Halbacetale reagieren mit einem Überschuss an dem gleichen oder auch mit einem anderen Alkohol zu Acetalen (Abb. 4.49). Die Einstellung des chemischen Gleichgewichts wird durch Säurekatalyse, im einfachsten Fall Protonen, beschleunigt. Auch die Rückreaktion verläuft unter diesen Bedingungen und erfordert die Anwesenheit von Wasser, das bei der Hinreaktion abgespalten wurde.

Durch die Bildung eines Acetals wird die Rückreaktion zum Aldehyd bzw. Keton, wie am Halbacetal, diskutiert, unterbunden. Acetale sind somit in Abwesenheit von Säuren wesentlich stabiler als Halbacetale. Sie werden deshalb auch nicht über die entsprechenden Carbonylverbindungen zu Carbonsäuren oxidiert (Abb. 4.50).

Dieser Sachverhalt dient bei der Fehling'schen Probe (mit Cu(II) als Oxidationsmittel) zur Überprüfung, ob bei Zuckern ein Halbacetal oder ein Acetal vorliegt. Nur Halbacetale stehen mit der oxidierbaren Aldehydform im Gleichgewicht und werden als reduzierende Zucker klassifiziert.

Glycoside, Disaccharide und Oligosaccharide

Im Prinzip kann jeder Alkohol im Geschehen einer biologischen Zelle mit einem Halbacetal zum Acetal reagieren. Von großer Bedeutung sind Derivate von Zuckern, deren Acetale als *O*-**Glycoside** bezeichnet werden. Sie bestehen aus einem Zuckerfragment und einem zuckerfremden Anteil, dem Aglycon. Beispielgebend ist die Vorstufe des Vanillins, das Vanillosid (Abb. 4.51). Auch die Bausteine des Lignins, die Monolignole

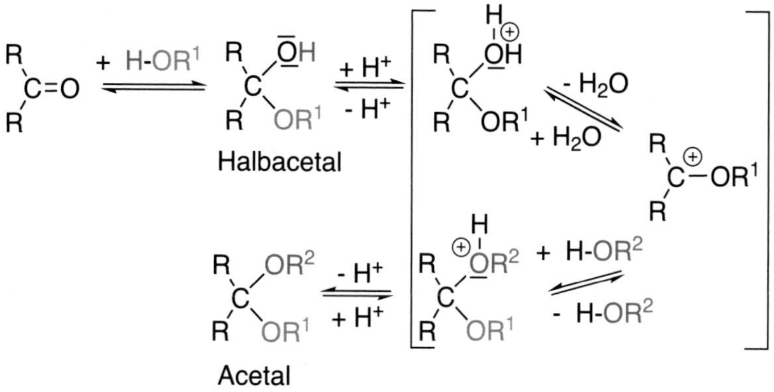

Abb. 4.49 Mechanismus der Bildung von Acetalen aus Halbacetalen

Abb. 4.50 Acetalbildung verhindert die Oxidation einer Aldehydgruppe

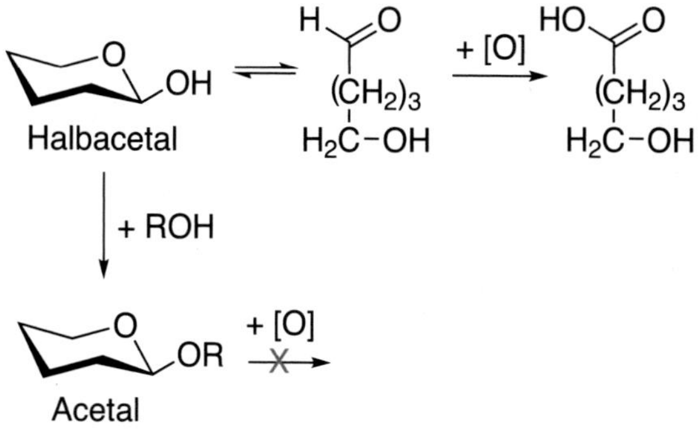

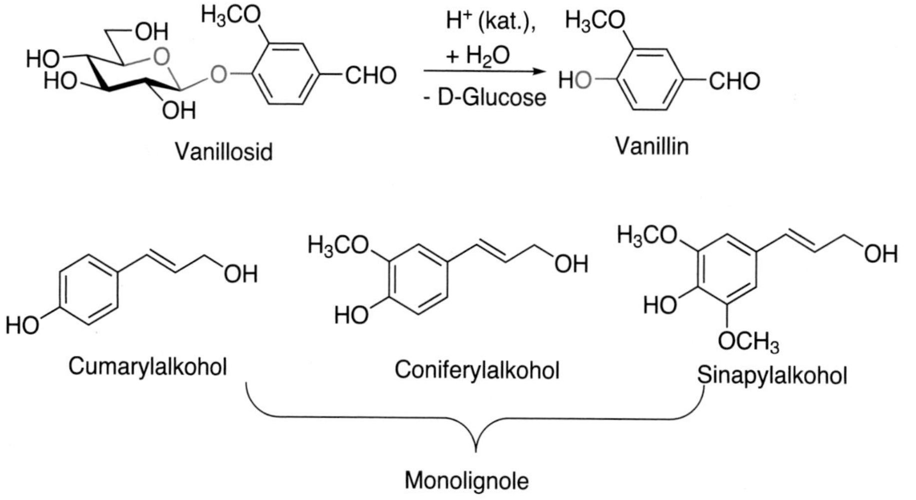

Abb. 4.51 Beispiele biochemisch wichtiger *O*-Glycoside

Cumarylalkohol, Coniferylalkohol und Sinapylalkohol, die sich durch einen unterschiedlichen Oxidations- bzw. Methylierungsgrad unterscheiden, stellen Aglykone dar.

Da das Aglycon oftmals nicht wasserlöslich ist, entsteht durch Verknüpfung mit dem polaren Zucker eine wasserlösliche Verbindung. Die Monolignole werden somit erst im Ergebnis dieser Modifikation in Pflanzen über die wasserführenden Zellen des Phloems vom Entstehungsort in die Spitzen von Zweigen und Ästen aufgrund des Verdunstungssogs über die Blätter transportiert (Abb. 4.52). Dort wird das Acetal unter dem katalytischen Einfluss eines sauer wirkenden Enzyms mit Wasser gespalten. Der Glucoseanteil wird in eine wachsende Stärke- oder Cellulosekette über eine Acetalisierungsreaktion und der zuckerfremde Anteil über einen radikalischen Mechanismus in eine wachsende Ligninkette eingebaut. Beide Produkte sind wasserunlöslich. Aufgrund des gemeinsamen Transportphänomens ist das Verhältnis zwischen den Polymeren im Holz annähernd gleich. Gleichzeitig sind die dreidimensionalen Strukturen von Cellulose und Lignin lokal eng benachbart, teilweise sogar kovalent verknüpft, was biologisch einen zusätzlichen stabilisierenden Effekt gegen den Abbau zur Folge hat.

Lignine unterschiedlicher Kettenlänge und Zusammensetzung sind für die Festigkeit pflanzlicher Gewebe, vor allem für deren Druckfestigkeit, verantwortlich (Abb. 4.53). Die eingelagerten Cellulosefasern gewährleisten die Zugfestigkeit. Die Zusammensetzung der Lignine hängt vor allem vom Mengenverhältnis der Monolignole zueinander ab. In Bedecktsamigen Pflanzen ist das Lignin insbesondere aus Sinapyl- und Coniferylalkohol aufgebaut. In Nacktsamigen Pflanzen dominiert Coniferylalkohol. In Gräsern finden sich alle drei Monolignole. Schätzungsweise werden jährlich auf der Erde 2×10^{10} t Lignin in Pflanzen aufgebaut.

Als alkoholische Komponente für Acetale kommen neben zuckerfremden Alkoholen auch weitere Zucker in Betracht. Typische Kupplungsprodukte der D-Glucose sind Cellobiose, Maltose und Gentiobiose (Abb. 4.54). Diese Disaccharide unterscheiden sich nur in der Art der Verknüpfung, d. h. 1,4- oder 1,6- bzw. der Ausrichtung des Sauerstoffatoms am C^1-Atom.

In der Cellobiose und der Gentiobiose ist das exocyclische Sauerstoffatom der Acetalgruppe in der sterisch bevorzugten äquatorialen Position angeordnet. Hingegen zeigt das gleiche Sauerstoffatom in der Maltose nach unten, d. h. es befindet sich in der axialen Position am 6-Ring. Diese unterschiedlichen Ausrichtungen werden mit β bzw. α indiziert (Abb. 4.47). Deren Bildung kann bereits beim Auflösen von D-Glucose in Wasser beobachtet werden, wobei neben der Aldehydform sowohl α- als auch β-D-Glucopyranose entstehen (Abb. 4.55). Die Ursache für die außergewöhnlich große Konzentration der α-D-Glucopyranose (36 %) im Gleichgewicht mit der stabileren β-D-Glucopyranose (64 %) und der kaum beobachteten Aldehydform (0,02 %) ist der Ringsauerstoff. Dessen freie Elektronenpaare führen in der β-Form zu abstoßenden Wechselwirkungen mit den Elektronenpaaren der benachbarten Hydroxygruppe und begünstigt die axiale Ausrichtung in der α-Form.

Das Vorliegen beider diastereomerer Formen wird durch eine Schlängellinie indiziert.

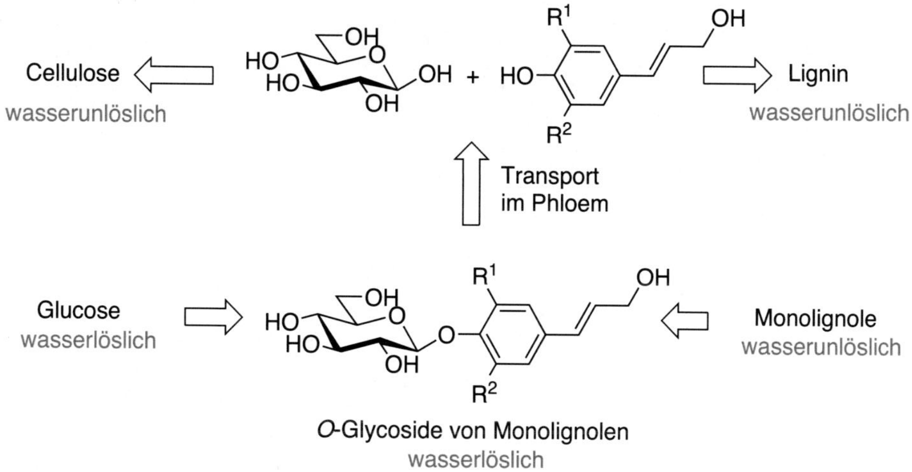

Abb. 4.52 *O*-Glycosidbildung ist die Voraussetzung für den Transport mit Wasser

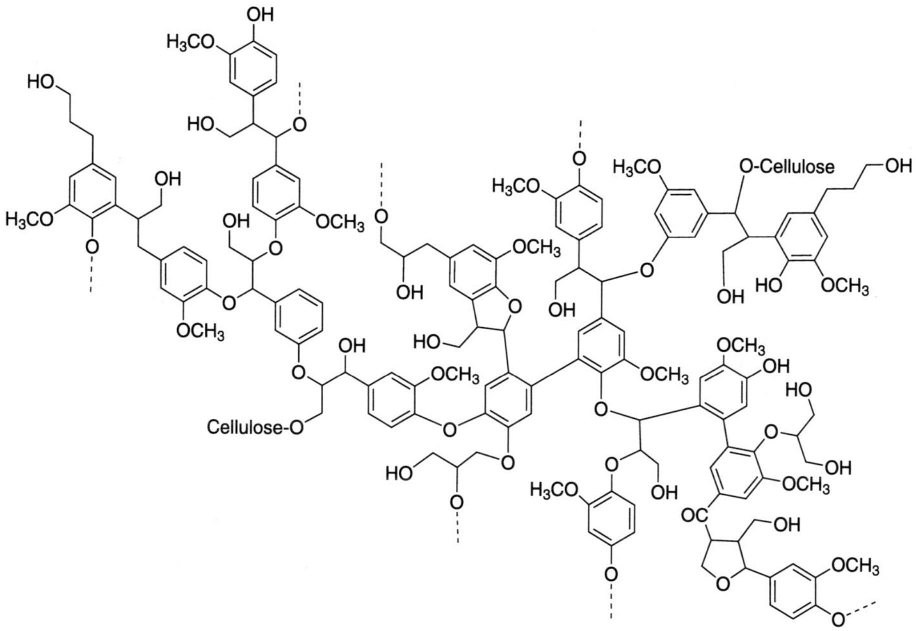

Abb. 4.53 Die Struktur von Lignin (Ausschnitt)

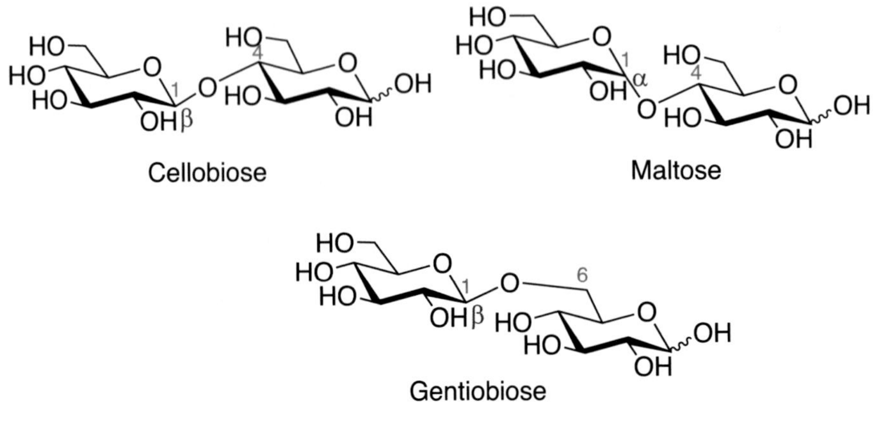

Abb. 4.54 Disaccharide auf der Basis von D-Glucose

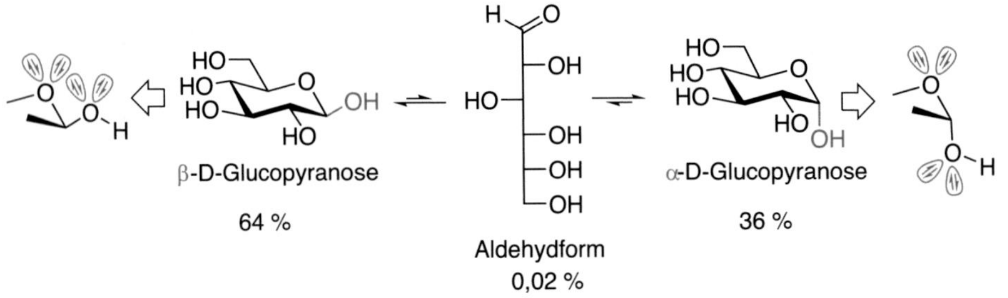

Abb. 4.55 Das Gleichgewicht zwischen β- und α-D-Glucopyranose

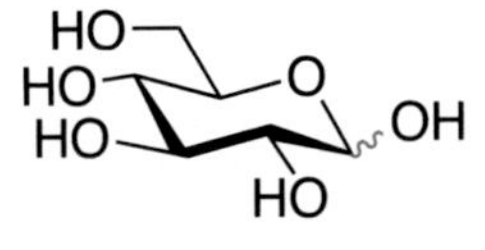

αβ-D-Glucopyranose

Da dieser Effekt vor allem bei Halbacetalen und Acetalen von Kohlenhydraten am sogenannten anomeren Zentrum zu finden ist, wird er auch als **anomerer Effekt** bezeichnet. Der anomere Effekt kann stabilisierend als auch destabilisierend wirken, je nach der geometrischen Ausrichtung der beteiligten Heteroatome. Prinzipiell tritt er bei allen Strukturen auf, bei denen sich elektronegative Substituenten X und Y mit freien Elektronenpaaren, die durch ein gemeinsames Brückenatom Z miteinander verbunden sind, gegenüberstehen (Abb. 4.56).

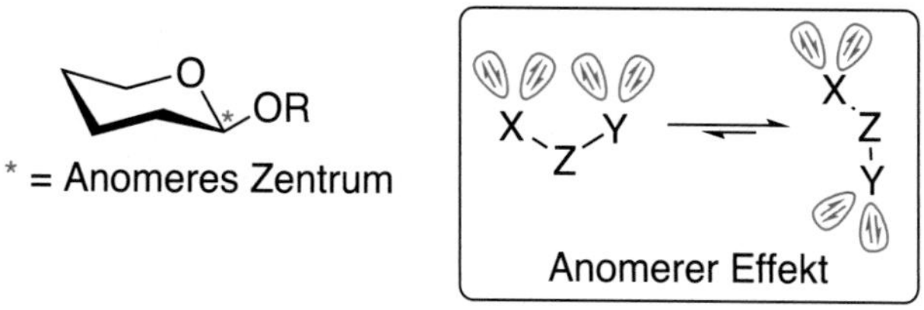

Abb. 4.56 Der anomere Effekt

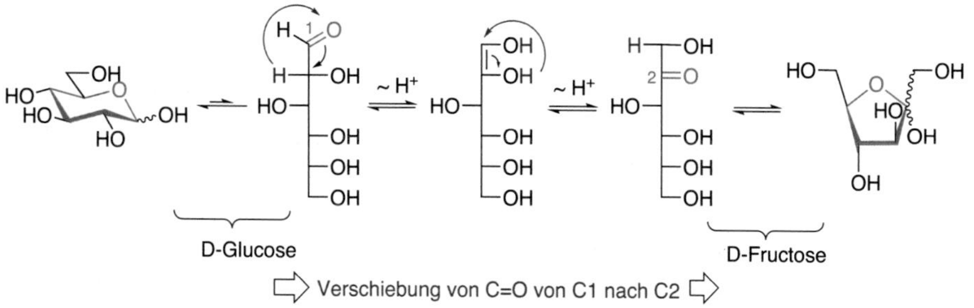

Abb. 4.57 Das Gleichgewicht zwischen D-Glucose und D-Fructose

Ein Beispiel für Destabilisierung ist das *c*AMP (Abb. 1.79), in dem der cyclische Phosphorsäurediester leicht gespalten wird und sich somit das Gleichgewicht mit AMP einstellt. In der α-D-Glucopyranose wirkt der anomere Effekt stabilisierend.

Ein weiteres Kupplungsprodukt von zwei Monosacchariden ergibt sich aus der Verknüpfung von α-D-Glucopyranose und β-D-Fructofuranose zur Saccharose (Haushaltszucker).

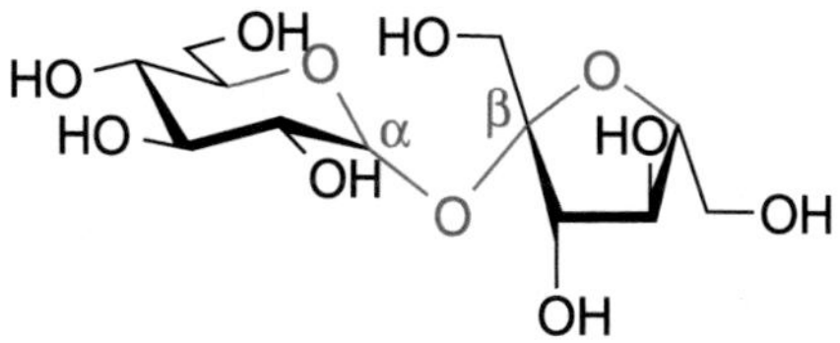

In Saccharose können zwei Acetale zugeordnet werden. Saccharose gehört damit zu den nichtreduzierenden Kohlenhydraten, was der Gesamtstruktur eine erhöhte chemische Robustheit verleiht. Die beiden Zuckersubstrukturen unterscheiden sich jedoch hinsichtlich ihrer individuellen Stabilität. Die Glucoseeinheit basiert auf einem stabilen 6-Ring in der energetisch günstigen Sesselkonformation, hingegen baut der Fructoseteil auf dem weniger stabilen 5-Ring auf. Tatsächlich ist die D-Fructose ein Abbauprodukt der D-Glucose. Sie wird über eine doppelte Keto-Enol-Tautomerie gebildet (Abb. 4.57).

Der Abbau der Glucose zur Fructose ist einer der ersten Schritte der Glycolyse, einem bereits erwähnten katabolischen Mechanismus, der die Spaltung der Kette aus

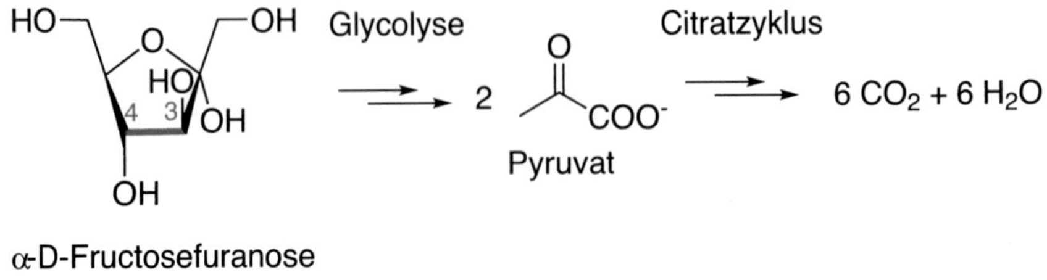

α-D-Fructosefuranose

Abb. 4.58 α-ᴅ-Fructofuranose als strukturell günstigste Ausgangsstruktur für C–C-Spaltungsmechanismen

sechs Kohlenstoffatomen in zwei gleiche C_3-Bruchstücke beschreibt (Abb. 4.58). Durch die Umwandlung eines 6-Ringes in einen 5-Ring wird die Struktur destabilisiert und die Kettenspaltung zwischen C^3 und C^4 vorbereitet. Gleichzeitig ist die Fructose symmetrischer als die Glucose, was in der Formel der α-ᴅ-Fructofuranose, die mit anderen Halbacetalen im Gleichgewicht vorliegt, besonders deutlich zum Ausdruck kommt. Die Symmetrisierung hat Konsequenzen für die Bioökonomie der nachfolgenden Reaktionen: Durch die Spaltung entstehen im weiteren Verlauf der Glycolyse zwei nur marginal unterschiedliche Moleküle, deren Vereinheitlichung zu Pyruvat nur weniger Transformationen bedarf. Das Endprodukt Pyruvat kann daher in einem darauffolgenden einheitlichen Mechanismus, dem Citratzyklus, zu Kohlendioxid und Wasser oxidiert werden. Separate Abbauwege mit gesonderter Enzymausstattung sind nicht erforderlich. Dies ist ein anschauliches Beispiel, wie mehrere Abbaumechanismen zugunsten von ökonomisch „günstigen" Lösungen zusammengeführt wurden und sich daraus ein Evolutionsvorteil ergibt.

Die Umwandlung von Glucose in Fructose hat noch eine weitere chemische Triebkraft: Die strukturelle Voraussetzung für fast alle C–C-Spaltungen ist eine benachbarte Carbonylgruppe. In der Glucose befindet sich diese an der Spitze des Moleküls und somit relativ weit entfernt vom zukünftigen Spaltungsort. Durch die doppelte Tautomerie zwischen Glucose zur Fructose wird diese Carbonylgruppe zum C^2 und damit zur Mitte hin des Moleküls verschoben. Auf diese Weise wird die Bildung der beiden C_3-Bausteine vorbereitet. Die Spaltung der C^3–C^4-Bindung ist die bekannteste Abbaureaktion der Glucose. Tatsächlich werden durch ähnliche Mechanismen auch kürzerkettige Kohlenhydrate, wie z. B. die ᴅ-Ribose, generiert, die in Form ihrer Nucleoside in RNA oder DNA integriert wird (Abb. 4.109).

Werden mehrere Zuckerbausteine miteinander verknüpft, spricht man von Oligosacchariden. Aufgrund des großen und diversen Angebots in Zellen werden auch unterschiedliche Zucker gekoppelt, wie das Beispiel der Raffinose, einem Trisaccharid aus ᴅ-Galactose, ᴅ-Glucose und ᴅ-Fructose, illustriert (Abb. 4.59). Die Raffinose ist somit eine um ᴅ-Galactose verlängerte Saccharose. Sie gehört ebenso wie letztere zu den nichtreduzierenden Zuckern. Die beiden Acetalgruppen, die die drei Monosaccharide miteinander verbinden, ermöglichen nicht die Entstehung von Halbacetalen bzw.

Abb. 4.59 Die Struktur der Raffinose

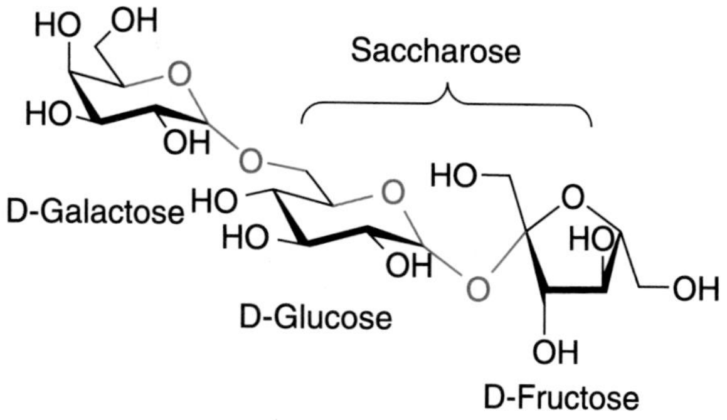

Aldehyden und verhindern somit die Oxidation des besonders anfälligen Aldehydkohlenstoffatoms.

Die Raffinose ersetzt in manchen Pflanzen die Stärke als Speicherkohlenhydrat. Sie ist vor allem in Hülsenfrüchten, Zuckerrohr und Zuckerrüben enthalten. Da die reaktiven anomeren Zentren als Acetale blockiert sind und das Trisaccharid strukturell aus drei unterschiedlichen Zuckern sehr heterogen aufgebaut ist, unterbleibt der Aufbau von Polysacchariden. Die biochemische Evolution zu höheren und damit stabileren Aggregaten ist auf dieser Stufe zu Ende.

Polysaccharide

Neben der Verknüpfung von zwei oder drei Kohlenhydraten zu Di- oder Trisacchariden vermittels Acetalbildung spielt die Reaktion zu Polysacchariden eine zentrale Rolle für die Generierung biologisch wichtiger Gerüst- und Speicherverbindungen. Prinzipiell ist für den Aufbau von Kohlenhydratpolymeren eine einheitliche Struktur der monomeren Bausteine erforderlich. Wie bereits diskutiert, bilden Saccharose und Raffinose, die aus verschiedenen Monosacchariden aufgebaut sind, keine Polysaccharide. Sie kommen aber trotzdem in speziellen Pflanzen in großen Mengen vor. Hingegen sind Polysaccharide auf der exklusiven Basis von D-Glucose aufgrund der gleichförmigen und stabilen Form des Monomers fast ausnahmslos in allen biologischen Organismen verbreitet.

In Abhängigkeit von der biologischen Spezies werden verschiedene Polysaccharide auf der Grundlage der D-Glucose gebildet. Durch 1,4-Verknüpfung von β-D-Glucosemonomeren bildet sich die Cellulose, die aus bis zu 10.000 Bausteinen besteht (Abb. 4.60). 1,4-Verknüpfung findet sich auch bei der Amylose, in der die Glucosebausteine α-verknüpft sind. Kettenverlängerung und 1,6-Verzweigung führen zu Amylopektin bzw. Glycogen, die bis zu eine Million Glucosemonomere enthalten. Amylose und Amylopektin bilden zusammen die Stärke der Pflanzen. Glycogen ist das wichtigste Speicherkohlenhydrat bei Tieren.

Die Verzeigungen sind nicht nur auf 1,4- bzw. 1,6-Verknüpfungen beschränkt. Dextrane sind beispielsweise solch hoch verzweigte Polysaccharide. Die glycosidische Bindung zu den benachbarten Glucosemolekülen wird über 1,6-, 1,4- oder 1,3-, selten

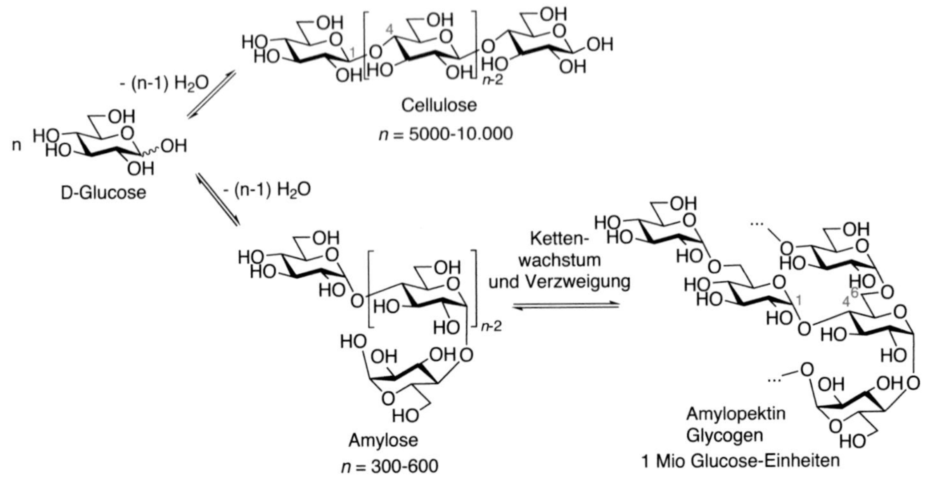

Abb. 4.60 Polysaccharide auf der Basis von D-Glucopyranose

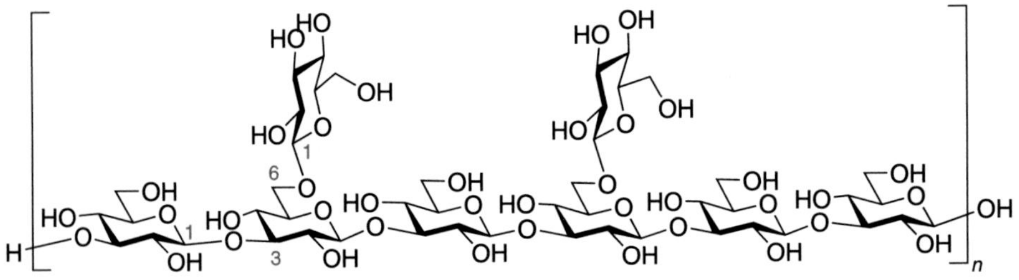

Abb. 4.61 Die Struktur des Lentinans

auch über 1,2-Verknüpfung realisiert. Dextrane dienen in Hefen und Bakterien als Reservestoffe.

Im Lentinan kommen auf je fünf geradkettig β-1,3-glycosidisch verknüpfte Monomere zwei β-1,6-glycosidische Verzweigungen (Abb. 4.61). Lentinan ist ein aus dem Shiitake-Pilz (*Lentinula edodes*) isoliertes Polysaccharid.

Halbacetal- und noch mehr Acetalbildung passivieren die äußerst reaktive Carbonylgruppe der Glucose in der Aldehydform und inhibieren somit deren Zerlegung über Glycolyse und Citratzyklus letztendlich zu Kohlendioxid und Wasser (Abb. 4.62). Da Kohlendioxid, wie bereits mehrfach betont, ein Gas ist, wird das chemische Gleichgewicht stets in seine Richtung hin verschoben. Je länger und stabiler die Ketten sind, desto mehr Energie ist zu deren Spaltung erforderlich und desto mehr wird dieser Prozess zeitlich verzögert. Polysaccharide stellen somit extreme „Stabilitätsinseln" im Rahmen der entschleunigten Totaloxidation des energiereichen Kohlenstoffs dar.

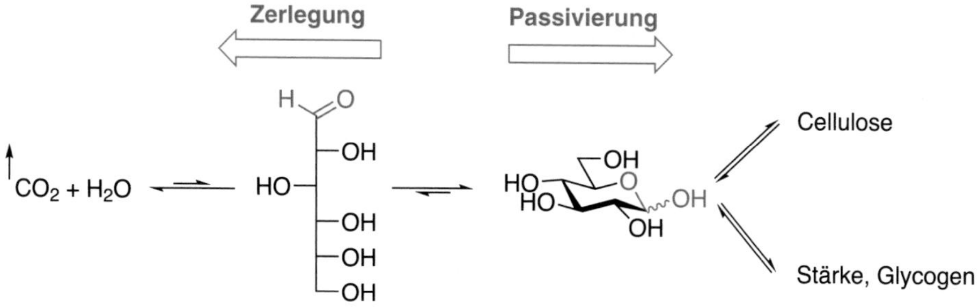

Abb. 4.62 Halbacetal- und Acetalbildung als Barriere gegen die Totaloxidation

Die Triebkraft für die Bildung von Makromolekülen aus der monomeren Glucose bzw. deren Spaltung ergibt sich aus der Gibbs–Helmholtz-Gleichung:

$$\Delta G = \Delta H - T\Delta S$$

Diese physikochemische Gleichung beschreibt den Zusammenhang zwischen der Änderung der Gibbs-Energie (ΔG), bei Änderung der Enthalpie (ΔH) und der Änderung der Entropie (ΔS) bei einer bestimmten Temperatur (T). Die Enthalpie kann vereinfacht als Bildungswärme aufgefasst werden. Die Knüpfung von Bindungen und damit auch die Bildung von Polysacchariden ist ein energieliefernder Prozess und somit exotherm. Die Kettenbildung ist im Hinblick auf die zahllosen einzelnen Zuckermonomere ein Prozess, der zur Zunahme der Ordnung und damit zur Abnahme der Entropie führt. Für den Aufbau von Makromolekülen, unabhängig von deren Einzelbestandteilen, ergibt sich folgender Zusammenhang für die Gibbs-Energie:

$\Delta G = -$ (exergon): Kettenwachstum

$\Delta G = 0$ (Gleichgewicht): Kettenwachstum und Kettenabbau im Gleichgewicht

$\Delta G = +$ (endergon): Kettenabbau

Kettenwachstum ergibt sich bei einem negativen Vorzeichen für ΔG. Kettenaufbau und -abbau sind im Gleichgewicht, was bei einer bestimmten Temperatur, der sogenannten Ceiling-Temperatur (Deckentemperatur) eintritt. Bei Reaktionen in der lebenden Natur, die bei annähernd gleichen Temperaturen stattfinden, kann sie vernachlässigt werden. Wird die Entropiedifferenz und damit dieser Parameter in der Gibbs-Helmholtz-Gleichung zu groß, überwiegt der Kettenabbau gegenüber dem Aufbau.

Die Lage der enzymkatalysierten Gleichgewichte hängt von der Stabilität und der Konzentration aller Komponenten ab. Wie bereits mehrfach hervorgehoben, wird durch die Bildung von Kohlendioxid (Gas!) stets ein Abbaudruck nicht nur auf die Glucose, sondern auch auf deren Polymere ausgeübt. Die Glucose ist jedoch aufgrund ihrer besonders stabilen Struktur unter allen Zuckern am besten geeignet, diesem Abbaudruck zu widerstehen.

Eine Änderung der Eigenschaften der Monomere hat immer auch einen Effekt auf die Kettenlänge von Polymeren. Das zeigt sich an jenen Polysacchariden, die nicht aus

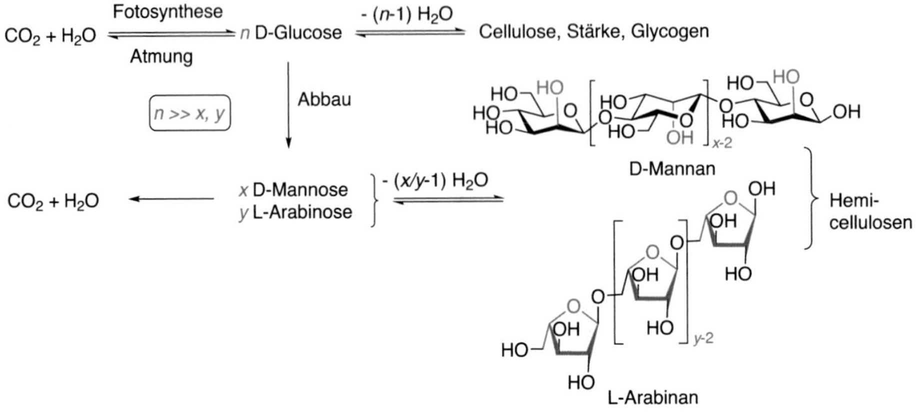

Abb. 4.63 Energetisch weniger günstige Monomere produzieren kürzere Polymerketten

D-Glucose gebildet werden (Abb. 4.63). D-Mannose, eine Hexose, und L-Arabinose, eine Pentose, gehören dazu. In der D-Mannose steht in der Sesselform eine HO-Gruppe axial (Abschn. 4.1.5.2), und die L-Arabinose bildet einen 5-Ring. Somit sind die entsprechenden cyclischen Monomere weniger stabil als jene der D-Glucose, aus denen beide durch chemische Abbaureaktionen hervorgehen. Folgerichtig unterliegen auch die zugehörigen Polymere D-Mannan bzw. L-Arabinan einem größeren Abbaudruck; sie bestehen aus weniger Bausteinen. Sie werden aufgrund kürzerer Kettenlängen als Hemicellulosen (hemi = altgr. „halb") bezeichnet und kommen in den Zellwänden von höheren Pflanzen vor. Diese Analyse erklärt auch, warum das Trisaccharid Raffinose mit drei unterschiedlichen Monosacchariden nicht die Basis für Polysaccharide bildet.

Nicht nur die Anzahl der Monomere in einem Polymer bestimmt dessen Stabilität, sondern auch die Wechselwirkungen innerhalb einer Kette oder mit anderen Ketten, wodurch ein weiteres chemisches Evolutionskriterium hinzukommt. Im Fall von Polysacchariden sind dafür die HO-Gruppen verantwortlich. In Cellulose existieren zwischen den hochgeordneten langgestreckten Ketten zahlreiche inter- und intramolekulare Wasserstoffbrücken (Abb. 4.64). Fast keine HO-Gruppe ist davon ausgenommen, was gleichzeitig verhindert, dass Wassermoleküle inkludiert werden. Aufgrund dieser hoch geordneten Struktur kann Cellulose sogar kristallisieren.

Zusätzlich ist Cellulose noch mit dem kohlenhydratfremden Lignin verwoben, ebenfalls einem Polymer, wodurch ein Verbundmaterial von großer Festigkeit entsteht. Pflanzen produzieren etwa 180 Mrd. Tonnen Cellulose pro Jahr. Ungefähr die Hälfte des organischen Kohlenstoffs auf der Erde liegt somit in Form der hochmolekularen Cellulose vor.

Die Ketten von Stärke und Glycogen sind vor allem durch intramolekulare Wasserstoffbrücken gekennzeichnet (Abb. 4.65). Die meisten Hydroxygruppen sind engagiert. Dabei entstehen helikale Strukturen. Im Unterschied zu Cellulose enthalten die zahlreichen Stärkearten unterschiedliche Mengen an Wasser. Durch zusätzliche Verzweigungen (neben

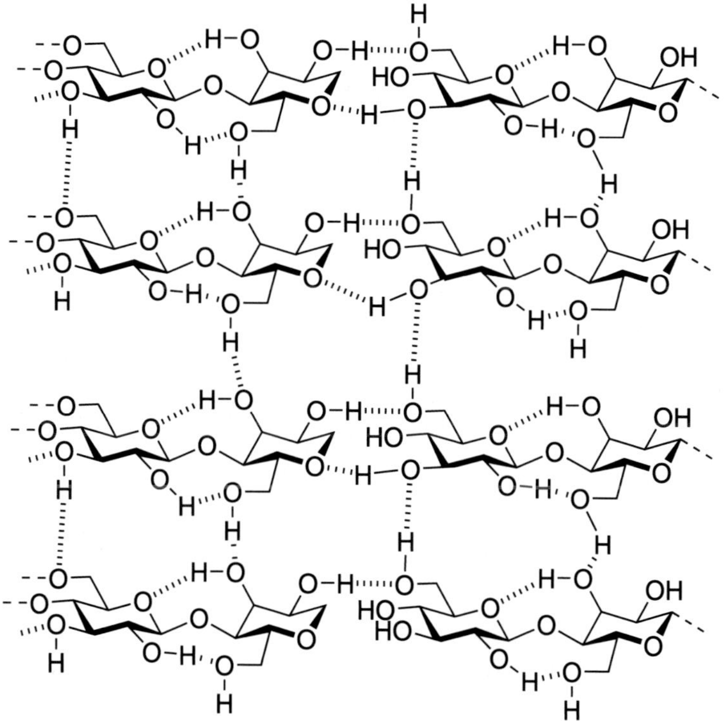

Abb. 4.64   Die Struktur der Cellulose mit Wasserstoffbrücken

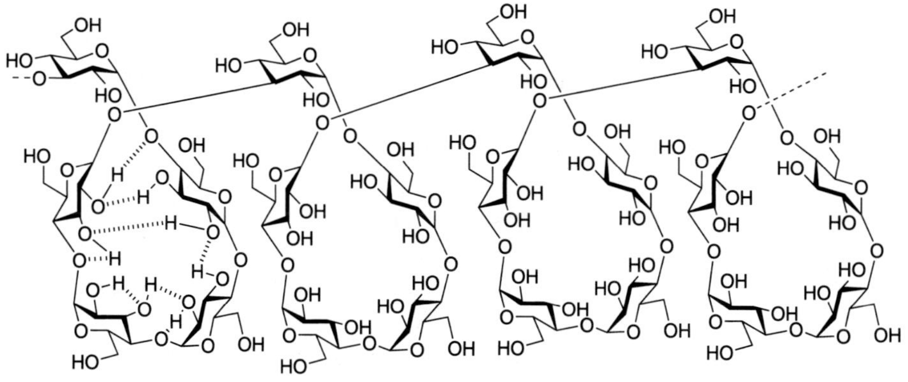

Abb. 4.65   Die Struktur vom Amylopektin mit Wasserstoffbrücken

1,4- auch 1,6-Verknüpfungen) über kovalente Bindungen steigt nicht nur die Molmasse, sondern auch die Vorkommenshäufigkeit, was sich im Vergleich zwischen Amylose und Amylopektin zeigt: Die kürzerkettige Amylose kommt nur zu 10–30 % in der Stärke vor, der Anteil des hochmolekularen Amylopektins beträgt hingegen 70–90 %.

Im Kontrast zur monomeren und wasserlöslichen Glucose überführen die zahlreichen Wasserstoffbrücken die Polymere in eine osmotisch unwirksame Form. Sie verhindern damit auch die Einlagerung jener Wassermoleküle, die bei der Polykondensation der Glucosemoleküle entstehen. Aber auch externes Wasser wird ferngehalten. Wasser ist notwendig, um einzelne Glucosemonomere aus der Kette herauszulösen. Da die Spaltung von Acetalen durch Säuren katalysiert wird (Abb. 4.49), ist es logisch, dass sich Leben nur in annähernd neutralem Milieu entwickeln kann. Säuren würden in Kombination mit Wasser unverzüglich eine Vielzahl dieser lebenswichtigen Biomoleküle, wozu auch Gerüstbausteine wie die Cellulose gehören, zerstören. Die Abwesenheit von Wasser in der Cellulose hat noch einen weiteren Fitnessvorteil: Besonders in Sträuchern und Bäumen, die oftmals Temperaturen unter 0 °C ausgesetzt sind, würde Wasser kristallisieren und die Wasserkristalle würden schwere mechanische Schäden verursachen. Die (wasserfreie) Cellulose ist somit eine Voraussetzung dafür, dass Landpflanzen auch kältere Gebiete dieser Erde besiedeln konnten und können.

Ausgehend von der Struktur der D-Glucose mit sechs Kohlenstoffatomen, der *gluco*-Anordnung der Hydroxygruppen, der Möglichkeit zur Ausbildung eines stabilen 6-Ringes, in dem alle Substituenten (β-D-Glucopyranose) bzw. mit Ausnahme eines Substituenten (α-D-Glucopyranose) äquatorial ausgerichtet sind, ergibt sich auf jeder Stufe ein Hinzugewinn an Stabilität (Abb. 4.66). Hinzu kommt die Stabilisierung in Form der Polymere wie Cellulose und Stärke bzw. Glycogen. Damit wird die singuläre Rolle der D-Glucose in der belebten Natur deutlich.

Diese Eigenschaften sind auch gleichzeitig die Ursache dafür, dass nur die D-Glucose jener Zucker ist, der als Produkt die Fotosynthese dominiert. Andere, weniger stabile Zucker, die ebenfalls durch vergleichbare Aufbaureaktionen entstehen könnten, werden entweder unverzüglich abgebaut oder unterliegen der Transformation hin zu D-Glucose. Damit und letztendlich erzeugen die Polysaccharide auf der Basis von D-Glucose bereits einen Evolutionsdruck auf die Produkte der Fotosynthese. Da die Einheitlichkeit der entsprechenden Polysaccharide wie Cellulose oder Stärke nur durch Einbau von D-Glucose gewährleistet ist, wird deutlich, warum auch nur die D-Form und nicht die L-Form eine Rolle spielt. Erst die Selektion auf höherer molekularer Ebene erklärt die Homochiralität in der belebten Natur.

Die Bildung von Polysacchariden aus Monosacchariden hat einen überlebenswichtigen Effekt auf Pflanzenzellen. Durch die fotosynthetische Aktivität des Chlorophylls in den Chloroplasten steigt mit zunehmender Erhöhung der Glucosekonzentration der osmotische Druck. Sie würden zerplatzen, was durch die Bildung der wasserabweisenden Polysaccharide verhindert wird. Das trifft besonders auf Wasserpflanzen wie Algen zu, die als Vorläufer von Landpflanzen gelten. Die Tendenz zur Polysaccharidbildung ist so stark ausgeprägt, dass sich in isolierten Chloroplasten Stärke sogar *in vitro* synthetisieren lässt. Somit wurde dieses Prinzip, das in einem chemischen Zusammenhang in primitiven Einzellern evolvierte, in höheren biologischen Spezies weiterentwickelt und für neue Eigenschaften nutzbar gemacht.

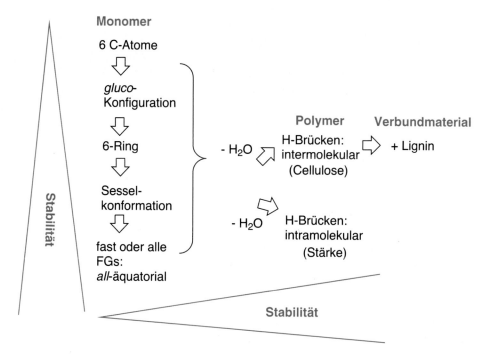

FG = funktionelle Gruppe

Abb. 4.66 Komplexitätszunahme und Stabilität am Beispiel der D-Glucose

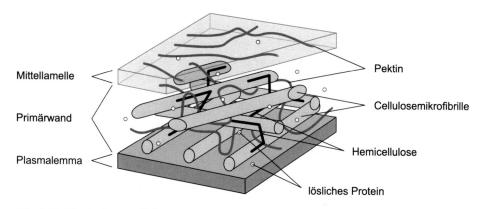

Abb. 4.67 Die Struktur des Holzes

Die unterschiedliche chemische Stabilität von monomeren Kohlenhydraten und der sich daraus ergebenden Polymere, die unmittelbar oder mittelbar aus D-Glucose entstehen, bildet sich im räumlichen Aufbau von Holz ab (Abb. 4.67). Holz besteht aus einer Primärwand, die umgeben ist von einer Mittellamelle und dem Plasmalemma. Die Cellulose auf der Basis der stabilen Glucose befindet sich im Zentrum. Sie wird durch die Hemicellulosen umhüllt, die bereits Polymere der ersten monomeren Abbauprodukte sind. Am Rande solcher Strukturen befinden sich oftmals Pektine (Abb. 4.80), die mit einer endständigen Carbonsäuregruppe Oxidationsprodukte von Monosacchariden wie der D-Galactose darstellen.

Kohlenhydrate – ein Fazit
D-Glucose hat aufgrund einzigartiger struktureller Eigenschaften das höchste chemische Evolutionspotenzial aller Kohlenhydrate, das sich in einer Vielzahl von biologischen Strukturen materialisiert. Die Bildung von Glycosiden mit zuckerfremden Aglykonen aus monomeren Zuckern über die D-Glucose hinaus steht am Anfang einer Entwicklung zu immer komplexeren Strukturen. Durch Verknüpfung mehrerer Monosaccharide bilden sich zunächst Disaccharide wie Maltose oder Cellobiose. Ganz am Ende dieses Prozesses stehen riesige Makromoleküle wie Hemicellulosen, Dextrane, Cellulose, Stärke oder Glycogen, die dominant in der belebten Natur sind. Voraussetzung für die Bildung von Polysacchariden ist die Stabilität und Einheitlichkeit der monomeren Zucker. Im Unterschied dazu fungieren kurzkettige Oligosaccharide auf der Basis von weniger stabilen und unterschiedlichen Monomeren oftmals als Signalmoleküle auf den Oberflächen von Membranen. Sie sind dort meist an Proteine (Glycoproteine) oder Lipide (Glycolipide) gebunden. Ihnen kommt dabei eine „Wächterfunktion" zu, darüber, welche Moleküle die Membran passieren können und welche nicht. Auf diese Weise können (ausnahmsweise) auch Zucker zu Informationsmolekülen werden.

Mit zunehmender Molmasse von Polysacchariden nimmt auch die Stabilität zu. Sie wird durch inter- und intramolekulare Wasserstoffbrücken zwischen den HO-Gruppen verstärkt. Diese verhindern gleichzeitig, dass sich große Mengen an Wasser einnisten können, was für die Spaltung der Acetalbrücken essenziell ist. Vergleichbare Phänomene betreffen auch modifizierte Polymere wie Chitin. Im Unterschied zur wasserfreien Cellulose, dem wichtigsten Gerüstbildner in Pflanzen, enthalten die Speicherkohlenhydrate Stärke und Glykogen noch erhebliche Mengen an Wasser, was ihre unterschiedlichen Funktionen und Abbauzugänglichkeit in lebenden Organismen erklärt. Im Fall des Holzes kommt ein zusätzlicher Effekt durch die Vergemeinschaftung mit dem zuckerfremden Polymer Lignin dazu. Damit wird der konkurrierende Abbauweg hin zu Kohlendioxid energetisch immer aufwendiger und, auf die Zeitdauer, bezogen auch immer länger. Somit ist die gesamte Zuckerbiochemie ein anschauliches Beispiel für die entschleunigte Totaloxidation des energiereichen Kohlenstoffs, die ein zentraler Leitfaden dieses Buches ist. Jede der dabei auftretenden chemischen Strukturen und deren Konzentrationsverhältnisse zueinander verleihen den betreffenden Organismen einzigartige biologische Eigenschaften. Letztendlich sind aber die biologischen Applikationen in Form von Gerüstbausteinen (Holz, Chitin), Energiespeichern (Dextrane, Stärke oder Glycogen) und Informationsmolekülen (Glycoproteine, Glycolipide) „nur" sekundäre

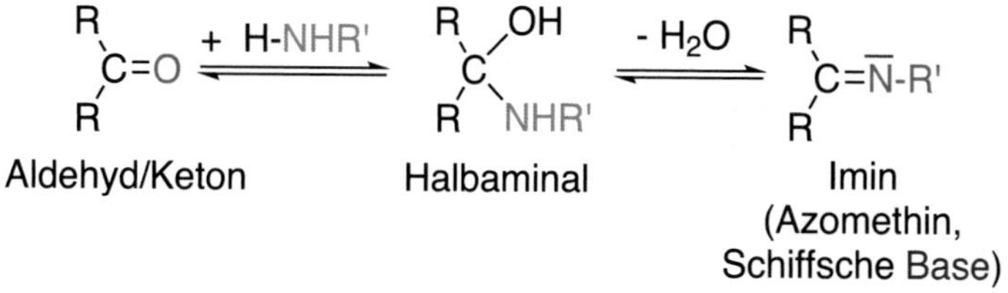

$$R \atop R \diagdown C=O \quad + \text{ H-NHR'} \quad \rightleftharpoons \quad R \atop R \diagdown C \diagup OH \atop NHR' \quad \xrightarrow{- H_2O} \quad R \atop R \diagdown C=\overline{N}-R'$$

Aldehyd/Keton   Halbaminal   Imin
(Azomethin,
Schiffsche Base)

Abb. 4.68 Die Reaktion einer Carbonylgruppe mit Aminen

Effekte bezogen auf das *a priori* der Chemie. Die Chemie beschreibt nicht nur die materielle Basis, sondern ist auch der Ursprung der Evolution.

Halbaminale, Imine und N,O-Acetale

Durch die Reaktion von Carbonylverbindungen mit Aminen entstehen Halbaminale (Abb. 4.68). Die Reaktion ist vergleichbar zur Reaktion mit Wasser oder Alkoholen als Nucleophil.

Halbaminale sind meist nicht stabil. Dies entspricht den Eigenschaften von Hydraten, für die die Erlenmeyer-Regel explizit formuliert wurde. Neben dem Gleichgewicht mit dem Edukt wird durch Abspaltung von Wasser eine neue funktionelle Gruppe, die Iminogruppe, generiert. Das intermediäre Halbaminal nimmt ungeachtet seiner Instabilität eine Schlüsselstellung in der gesamten Stickstoffchemie des Lebens ein, da über diese Zwischenstufe ein Sauerstoff- gegen ein Stickstoffatom ausgetauscht wird. Die Ursache für diese singuläre Option ist die Redoxvariabilität des Kohlenstoffs und die Fähigkeit zur Ausbildung von stabilen Doppelbindungen zwischen den (kleinen) Atomen von C und N.

Ebenso wie Carbonylverbindungen zu Alkoholen hydriert werden, unterliegen auch Imine der Reduktion. Dabei entstehen Amine.

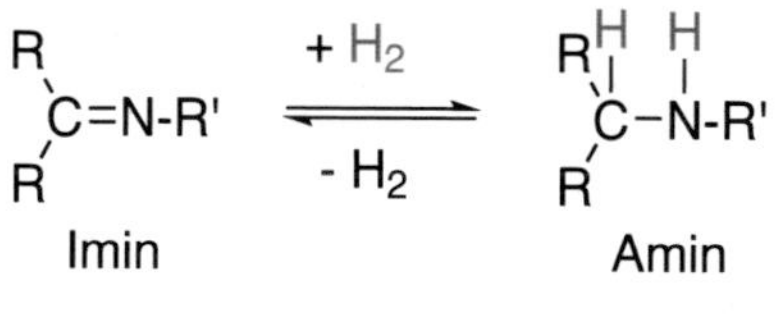

$$R \atop R \diagdown C=N-R' \quad \underset{- H_2}{\overset{+ H_2}{\rightleftharpoons}} \quad R \atop R \diagdown C-N-R' \atop {\overset{H}{|}} {\overset{H}{|}}$$

Imin   Amin

Werden die Redoxreaktionen zwischen Alkoholen/Carbonylverbindungen und Aminen/ Iminen über die entsprechenden Halbaminale miteinander gekoppelt, ergibt sich ein biochemisch realisierbarer Reaktionspfad, um Alkohole in Amine und zurück zu konvertieren (Abb. 4.69).

Wie in Abschn. 1.2.12 gezeigt, ist der direkte Austausch NHR'/OH (nucleophile Substitution) unter den Bedingungen der Biochemie nicht möglich. Die Ursachen für die Hinderung liegen in der geringen Nucleophilie von Aminen bzw. Wasser. Gleichzeitig ist die Abspaltungstendenz der zugehörigen Abgangsgruppen OH bzw. NH_2 nur gering

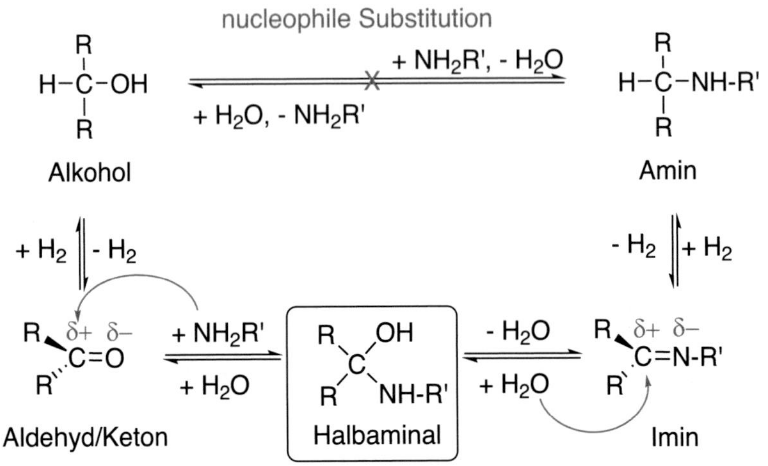

Abb. 4.69 Ein biochemisch realisierbarer Reaktionspfad für die Konvertierung von Alkoholen in Amine und zurück

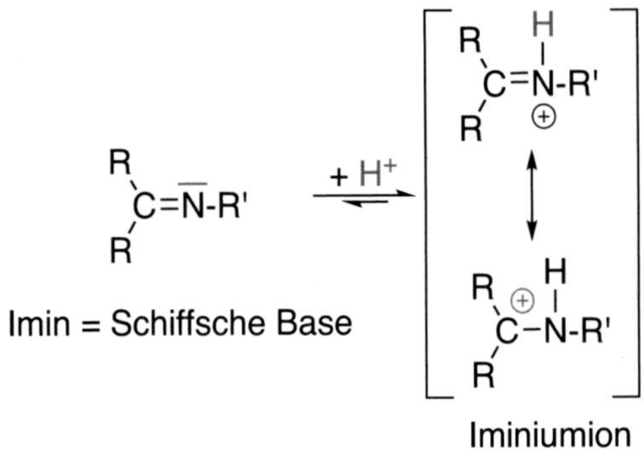

Abb. 4.70 Imine haben basische Eigenschaften

ausgeprägt. Der „Umweg" über die Carbonylverbindung bzw. über das Imin erfordert eine wesentlich niedrigere Aktivierungsenergie. In beiden Strukturen ist das doppelt gebundene Kohlenstoffatom stark positiviert. Gleichzeitig sind beide Strukturen mit jeweils nur drei Substituenten am Kohlenstoff planar, was den Angriff eines Nucleophils aus sterischen Gründen erleichtert. Auf diesem „Umweg" entstehen zahlreiche Naturstoffe mit herausragender biologischer Bedeutung.

Es ist zu beachten, dass sich mit dem Imin (auch als Azomethin bezeichnet) im Vergleich zur Carbonylverbindung die Basizität verändert. Imine sind ebenso wie Ammoniak und viele organische Amine starke Basen, was auch in der Bezeichnung „Schiff'sche Base" zum Ausdruck kommt. Sie werden in Wasser protoniert, was den Elektronensog der C=NH$^+$-Gruppe im Vergleich zur C=O-Gruppe verstärkt (Abb. 4.70). Das hat erhebliche Konsequenzen auf benachbarte Bindungen, die nun noch leichter der Spaltung unterliegen.

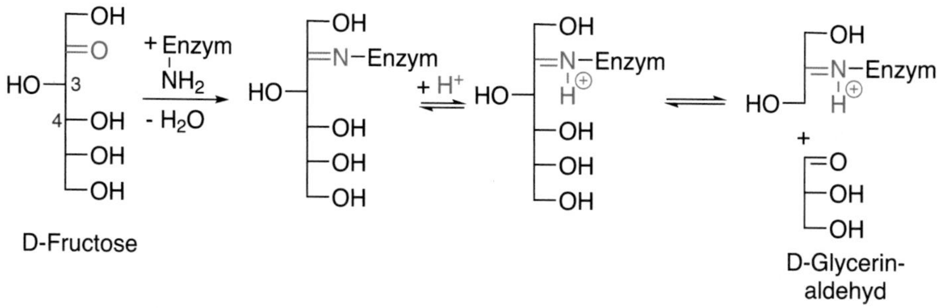

Abb. 4.71 Durch Protonierung eines Imins wird die C–C-Bindungsspaltung während der Glycolyse unterstützt

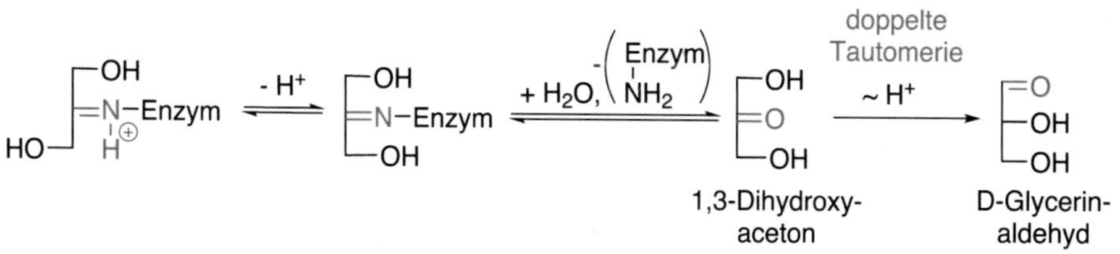

Abb. 4.72 Folgereaktionen des Iminiumkations während der Glycolyse

Diese Transformation hat beispielsweise für die Spaltung von D-Fructose während der Glycolyse Bedeutung (Abb. 4.71).

Die intrinsische elektronenziehende Wirkung der Carbonylgruppe wird intermediär noch erhöht durch die Kondensation des Ketons mit der terminalen Aminogruppe einer Aminosäure (L-Lysin) eines Enzyms zum Imin. Dessen Protonierung führt zu einem Iminiumkation, welches auf die benachbarte C^3–C^4-Bindung einen wesentlich stärkeren Elektronensog ausübt als die ursprünglich C=O-Gruppe in der Fructose. Im Endeffekt wird die Kette gespalten.

Es entstehen zunächst zwei unterschiedliche Spaltprodukte. Nach Deprotonierung der Imininiumgruppe und Hydrolyse des Imins wird das Enzym recycelt und gleichzeitig die ursprüngliche C=O-Gruppe regeneriert; 1,3-Dihydroxyaceton entsteht (Abb. 4.72). Eine doppelte Tautomerie isomerisiert das Keton zu D-Glycerinaldehyd, wodurch letztendlich zwei identische Spaltprodukte resultieren und die Glycolyse bis zu Pyruvat fortgesetzt werden kann.

Die Spaltung des Iminiumkations ist reversibel, was eine wichtige Konsequenz zur Folge hat: Es kann nicht nur erneut D-Glycerinaldehyd gebunden werden, sondern auch andere Aldehyde konkurrieren um die Ausbildung einer C–C-Bindung. Auf diese Weise werden kürzere, aber auch längere Zucker mit bis zu sieben Kohlenstoffatomen im **Pentosephosphatweg** gebildet (Abb. 4.73). Ein typisches Beispiel ist D-Ribose, der

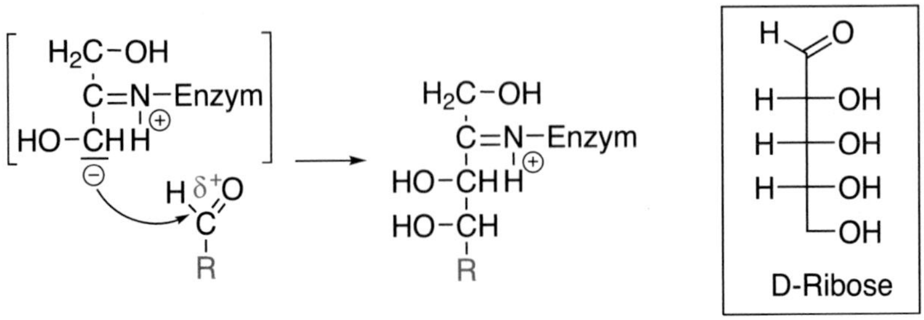

Abb. 4.73 Kettenbruch *versus* Kettenverlängerung während der Glycolyse

Basiszucker für alle Nucleoside. Aber auch hier ist zu beachten, dass der Abbaudruck, der durch Kohlendioxid auf Glucose ausgeübt wird, für solche Kettenverlängerungen ebenfalls einen limitierenden Faktor darstellt.

Wie erwähnt, sind in der Biochemie Halbaminale zentrale Mittler zwischen Aminen und Alkoholen. Prinzipiell sind Amine Gifte, da sie aufgrund ihrer basischen Eigenschaften die Spaltung von lebenswichtigen Estern (Seifeneffekt!) katalysieren. Gleichzeitig reagieren sie mit allen verfügbaren Carbonylverbindungen in der Zelle. Aus diesem Grund werden Amine entweder neutralisiert (Abschn. 3.2) oder umgehend in Carbonylverbindungen bzw. Alkohole überführt.

Eine Vielzahl von Aminen leitet sich von α-Aminocarbonsäuren ab, aus denen sie durch Abspaltung der Carbonsäuregruppe hervorgehen. Weitere Reaktionen, wie z. B. Oxidationen von aromatischen oder aliphatischen C–H-Bindungen, können sich anschließen. Amine, die auf diese Weise aus den proteinogenen Aminosäuren entstehen, werden als **biogene Amine** bezeichnet.

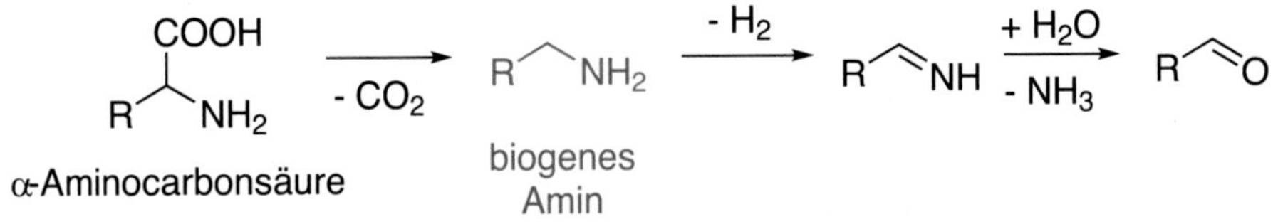

Biogene Amine haben vielfältige Wirkungen insbesondere als Neurotransmitter, wo sie an der Reizweiterleitung am postsynaptischen Spalt beteiligt sind. Beispiele sind Noradrenalin, Dopamin, γ-Aminobuttersäure und Serotonin. Nach erfolgter physiologischer Wirkung werden sie oxidiert und die entstehenden Imine hydrolysiert. Da einige biogene Amine eine stimulierende Wirkung vor allem auf Tiere haben, wird dadurch ein verhaltensbiologischer Druck zur Neubeschaffung von Proteinen ausgeübt. Insbesondere bei Fleischfressern macht sich dieser Trieb bemerkbar. Das ist ein anschauliches Beispiel wie chemische und biologische Evolution bis hin zum Verhalten ineinandergreifen und rückkoppeln.

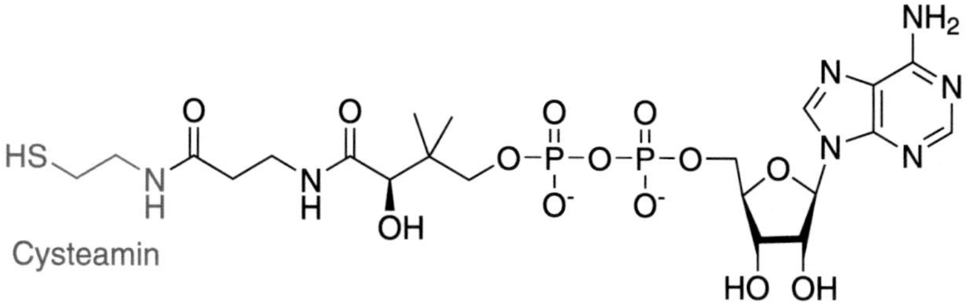

Abb. 4.74 Die Struktur von CoA-SH, des wichtigsten Acylgruppenüberträgers in der Biochemie

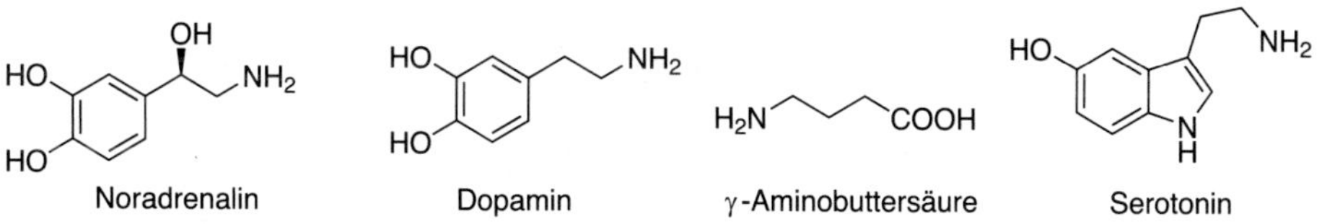

Alternativ finden sich biogene Amine in hochkomplexen Strukturen, wie im Cysteamin, das als Substruktur des CoA–SH als Acylgruppenüberträger wirkt (Abb. 4.74). Bemerkenswert ist, dass das Amin in Form eines Carbonsäureamids seine Basizität verloren hat. Dies ist ebenfalls eine Variante die lebensfeindliche basische Wirkung durch eine chemische Modifizierung auszuschalten und wird bei den Proteinen noch eine überragende Rolle spielen (Abb. 4.88).

Andere biogene Amine wie Putrescin oder Cadaverin entstehen am Ende von Zersetzungsprozessen. Sie sind Bestandteil der Ptomaine (Leichengifte) und haben somit für die betreffenden Organismen keine Bedeutung. Ob man den typischen Verwesungsgeruch, der Aasfresser anlockt, ebenfalls als ökologisch nützliche Eigenschaft, die über die Biochemie des einzelnen Organismus hinausführt, qualifizieren kann, soll an dieser Stelle spekulativ bleiben.

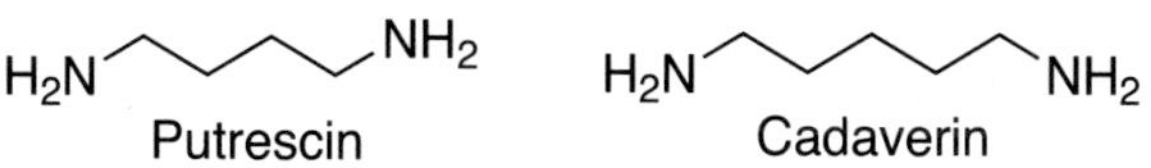

Vergleichbar zur Bildung von Acetalen aus Aldehyden oder Ketonen über Halbacetale als Zwischenverbindungen reagieren Imine mit Alkoholen. Dabei entstehen *N,O*-Acetale. Sie sind ebenfalls stabiler als die vergleichbaren Halbaminale.

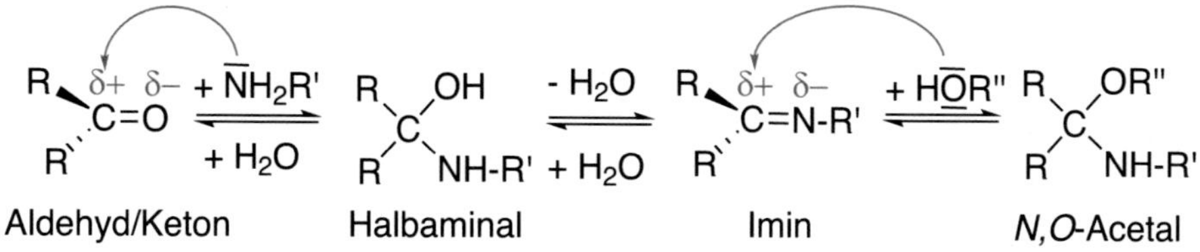

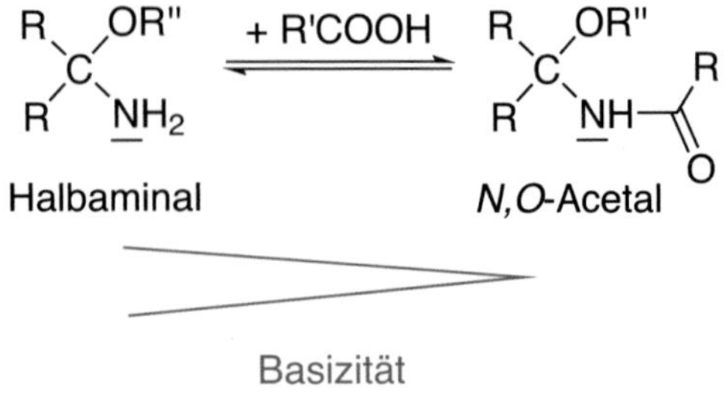

Abb. 4.75 Durch Acylierung wird die Basizität von Halbaminalen gemindert

N,O-Acetale haben ebenfalls basische Eigenschaften, die durch Acylierung mit Carbonsäuren verschwinden (Abb. 4.75).

Die bekanntesten Naturstoffe mit einer N,O-Acetalstruktur sind die **Nucleoside**, die als entsprechende 3'- bzw. 5'-Phosphorsäureester als **Nucleotide** bezeichnet werden. Dazu gehören jene bereits beschriebenen Verbindungen, die bei der Energiespeicherung eine Rolle spielen, wie ATP oder AMP (Abb. 1.7). Eine Vielzahl von Nucleosiden wirkt darüber hinaus als Informationsträger in der RNA und der DNA. Aufgrund der N,O-Acetalstruktur resultiert eine erhebliche Stabilität gegen Wasser und Sauerstoff, was die Voraussetzung für anhaltendes biochemisches Funktionieren darstellt. Nachstehend sind ausgewählte Reaktionen im biochemischen Syntheseweg für das AMP dargestellt (Abb. 4.76).

Im ersten Schritt wird die Hydroxygruppe am anomeren Zentrum (Halbacetal!) des α-D-Ribofuranose-5-Phosphats, das aus D-Glucose gebildet wird, mit Pyrophosphat verestert. Es entsteht mit dem Phosphatesteranhydrid eine gut substituierbare Abgangsgruppe. Parallel dazu wird das Nucleophil Ammoniak aus der Hydrolyse der Aminosäure L-Glutamin zu L-Glutaminsäure generiert. Die anschließende Substitution führt zur Bildung eines Halbaminals. Durch Carbonsäureamidbildung mit der Aminosäure Glycin unter Bildung eines acylierten N,O-Acetals stabilisiert es sich, d. h. die Rückreaktion des instabilen Halbaminals zum Halbacetal unter Freisetzung von Ammoniak wird unterbunden. Zahlreiche Reaktionen schließen sich an, die den Aufbau der beiden heterocyclischen Ringe des Adenins komplettieren.

Auf vergleichbare Weise werden andere Nucleoside gebildet, die ebenfalls beim Aufbau von RNAs und DNAs eine hervorragende Rolle spielen.

4.1.6 Carbonsäuren

Carbonsäuren entstehen durch Oxidation von Aldehyden (Abb. 4.77). Das Kohlenstoffatom in der Carboxylgruppe hat die Oxidationsstufe +3. Somit sind Carbonsäuren die letzte organische Station vor dem Entstehen von Kohlendioxid, einer anorganischen Ver-

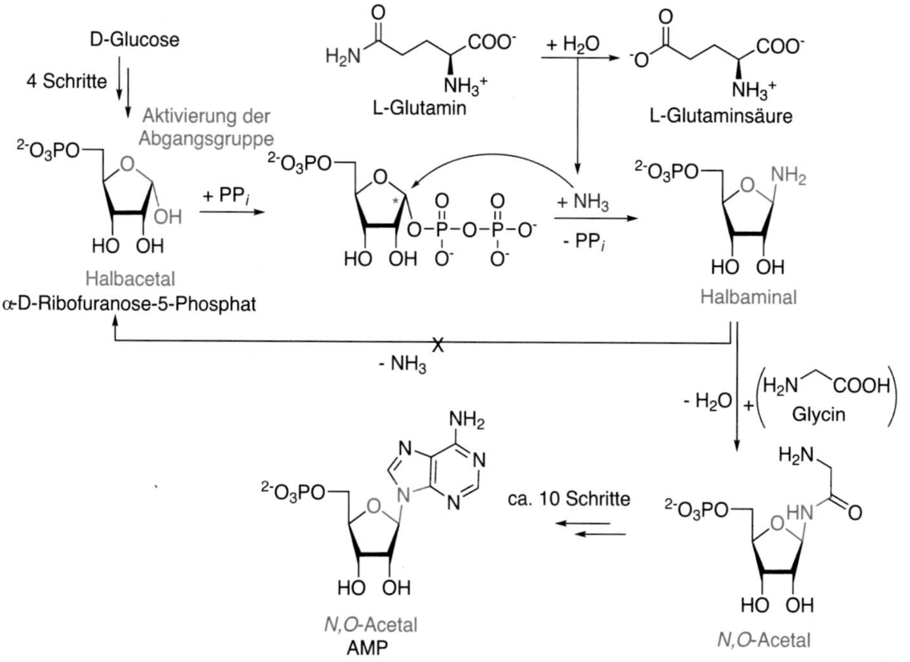

Abb. 4.76 Charakteristische Schritte in der Biosynthese von AMP

Abb. 4.77 Carbonsäuren als Produkte der Oxidation von Carbonylverbindungen und Vorstufen vom Kohlendioxid

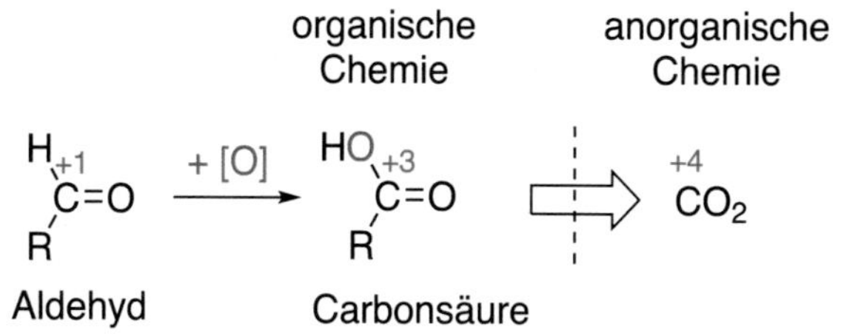

bindung mit der Oxidationsstufe +4. Ketone werden auf diese Weise nicht transformiert, da ihnen die erforderliche C–H-Bindung fehlt, in die Sauerstoff insertieren kann.

Die Carboxylgruppe kann als Komposit aus zwei funktionellen Gruppen, der Hydroxy- und der Carbonylgruppe, aufgefasst werden. Sie stellt damit einen ersten Schritt in Richtung höherer Komplexität dar. Im Vergleich zu den beiden originären funktionellen Gruppen ändern sich durch die Verknüpfung die Eigenschaften. Alkohole sind, abgesehen von der elektronischen Wirkung eines aromatischen Restes an der HO-Gruppe, im Allgemeinen nicht acid. Durch die elektronenziehende Wirkung der benach-

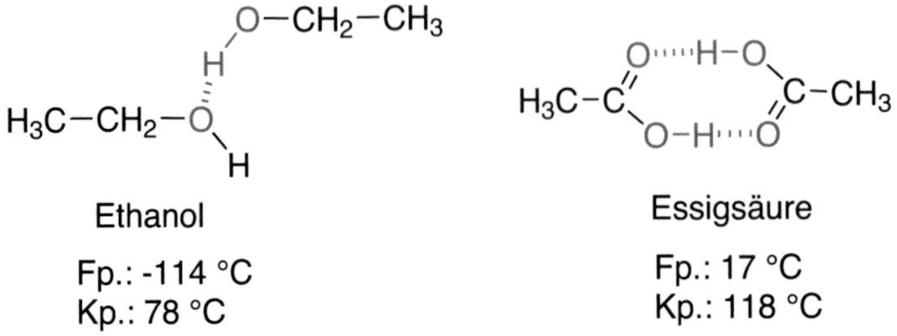

Abb. 4.78 Unterschiedliche physikalische Eigenschaften von Ethanol und Essigsäure

barten Carbonylgruppe wird die H–O-Bindung stärker polarisiert und es entsteht eine Säure, die namensgebende Carbon*säure*.

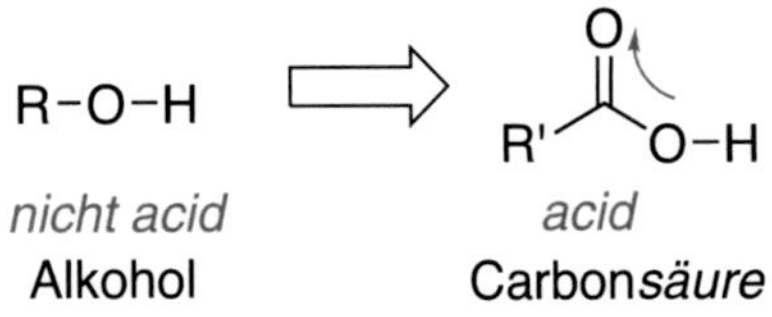

Das Proton in Carbonsäuren ist im Vergleich zu dem in Alkoholen nicht nur wesentlich acider, sondern Carbonsäuren sind auch bessere Wasserstoffbrückendonoren. Gleichzeitig ist mit der C=O-Gruppe ein starker Wasserstoffbrückenakzeptor entstanden. Der Beweis für verstärkte molekulare Wechselwirkungen lässt sich durch den Vergleich der physikalischen Daten zwischen Ethanol und Essigsäure führen: Essigsäure hat einen höheren Schmelzpunkt (Fp.) bzw. Siedepunkt (Kp.) als Ethanol (Abb. 4.78). Dieser Unterschied betrifft nicht nur die einfachen Carbonsäuren, sondern auch viele ihrer Stickstoffderivate, und führt in der Konsequenz bis hin zu den Wasserstoffbrücken in den sehr komplexen Strukturen von Proteinen und Polynucleinsäuren.

Säuren werden durch Basen neutralisiert. Im Fall der Carbonsäuren entsteht durch die Reaktion mit HO⁻ ein Carboxylatanion, für das zwei mesomere Grenzstrukturen konstruiert werden können. Die Triebkraft der Neutralisationsreaktion ist somit nicht nur die Destabilisierung des Eduktes durch den Elektronensog der Carbonylgruppe, sondern auch die Stabilisierung des Produktes.

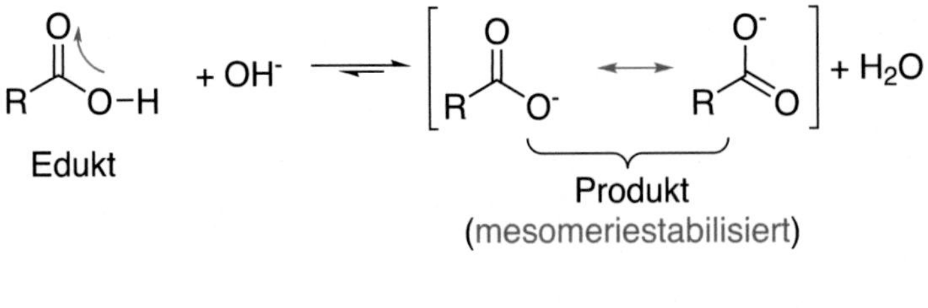

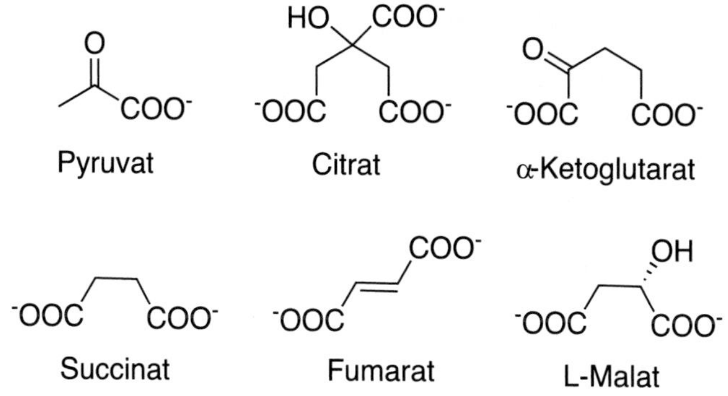

Abb. 4.79 Beispiele für Salze von Carbonsäuren

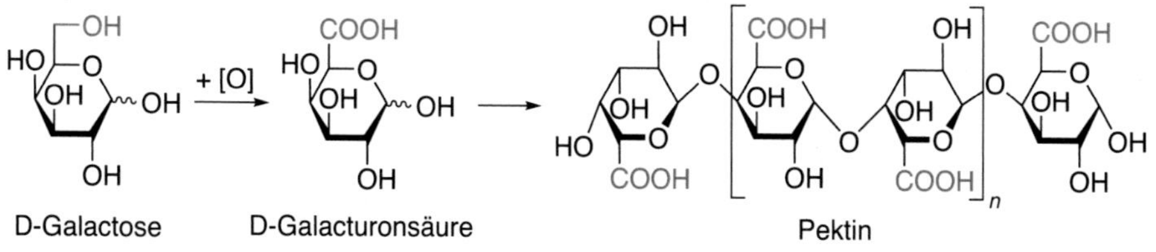

Abb. 4.80 Galacturonsäure und Pektin als primäre Oxidationsprodukte der D-Galactose

Da Carbonsäuren – wie alle Säuren – die Spaltung von Acetalen (Polysaccharide!) mit Wasser katalysieren und somit deren biologische Funktion zerstören, kommen sie in lebenden Systemen fast ausschließlich in Form ihrer Carboxylate vor. Typische Beispiele finden sich in der Glycolyse bzw. im Citratzyklus mit Pyruvat, Citrat, α-Ketoglutarat, Succinat, Fumarat und L-Malat (Abb. 4.79). Als positiv geladene Gegenionen fungieren oft Alkali- oder Erdalkalimetallionen, wie Na^+, K^+, Mg^{2+} oder Ca^{2+}.

Nicht nur niedermolekulare Naturstoffe mit alkoholischen Gruppen oder Aldehydfunktionen zeigen den permanenten Oxidationsdruck von Sauerstoff an, sondern er offenbart sich auch in Polymeren, die aus hochoxidierten monomeren Bestandteilen aufgebaut sind. Ein Beispiel stellen Pektine dar (Abb. 4.80). Es handelt sich um Polysaccharide auf der Basis von D-Galacturonsäure. Die ursprüngliche primäre Hydroxygruppe am C^6 der D-Galactose ist darin bis zur Carbonsäure oxidiert. Pektine sind nicht einheitlich aufgebaut. Die Zusammensetzung schwankt in Abhängigkeit von den produzierenden Pflanzen und deren Alter. Pektinketten werden durch andere Monosaccharide (Rhamnose) unterbrochen. Sie sind zusätzlich verzweigt mit oligomeren Seitenketten, bestehend aus bis zu 50 Neutralzuckern (Arabinose, Galactose oder Xylose). Pektine kommen in allen höheren Landpflanzen oftmals in Form ihrer Methylester vor. Sie sind in den Mittellamellen und primären Zellwänden enthalten und

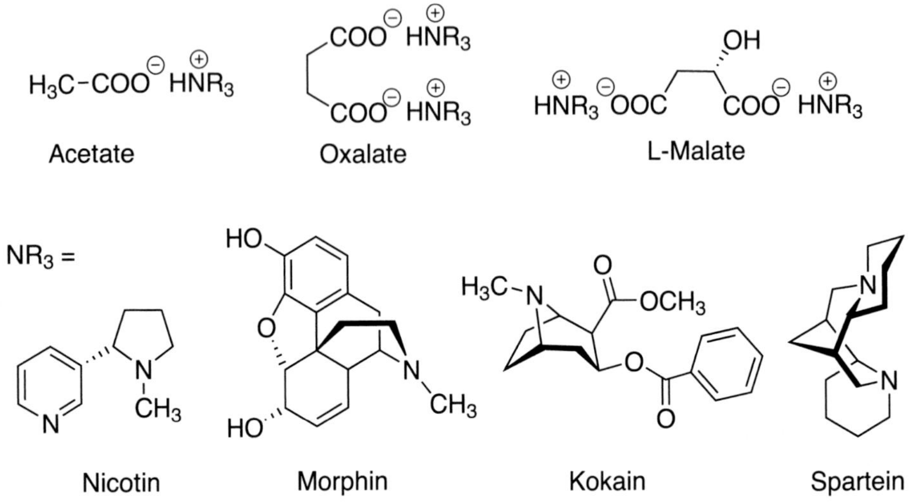

Abb. 4.81 Beispiele von Ammoniumsalzen von Carbonsäuren

übernehmen dort aus biologischer Perspektive eine festigende und wasserregulierende Funktion. Als Schalen von Orangen, Zitronen und Äpfeln schützen sie die Früchte vor mechanischen Umwelteinflüssen.

Carbonsäuren dienen neben anorganischen Säuren häufig zur Neutralisation von basischen Naturstoffen. Bekannt sind Alkaloide wie Nicotin, Morphin, Kokain oder Spartein auf der Grundlage von Aminen, die in Form ihrer Carboxylate die Basizität verloren haben (Abb. 4.81). Wichtige Salze leiten sich von der Essigsäure (Acetate), der Oxalsäure (Oxalate) und der L-Apfelsäure (L-Malate) ab.

Die Neutralisation kann intermolekular, wie bei den Alkaloiden, als auch intramolekular ablaufen (Abb. 4.82). Im letzteren Fall entstehen innere Salze. Die wichtigsten dieser auch als **Betaine** bezeichneten Verbindungen stellen die Aminocarbonsäuren dar. Besonders α-Aminocarbonsäuren, meist nur kurz Aminosäuren genannt, spielen beim Aufbau von Proteinen eine herausragende Rolle.

Unabhängig von der biologischen Spezies sind 20 Aminosäuren an der Bildung von Proteinen beteiligt. Sie sind mit Ausnahme des Glycins chiral. Die chiralen Aminosäuren sind homochiral, d. h. entsprechend der Fischer-Konvention sind sie ausnahmslos L-konfiguriert. Die kanonischen Aminosäuren unterscheiden sich nur hinsichtlich des organischen Restes. Aminosäuren werden danach grob in vier Gruppen eingeteilt, jene mit einer hydrophoben, mit einer hydrophilen, mit einer sauren und mit einer basischen Seitenkette. L-Alanin, L-Tyrosin, L-Asparaginsäure und L-Lysin sind typische Vertreter (Abb. 4.83).

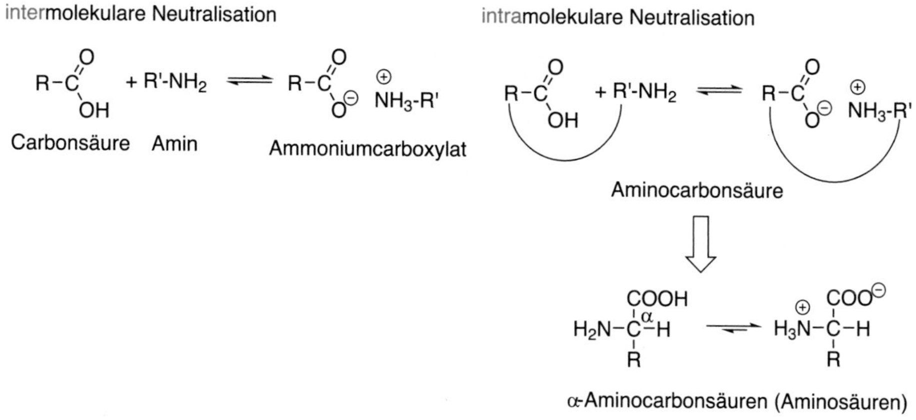

intermolekulare Neutralisation   intramolekulare Neutralisation

Carbonsäure Amin   Ammoniumcarboxylat

Aminocarbonsäure

α-Aminocarbonsäuren (Aminosäuren)

Abb. 4.82 Inter- und intramolekulare Neutralisation

Einteilung der kanonischen Aminosäuren nach Art der Seitenkette

hydrophob   hydrophil   sauer   basisch

L-Alanin   L-Tyrosin   L-Asparaginsäure   L-Lysin

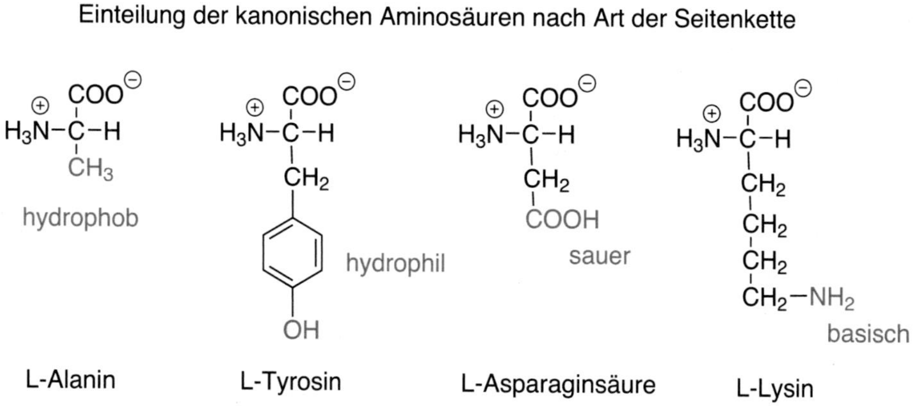

Abb. 4.83 Grundtypen der proteinogenen Aminosäuren

Prinzipiell gilt, Naturstoffe auf der Basis von Carbonsäuren stellen bezogen auf die hohe Oxidationsstufe direkte Vorläufer von Kohlendioxid dar. Unter biochemischen Rahmenbedingungen ist der direkte Übergang jedoch nicht möglich. Nur durch Zwischenschaltung zahlreicher organischer Verbindungen realisiert er sich. Aus dieser Situation ergibt sich gleichzeitig ein Verzögerungseffekt auf die ansonsten schnell verlaufende Oxidation. Die „Entschleunigung" wird durch Überführung der Carbonsäuren in verschiedene Derivate materialisiert, darunter stellen Carbonsäureester, -thiolester, -amide,- imide und -imidamide wichtige Substanzklassen dar. Sie bilden eine große Anzahl teilweise sehr stabiler und biologisch höchst bedeutsamer Verbindungen. Auf der anderen Seite sind Carbonsäurephosphorsäureanhydride reaktive Strukturen und Treiber von komplexen biochemischen Oxidationsprozessen.

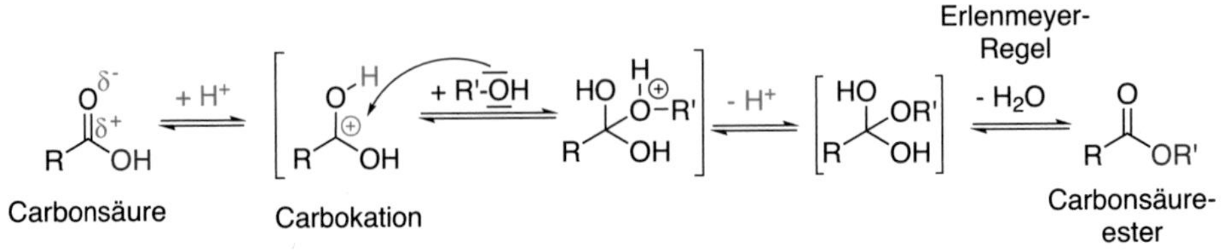

Abb. 4.84 Der Mechanismus der Veresterung einer Carbonsäure

Carbonsäureester und Carbonsäurethiolester

Vergleichbar zu anorganischen Säuren (Abschn. 1.2.14) reagieren Carbonsäuren mit Alkoholen zu Estern (Abb. 4.84). Die Reaktion wird von Protonen katalysiert, die die Carbonylaktivität für den nucleophilen Angriff eines Alkohols erhöhen. Im ersten Schritt entsteht ein Carbocation, das nach Abspaltung des katalytisch wirkenden Protons in eine instabile Verbindung mit zwei HO- und einer R'O-Gruppe übergeht. Durch den Effekt der Erlenmeyer-Regel wird daraus Wasser abgespalten und der stabile Carbonsäureester bildet sich.

Carbonsäurester werden durch Wasser unter dem Einfluss von Basen zerlegt. Die Triebkraft der Reaktion ist der Angriff des Hydroxidnucleophils auf die Ester-bindung und die Bildung des mesomeriestabilisierten Carboxylatanions. Da die Wirkung von alkalischen Seifen auf diese Reaktion zurückgeht, wird sie auch als **Verseifung** bezeichnet.

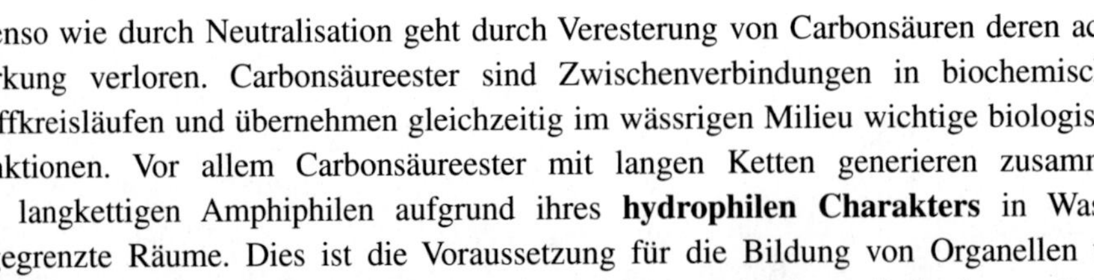

Ebenso wie durch Neutralisation geht durch Veresterung von Carbonsäuren deren acide Wirkung verloren. Carbonsäureester sind Zwischenverbindungen in biochemischen Stoffkreisläufen und übernehmen gleichzeitig im wässrigen Milieu wichtige biologische Funktionen. Vor allem Carbonsäureester mit langen Ketten generieren zusammen mit langkettigen Amphiphilen aufgrund ihres **hydrophilen Charakters** in Wasser abgegrenzte Räume. Dies ist die Voraussetzung für die Bildung von Organellen und Organismen. Prototypisch sind Triglyceride, bei denen gesättigte oder/und ungesättigte Fettsäuren mit dem dreiwertigen Alkohol Glycerol verestert sind (Abb. 4.85).

In Gegenwart von Basen, z. B. stark basischen Aminen, unterliegen auch diese lang-kettigen Ester der Verseifung. Damit geht ihre Grenzen bildende Wirkung verloren, was die Voraussetzung für jegliches Leben ist. Daraus ergibt sich als grundlegende Schluss-folgerung, dass nicht nur Säuren, sondern auch Basen einen zerstörerischen Einfluss

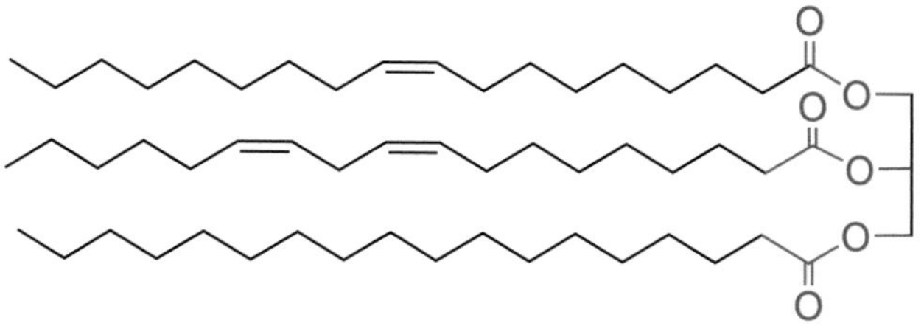

Abb. 4.85 Prototyp eines Triglycerids

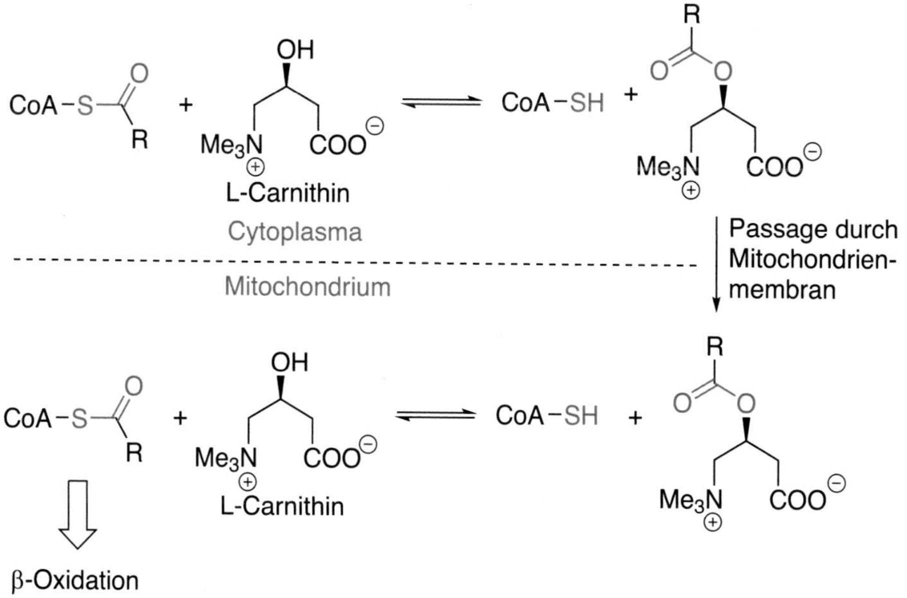

Abb. 4.86 Der reversible Wechsel zwischen einer Ester- und einer Thiolestergruppe beim Transport von Fettsäuren

haben und sich Leben, mit wenigen Ausnahmen, nur im annähernd neutralen Milieu entwickeln kann.

Es sei an dieser Stelle an den Vergleich zwischen O-Estern und S-Estern, den sogenannten Thiolestern, erinnert. Thiolester sind leichter spaltbar. Ein Zusammenspiel beider Typen von funktionellen Gruppen findet sich beim Transport von Fettsäuren durch die Membran von Mitochondrien. Langkettige Fettsäuren sind an Coenzym A (CoA) über die Thiolestergruppe gebunden (Abb. 4.86). Aufgrund der Größe dieses molekularen Aggregats passieren sie nicht die Mitochondrienmembran. Die Fettsäure wird vom „shuttle" L-Carnitin übernommen und ein Ester entsteht. Nach der Passage durch die Membran bindet ein neues CoA–SH-Molekül die Fettsäure wieder mittels der

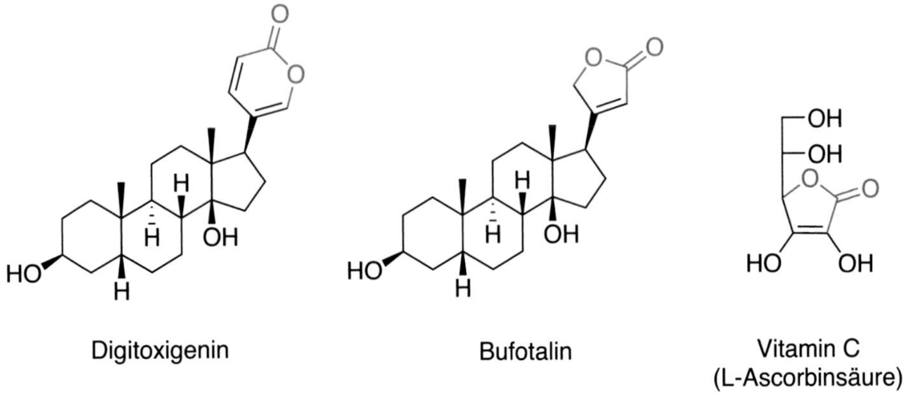

Abb. 4.87 Beispiele für Lactongruppen in Naturstoffen

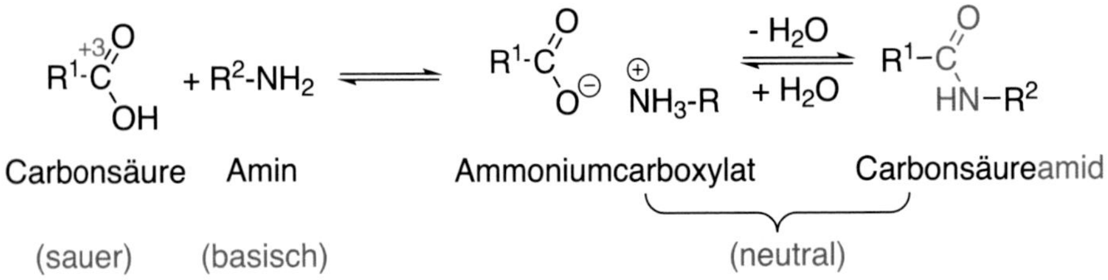

Abb. 4.88 Bildung von Carbonsäureamiden

Thiolgruppe. Anschließend wird die Fettsäure im Rahmen der β-Oxidation dem Abbau unterworfen.

Neben der intermolekularen Veresterung können sich Ester auch durch Reaktion einer Hydroxy- und einer Carboxylgruppe im gleichen Molekül bilden. Intramolekulare Ester werden als Lactone bezeichnet. Es können 6-Ring-Lactone, wie das Digitoxigenin aus der Reihe der Cardenolide, sein, welches im Fingerhut *(Digitalis lanata)* vorkommt (Abb. 4.87). Bufotalin ist ein 5-Ring-Lacton, das von einer Reihe von Krötenarten produziert wird. Ein 5-Ring-Lacton stellt auch Vitamin C (L-Ascorbinsäure) dar.

Carbonsäureamide und Lactame

Carbonsäureamide entstehen bei der Kondensation von Carbonsäuren mit Aminen (Abb. 4.88). Die Neutralisationsreaktion mit der Bildung des Ammoniumcarboxylats kann als Zwischenstufe auf dem Weg zum Carbonsäureamid aufgefasst werden. In einem Syntheselabor erfordert die Abspaltung von Wasser hohe Temperaturen. Im Unterschied dazu läuft die Reaktion in Gegenwart von Enzymen (Synthasen) in biotischen Systemen unter milden Bedingungen ab.

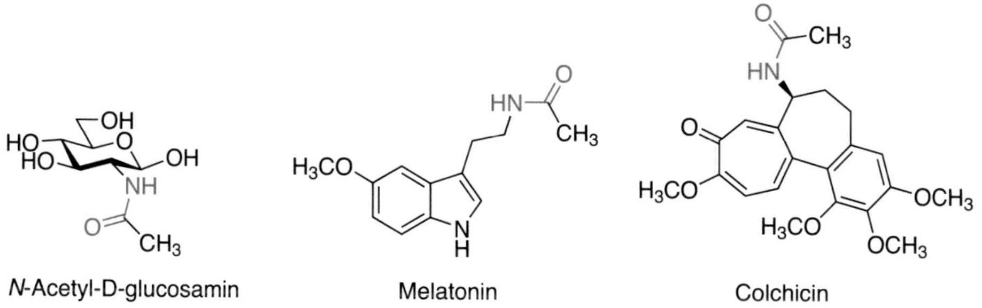

Abb. 4.89 Beispiele für Carbonsäureamide in Naturstoffen

Neben der Ammoniumcarboxylat- führt auch die Carbonsäureamidbildung zu neutralen Produkten (Abb. 4.89). *N*-Acetyl-D-glucosamin ist ein Bestandteil der Zellwand von Bakterien und Monomer beim Aufbau von Chitin (Abb. 3.16), das auch in vielen höheren Organismen vorkommt. In Melatonin wird ebenfalls die primäre Aminogruppe durch Acetylierung vor schnellem Abbau durch Oxidation geschützt. Einige Alkaloide, die nicht auf der Basis von tertiären Aminen, sondern auf der von primären Aminen aufgebaut sind, wie das Colchicin, verlieren durch Carbonsäureamidbildung ihre basischen Eigenschaften. Colchicin ist das toxische Alkaloid aus der Herbstzeitlosen (*Colchicum autumnale*) und kommt in deren Samen, Blüten, Knollen und Blätter vor. Melatonin wird aus einer proteinogenen Aminosäure (L-Tryptophan) über ein biogenes Amin als Zwischenstufe gebildet. Dieser chemische Abbauweg ist einheitlich in der belebten Natur und mündet sogar in eine uniforme biologische Wirkung: Melatonin ist für den Wach-Schlaf-Rhythmus zahlreicher Organismen von Algen bis hin zum Menschen verantwortlich. Colchicin ist hingegen ein sekundärer Naturstoff und damit ein Solitär in der Pflanzenwelt.

Die Bildung von Carbonsäureamiden kann auch intramolekular erfolgen, dabei entstehen Lactame. Lactame sind *N*-Analoga von Lactonen. β-Lactame aus β-Aminocarbonsäuren mit einem 4-Ring bilden beispielsweise die Grundstruktur von Penicillinen (Abb. 4.90). Sie entstammen ursprünglich dem sekundären Stoffwechsel verschiedener *Penicillium*-, *Aspergillus*-, *Trichophyton*- und *Streptomyces*-Arten und werden mittlerweile ebenfalls synthesechemisch hergestellt. Sie sind antibiotisch wirksam. Cephalosporine werden auch als Antibiotika eingesetzt, wobei einige, wie Cephalosporin-C, im Schimmelpilz *Acremonium chrysogenum* auch aus biogenen Quellen isoliert werden können.

Die Stabilität von Lactamen hängt von der Ringgröße ab; kleine Ringe und somit hochgespannte Ringe sind nicht bevorzugt. Darauf beruht auch die antibiotische Wirkung von Penicillinen und Cephalosporinen. Der β-Lactam-Ring wird geöffnet und verhindert den Aufbau der Membranen von sich vermehrenden Bakterien. Penicilline wirken nicht nur auf Bakterien, sondern auch auf andere niedere Organismen wie Algen oder Moose. Auf höhere Gefäßpflanzen haben sie keinen Effekt.

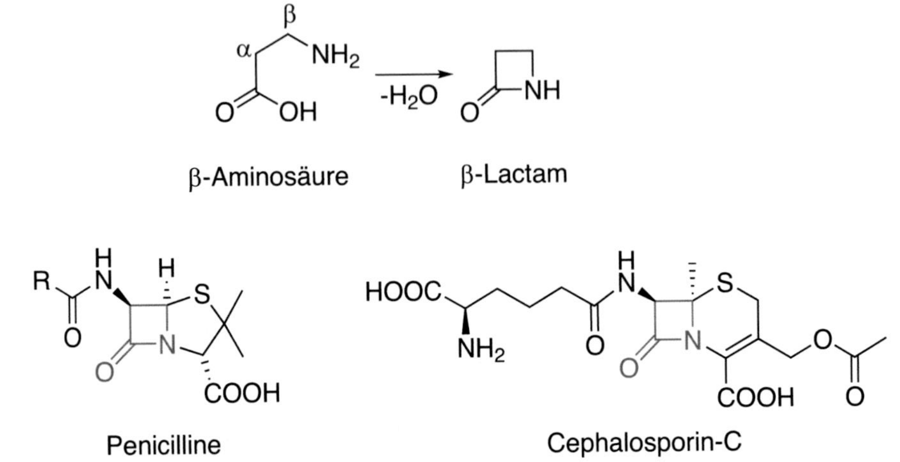

Abb. 4.90 β-Lactame bilden sich aus β-Aminocarbonsäuren

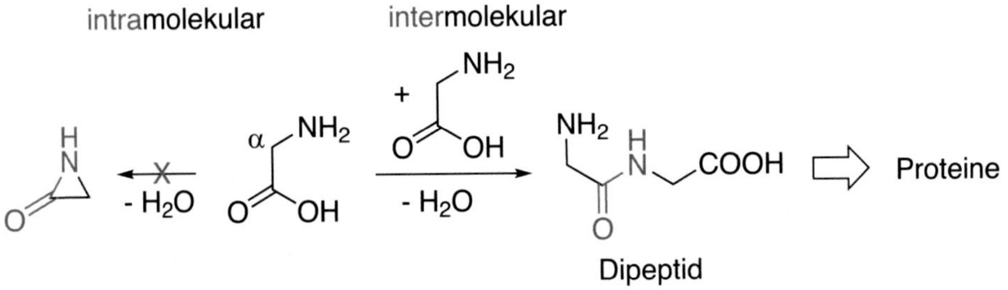

Abb. 4.91 Intra- *versus* intermolekulare Carbonsäureamidbildung

Noch gespannter sind 3-Ring-Lactame, die formal aus der intramolekularen Kondensation von α-Aminocarbonsäuren hervorgehen. Die Hinderung dieses Reaktionskanals ist die Ursache dafür, dass α-Aminocarbonsäuren intermolekular Wasser abspalten, was die Voraussetzung für die Entstehung von Dipeptiden und noch längeren Ketten, den Proteinen, ist (Abb. 4.91).

Proteinogene Aminosäuren tragen mit Ausnahmen von Glycin noch einen organischen Rest, dadurch gibt es für die Verknüpfung zweier unterschiedlicher Aminosäuren zwei Optionen (Abb. 4.92). Die beiden Dipeptide A und B sind chemisch verschieden und haben somit auch unterschiedliche biochemische Wirkungen. Bei der Kondensation mit weiteren Aminosäuren erhöht sich die Anzahl der Isomeren.

Die Bildung von Isomeren wird im biochemischen Kontext verhindert. Die Reihenfolge und damit auch die Entscheidung, welche Amino- oder Carboxylgruppe zum Carbonsäureamid reagiert, wird während der Proteinsynthese in den Ribosomen durch

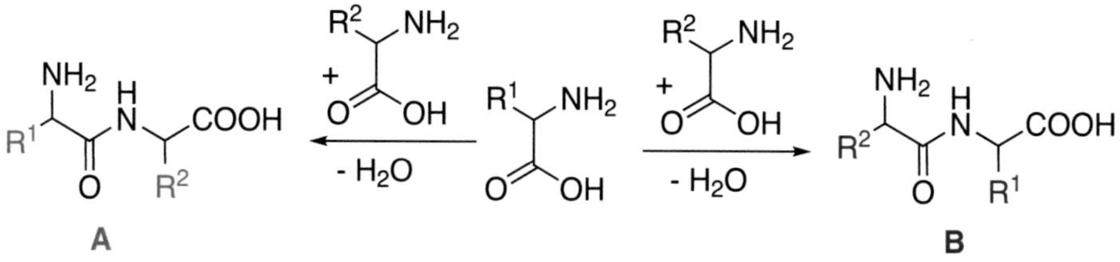

Abb. 4.92 Zwei Möglichkeiten bei der Bildung von Dipeptiden aus unterschiedlichen Aminosäuren

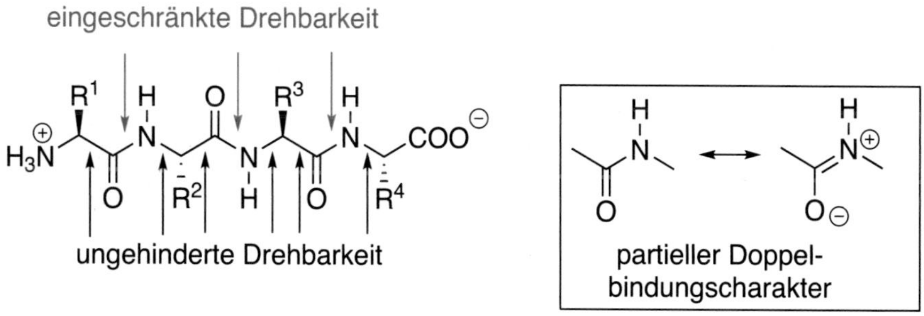

Abb. 4.93 Eigenschaften einer Peptidkette

sukzessiven Antransport durch die *t*RNAs (*transfer*RNA) und die unverzügliche Verknüpfung mit der wachsenden Proteinkette gewährleistet. Durch diese Eindeutigkeit in der Biosynthese ist bereits dem ersten Verknüpfungsschritt eine Information eingeschrieben.

Nicht nur die Abfolge der einzelnen Aminosäuren in einer Kette, sondern auch die Eigenschaften der Carbonsäureamidbindung führen zu einer neuen Qualität in der Architektur von Peptidketten und damit Proteinen (Abb. 4.93).

Durch die Einschränkung der freien Drehbarkeit der C(O)–N-Bindung aufgrund des partiellen Doppelbindungscharakters (Abschn. 3.3) büßt die Proteinkette, die eigentlich durchgehend aus Einfachbindungen besteht, einen Teil ihrer konformativen Flexibilität ein. Entlang der Kette wechseln sich frei rotierbare Bindungen ab mit Bindungen, die bei Normaltemperatur eine stabile *trans*-**Konfiguration** aufweisen. Da alle proteinogenen α-Aminocarbonsäuren, mit Ausnahme der achiralen Aminosäure Glycin, homochiral sind und zu den L-Aminosäuren gehören, alternieren die Reste R^1, R^2, R^3 etc. entlang der Kette. Somit stellt bereits die **Primärstruktur** von Proteinen ein hoch geordnetes Gebilde dar, das durch die Abfolge der einzelnen Aminosäuren eindeutige Informationen erhält. Gleichzeitig determiniert die Primärstruktur die Bildung von höheren Assoziaten. Durch die neu hinzugekommene Eigenschaft der erhöhten Acidität der N–H-Gruppe aufgrund der Amidbindung bauen Proteinketten entweder mit sich selbst oder mit anderen Proteinen über Wasserstoffbrücken Assoziate auf. Es entstehen die **Sekundärstrukturen** α-Helix bzw. Faltblattstruktur (Abb. 4.94).

Abb. 4.94 Wasserstoffbrücken als Voraussetzung für komplexere Strukturen

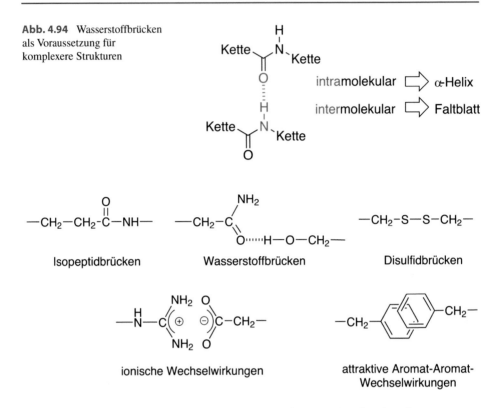

intramolekular ⇨ α-Helix

intermolekular ⇨ Faltblatt

Abb. 4.95 Zusätzliche bindende Wechselwirkungen stabilisieren komplexe Proteinstrukturen

Durch weitere bindende Wechselwirkungen, die ihren Ausgang in den zusätzlichen funktionellen Gruppen in den Seitenketten der einzelnen Aminosäuren nehmen, z. B. weitere Carbonsäureamid- und H-Brücken, Disulfidbrücken oder attraktive Wechselwirkungen zwischen Ionen bzw. Aromaten, formiert sich die **Tertiärstruktur** (Abb. 4.95).

Wenn sich mehrere Proteine zu einem funktionellen Komplex zusammenlagern, spricht man von einer **Quartärstruktur**. Mit Ausnahme der kovalenten Isopeptid- und Disulfidbrücken sind die anderen bindenden Wechselwirkungen für die temporäre Bindung zwischen Enzym und Substrat verantwortlich.

Bei Temperaturerhöhung über 40 °C denaturieren Proteine zunehmend irreversibel, d. h. beginnend bei den komplexeren Architekturen werden die bindenden Wechselwirkungen innerhalb der Kette nach und nach zerstört. Deshalb findet jegliches Leben auf der Basis von Proteinen nur bei moderaten Temperaturen statt. Mit anderen Worten, erst das moderate Temperaturregime auf der Erde bildet die Voraussetzung für Leben. Selbst kleinere Temperaturschwankungen haben Einfluss auf die Naturstoffchemie und damit die Biologie. Besonders die Biochemie von befruchteten Eizellen reagiert sensibel auf Änderungen der Umgebung. Beispielsweise brüten Vögel, bei denen die Körpertemperatur beim Fliegen bis 44 °C ansteigen kann, ihren Nachwuchs außerhalb des Körpers in Form von Eiern aus. Diese Form der Fortpflanzung wurde von flugunfähigen Vorläufern übernommen und für eine veränderte Fortbewegung genutzt. Die Temperaturabhängigkeit von Lebensprozessen zeigt sich auch an der Entwicklung der Hoden bei männlichen Säugern, die außerhalb des Körpers lokalisiert sind, um die Samen zu schützen. Obwohl dadurch diese Keimdrüsen der Gefahr von äußeren mechanischen Verletzungen besonders ausgesetzt sind, bedingen die chemischen Gesetzmäßigkeiten diese exponierte Lage.

Da die meisten lebenden Organismen nur begrenzt zur Eigensynthese von Aminosäuren befähigt sind, ist die Aufnahme mit der Nahrung in Form von Proteinen überlebenswichtig. Da insbesondere Enzyme für die Funktion im eigenen Organismus entsprechend den Vorgaben der DNA synthetisiert werden, ist die darin enthaltene Information für einen anderen Organismus nicht zu gebrauchen und kann sogar kontraproduktiv sein (z. B. Schlangengifte auf der Basis von Proteinen, Allergien beim Menschen). Aus diesem Grund werden Proteine nach der Nahrungsaufnahme zunächst entfaltet und dann in die einzelnen Aminosäuren aufgetrennt. Die Denaturierung beginnt mit der Spaltung der Wasserstoffbrücken im sauren Milieu, wozu sich mit dem Magen bei vielen Tieren ein eigenes Organ evolviert hat. Magenzellen werden deshalb besonders beansprucht, und es haben sich die bereits erwähnten Gegenmaßnahmen wie Puffer in der Schleimhaut und die kontinuierliche Neubildung der Zellen herausgebildet. Sowohl das Eierlegen der Vögel als auch die Spaltung von Proteinen im Magen sind direkte Beweise, wie sich biologische Phänomene aus ihrer stofflichen Basis, die nur durch die Chemie beschrieben werden kann, heraus entwickelt haben.

Proteine versus Polysaccharide
Die Gemeinsamkeiten von Entstehung und prinzipiellem Aufbau von Proteinen mit denen von Polysacchariden sind augenfällig. Es gibt aber auch markante Unterschiede. Beide stellen lange Ketten dar und erlangen *a priori* ihre Stabilität durch Wasserstoffbrücken. Bei Polysacchariden gehen diese von den zahlreichen alkoholischen Gruppen aus, die von Beginn bereits in den Monomeren vorhanden sind. Im Unterschied dazu evolviert bei Proteinen diese Eigenschaft erst durch die Amidbindungen zwischen zwei Monomeren. Polysaccharide enthalten immer die gleichen monomeren Bausteine. Hingegen können Proteine sowohl aus identischen als auch aus unterschiedlichen Aminosäuren aufgebaut sein. Polysaccharide und uniform aufgebaute Proteine werden deshalb als Gerüst- oder Strukturmoleküle bezeichnet. Die Funktion von Polysacchariden beispielsweise als Cellulose im Holz ist bereits optisch sichtbar. Das trifft auch auf einfache Faserproteine wie Keratin, dem Hauptbestandteil von Säugetierhaaren, Krallen, Hufen, Hörnern und Schnäbeln zu.

Im Unterschied dazu ist der Übergang von der Sekundär- zur Tertiärstruktur bei Proteinen mit dem Auftreten neuer Ordnungskräfte assoziiert (Abb. 4.96).

Abb. 4.96 Der Informationsgehalt wächst mit der Komplexität von Proteinstrukturen

Deren Zwangsläufigkeit ergibt sich aus den 20 proteinogenen Aminosäuren. Wasserstoffbrücken allein würden eine fast unendliche Anzahl von Formen generieren. Erst durch die Assistenz der zusätzlichen bindenden Wechselwirkungen, die aus den unterschiedlich funktionalisierten Seitenketten der Aminosäuren erwachsen, erhalten Proteine ihre einzigartige Tertiärstruktur. Die Tertiär- und später auch die Quartärstruktur ist bereits in der Abfolge der Aminosäuren in der Kette und somit der Primärstruktur determiniert. Somit bergen Proteine mit verschiedenen Aminosäuren einen wesentlich höheren Gehalt an Informationen in sich als Polysaccharide. Auf jeder Organisationsebene findet ein Zuwachs an Informationen statt. Diese Informationen beziehen sich nicht nur auf die Genese und Form der eigenen Struktur (z. B. exklusive Selektion auf L-Aminosäuren), sondern sie werden auch weitergegeben. Die Weitergabe geschieht in Form von Enzymen. In Enzymreaktionen, in deren Verlauf Substrate zu Produkten mit bestimmten Geschwindigkeiten und Selektivitäten konvertiert werden, vervielfältigen sich diese Informationen. Der spezielle Aufbau jedes einzelnen Enzyms ist somit die materielle Basis für dessen Aktivität und Selektivität. Da Enzyme immer aus homochiralen Aminosäuren aufgebaut sind, tragen sie in jeder katalytischen Reaktion, bei der chirale Verbindungen entstehen, ebenfalls zum Erhalt und zur Verbreitung der Homochiralität in der belebten Natur bei.

Abgesehen von einigen Ausnahmen von kurzen Signalmolekülen auf der Basis meist seltener Zucker, erweitern Proteine das chemische Evolutionsniveau in Richtung biologischer Anwendung enorm. Dies ist vergleichbar mit dem hohen Informationsgehalt von RNA und DNA, die wiederum ihrerseits die Matrix für die Synthese von Proteinen abgeben. Im Unterschied zu Polysacchariden sind die Funktionen von Enzymproteinen und Polynucleinsäuren nur mit Blick auf ihre Informationseigenschaften zu verstehen. Deshalb ist die Bezeichnung Informationsmoleküle gerechtfertigt. Allen Biopolymeren ist gemeinsam, dass sie Stabilitätsinseln darstellen und dem schnellen Abbau hin zu niedermolekularen Verbindungen Widerstand entgegensetzen, was die Voraussetzung für Leben ist.

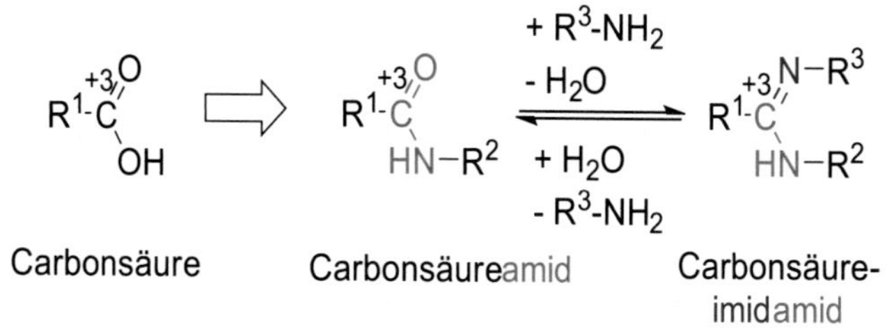

$$R^1\text{-}\overset{+3}{C}\overset{O}{\underset{OH}{\diagdown}} \implies R^1\text{-}\overset{+3}{C}\overset{O}{\underset{HN-R^2}{\diagdown}} \underset{\substack{+ H_2O \\ - R^3\text{-}NH_2}}{\overset{\substack{+ R^3\text{-}NH_2 \\ - H_2O}}{\rightleftharpoons}} R^1\text{-}\overset{+3}{C}\overset{N-R^3}{\underset{HN-R^2}{\diagdown}}$$

Carbonsäure   Carbonsäureamid   Carbonsäureimidamid

Abb. 4.97 Die Bildung von Carbonsäureamidimiden

Abb. 4.98 Nur
Carbonsäureimidamide auf
der Basis der Ameisensäure
unterliegen der Oxidation

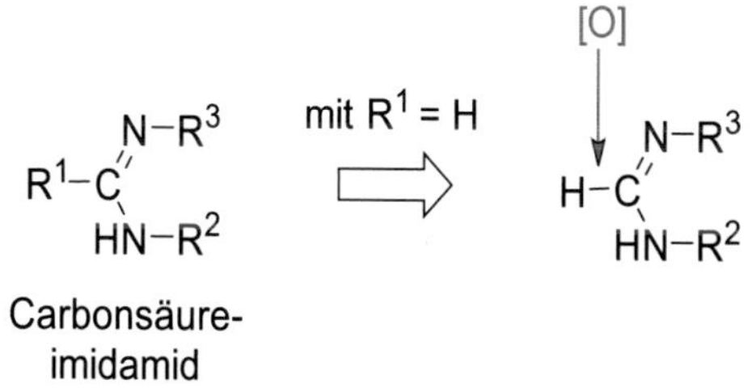

$$R^1\text{-}\overset{N-R^3}{\underset{HN-R^2}{C}} \quad \text{mit } R^1 = H \implies H\text{-}\overset{N-R^3}{\underset{HN-R^2}{C}}$$

[O]

Carbonsäure-
imidamid

Carbonsäureimidamide

Bei einem Überschuss an dem gleichen oder einem anderen Amin entsteht aus einem Carbonsäureamid reversibel unter Wasserabspaltung ein Carbonsäureamidimid (Abb. 4.97).

Es ist zu beachten, dass sich bei dieser Transformation die Oxidationszahl des Carbonylkohlenstoffatoms von +3 in Bezug auf die zugrunde liegende Carbonsäure nicht verändert.

Carbonsäureimidamide, die sich von der Ameisensäure ableiten, finden sich insbesondere als Substruktur von zahlreichen biologisch wichtigen Heterocyclen. Es existiert noch eine C–H-Bindung, die mit Sauerstoff oxidiert werden kann (Abb. 4.98). Fehlt diese C–H-Bindung (wie bei Derivaten höherer Carbonsäuren ab der Essigsäure), werden Carbonsäureimidamide extrem stabil und können nicht mehr unmittelbar in die Dynamik biochemischer Abbauprozesse integriert werden.

Nucleoside, wie Desoxyguanosin, weisen eine Carbonsäureimidamidstruktur auf (Abb. 4.99). Sie unterliegen den üblichen oxidativen Abbauprozessen mit Sauerstoffradikalen, die auch vor Bestandteilen der DNA nicht haltmachen, auch wenn sie durch Einbettung in Chromosomen und den Zellkern stärker geschützt sind als andere Naturstoffe in der Zelle. Dem Einschub von Sauerstoff in die C–H-Bindung des 5-Ring-Heterocyclus folgt die Imidol-Amid-Tautomerie zum stabileren Harnstoffderivat. In Stresssituationen, wo besonders viele freie Sauerstoffradikale entstehen, tritt diese Reaktion gehäuft auf und kann zu Krebs im entsprechenden Organismus führen. Deshalb

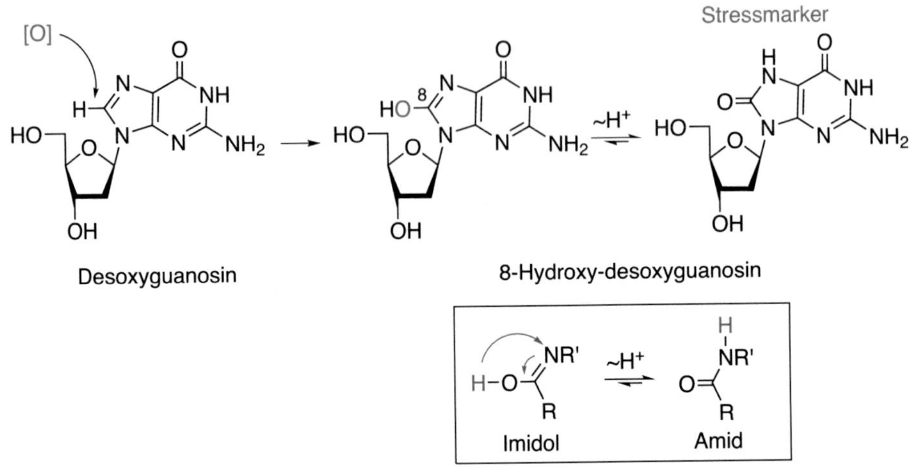

Abb. 4.99 Die Oxidation vom Desoxyguanosin

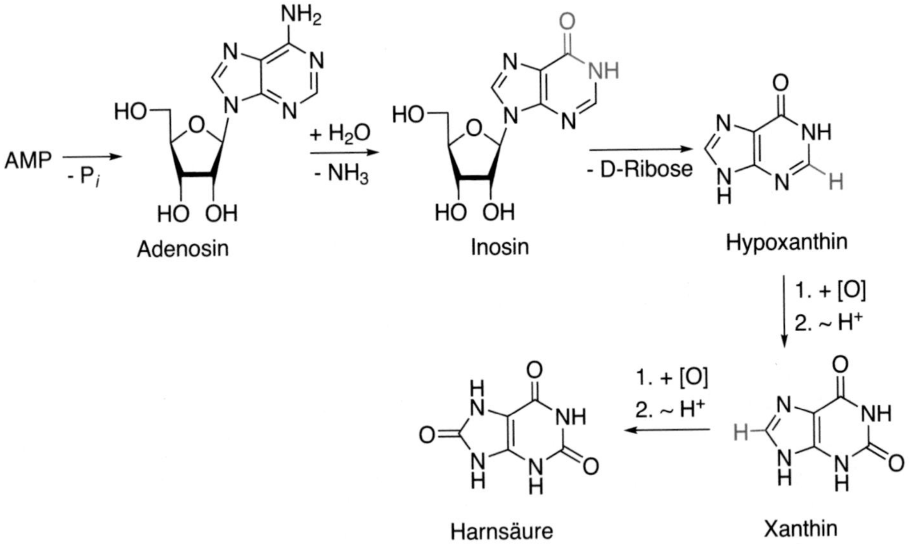

Abb. 4.100 Der Abbau vom AMP bis zu Harnsäure

dient das entstehende 8-Hydroxy-desoxyguanosin auch als medizinischer Stressmarker in der Krebstherapie.

Die gleichen Mechanismen sind verantwortlich für den oxidativen Abbau der Nucleobase Adenin aus AMP bis hin zu Harnsäure (Abschn. 3.2) (Abb. 4.100). Der Abbau setzt noch während der hydrolytischen Separierung des Adenins von Ribose-6-phosphat bzw. D-Ribose ein und verläuft über die Nucleoside Adenosin und Inosin.

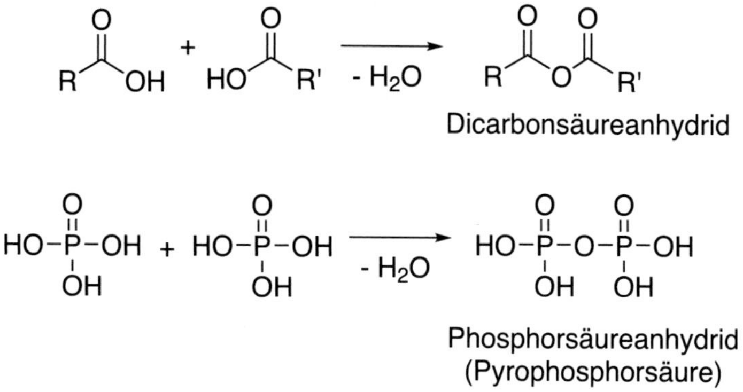

Abb. 4.101 Vergleich Carbonsäure- und Phosphorsäureanhydrid

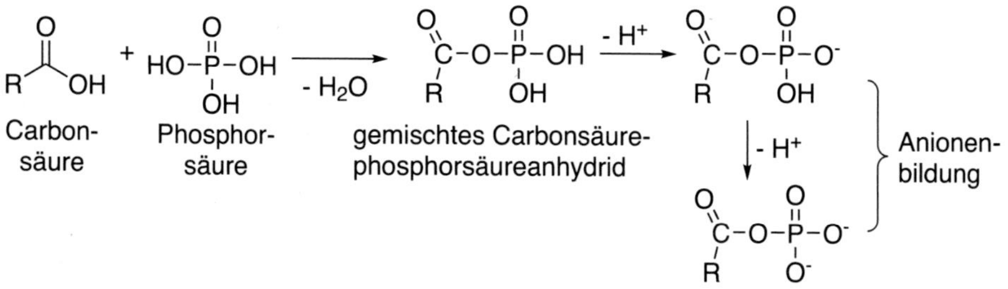

Abb. 4.102 Bildung gemischter Carbonsäurephosphorsäureanhydride

Carbonsäureanhydride

Im Unterschied zu Carbonsäureestern, die aus der Reaktion zwischen Carbonsäure und Alkohol hervorgehen, bilden sich Carbonsäuranhydride durch Kondensation einer Carbonsäure mit einer anderen Säure (Abb. 4.101). Prinzipiell sind anorganische und organische Säuren als Reaktionspartner möglich. Eine vergleichbare Situation wurde schon bei den Anhydriden anorganischer Oxosäuren, wie dem Phosphorsäureanhydrid und dessen Salzen, den Pyrophosphaten, diskutiert (Abb. 1.5). Carbonsäureanhydride sind ausschließlich im Labor synthetisierbar und dort nur unter Ausschluss von Wasser stabil. Die Hydrolysereaktion ist stark exotherm und kann beispielsweise im Fall des Essigsäureanhydrids zum Sieden von Wasser führen. Dicarbonsäureanhydride sind nicht existent in der belebten Natur.

Unterschiedliche Säuren können ebenfalls miteinander reagieren, wie die Reaktion zwischen einer Carbonsäure und Phosphorsäure zu einem gemischten Anhydrid zeigt (Abb. 4.102). Der Phosphorsäurerest liegt im physiologischen Milieu als Anion bzw. Dianion vor, was die Exothermie bei der Solvatation der hydrolysierten Säuren vermeidet und sie für biochemische Anwendungen qualifiziert.

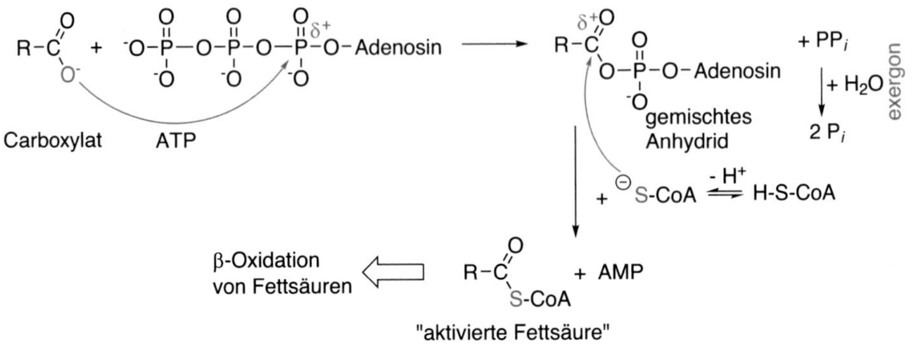

Abb. 4.103 ATP mediiert die Bildung einer aktivierten Fettsäure aus dem inaktiven Carboxylat

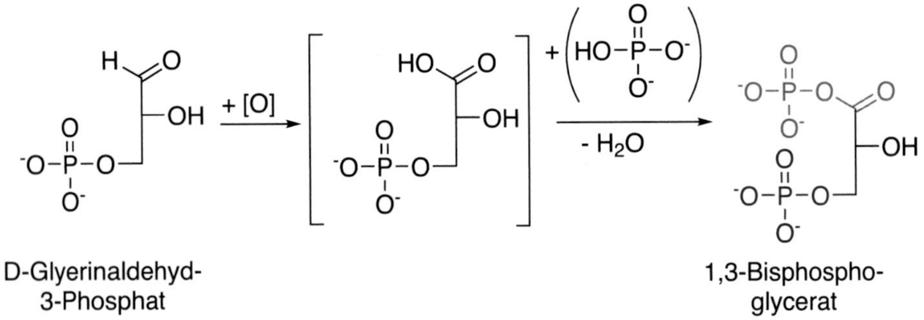

Abb. 4.104 Die Entstehung eines Phosphorsäureesters und eines gemischten Anhydrids während der Glycolyse

Ein gemischtes Anhydrid liefert beispielsweise die Energie für die Anknüpfung von . Fettsäuren an den Acylgruppenüberträger CoA–SH (Abb. 4.103). Das negativierte Sauerstoffatom des Carboxylats attackiert zunächst das positivierte Phosphoratom im Phosphorsäureester des ATP. Die Energie für die Reaktion stammt aus der parallel ablaufenden exergonen Hydrolyse des Pyrophosphats. Durch den Elektronensog des Phosphats wird gleichzeitig das Carbonylkohlenstoffatom des reaktionsträgen Carboxylatanions aktiviert. Das nucleophile Schwefelatom im anionischen CoA–SH substituiert Phosphat unter Bildung der „aktivierten Fettsäure", die anschließend im Rahmen der β-Oxidation abgebaut wird.

Eine vergleichbare Hybridstruktur bestehend aus Carbonsäure und Hydrogenphosphat wird während der Glycolyse generiert. Im 6. Schritt dieses Mechanismus wird aus D-Glycerinaldehyd-3-phosphat durch Oxidation und Phosphorylierung 1,2-Bisphosphoglycerat gebildet, wie die Bruttoreaktion des biochemisch relativ komplexen Mechanismus zeigt (Abb. 4.104).

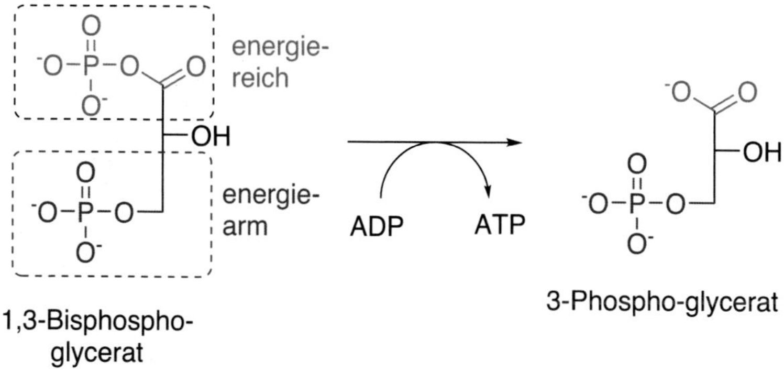

Abb. 4.105 Phosphorsäureester *versus* gemischtes Anhydrid während der Glycolyse

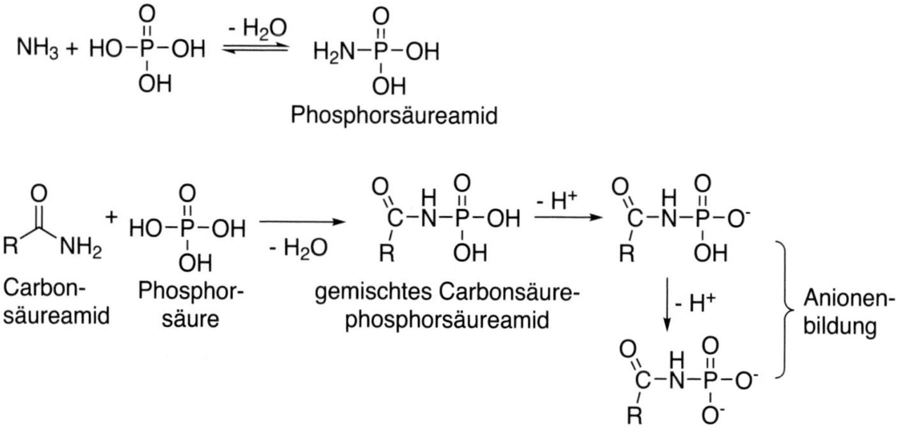

Abb. 4.106 Die Phosphorylierung von Carbonsäureamiden

Das gemischte Anhydrid ist so energiereich, dass dessen Hydrolyse im darauffolgenden 7. Schritt der Glycolyse die Energie für die Synthese von einem Äquivalent ATP aus ADP liefert (Abb. 4.105).

Die unterschiedlichen Stabilitäten der beiden Phosphorsäurefunktionen kommen in dieser Reaktion zum Ausdruck. Während das (energiereiche) Carbonsäurephosphorsäureanhydrid gespalten wird und sich die freiwerdende Energie in Form des ATP materialisiert, bleibt der (energiearme) Phosphorsäureester erhalten. Eine vergleichbare Situation findet sich bei der schon diskutierten Hydrolyse des ATP zu ADP bzw. AMP, wo nur die Phosphorsäureanhydridbindungen gespalten werden, hingegen bleibt die Phosphorsäureesterbindung zur D-Ribose intakt (Abb. 1.9).

Analog zur Reaktion von Phosphorsäure mit Ammoniak (oder allgemein mit Aminen) zu Phosphorsäureamiden ist auch die Kondensation von Carbonsäureamiden mit Phosphorsäure möglich (Abb. 4.106). Oftmals stammt die Energie zum Aufbau

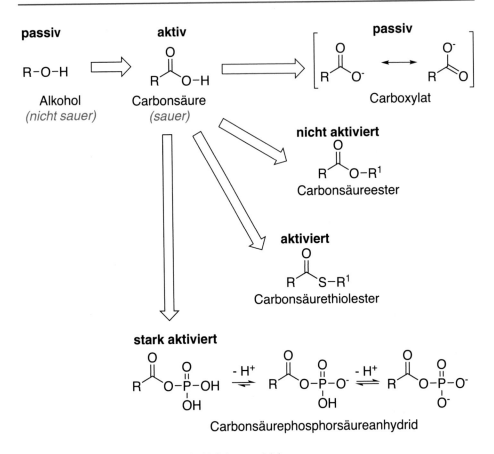

Abb. 4.107 Carbonsäurederivate – ein Aktivitätsvergleich

der zugehörigen biochemischen Strukturen aus der Reaktion mit ATP. Die gemischten Carbonsäurephosphorsäureamide sind wesentlich reaktiver als Carbonsäureamide und ermöglichen Substitutionsreaktionen am Carbonylkohlenstoffatom (siehe Harnstoffzyklus). Aufgrund des physiologischen Milieus liegen die Produkte als Anionen vor.

Die Kombination der C=O-Gruppe mit anderen funktionellen Gruppen – ein Aktivitätsvergleich

Durch Kombination der Carbonylgruppe mit einer oder auch zwei weiteren funktionellen Gruppen evolvieren neue funktionelle Gruppen, die sich in ihren Eigenschaften von denen der Basisfunktionalitäten deutlich unterscheiden. Es ist erkenntnistheoretisch vorteilhaft, die Reaktivitätsverschiebungen in Form der Begriffe „passiv" und „aktiv" anzuzeigen, um Beschleunigungs- bzw. Entschleunigungseffekte im biochemischen Kontext bewerten zu können (Abb. 4.107). HO-Gruppen in Alkoholen, die prinzipiell nicht oder nur wenig acid sind, werden durch Kombination mit einer Carbonylgruppe und damit dem Entstehen der Carboxylgruppe in Carbonsäuren sauer, wobei ein aktives Prinzip

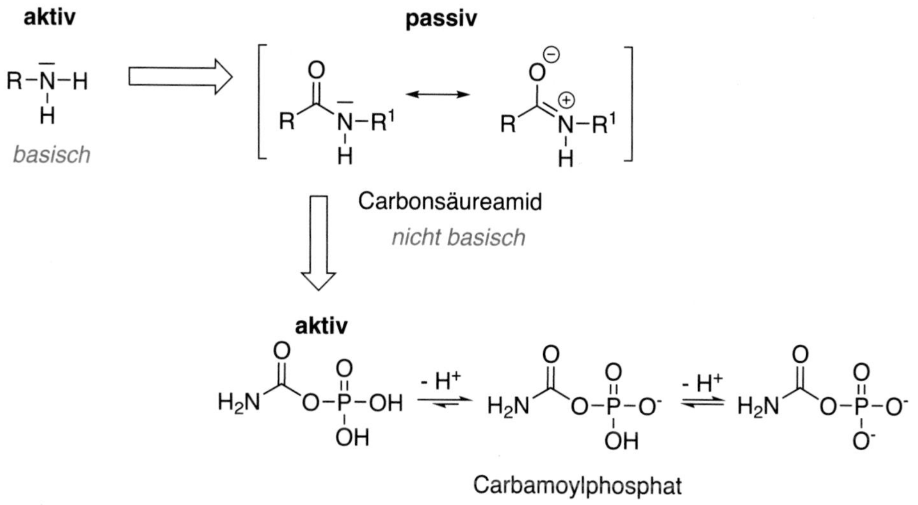

Abb. 4.108 Aminderivate – ein Aktivitätsvergleich

entsteht. Durch Neutralisation von Carbonsäuren entstehen Carboxylate, die aufgrund der Mesomerie durch einen passiven Zustand charakterisiert sind. Passiviert werden Carbonsäuren ebenfalls durch Veresterung mit Alkoholen. Im Unterschied zu den Estern kommt Carbonsäurethiolestern eine aktivere Rolle in der Biochemie zu.

Durch Anhydridbildung einer Carbonsäure mit Phosphorsäure wird ein Hybrid aus drei funktionellen Gruppen gebildet. Mit dem Carbonsäurephosphorsäureanhydrid bzw. seinen Salzen evolviert eine sehr reaktive Struktur, die beispielsweise Reaktionen an der Carboxylgruppe ermöglicht, die normalerweise unter biochemischen Rahmenbedingungen als Carboxylat oder Ester desaktiviert ist.

Eine Umkehr der Verhältnisse im Vergleich zu Alkoholen kann für Amine konstatiert werden (Abb. 4.108). Amine haben prinzipiell basische Eigenschaften und beeinflussen somit aktiv biologische Strukturen in teilweise destruktiver Manier (z. B. Verseifung von Estern in Membranen). Durch Acylierung entstehen Carbonsäureamide, die nicht mehr basisch sind und somit den betreffenden Naturstoff der schnellen Umwandlung entziehen. Speziell durch Phosphorylierung des Kohlensäureamids entsteht eine weitere funktionelle Gruppe, die sich aus drei einfachen funktionellen Gruppen zusammensetzt. Im Carbamoylphosphorsäureanhydrid bzw. dessen Salzen ist die ursprünglich passive Carbonsäureamidstruktur für Folgereaktionen aktiviert.

Carbonsäurephosphorsäureanhydrid und Carbamoylphosphat übernehmen somit die Energie, die vor allem im ATP aufgebaut wurde, speichern sie in chemischer Form und mediieren damit Kupplungsreaktionen.

Decarboxylierung

Die Abspaltung von CO_2 aus einer Carbonsäure setzt immer die Unterstützung einer aktivierenden Gruppe in der Nachbarschaft voraus. Im Vergleich zu einer unfunktionalisierten Alkankette sind somit hohe Oxidationszahlen der beteiligten Gruppen die Voraussetzung für die gelingende Decarboxylierung. Mesomeriestabilisierte Carboxylate müssen zuvor durch Protonierung in die Carbonsäuren überführt werden. Meist geht die Aktivierung von benachbarten C=O-Gruppen aus, die aufgrund ihres elektronenziehenden Effekts auf naheliegende C–C-Bindungen einen erheblichen Spaltungsdruck ausüben. Schon bei der mittigen Spaltung der D-Fructose im Verlauf der Glycolyse wurde auf die destabilisierende Wirkung einer Carbonylgruppe verwiesen (Abb. 4.71). Die dazu analoge Abspaltung der C_1-Einheit CO_2 ist beispielsweise an α-Ketocarbonsäuren zu beobachten. Der Produktaldehyd unterliegt oft anschließend der Oxidation zur Carbonsäure.

α-Ketocarboxylat   α-Ketocarbonsäure   Aldehyd   Carbonsäure

β-Ketocarbonsäuren sind ebenfalls instabil. Die elektronenziehende Wirkung der beiden C=O-Gruppen ist auch hier die Voraussetzung für die C–C-Bindungsspaltung. Unterstützend auf die Decarboxylierung wirkt eine Wasserstoffbrücke, die aufgrund des 6-Ringes energetisch besonders favorisiert ist. Nach Abspaltung von CO_2 entsteht zunächst ein Enol. Durch die Tautomerie vom Enol zum Keton entsteht ein Produkt, das nicht mehr oxidierbar ist.

β-Ketocarbonsäure   Enol   Keton

Da die Verkürzung von Kohlenstoffketten *die* dominierende Reaktion bei Abbauprozessen letztendlich bis hin zum Kohlendioxid ist, findet man die Decarboxylierung in vielen katabolischen Prozessen.

Beispielgebend für die Biosynthese anderer Monosaccharide ist die Umwandlung von D-Glucose in D-Ribose, wie sie als chemische Bruttoreaktion dargestellt ist (Abb. 4.109). Im ersten Schritt wird der Aldehyd zur Carbonsäure oxidiert. Die D-Gluconsäure unterliegt der weiteren Oxidation am C^3. Das entstehende instabile Hydrat spaltet gemäß der Erlenmeyer-Regel Wasser ab, und es entsteht die Struktur einer β-Ketocarbonsäure. Die

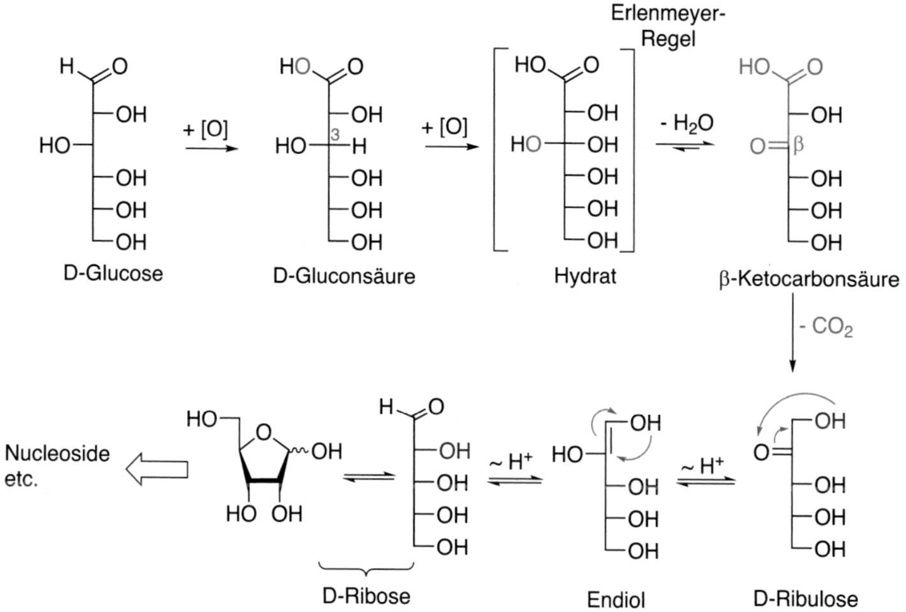

Abb. 4.109 Die Verkürzung der Glucose um eine C_1-Einheit

nachfolgende Decarboxylierung verkürzt die ursprüngliche Kette um eine Kohlenstoffeinheit. Die gebildete D-Ribulose unterliegt einer doppelten Tautomerie, die zur D-Ribose führt. Letztere ist eine zentrale Komponente von Nucleosiden, die beispielsweise in den Ribonucleinsäuren (RNA, DNA) eine herausragende Rolle spielen.

Selbstverständlich stehen Decarboxylierungen auch beim Totalabbau der D-Glucose zu CO_2 im Zentrum. Schon beim Eingang in den Citratzyklus verliert Pyruvat, das aus der Glycolyse hervorgeht, eine C_1-Einheit (Abb. 4.110). Als Produkt müsste formal der giftige Acetaldehyd entstehen. Dessen Bildung wird jedoch im biochemischen Kontext durch die Beteiligung von Vitamin B_1 (Thiamin) verhindert (siehe Abb. 4.9 und 4.10). Die Essigsäure liegt ebenfalls nicht frei vor, sondern ist stets über einen Thiolester an CoA gebunden. Acetyl-CoA (Abb. 4.7) ist auch das Endprodukt des Abbaus von Fettsäuren in der β-Oxidation. Die Gegenüberstellung von chemischer Bruttoreaktion und biochemischem Mechanismus zeigt anschaulich die Komplexitätszunahme von rein chemischen zu biochemischen Prozessen. Die chemische Perspektive mit der Konzentration auf die funktionellen Gruppen erlaubt die Reduktion dieser Komplexität.

Weder der Acetylrest in Acetyl-CoA noch die freie Essigsäure haben aufgrund mangelnder Aktivierung die Tendenz, in zwei CO_2-Äquivalente überzugehen. Aktivierung und Totaloxidation erfolgen im biochemischen Rahmen des Citratzyklus (Abb. 4.111). Die Logik und Alternativlosigkeit dieses komplexen Zyklus ergeben sich aus der Struktur der einzelnen Zwischenstufen und der Abfolge ihrer Umwandlungen.

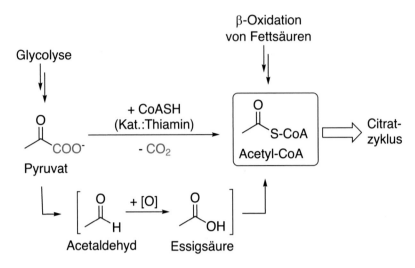

Abb. 4.110 Gegenüberstellung eines biochemischen und eines rein chemischen Weges am Beispiel des Pyruvatabbaus

Namensgebend für den Zyklus ist Citrat, das Salz der Zitronensäure, das die aktivierende „Plattform" für die Generierung von CO_2 liefert. Einzelne Schritte wurden schon in vorhergehenden Kapiteln diskutiert und sollen nachfolgend in die Gesamtbetrachtung einbezogen werden. Citrat entsteht durch C–C-Knüpfung zwischen Oxalacetat und dem an CoA-gebundenem Acetylrest (Abb. 4.7). Citrat ist ein tertiärer Alkohol und deshalb nicht oxidierbar. Erst durch Isomerisierung zu einem sekundären Alkohol entsteht eine oxidationsfähige Verbindung, das Isocitrat (Abb. 4.33). Die Isomerisierung erfolgt über das *cis*-Aconitat. Die Oxidation vom Isocitrat zu Oxalsuccinat liefert die aktivierende Ketogruppe für die beiden nachfolgenden Decarboxylierungen.

Oxalsuccinat enthält drei COO^--Gruppen, die einem unterschiedlichen Decarboxylierungsdruck ausgesetzt sind, wie in Abb. 4.112 ausschnittsweise illustriert wird. Die Carboxylatgruppe, die mit C^1 markiert ist, hat keinerlei Tendenz zur Abspaltung als CO_2. Von den anderen beiden ist die mit C^3 markierte in direkter Nachbarschaft zur Ketogruppe besonders aktiviert. Nach deren Verlust würde jedoch ein β-Ketocarboxylat entstehen, welches eine geringere Tendenz zur Decarboxylierung als ein α-Ketocarboxylat aufweist. Damit könnte der weitere Abbau der Kohlenstoffkette ins Stocken geraten. Dieser Reaktionspfad wird aber im Citratzyklus nicht beschritten, da die besonders sensible α-Carboxylatgruppe Bestandteil eines stabilen Magnesium(II)-Komplexes (Verbindung A) wird. Das anionische Carboxylatsauerstoffatom wird dabei über eine Salzbildung (rot) und das Ketosauerstoffatom über eine koordinative Bindung (grün) am Metall fixiert. Die Existenz der mesomeren Grenzstruktur A' mit partiellem Salzcharakter zeigt die erhöhte Stabilität an.

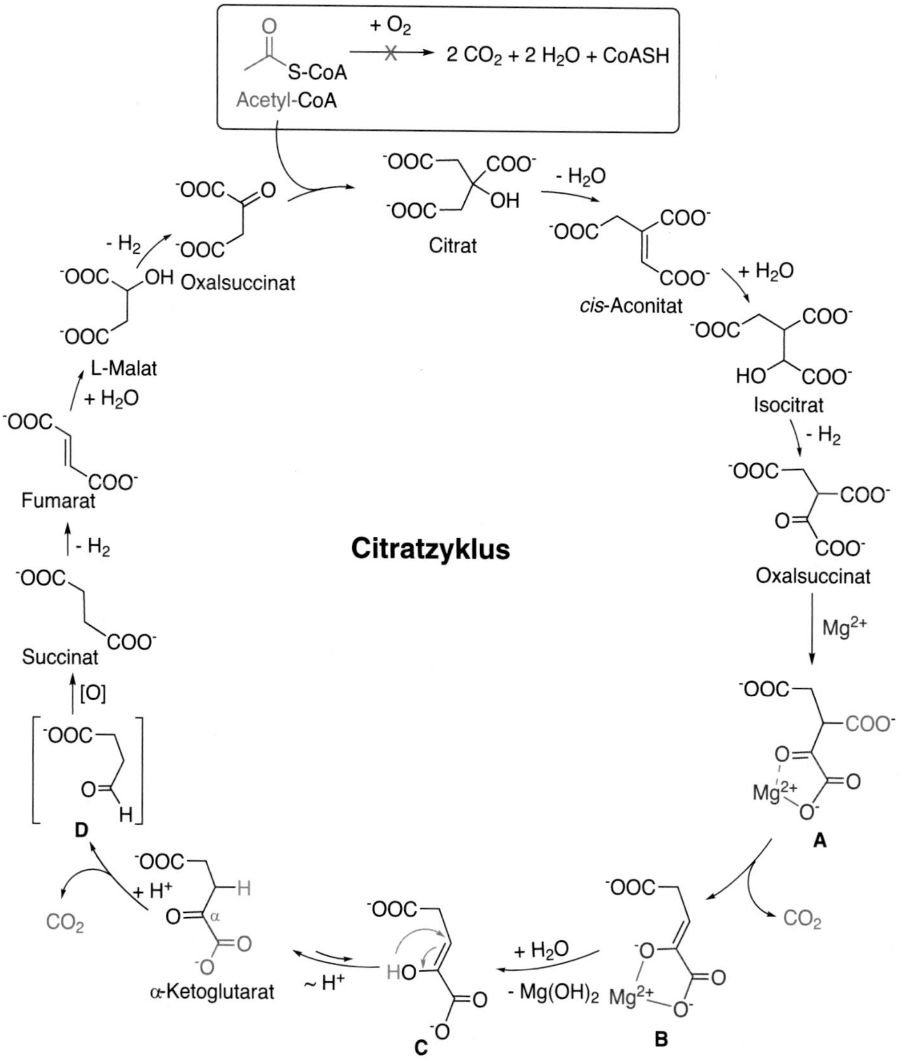

Abb. 4.111 Gegenüberstellung eines biochemischen und eines rein chemischen Weges am Beispiel des Citratzyklus

Aus diesem Grund spaltet sich zunächst die weniger reaktive Carboxylatgruppe mit C^2 als CO_2 ab (Abb. 4.111). Parallel dazu wird aus der ursprünglichen koordinativen Bindung eine anionische Bindung, wobei das Magnesiumsalz B entsteht. Die Verbindung wird hydrolysiert und das instabile Enol C tautomerisiert zu α-Ketoglutarat. Damit ist der Weg frei für die Abspaltung auch des zweiten Äquivalents CO_2, nun unter Beteiligung von C^3. Die Aldehydgruppe in der nur formal existierenden Zwischenverbindung D wird oxidiert, und es entsteht Succinat, das über Fumarat und L-Malat zu

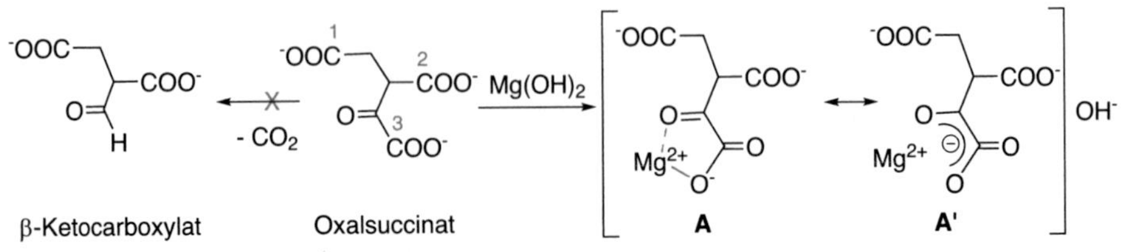

Abb. 4.112 Zwei Decarboxylierungsoptionen, nur eine wird realisiert

Oxalacetat abreagiert. Der Citratzyklus beginnt von neuem. Parallel dazu wird der entstehende Wasserstoff über NAD$^+$ bzw. FAD und die Elektronentransportkette auf molekularen Sauerstoff übertragen, wobei letztendlich Wasser entsteht. Die freiwerdende Energie dieser „entschleunigten" Knallgasreaktion dient im Rahmen einer chemiosmotischen Kopplung zur Generierung von ATP aus AMP.

Bei der Betrachtung des gesamten Zyklus wird deutlich, dass die Bildung des gasförmigen Kohlendioxids der Treiber ist. Der Citratzyklus ist nicht nur eine biochemische Möglichkeit, die chemisch unreaktive Essigsäure zu Kohlendioxid zu oxidieren, sondern viele Zwischenprodukte daraus können aus Abbaumechanismen anderer Naturstoffe stammen (kataplerotische Reaktionen). Gleichzeitig bilden die Zwischenprodukte des Zyklus Edukte für die Synthese von Aminosäuren, Fettsäuren, Nucleotide oder Porphyrinen im anabolen Stoffwechsel (anaplerotische Reaktionen). Das führt zu der Schlussfolgerung, dass der Citratzyklus nicht eine unter vielen anderen Optionen darstellt, Essigsäure in Kohlendioxid umzuwandeln, sondern er ist im biochemischen Kontext auch die einzige.

4.1.7 Kohlensäure und Derivate

Die Oxidation von Aldehyden führt zu Carbonsäuren, die aufgrund einer fehlenden C–H-Bindung nicht weiter oxidierbar sind. Ameisensäure ist die einzige Carbonsäure, die ohne C–C-Bindungsspaltung direkt zu Kohlensäure oxidiert wird (Abb. 4.113). Kohlensäure zerfällt im Einklang mit der Erlenmeyer-Regel zu Kohlendioxid und Wasser. Kohlendioxid ist, wie mehrfach betont, ein extrem stabiles Gas, was die Verschiebung des chemischen Gleichgewichts auf die rechte Seite noch zusätzlich erklärt.

Ebenfalls wie bei allen anderen Carbonsäuren existieren von Kohlensäure entsprechende Derivate. Besonders in ihrem Fall verhindern sie deren schnelle Zerlegung. Wichtig im biochemischen Kontext sind Hydrogencarbonat, Carbonat, Carbamidsäure, Carbamat, Harnstoff und Guanidin (Abb. 4.114). Durch Phosphorylierung entstehen die reaktiven Salze des gemischten Anhydrids der Kohlensäure und der Carbamidsäure. Alle Verbindungen werden der anorganischen Chemie zugeordnet, ein Indiz dafür, dass die Totaloxidation des energiereichen Kohlenstoffs mit seinen zahllosen organischen Verbindungen und somit das Konzept, das diesem Buch zugrunde liegt, einen Abschluss findet.

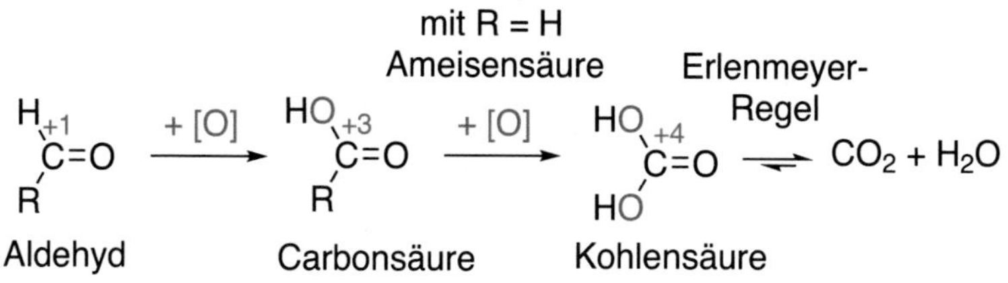

mit R = H
Ameisensäure

$$\underset{\text{Aldehyd}}{\overset{H}{\underset{R}{>}}C=O} \quad \xrightarrow{+\,[O]} \quad \underset{\text{Carbonsäure}}{\overset{HO}{\underset{R}{>}}C=O} \quad \xrightarrow{+\,[O]} \quad \underset{\text{Kohlensäure}}{\overset{HO}{\underset{HO}{>}}C=O} \quad \overset{\text{Erlenmeyer-}}{\underset{}{\rightleftharpoons}} \quad CO_2 + H_2O$$

Abb. 4.113 Die Entstehung von Kohlendioxid als Endstation aller biochemischer Prozesse

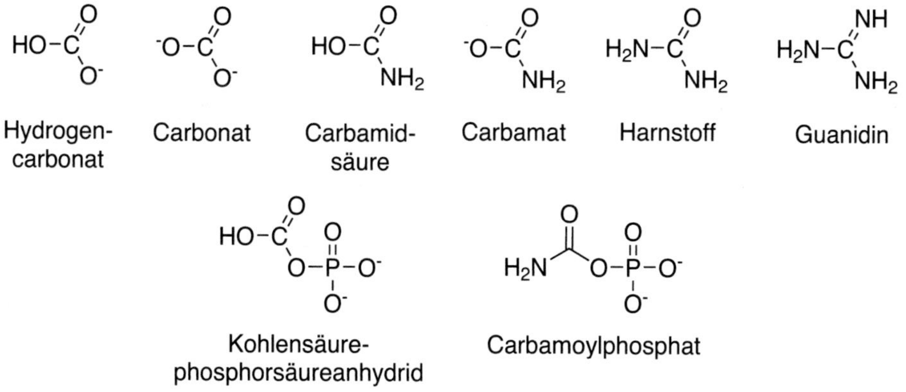

Hydrogen-
carbonat · Carbonat · Carbamidsäure · Carbamat · Harnstoff · Guanidin

Kohlensäure-
phosphorsäureanhydrid · Carbamoylphosphat

Abb. 4.114 Anorganische Derivate der Kohlensäure

Die Neutralisation der instabilen Kohlensäure führt zu Hydrogencarbonat bzw. Carbonat.

$$H_2CO_3 + OH^- \rightleftharpoons HCO_3^- + H_2O$$

$$HCO_3^- + OH^- \rightleftharpoons CO_3^{2-} + H_2O$$

Puffer: HCO_3^-/CO_3^{2-}

Der HCO_3^-/CO_3^{2-}-Puffer spielt eine bedeutsame Rolle bei der Aufrechterhaltung eines annähernd neutralen pH-Wertes z. B. im Blut, ein Beweis, dass selbst finale anorganische Abbauprodukte im biochemischen Zusammenhang eine Rolle spielen. **Puffer** sind dadurch charakterisiert, dass sich der pH-Wert bei begrenzter Zugabe einer Säure oder Base nur geringfügig ändert. In Wasser gelöstes Hydrogencarbonat dient in den Chloroplasten der grünen Pflanzen als anorganisches Edukt zum Aufbau von D-Glucose im Rahmen der Fotosynthese.

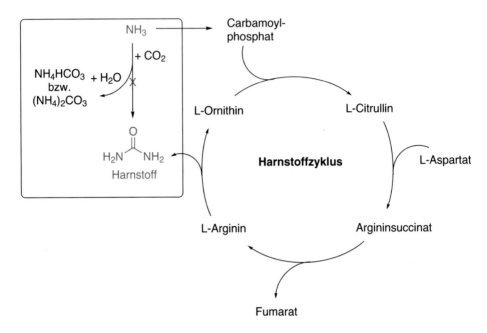

Abb. 4.115 Gegenüberstellung eines biochemischen und eines rein chemischen Weges am Beispiel des Harnstoffzyklus

Kohlensäureamide und der Harnstoffzyklus

Durch Amidbildung wird die Zerlegung von Kohlensäure in Kohlendioxid und Wasser verhindert. Ein typisches Beispiel betrifft den Harnstoff, dessen Basizität und damit Toxizität im Vergleich zum Ammoniak herabgesetzt ist. Harnstoff ist zur Ausbildung von Wasserstoffbrücken in der Lage, was die Ursache für seine gute Wasserlöslichkeit ist. Überall dort, wo Ammoniak als finales Abbauprodukt von N-haltigen Naturstoffen wie Aminosäuren oder Nucleobasen nicht direkt in Wasser abgegeben und damit verdünnt wird, erfolgt die Umwandlung in Harnstoff. Er wird in Form seiner wässrigen Lösung in den Nieren der Wirbeltiere gesammelt und über den Urin ausgeschieden. Harnstoff entsteht aus Ammoniak im Rahmen des Harnstoffzyklus.

Das Ziel des Harnstoffzyklus ist die Umwandlung des cyto- und neurotoxischen Ammoniaks in den ungiftigen und namensgebenden Harnstoff (Abb. 4.115). Der direkte Weg wäre eine rein anorganische Transformation von Ammoniak mit in Wasser gelöstem CO_2. Diese Reaktion führt aber unter physiologischen Bedingungen nicht zu Harnstoff, sondern bleibt auf der Stufe von Ammoniumhydrogencarbonat bzw. Ammoniumcarbonat stehen. Die Blockade dieses Reaktionskanals hat zur Evolution des organisch basierten Harnstoffzyklus geführt. Der Zyklus repräsentiert eine Abfolge von nucleophilen Substitutionsreaktionen an organischen Derivaten der Kohlensäure namentlich an jenen von Carbamidsäure, Harnstoff und Guanidin.

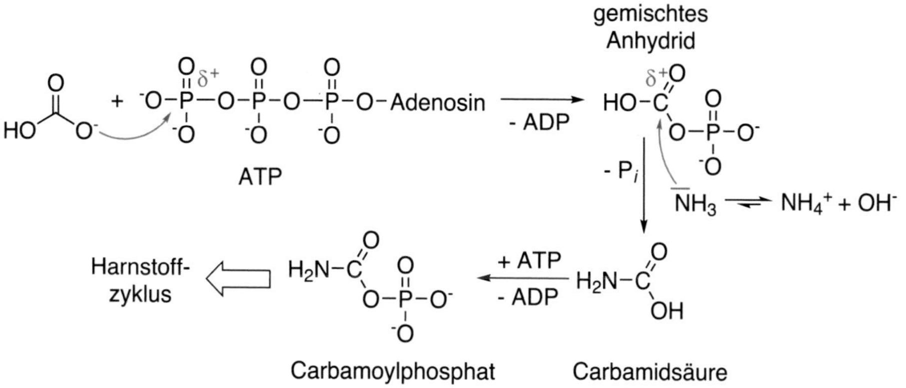

Abb. 4.116 Aktivierung von Ammoniak

Die beteiligten Partner und die einzelnen Reaktionsschritte folgen, wie alle anderen biochemischen Kreislaufprozesse, einer strengen Logik, die sich nur bei Betrachtung der chemischen Formeln und den Abhängigkeiten von anderen biochemischen Mechanismen erschließt.

Am Eingang des Harnstoffzyklus steht die Reaktion von Ammoniak mit einem aktivierten Kohlensäurederivat (Abb. 4.116). Gemischte Anhydride der Kohlensäure sind, ebenso wie andere Carbonsäureanhydride, hoch reaktive Verbindungen, die mit Nucleophilen reagieren. Der erste Schritt beim Aufbau von Carbamoylphosphat ist die Bildung eines Kohlensäurephosphorsäureanhydrids aus Hydrogencarbonat und ATP. Durch nucleophile Substitution des Phosphats durch Ammoniak, der aus dem Gleichgewicht mit NH_4^+ resultiert, bildet sich die Carbamidsäure. Letztere wird ebenfalls durch die Mitwirkung von ATP mit einem Phosphatrest beladen, wobei Carbamoylphosphat entsteht.

Die alternativlose Determiniertheit dieser Zweistufensequenz ergibt sich bei Betrachtung der theoretischen Alternativen (Abb. 4.117): Die Reaktion von Hydrogencarbonat mit Ammoniak in Abwesenheit von ATP führt unter physiologischen Bedingungen nicht zur Carbamidsäure, sondern zum mesomeriestabilisierten und damit unreaktiven Carbonatanion.

Durch die intermediäre Bindung des aktivierenden Phosphats wird jedoch die Bildung der Carbamidsäure möglich. Letztere ist jedoch genauso instabil wie die Kohlensäure und würde in Abhängigkeit von der Ammoniakkonzentration entweder unmittelbar in Kohlendioxid und Ammoniak zerfallen oder zum etwas stabileren Ammoniumcarbamat neutralisiert werden (Abb. 4.118). Die Carbamidsäure selbst eignet sich deshalb unter physiologischen Bedingungen nicht für die Synthese von Harnstoff.

Erst ein erneuter Phosphorylierungsschritt überführt die Carbamidsäure in eine reaktionsfähige Verbindung; das Carbonylkohlenstoffatom wird für einen nucleophilen Angriff aktiviert. Carbamoylphosphat eröffnet den Harnstoffzyklus.

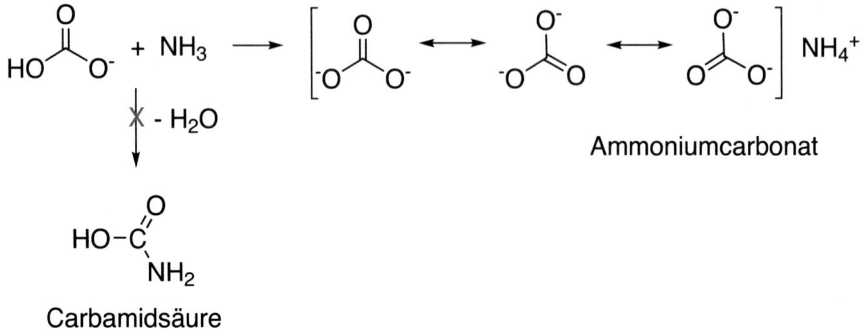

Carbamidsäure

Abb. 4.117 Die Bildung von Carbamidsäure *versus* Ammoniumcarbonat

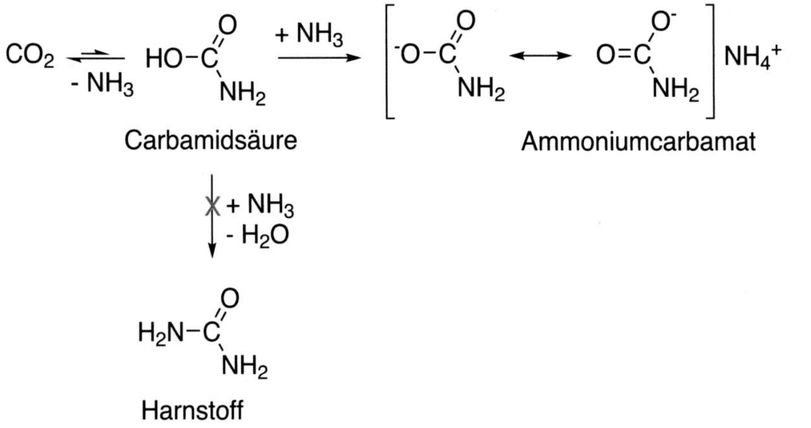

Harnstoff

Abb. 4.118 Die Bildung von Harnstoff *versus* Ammoniumcarbamat

Alle Reaktionen des Harnstoffzyklus laufen am terminalen Ende von ʟ-Ornithin, sozusagen einer höhermolekularen Kohlenstoffplattform, ab (Abb. 4.119). Ornithin steht am Beginn und am Ende des Zyklus. Dessen endständige Aminogruppe greift Carbamoylphosphat nucleophil an und es bildet sich ʟ-Citrullin.

ʟ-Citrullin ist bereits ein N-substituierter Harnstoff, eignet sich aber nicht für die Abspaltung von Harnstoff, da dies eine CH_2–N-Bindungsspaltung voraussetzt, die unter biochemischen Bedingungen nicht realisierbar ist (siehe auch Abbau von Aminen, Abb. 3.10). Erst durch die Einführung einer weiteren Aminofunktion wird die Voraussetzung geschaffen. Zu diesem Zweck kondensiert ʟ-Aspartat mit Citrullin zu Argininsuccinat (Abb. 4.120). Die Energie für diese endergone Reaktion stammt aus der parallel ablaufenden Hydrolyse von ATP bzw. Pyrophosphat.

Argininsuccinat ist ein Guanidinderivat, bei dem es sich – im Unterschied zu Harnstoff – um eine sehr starke Base handelt (Abb. 4.121). Die Iminogruppe ist daher in

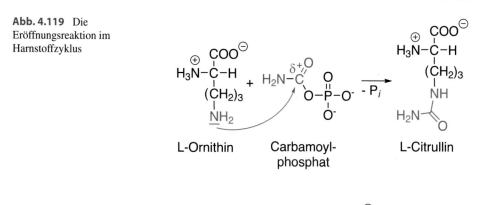

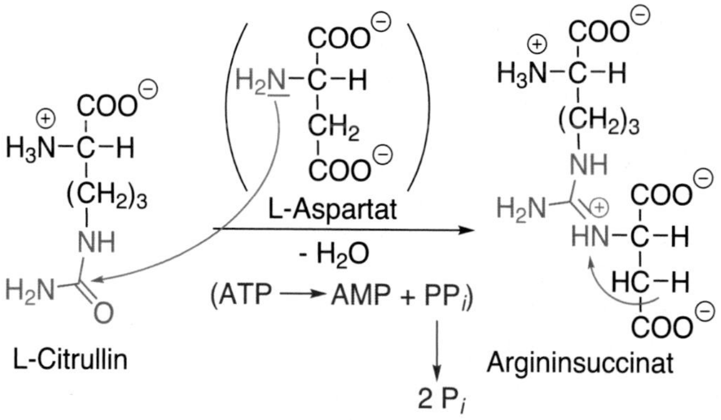

L-Ornithin
Carbamoyl-
phosphat
L-Citrullin
- P_i

Abb. 4.119 Die Eröffnungsreaktion im Harnstoffzyklus

L-Citrullin
L-Aspartat
- H₂O
(ATP → AMP + PP_i)
2 P_i
Argininsuccinat

Abb. 4.120 Die Generierung einer basischen Guanidiniumstruktur

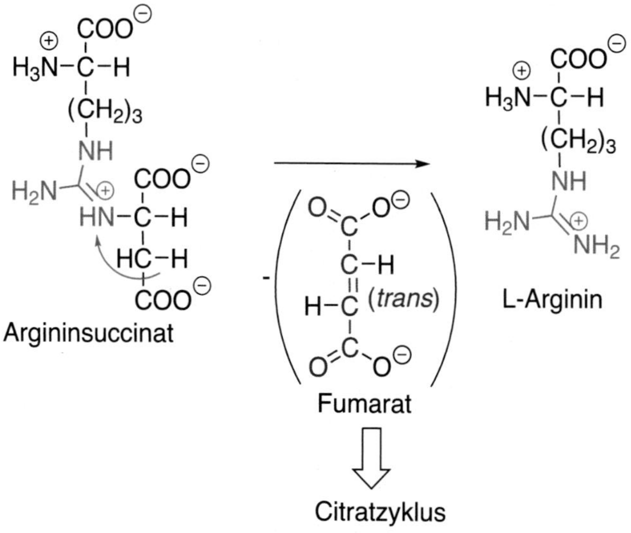

Argininsuccinat
(trans)
Fumarat
Citratzyklus
L-Arginin

Abb. 4.121 Die Abspaltung des „Hilfsreagenzes"

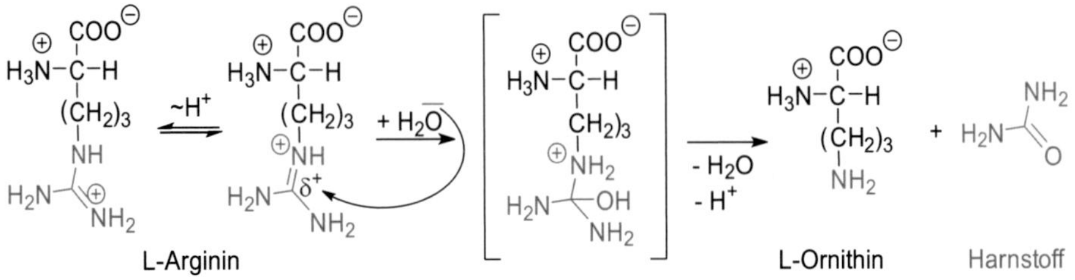

Abb. 4.122 Die Generierung von Harnstoff aus L-Arginin

Wasser stets protoniert, was einen starken Elektronensog auf die Umgebung bewirkt und jene Folgereaktion provoziert, die den Zyklus vorantreibt. L-Aspartat ist eine Aminosäure mit vier Kohlenstoffatomen, die durch Eliminierung des substituierten Amins in Fumarat übergeht. Die strukturellen Besonderheiten des Fumarats sind die energiegünstige *trans*-Konfiguration der beiden flankierenden Carboxylatgruppen an der C=C-Doppelbindung wie auch die drei konjugierten Doppelbindungen, die sich über das gesamte Molekül erstrecken. Damit sind seine Eliminierung von Argininsuccinat und die Entstehung von L-Arginin favorisiert. Fumarat geht in den Citratzyklus ein und stellt damit eine Brücke zwischen den beiden biochemischen Mechanismen her. Damit nimmt auch der Citratzyklus Einfluss auf den Harnstoffzyklus.

In L-Arginin wirkt auch weiterhin die protonierte Guanidingruppe mit ihrem starken Elektronensog auf das betreffende Kohlenstoffatom ein (Abb. 4.122). Dies ist die Vorbedingung, dass in einer der beiden tautomeren Formen Wasser nucleophil attackiert und die C=N$^+$-Bindung (formal über ein Halbaminaläquivalent) hydrolysiert wird. Es entstehen L-Ornithin und Harnstoff. Ersteres eröffnet den nächsten katalytischen Zyklus und Harnstoff – und damit letztendlich zwei Äquivalente Ammoniak – verlässt in Wasser gelöst den Organismus.

Es fällt auf, dass mit L-Ornithin und L-Citrullin, neben den beiden proteinogenen Aminosäuren L-Aspartat und L-Arginin, zwei nichtproteinogene Aminosäuren im Harnstoffzyklus involviert sind. Es handelt sich um Homologe von L-Lysin bzw. L-Glutamin. Dieser Fakt suggeriert, dass sich hier ein Mechanismus mit Beteiligten evolvierte, die teilweise außerhalb der engen Korrelation zwischen DNA und den proteinogenen Aminosäuren stehen und damit die „Selbstkannibalisierung" verhindert wird. Durch den Verbrauch von ATP für Aktivierungsreaktionen wird deutlich, dass die „Entgiftung" von Ammoniak ein energieverbrauchender Prozess ist. Dies schlägt sich auch im marginalen Energiegewinn nieder, der beim Abbau von Aminosäuren im Vergleich zur Oxidation der hauptsächlichen Energielieferanten Kohlenhydrate und Fette zu verzeichnen ist.

Insgesamt stellt der Harnstoffzyklus einen eindrücklichen Beweis dar, wie über Strukturen und Mechanismen der organischen Chemie *dead-ends* der anorganischen Chemie vermieden werden. Erst diese Komplexitätszunahme ermöglicht die Umgehung energetischer Senken, die die Dynamik biochemischer Reaktionen unterbrechen würden.

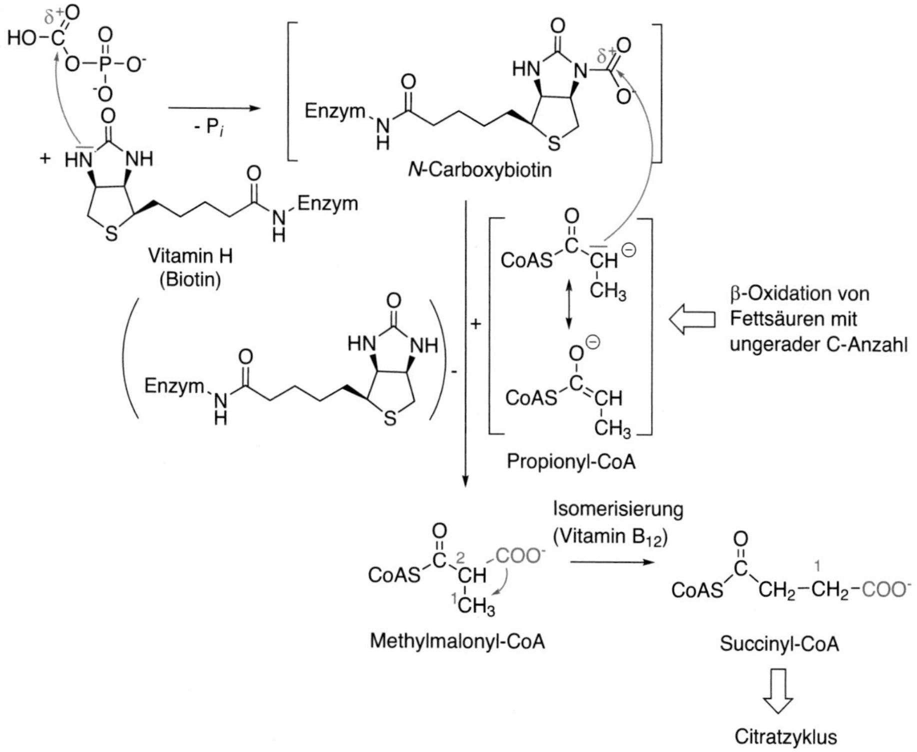

Abb. 4.123 Die Verlängerung einer C_3-Einheit um eine C_1-Einheit

β-Oxidation von Fettsäuren

Als funktionalisierter C_1-Baustein finden sich Kohlensäurederivate auch bei der Verlängerung von Kohlenstoffketten während der β-Oxidation von Fettsäuren. In diesem biochemischen Mechanismus werden langkettige Fettsäuren, wie Ölsäure oder Linolensäure, mit 18 Kohlenstoffatomen jeweils in Acetylreste, d. h. C_2-Bruchstücke, zerlegt, die im Citratzyklus weiterverwertet werden. Beim Abbau von Fettsäuren mit ungeradzahliger Kohlenstoffatomanzahl bleibt am Ende folgerichtig ein C_3-Fragment übrig. Dafür existiert kein Anschlussmechanismus. Durch Kombination dieser C_3-Einheit mit einer C_1-Einheit zu einer Verbindung mit vier Kohlenstoffatomen wird die Blockade „gelöst".

Zunächst wird das bereits erwähnte gemischte Kohlensäurephosphorsäureanhydrid an die basische Seitenkette von Vitamin H (Biotin), das Teil eines Enzyms ist, gebunden (Abb. 4.123). Dabei entsteht N-Carboxybiotin, ein anionisches Kohlensäureamid.

Noch während der Abspaltung des Phosphatrestes wird das Kohlensäureamid durch das mesomeriestabilisierte Anion von Propionyl-CoA, das aus der β-Oxidation der Fettsäure mit ungeradzahliger C-Atom-Zahl resultiert, attackiert. Das Enzym wird nach erfolgter C–C-Bindungsknüpfung freigesetzt. Das Produkt Methylmalonyl-CoA ist eine

Verbindung mit vier Kohlenstoffatomen, jedoch mit einer verzweigten Kette, für die ebenfalls kein Abbaumechanismus existiert. Durch Isomerisierung der Carboxylatgruppe zum Ende der Kette, die radikalisch durch Vitamin B_{12} katalysiert wird (Abschn. 2.2.3), entsteht Succinyl-CoA. Letzteres ist eine Komponente des Citratzyklus. Auf diese Weise gelangen Bruchstücke unterschiedlich langer Fettsäuren in einen einheitlichen Abbau-prozess, was das „unökonomische" Durchlaufen mehrerer Mechanismen mit der dazu-gehörigen separaten Enzymausstattung verhindert.

    Auch bei der in Abb. 4.123 gezeigten Transformation beweist der ausschließlich organisch basierte Weg seine Überlegenheit gegenüber theoretischen Alternativen. Die Reaktion von nicht aktiviertem Hydrogencarbonat mit Propionyl-CoA würde die Deprotonierung der extrem starken Base Propionyl-CoA rückgängig machen und die C–C-Kupplung unterbleibt.

Einbau von hochoxidierten Kohlenstoffderivaten in komplexe Naturstoffe: Nucleobasen

Neben dem Vorkommen von reaktiven Kohlensäurederivaten bei Abbau- und Umbaureaktionen existieren zahlreiche stabile und komplexe Naturstoffe, die auf der Basis von Kohlensäure, Ameisensäure und anderen Carbonsäuren aufgebaut sind. Die Identifikation der betreffenden Strukturen kann erschwert sein, da die Regeln für die Ableitung von Oxidationszahlen auf Sauerstoff zugeschnitten sind, der in solchen Strukturen häufig nicht vorkommt. Die Bestimmung der Oxidationszahl ist jedoch wichtig, um die These dieses Buches, dass der Großteil allen Lebens auf die ent-schleunigte Totaloxidation des energiereichen Kohlenstoffs zurückgeführt werden kann, in all seinen biochemischen und biologischen Konsequenzen zu verdeutlichen. Durch die Anwendung weniger theoretischer Transformationen hin zu den korrespondierenden Sauerstoffverbindungen lässt sich aber jedem Kohlenstoffatom *seine* Oxidationszahl zuordnen.

    Die Vorgehensweise soll nachfolgend an der Nucleobase Adenin erläutert werden (Abb. 4.124). In Adenin finden sich zwei C–H-Bindungen. Durch formalen Aus-tausch von N- gegen O-Funktionalitäten erlangen die Regeln zur Bestimmung der Oxidationsstufen wieder Gültigkeit. Bei diesem formalen Vorgehen darf kein Wechsel der Oxidationszahlen eintreten. Im Ergebnis wird deutlich, dass sich die betrachteten Kohlenstoffatome zunächst auf Formimidamid und zuletzt auf Ameisensäure zurück-führen lassen. In der Ameisensäure kann die Oxidationszahl, nämlich +2, eindeutig zugeordnet werden.

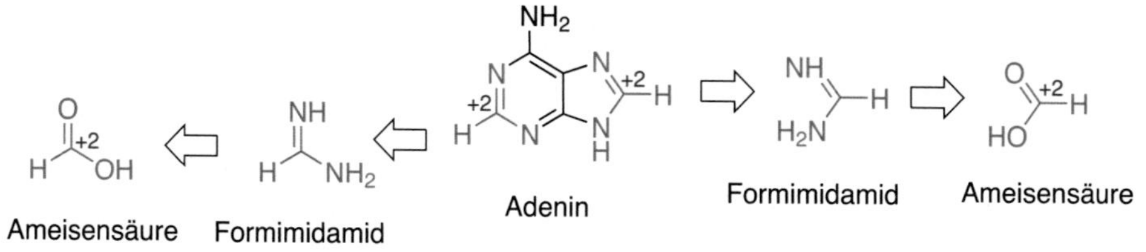

Abb. 4.124 Oxidationszahlen lassen chemische Verwandtschaften sichtbar werden

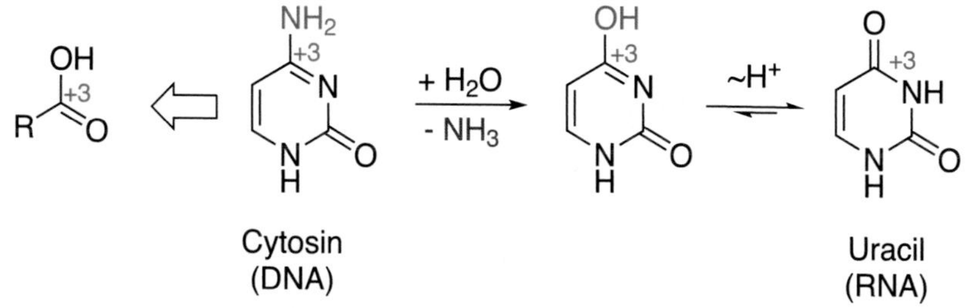

Abb. 4.125 Die chemische Verwandtschaft zwischen Cytosin und Uracil

Nur mit dieser Methode lässt sich die chemische Verwandtschaft zwischen den beiden Nucleobasen Uracil und Cytosin erkennen (Abb. 4.125). Nach Austausch der Aminogruppe in der Imidamidsubstruktur des Cytosins und nachfolgender Imid-Amid-Tautomerie entsteht Uracil. Die Oxidationszahlen ändern sich bei dieser Transformation nicht, es handelt sich bei beiden Basen um Verbindungen, die auf die gleiche Carbonsäure zurückgeführt werden können. Berücksichtigt man, dass das entweichende Ammoniak ein Gas ist, wird die Verschiebung des Gleichgewichts in der Reaktion von Cytosin zu Uracil mit Wasser plausibel. Die RNA-Base Uracil ist somit aus formalchemischer Sicht ein Hydrolyseprodukt der DNA-Base Cytosin. Dieser Zusammenhang ergibt sich nur bei Betrachtung der chemischen Strukturen, da beide Nucleobasen unter biochemisch evolvierten Bedingungen individuelle Synthesewege hinter sich haben. Der Zusammenhang zwischen den beiden Basen ist abhängig von der Stabilität der zugehörigen Polynucleinsäure. Während die Imidamidstruktur des Cytosins als Nucleobase einer DNA-Kette durch Wasserstoffbrücken mit dem Adenin einer zweiten Kette stabilisiert wird (Abb. 4.128), unterbleibt die Stabilisierung in der Einzelkette der RNA, und es erfolgt zwangsläufig die Hydrolyse von Cytosin zu Uracil.

Wendet man den gleichen Formalismus auf die Nucleobase Adenin an, wird deutlich, dass auch sie ein Vorläufer einer anderen Nucleobase, nämlich des Guanins, ist (Abb. 4.126). Durch Hydrolyse und Tautomerie wird aus dem Carbonsäureimidamid ein Carbonsäureamid. In Nachbarschaft befindet sich eine C–H-Bindung, in die Sauerstoff insertiert wird. Nach Austausch der gebildeten HO-Gruppe mit Ammoniak entsteht Guanin. Es ergibt sich die Schlussfolgerung, dass Adenin ein Derivat der Ameisensäure

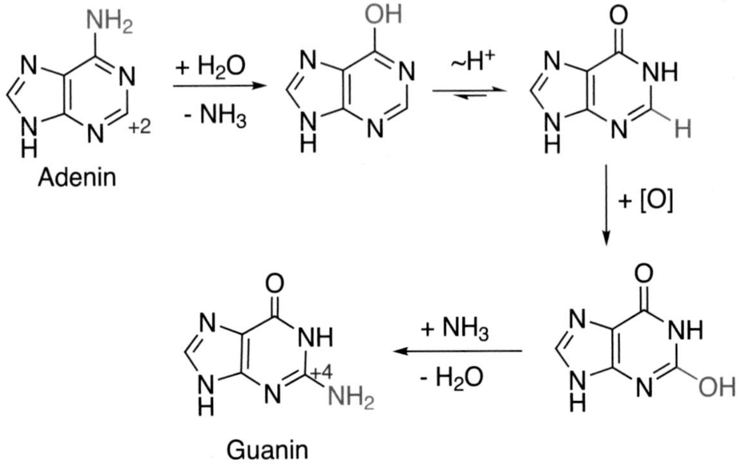

Abb. 4.126 Die chemische Verwandtschaft zwischen Adenin und Guanin

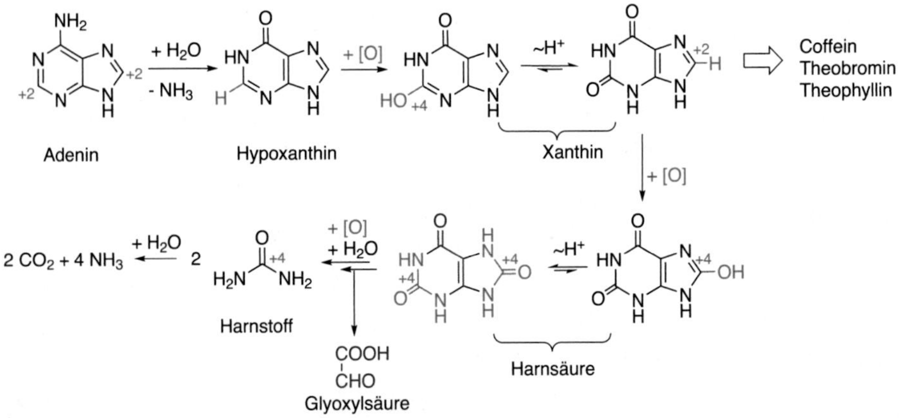

Abb. 4.127 Der Totalabbau von Adenin

ist, während Guanin sich auf die Kohlensäure zurückführen lässt. Nur die Bestimmung der Oxidationszahl an dem betreffenden Kohlenstoff legt diese Relationen offen. Guanin ist somit bereits ein oxidatives Abbauprodukt des Adenins, obwohl beide Basen zentrale Bestandteile der DNA sind und auf unterschiedlichen Wegen entstehen. Es ergibt sich die paradoxe Situation, dass ausgerechnet die Biomoleküle mit dem höchsten Informationsgehalt vor allem Strukturen enthalten, in denen Kohlenstoffatome mit der höchsten Oxidationsstufe versammelt sind.

Adenin verfügt nicht nur über eine C–H-Bindung, sondern über zwei (Abb. 4.127). Als Alternative zur oxidativen Route zum Guanin präsentiert sich der weitere Sauerstoffeinschub in die C–H-Bindung des 5-Rings. Dabei entsteht Hypoxanthin und anschließend Xanthin. Über die Oxidation der C–H-Bindung im 6-Ring bildet sich über eine tautomere Struktur Harnsäure. Harnsäure wird über mehrere Schritte bis zum Harnstoff bzw. Ammoniak und Kohlendioxid zerlegt, wobei die Glyoxylsäure als organischer Rest übrigbleibt.

Der oxidative Abbau, verbunden mit der Reaktion mit Wasser bzw. Ammoniak, erzeugt somit nicht nur die Variabilität in den Nucleobasen von RNA oder DNA, sondern führt auch zum Totalabbau und damit zum Verlust der genetischen Funktion. Es sei daran erinnert, dass die Methylierungsprodukte von Xanthin, das sind Coffein, Theophyllin und Theobromin, Abwehrstoffe für die produzierenden Pflanzen darstellen (Abschn. 3.2). Damit ergibt sich ein unerwarteter chemischer Zusammenhang zwischen zwei biologisch völlig unterschiedlichen Funktionen, der sich nur über die Formelsprache erschließt.

Die Beispiele zeigen, dass zahlreiche Wege existieren, auf denen Carbonsäuren in Kohlendioxid überführt werden, wobei der biochemische Weg immer der komplexere ist und unter physiologischen Bedingungen der einzig gangbare. Der direkteste Weg ist die Oxidation der Ameisensäure und ihrer Derivate. Im Unterschied dazu erfordert die Decarboxylierung höherer Carbonsäuren zahlreiche vorbereitende Schritte, die auf die Aktivierung der Umgebung der Carboxylgruppe abzielen. Viele Carbonsäure-, insbesondere Kohlensäurederivate, sind Bestandteil hochmolekularer und sehr zentraler Naturstoffe, womit aus biochemischer Perspektive die schnelle Umwandlung in CO_2 entschleunigt wird.

Wasserstoffbrücken in Polynucleinsäuren

Carbonsäuren und viele Derivate davon sind zur Ausbildung von Wasserstoffbrücken befähigt. Diese Eigenschaft wurde schon in Abb. 4.78 im Vergleich zwischen Ethanol und Essigsäure hervorgehoben. Besonders effektiv sind Wasserstoffbrücken, die von Carbonsäureamiden ausgehen. Erinnert sei an H-Brücken in den Sekundärstrukturen von Proteinen bzw. in den bindenden Wechselwirkungen zwischen Chitinketten. Multiple Wasserstoffbrücken sind auch ein wesentliches Charakteristikum der Polynucleinsäuren, insbesondere der DNA. Die komplementäre Paarung zwischen den „häufigen" Nucleobasen Thymin (T) und Adenin (A) bzw. zwischen Cytosin (C) und Guanin (G) basiert auf solchen bindenden Wechselwirkungen (Abb. 4.128). Im Paar Thymin-Adenin existieren zwei Wasserstoffbrücken zwischen einer Carbonsäureamid- und einer Carbonsäureimidamidstruktur. In der Paarung Cytosin-Guanin werden drei H-Brücken aufgebaut, wobei zu den beiden vorgenannten noch eine weitere zwischen einem Carbonsäureamid- und einem Guanidinfragment hinzukommt. Durch diese strikte Komplementarität ist das Konzentrationsverhältnis zwischen Thymin und Adenin bzw. Cytosin und Guanin in jeder DNA 1:1. Die Ausbildung solcher attraktiven Wechselwirkungen ist an die singuläre Struktur der beteiligten Basen geknüpft, d. h. Amid- bzw. Guanidinsubstruktur müssen sich an den „richtigen" Stellen im Molekül befinden. In der Biologie wird für solche Zusammenhänge der Ausdruck *Fitness* verwendet, was im Deutschen mit dem Adjektiv „passend" übersetzt wird. Der Zwang zur Komplementari-

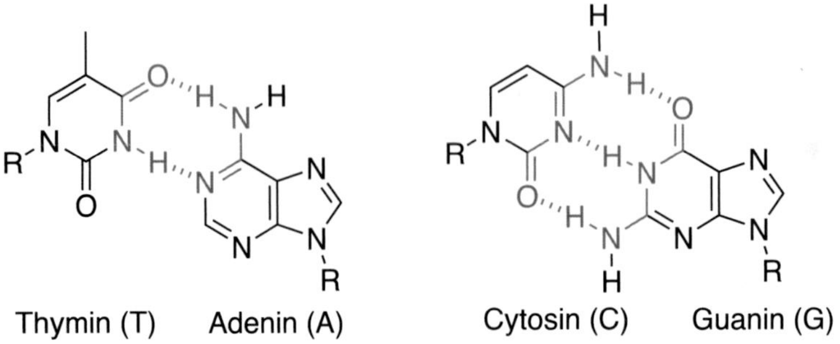

Abb. 4.128 Wasserstoffbrücken determinieren die Basenpaarung in der DNA

Abb. 4.129 Tautomerie
zwischen Guanin und Guanin*

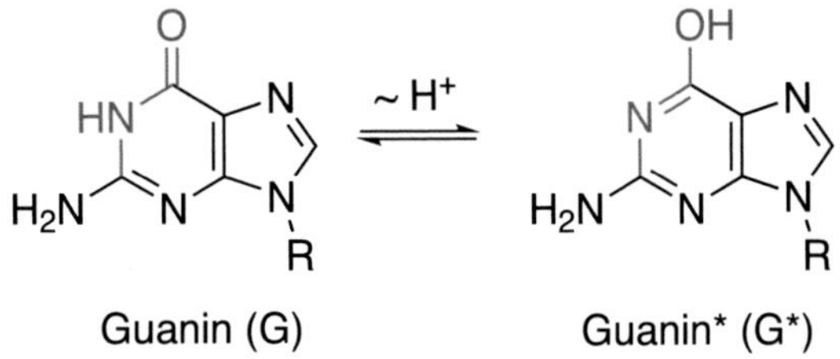

tät ermöglicht gleichzeitig die nahezu verlustlose Übertragung der Information von einer originalen DNA-Kette an RNAs oder zweite DNA-Stränge im Rahmen der Proteinsynthese bzw. der identischen Reduplikation, woraus sich ein weiterer Anpassungsdruck, dieses Mal auf externe Partner ergibt.

In Guanin (G) ist der 6-Ring kein Aromat. Aromatisierung tritt aber durch eine Amid-Imidol-Tautomerie zur isomeren Struktur G* ein. (Abb. 4.129).

Das hat zur Folge, dass nicht mehr Cytosin als Partner für das tautomerisierte Guanin* akzeptiert wird, sondern Thymin, nun aber über drei Wasserstoffbrücken (Abb. 4.130). Solche Veränderungen des genetischen Codes sind u. a. Ausgangspunkte für Erbkrankheiten, bedingen aber auch die genetische Variabilität einer Spezies.

Nucleoside mit strukturell noch stärker modifizierten Basen führen nicht zur Paarung. Das ist eine Ursache dafür, dass die meisten RNAs nur als Einstrangmoleküle vorliegen und sich nur dort, wo sich die „häufigen" Basen gegenüberstehen, Domänen von Doppelketten ausbilden. Erst durch die Entfernung der sogenannten „seltenen" Basen während der chemischen Evolution, das sind z. B. Dihydrouracil (D), Pseudouridin (Ψ), Ribothymidin (T) oder Inosin (I), wird ein höheres Komplexitätsniveau in Form der DNA erreicht (Abb. 4.131).

Die extrem austarierte Selektion von Nucleobasen im Hinblick auf ihre Passfähigkeit in der Doppelhelix der DNA zeigt sich auch im Austausch von Uracil gegen Thymin beim Übergang von der RNA zur DNA. Im Thymin befindet sich dort eine

Abb. 4.130 Guanin* erzwingt
Thymin als Gegenbase

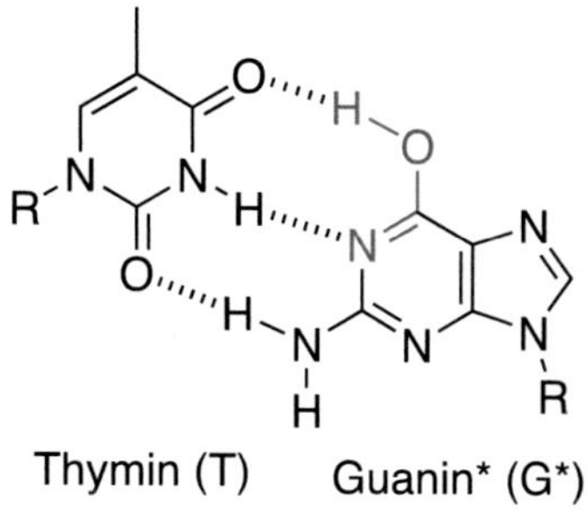

Thymin (T)   Guanin* (G*)

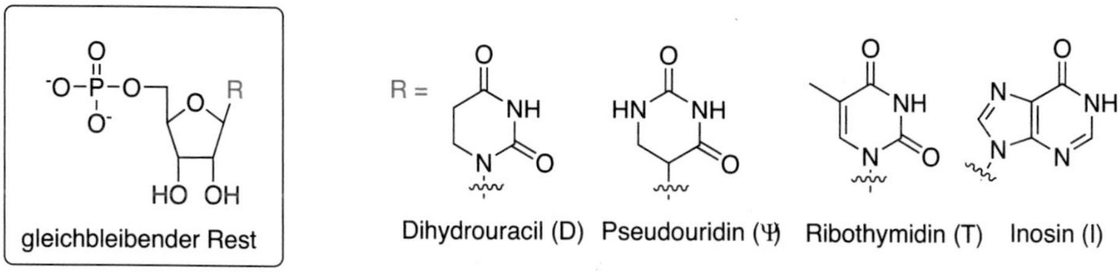

gleichbleibender Rest

R =   Dihydrouracil (D)   Pseudouridin (Ψ)   Ribothymidin (T)   Inosin (I)

Abb. 4.131 „Seltene" Nucleoside als Struktureigenschaft der RNA

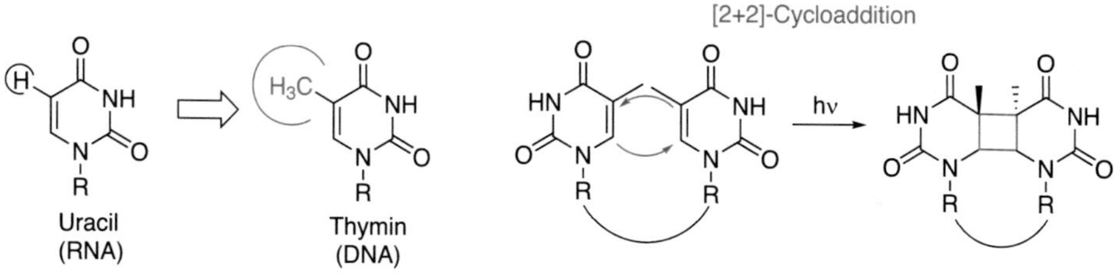

[2+2]-Cycloaddition

Uracil
(RNA)

Thymin
(DNA)

hν

Abb. 4.132 Thymin *versus* Uracil

CH$_3$-Gruppe, wo im Uracil ein Wasserstoffatom gebunden ist (Abb. 4.132). Der Austausch des (kleinen) Wasserstoffatoms gegen die voluminöse Methylgruppe behindert die [2+2]-Cycloaddition, bei der zwei Alkene zu einem konformativ starren Cyclobutanring reagieren. Diese Reaktion kann bei Bestrahlung zwischen zwei benachbarten Uracilresten eintreten. Da energiereiches Licht (*hν*) schon immer die Entwicklung von Organismen auf der Erde begleitet hat, trägt diese kleine chemische Modifikation zur ausdauernden Funktionsfähigkeit der DNA bei. Gleichzeitig führt die tetraedrische Struktur der verbindenden Phosphorsäure dazu, dass die Basenpaare nicht völlig eben, sondern etwas geneigt sind. Dies führt nicht nur zur Ausbildung der Doppelhelix, sondern auch die [2+2]-Cycloaddition wird noch zusätzlich eingeschränkt.

Ergänzend zu den Ursachen, die in Abschn. 1.2.14 für das höhere Evolutionspotenzial der Phosphorsäure gegenüber anderen anorganischen Säuren bzw. für die Überlegenheit der Desoxyribose gegenüber der Ribose herausgearbeitet wurden, ergibt sich folgendes

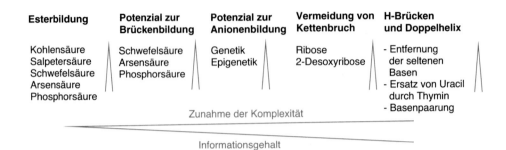

Esterbildung	Potenzial zur Brückenbildung	Potenzial zur Anionenbildung	Vermeidung von Kettenbruch	H-Brücken und Doppelhelix
Kohlensäure Salpetersäure Schwefelsäure Arsensäure Phosphorsäure	Schwefelsäure Arsensäure Phosphorsäure	Genetik Epigenetik	Ribose 2-Desoxyribose	- Entfernung der seltenen Basen - Ersatz von Uracil durch Thymin - Basenpaarung

Zunahme der Komplexität

Informationsgehalt

Abb. 4.133 Die DNA als komplexes und logisches Evolutionsprodukt ihrer Bestandteile

Gesamtbild für die chemische Evolution von Polynucleinsäuren über die RNA bis hin zur DNA, wobei Modifikationen in anorganischen als auch in organischen Substrukturen einen Beitrag leisten (Abb. 4.133):

Auf den unteren beiden Evolutionsniveaus, auf denen es um das Potenzial und die Stabilität der anorganischen Oxosäuren zur Ausbildung von Diesterbrücken geht, setzen sich Schwefelsäure, Arsensäure und Phosphorsäure durch. Die Kohlensäure ist zu instabil, um unter biotischen Bedingungen Diester zu bilden, und die Salpetersäure genügt als einbasige Säure nicht diesem Selektionskriterium. Beim Vergleich zwischen Schwefelsäure und Phosphorsäure auf dem nächsthöheren Niveau der Fähigkeit zur Brückenbindung verhindert die hohe Acidität der Schwefelsäure die Bildung von Diestern im annähernd neutralen biotischen Milieu. Die dreibasige Arsensäure bildet unter physiologischen Bedingungen keine dauerhaften Ester. Am Ende dieses Auswahlverfahrens zeigt sich die evolutionäre *Fitness* der Phosphorsäure. Der anionische Sauerstoff in den Phosphorsäurediestern verursacht die Ausbildung von attraktiven ionischen Wechselwirkungen mit den basischen Seitenketten von Aminosäuren (Histone). Das ist die Voraussetzung, dass in den Chromosomen Proteine den Ableseprozess an der DNA im Rahmen von epigenetischen Prozessen kontrollieren. Durch die Reduktion der HO-Gruppe am $C^{2'}$ der Ribose und die Entstehung von 2'-Desoxyribose werden Umesterungsprozesse von verbrückenden Phosphorsäurediestern ausgeschlossen, die zur Spaltung der Polynucleinsäurekette führen. Auf diese Weise erhöht sich die Kettenstabilität in Form der DNA. Das Aussortieren von „seltenen" Basen in einem RNA-Einzelstrang, die nicht das Potenzial zur komplementären Basenpaarung aufweisen, führt *zwangsläufig* zur energiearmen Anlagerung einer zweiten DNA-Kette. Die Bindungen werden nicht über starke kovalente Bindungen, sondern flexible Wasserstoffbrücken realisiert, die während der Ableseprozesse temporär gelöst werden. Somit gibt der Mechanismus der Ablesung die Bindungsform in der DNA vor. Der Austausch von Uracil gegen Thymin schränkt ebenfalls destabilisierende Nebenreaktionen in einer Kette unter biotischen Bedingungen ein, namentlich Licht. Diese ineinandergreifenden Strukturen und Prozesse werden durch biochemische Reparaturmechanismen noch zusätzlich stabilisiert.

Insgesamt wird mit jedem Schritt der chemischen Selektion die Gesamtstabilität der Polynucleinsäuren verbessert. Gleichzeitig erhöht sich mit jeder Modifikation der Informationsgehalt. Die weniger stabilen RNAs sind unabhängig von ihrer biochemischen Funktion im Vergleich zur DNA stets kürzer. Das Gesamtensemble einer DNA stellt sich als Summe der einzelnen Evolutionsniveaus dar, die alle miteinander rückkoppeln. Das hat jedoch auch zur Folge, dass immer weniger Änderungsoptionen möglich sind. Die biochemischen Mechanismen und zugehörigen biologischen Organismen sind weniger flexibel bei Veränderung der Umweltbedingungen, gewährleisten aber gleichzeitig die generationenübergreifende Stabilität von biologischen Organismen.

Die Tatsache, dass mit Ausnahmen von RNA-Viren in höheren Organismen sowohl RNAs als auch DNA vorkommen, beweist, dass während der biochemischen Evolution konservative Strukturen nicht in jedem Fall aussortiert werden müssen. Im Gegenteil, Naturstoffe auf unterschiedlichem Evolutionsniveau tragen zur Gesamtheit der biologischen Struktur bei.

Von chemischen Strukturen und einzelnen Reaktionen zu komplexen biochemischen Netzwerken

5

Das Anliegen der hier vorgestellten Methodik ist es, biochemische Prozesse und biologische Evolutionsphänomene auf charakteristische chemische Substrukturen und Gesamtstrukturen von Naturstoffen und deren Wechselwirkungen miteinander zurückzuführen. In diesem Kontext stehen insbesondere funktionelle Gruppen im Mittelpunkt, die Ausgangs- und Angriffspunkte für chemische Transformationen darstellen. Durch die Fokussierung auf die biologisch relevanten Elemente des Periodensystems, chemische Verbindungen und deren Reaktionen miteinander ergibt sich ein logischer und objektiver Zugang zur Evolution von Lebensprozessen.

Die wichtigsten biologischen Rahmenbedingungen, unter denen Leben auf der Erde stattfindet, sind das wässrige, meist neutrale Milieu und die Anwesenheit des reaktiven Sauerstoffs. Den physikalischen Rahmen bilden moderate Temperaturen und der Atmosphärendruck. Sie stellen einen übergeordneten Zusammenhang her, der sich in den Strukturen der Naturstoffe, deren Reaktionen und Reaktionszusammenhängen widerspiegelt. Das Auffinden solcher Zusammenhänge kann erschwert sein. Einzelne biochemische Reaktionen laufen in Zellen immer parallel oder sukzessiv zu anderen Reaktionen ab. Dadurch ergeben sich Abhängigkeiten, die in ihrer Komplexität bisher nicht in ihrer Gesamtheit dargestellt werden können. Es ist fraglich, ob dies überhaupt gelingen kann, wenn man die Dynamik aller biochemischen Transformationen in einem einzelnen Organismus zu einem bestimmten Zeitpunkt analysieren und dann auch quantitativ fixieren möchte.

Schon Erklärungen für das Vorkommen bestimmter Naturstoffe in unterschiedlichsten biochemischen Unterstrukturen bzw. Anwendungsgebieten sind nicht trivial. Ein anschauliches Beispiel betrifft den gesamten Phosphatstoffwechsel, der grundsätzlich davon abhängig ist, ob lösliche oder unlösliche Phosphorverbindungen betrachtet werden (Abb. 5.1). Eine weitere Differenzierung ergibt sich bei der Fokussierung auf bestimmte Strukturen, wie Adenosin-5'-monophosphat (AMP) und dessen Derivate.

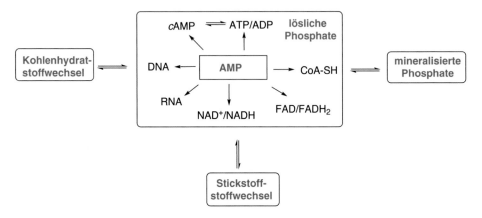

Abb. 5.1 Biochemische Schlüsselverbindungen am Beispiel des AMP

AMPs kommen in der Biochemie in vielfältigsten chemischen Formen und dort in unterschiedlichen Funktionen vor. Das ist auf der einen Seite ein Indiz für deren Stabilität und Einzigartigkeit. Auf der anderen Seite ist es auch ein Beweis für deren große funktionale Variabilität. Besonders hervorzuheben ist das AMP in der RNA. Nach Reduktion der HO-Gruppe am $C^{2^{\cdot}}$ des Zuckers entsteht daraus ein Bestandteil der DNA. Adenosin ist auch Bestandteil von ATP, dem wichtigsten Energiespeicher in der Zelle. Als cyclisches AMP (cAMP), das mit AMP, ADP und ATP im Gleichgewicht steht, dient es der Signalweiterleitung auf zellulärer Ebene. In CoA–SH ist AMP am anderen Ende der reaktiven Thiolethergruppe lokalisiert. Gleichfalls in großer Entfernung zum reaktiven Zentrum befindet sich eine AMP-Einheit in den Redoxsystemen $NAD^+/NADH$ sowie im H_2-Akzeptor/Donor-System $FAD/FADH_2$. Die meisten dieser Strukturen finden sich sowohl im Kohlenhydrat- als auch im Stickstoffstoffwechsel wieder.

Eine Ursache für die Eigenschaften und das ubiquitäre Vorkommen von AMP-basierten Strukturen als Knotenpunkte in biochemischen Netzwerken in ganz verschiedenen Organismustypen und Funktionszusammenhängen liegt in der Häufigkeit des Vorkommens von Phosphor, speziell der schwachen dreibasigen Phosphorsäure und deren Salzen, auf der Erde. Die Struktur des Adenins mit zwei anellierten Aromaten (Pyrimidin und Pyrrol) trägt ebenfalls zur hohen Stabilität dieses Teils vom AMP bei. Die Teilstruktur der D-Ribose auf der Basis eines 5-Ringes ist jedoch aus dieser Sicht verwunderlich, man würde viel eher die stabilere Glucose an dieser Stelle vermuten. Eine plausible Begründung ergibt sich jedoch, wenn man die übergeordnete Struktur der Polynucleinsäuren RNA und besonders der DNA und deren Genese für die Analyse heranzieht. Im Rahmen der Informationsspeicherung und -weiterleitung ist ein Gesamtsystem evolviert, das nur noch begrenzte Freiheitsgrade in Bezug auf die Variabilität einzelner Molekülstrukturen erlaubt. Das schließt in diesem Zusammenhang die D-Glucose aus. Legt man diese These für die Beantwortung der Frage nach der weiten Verbreitung der AMP-Struktur zugrunde, wird deutlich, dass nicht nur der Aufbau der einzelnen Monomere von RNA und DNA durch die Überstruktur determiniert wird, sondern, dass auch viele andere „Anwendungen", die außerhalb der Genetik stehen, davon profitieren. Aus dieser Sicht kann die RNA, ebenso wie das schwerlösliche Phosphat der Knochen und Zähne, letzten Endes auch als AMP-Quelle bzw. -Speicher betrachtet werden, woraus sich unterschiedliche Mechanismen der Informationsverarbeitung und Energiegewinnung „bedienen".

Es hat sich in der Biochemie eingebürgert, chemische Prozesse in Kreisläufen darzustellen. Auf diese Weise wird größtmögliche visuelle Übersichtlichkeit angestrebt. In lebenden Zellen geht jedoch aufgrund der Kreislaufdarstellungen die gleichzeitige Anwesenheit zahlloser chemischer Verbindungen und deren Reaktionen miteinander und somit die tatsächlich herrschende Komplexität verloren. Um Teile dieser Komplexität zu erfassen, ist die chemische Formelsprache von unschätzbarem kognitivem Vorteil. Erst durch die Kenntnis der Strukturen mit ihren funktionellen Gruppen und deren Reaktionen miteinander werden Querbeziehungen zwischen den einzelnen Kreisläufen sichtbar.

Ein Beispiel betrifft die Synthese von Aminosäuren aus Intermediaten von Glycolyse und Citratzyklus. Es wurde in Abschn. 4.1.7 gezeigt, dass die Abspaltung von Kohlendioxid aus organischen Verbindungen meist durch die strukturelle Aktivierung von benachbarten Carbonylgruppen initiiert wird. Typisch sind α-Ketocarbonsäuren wie Pyruvat oder α-Ketoglutarat. Durch Reaktion mit Ammoniak und nachfolgende Hydrierung entstehen α-Aminocarbonsäuren, wie das Beispiel Alanin aus Pyruvat zeigt (Abb. 5.2).

Auf diese Weise werden Mechanismen zum Abbau von Zuckern mit dem Aminosäurestoffwechsel verknüpft. Da Aminosäuren in Form der Histone im Rahmen epigenetischer Prozesse auch wieder die Ablesung der DNA und damit die Abläufe während der Proteinsynthese in den Ribosomen steuern, wird ein weiterer Reaktionszusammenhang deutlich. Gleichzeitig sind Proteine als Enzyme an fast allen biochemischen Transformationen beteiligt.

Ein anderes Beispiel betrifft Acetyl-CoA, welches sowohl ein Produkt des Abbaus von Glucose über die Glycolyse ist, als auch ein Endprodukt der β-Oxidation von Fettsäuren darstellt (Abb. 5.3).

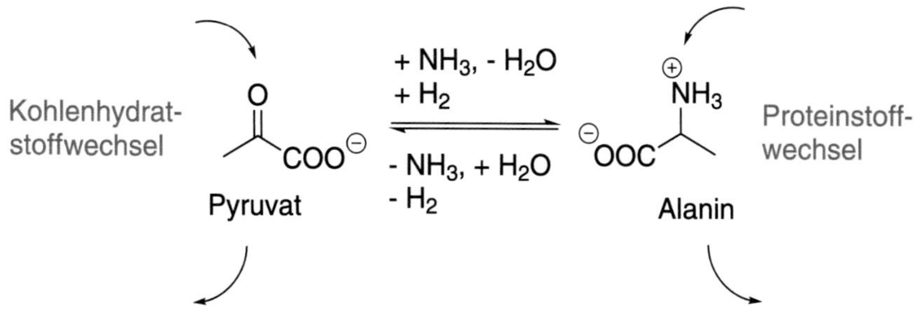

Abb. 5.2 Chemische Übergänge zwischen komplexen Mechanismen am Beispiel Pyruvat/Alanin

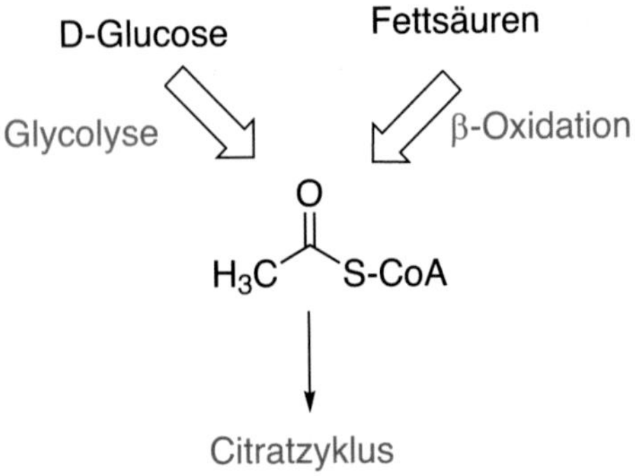

Abb. 5.3 Acetyl-CoA als
Brücke zwischen zentralen
biochemischen Mechanismen

D-Glucose   Fettsäuren

Glycolyse   β-Oxidation

$$H_3C \overset{O}{\underset{}{\|}} S\text{-}CoA$$

Citratzyklus

Ein weiterer Reaktionszusammenhang findet sich beim Abbau stickstoffhaltiger Ver-
bindungen mit dem Abbauweg von Kohlenhydraten und Fetten. Fumarat entsteht als
Nebenprodukt im Harnstoffzyklus und ist gleichzeitig eine Zwischenverbindung des
Citratzyklus (Abb. 5.4).

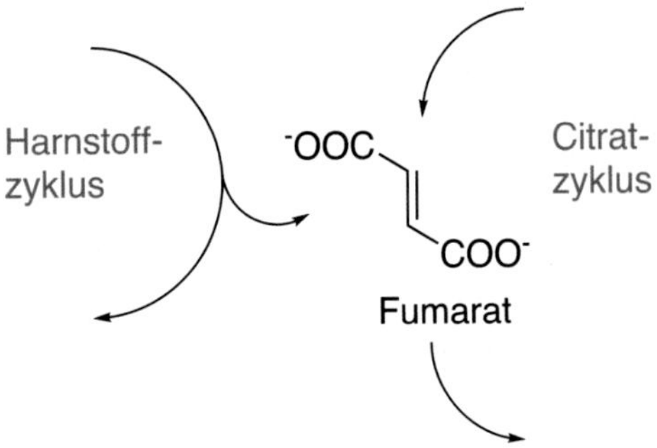

Abb. 5.4 Chemische
Übergänge zwischen komplexen
Mechanismen am Beispiel des
Fumarats

Harnstoff- ^-OOC Citratzyklus   zyklus

COO^-

Fumarat

Determiniertheit, Flexibilität und Kontingenz in der Biochemie

6

Es gibt zahlreiche Naturstoffe und biochemische Mechanismen, die in Organismen unterschiedlicher Entwicklungsstufen wie Viren, Bakterien, Archaeen, Pflanzen und Tieren gleichermaßen anzutreffen sind. Dies ist der Beweis, dass bestimmte chemische Strukturen und Prozesse gegenüber Alternativen in der Evolution extrem begünstigt waren und sind. Daraus lässt sich eine Tendenz zur Konvergenz und letztlich zur Vereinheitlichung ableiten.

Gleichzeitig beweist die Existenz von unterschiedlichen biologischen Spezies und einzelnen Individuen, dass Abweichungen von uniformen Prozessen möglich sind. Diese biologische Tatsache wird durch das Auftreten von teilweise sehr unterschiedlichen Naturstoffen verursacht. Die Diversität ist somit ein starker Beweis, dass ein erheblicher Spielraum auch unter den eingeschränkten Bedingungen auf der Erde existiert. Dieser Spielraum ist jedoch nicht vorhersagbar, sondern wird kontingent (zufällig) durch evolutionäre Prozesse erschlossen. Das chaotische Wirken von freien Sauerstoffradikalen ist aus chemischer Sicht besonders hervorzuheben.

Zwischen den beiden Polen Determiniertheit und Flexibilität entwickeln sich die Evolutionskorridore der Biologie. Chemische Verbindungen und Reaktionen bilden dabei die Basis. Das Konvergieren von unterschiedlichen Abbaumechanismen von Naturstoffen über die Nutzung von gemeinsamen Zwischenverbindungen, Enzymen und Reaktionswegen ist ein Aspekt der Evolution, der einen ständigen Gegenpol zur Diversifizierung bildet.

A. Börner und J. Zeidler, *Chemie der Biologie*,
https://doi.org/10.1007/978-3-662-64701-1_6

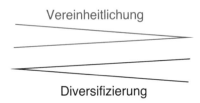

Vereinheitlichung

Diversifizierung

Die prinzipiell wichtigste Voraussetzung für strukturierte chemische Reaktionen ist die Ausbildung von abgegrenzten Räumen, in denen Reaktanten aufeinandertreffen und miteinander reagieren, ohne sofort ins Unendliche verdünnt zu werden. Es wird vermutet, dass zu Beginn der biologischen Evolution auf der Erde Zellen aus anorganischen Materialien, z. B. Calciumcarbonat, auf dem Meeresboden abgegrenzte Bereiche geformt haben. Darin fanden die Vorläufer von biochemischen Reaktionen statt. Es bildeten sich niedermolekulare organische Verbindungen, die später in einem Ausleseprozess zu höhermolekularen Naturstoffen im Rahmen immer komplexerer Mechanismen evolvierten. Die notwendige Energie wurde durch die Wanderung von Protonen durch anorganische Membranen entgegen einem Konzentrationsgradienten geliefert. Dieser Konzentrationsgradient baute sich zwischen dem Milieu des kohlensauren Meerwassers und dem basischen Inneren der anorganischen Zelle auf. Die Energie wurde in chemischer Form von Phosphorsäureanhydriden gespeichert. Das Prinzip mit ATP im Zentrum hat sich bis in die Gegenwart erhalten.

Höheres Leben ist jedoch an Mobilität geknüpft, was statische anorganische Reaktionsräume nicht bieten. Die Generierung von dynamischen Grenzen und damit mobilen Organismen in einem wässrigen Milieu ist somit an organische Strukturen, namentlich hydrophobe Alkanketten (z. B. Fettsäureester, Sulfatide, Phospholipide) gebunden. Durch Van-der-Waals-Kräfte formen unpolare Kohlenstoffketten geordnete Assoziate. Sie führen zur Kompartimentierung, d. h. „Mikroreaktoren" bilden sich in der Umgebung des Wassers und setzen einen Widerstand gegen die ständige Tendenz zur Verdünnung. Durch Einlagerung von Proteinen oder seltenen Kohlenhydraten in diese Grenzschichten organisieren sich Membranen, die den Einstrom bzw. die Ausschleusung von bestimmten Molekülen über chemische Erkennungsmechanismen steuern. Sie stellen die ersten Informationsträger dar. Durch kontinuierlich ablaufende Austauschprozesse mit der Umgebung entstanden aus statischen anorganischen Strukturen dynamische organische Systeme. In der Biologie werden sie als Organellen und Zellen bezeichnet.

Neben der Schaffung von abgegrenzten Räumen sind gelingende Reaktionen von Verbindungen miteinander eine weitere prinzipielle Rahmenbedingung für Leben. Die Reaktanten sind abhängig von den Umweltbedingungen. Auf der Erde reagieren molekularer Sauerstoff und dessen Radikale mit jenen Elementen, die in einem wässrigen, annähernd neutralen Milieu oxidierbar sind. Dabei entstehen über Oxide und Hydroxide wasserlösliche anorganische Salze. Häufig vorkommende Metallsalze sind in der Lage, Sauerstoffradikale zu zersetzen. Die schnelle Zersetzung wird entschleunigt, wenn organische Liganden an den Metallen koordinieren. Die resultierenden Komplex-verbindungen evolvieren zu „Sauerstofftransportern" und katalysieren als Enzyme in der Folge selektive Oxidationsreaktionen.

Nicht nur Nichtmetalle und einige Halbmetalle, sondern alle organischen Natur-stoffe unterliegen einem kontinuierlichen Oxidationsdruck, der sowohl gerichtet als auch ungerichtet ist. Jene Oxidationsprodukte und ihre Derivate, die durch enzymatische und damit gerichtete Prozesse entstehen, bilden die konservative Basis für eine Vielzahl bio-logischer Spezies. Darüber hinaus entstehen Verbindungen, denen gegenwärtig oder auch in Zukunft niemals eine direkte biologische Funktion zugeordnet werden kann. Sie sind Zwischenglieder in biochemischen Mechanismen.

Oxidationsprodukte, die durch den ungerichteten Angriff von freien Sauerstoff-radikalen entstehen, wirken der Determiniertheit von biochemischen Prozessen entgegen und verantworten einen Teil der Kontingenz (Zufälligkeit) bei der Entwicklung neuer biochemischer Mechanismen und biologischer Formen. Veränderungen der chemischen Umweltbedingungen tragen als extrinsische Faktoren zur Evolution bei.

Aufgrund der Begrenzung der materiellen Basis auf relativ wenige Elemente des PSE und Limitierung der Rahmenbedingungen auf Wasser als Reaktionsmedium und Sauer-stoff als primärer Reaktionspartner verläuft auch Leben in engen Bahnen. Dies kommt in der begrenzten Anzahl von Naturstoffen, typischen Einzelreaktionen und uniformen Mechanismen zum Ausdruck. Beispielsweise beruhen Wachstum und Spaltung von Polysacchariden, Polynucleinsäuren und Proteinen auf den gleichen Prinzipien. Poly-nucleinsäuren, unabhängig ob DNA oder RNA, stellen konservative Informationsträger dar, die ihre Informationen nicht nur innerhalb des biologischen Individuums, sondern über Generationen weitergeben. Proteine, die nach den Vorgaben der Polynucleinsäuren gebildet werden, sind die Basis für fast alle Enzyme, womit Informationssicherung und -multiplikation materialisiert werden.

Die zahlenmäßige Begrenztheit von biochemischen Reaktionen und Naturstoffen wird durch die zahlreichen Interaktionen im Rahmen von selbstorganisierenden Prozessen verstärkt. Somit stellt Selbstorganisation ebenfalls ein Prinzip von Selektion dar. Ein anschauliches Beispiel ist die Existenz von „nur" 20 proteinogenen Aminosäuren. Deren Anzahl wird u. a. durch die Verknüpfung mit der Informationsspeicherung in den Poly-nucleinsäuren (RNA, DNA) limitiert. Gleichzeitig wird die Synthese von Aminosäuren und Proteinen von anderen Proteinen in Form der Enzyme katalysiert, woraus sich weitere Rückkopplungsschleifen ergeben.

Limitierende Rückkopplungseffekte auf Chemie und Biochemie gehen auch von biologischen Niveaus aus. So sind die Nucleinsäuren im Zellkern von den Mito-chondrien separiert. Letztere stellen Orte der Entstehung von freien Sauerstoffradikalen dar. Dadurch wird ein zusätzlicher, biologisch basierter Schutz gegen den schnellen oxidativen Abbau dieser zentralen Informationsmoleküle aufgebaut. Vergleichbares trifft auf die separat existierenden Chloroplasten in den grünen Pflanzen zu.

Ein anderes Beispiel biologischer Rückkopplung betrifft die Harnsäure. Sie wird von Vögeln direkt ausgeschieden. Sie ist nicht wasserlöslich, was sich folgerichtig in

deren Anatomie widerspiegelt: Vögel haben keine Harnblase. Hingegen unterliegt die
Harnsäure in Säugetieren meist weiteren Transformationen bis hin zu Harnstoff. Harnstoff ist wasserlöslich, was die Existenz der Harnblase notwendig macht. Fische und
Kaulquappen scheiden das ultimative Abbauprodukt Ammoniak aus. Er wird durch die
wässrige Umgebung sofort verdünnt und stellt für diese Tiere keine Gefahr mehr dar.
Es gibt somit eine direkte Korrelation zwischen Lebensumwelten von Organismen, ana-
tomischen Besonderheiten und den chemischen Eigenschaften von Abbauverbindungen.
Die chemischen Eigenschaften der Abbauprodukte beeinflussen entscheidend die Biologie der zugehörigen Organismen und umgekehrt.

Leben ist nicht nur begrenzt, sondern auch divers. Diese Vielfältigkeit wird ebenso
wie die Begrenztheit durch die materielle Basis und die Rahmenbedingungen bedingt.
Geringe Unterschiede in der Chemie haben immer auch Konsequenzen für die
zugehörige Biochemie und letztendlich für den Organismus. Dadurch wird deutlich, dass
eine „blind agierende" Chemie die Voraussetzungen für alle biologischen Daseinsweisen
darstellt. Die Anschlussfähigkeit von biochemischen und biologischen Funktionen an
chemische Strukturen ist das Kriterium für die weitere evolutionäre Selektion.

Unterschiede in der chemischen Basis bilden die Grundlage für biologische
Systematiken mit ihrer Unterteilung in Reiche, Stämme, Klassen, Ordnungen, Familien
und Gattungen. Kleinere chemische Abweichungen innerhalb einer Art charakterisieren
Individuen und können im Detail sogar von Geschlecht und von Lebensalter abhängen.
Einzelne und kurzfristige Änderungen der Chemie werden meist durch eingefahrene biochemische Prozesse „abgefangen". Längere Expositionen mit körperfremden Elementen
oder chemischen Verbindungen können in längerfristigen Prozessen größere Veränderungen verursachen und sind letztendlich Treiber der biologischen Evolution.

„Synthesechemie" *versus* Biochemie

7

Wie im Vorwort zu diesem Buch konstatiert, wird in modernen Wissensgesellschaften ein „gefühlter" Widerspruch zwischen Chemie und Biologie konstruiert. Diesen Widerspruch gibt es auf chemischer Ebene nicht. Die Synthesechemie, die in den akademischen Labors und den technischen Anlagen der chemischen Industrie betrieben wird, ist eine Chemie, die *nicht* den starken Limitierungen der Biochemie unterliegt. Oder anders formuliert, die Biochemie ist prinzipiell ebenfalls eine Synthesechemie, aber unter stark eingeschränkten Rahmenbedingungen. Der „menschengemachten" Synthesechemie steht ein viel größerer Parameterraum als der Biochemie zur Verfügung, was ein unvergleichliches Potenzial für Anzahl und Vielfalt von chemischen Verbindungen eröffnet. Die Parameter betreffen beispielsweise Temperatur und Druck, unter denen chemische Reaktionen ablaufen. Beschränkungen im technischen Bereich entstehen nur durch Begrenzung der technischen Apparaturen und Anlagen. Ist die Biochemie nur auf das Lösungsmittel Wasser beschränkt, so existieren im technischen Bereich Hunderte Lösungsmittel mit den unterschiedlichsten Eigenschaften. Zählt man jene Reaktionen hinzu, bei denen nur das Edukt oder das Produkt als Lösungsmittel eingesetzt werden, ist die Wahl des Lösungsmittels nahezu unbegrenzt. Ebenso wie in biochemischen Systemen spielen in der technischen Synthesechemie auch Katalysatoren eine zentrale Rolle bei der Herabsetzung der Aktivierungsenergie. Aufgrund der kurzen Optimierungszeit sind die Katalysatoren strukturell wesentlich einfacher gebaut, einige reichen jedoch bereits in den Parametern Aktivität und Produktivität an Enzyme heran, die über Millionen von Jahren evolvierten.

Die wichtigste Unterscheidung zwischen der technischen Chemie und der Biochemie betrifft die Komplexität. Wird in der Synthesechemie die „Reinigung" des Systems von allen störenden Verbindungen angestrebt, ist die Biochemie durch ein Neben- und Nacheinander von Reaktionen geprägt. In solchen Reaktionskaskaden beeinflussen sich Edukte oder Produkte gegenseitig. Es kommt zu positiven oder negativen

Rückkopplungseffekten, die u. a. als **kompetitive Hemmung** bezeichnet werden und oftmals durch die Konkurrenz von Substraten oder Produkten an einem Katalysator charakterisiert sind. Solche Rückkopplungsprozesse sind die Voraussetzung zur Optimierung und Erweiterung von biochemischen Mechanismen. Auf dieser chemischen Grundlage findet biologische Evolution über mehr oder weniger lange Zeiträume statt. Nur durch Separierung von Reaktionen in verschiedenen Organellen oder Zellen bzw. die Anbindung von Reaktionspartnern an Membranen entsteht eine mehr oder weniger geordnete Struktur, die jedoch mit den strikt getrennten Reaktoren und Aufarbeitungsmodulen der chemischen Technik nicht vergleichbar ist.

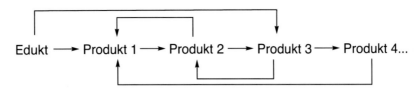

Durch die Vielfalt an parallel oder nacheinander verlaufenden Reaktionen und zahllosen Reaktionsteilnehmern ist die Ableitung einfacher Wenn-dann-Beziehungen in der Biochemie nicht möglich. Das ist einer der wichtigsten Unterschiede zur Synthesechemie im Labor. Dort werden solche Relationen angestrebt und oft auch realisiert. Nur auf dieser Basis ist eine optimale Reaktionsdurchführung erreichbar.

In biochemischen Systemen gibt es darüber hinaus auch keine übergeordnete Regulierungseinheit, wie Menschen oder Computer in einer technischen Anlage oder in einem Forschungslabor, die den Reaktionsablauf planen und überwachen und bei Abweichungen eingreifen. Das vermeintliche Chaos von biochemischen Mechanismen, an denen zahllose Edukte, Produkte und Enzyme beteiligt sind, stellt sich in einem lebenden Organismus als selbstorganisierendes **(autopoietisches)** System heraus, bei dem fast alles mit allem verbunden ist. Nur durch diesen Aufbau wird jeder Organismus zu einer lebenden, homöodynamischen Entität.

Neben diesen Aspekten ist ein anderes Phänomen beim Vergleich von „klassischer" Synthesechemie und Biochemie festzustellen. Erstere nimmt vor allem ihren Ausgang in unfunktionalisierten Erdöl- oder Erdgasprodukten bzw. Kohle, aus denen hochmolekulare und hochfunktionalisierte Verbindungen in einem *Bottom-up*-Verfahren bis hin zu komplizierten Strukturen (z. B. Pharmaka) aufgebaut werden. Reaktive Ausgangsverbindungen mit sehr niedrigen Molekularmassen werden über Crackprozesse oder C–C-Knüpfungsreaktionen (z. B. Fischer-Tropsch-Synthese) generiert und danach transformiert. Biochemische Transformationen laufen meist in der umgekehrten Richtung ab, d. h. bereits hochfunktionalisierte Verbindungen (vor allem Glucose) werden in einem *Top-down*-Verfahren auf der Basis der entschleunigten Oxidation des energiereichen Kohlenstoffs und anschließender Folgereaktionen in andere umgewandelt. Ein mittlerweile in der modernen Synthesechemie stärker werdender Trend versucht, im Rahmen einer nachhaltigen Chemie Naturstoffe (engl. *renewable ressources*) hin zu Chemikalien zu konvertieren. Aufgrund der hochfunktionalisierten Strukturen der Ausgangsprodukte sind solche selektiven Transformationen bisher noch mit erheblichen Herausforderungen belastet. Ungeachtet dessen ändert sich an der zugrunde liegenden Chemie nichts. Die Unterscheidung zwischen „Synthesechemie" und Biochemie muss deshalb auf der Basis anderer, in diesem Fall gesellschaftlicher, speziell politischer, Kriterien erfolgen.

Diese Unterschiede zwischen „menschengemachter" Synthesechemie und Biochemie mögen dafür verantwortlich sein, dass die Chemiedidaktik in den Schulen und die Grundlagenchemie an den Universitäten immer noch auf Ersteres fokussiert sind, was negative Auswirkungen auf die Akzeptanz der Naturwissenschaft Chemie in der Gesellschaft hat.

Prinzipiell ist die Verallgemeinerung synthesechemischer Verbindungen als „unnatürlich" oder gar giftig in jedem Fall falsch. Auch synthesechemische Verbindungen, die in Labors und chemischen Anlagen hergestellt werden, unterliegen in der Entstehung und ihrer Struktur den Naturgesetzen. Bedenkt man, dass die giftigsten Verbindungen, die bisher bekannt wurden, Naturstoffe darstellen, wird auch dieses Kriterium hinfällig. Durch die strikte Anwendung der chemischen Formelsprache können solche Missverständnisse ausgeschlossen werden, und ein tieferes Verständnis von sogenannten „natürlichen" Prozessen ist möglich.

Weiterführende Literatur

Allgemeine und Anorganische Chemie

Großmann G, Fabian J, Kammer H-W (1973) Struktur und Bindung – Atome und Moleküle, 2. Aufl. VEB Deutscher Verlag für Grundstoffindustrie, Leipzig

Hollemann AF, Wiberg N (2007) Anorganische Chemie, 102. Aufl. de Gruyter, Berlin

Pscheidl H (1975) Allgemeine Chemie. Grundkurs, Teile 1 und 2, Berlin

Organische Chemie

Hart H, Crane LE, Hart DJ (2002) Organische Chemie, 2. Aufl. Wiley-VCH, Weinheim

Uhlig E, Domschke G, Engels S, Heyn B, Walther D (1973) Reaktionsverhalten und Syntheseprinzipien, 1. Aufl. VEB Deutscher Verlag für Grundstoffindustrie, Leipzig

Walter W, Francke W (1998) Lehrbuch der Organischen Chemie, 23. Aufl. Hirzel, Stuttgart

Biologische Chemie

Biesalski HK (2015) Mikronährstoffe als Motor der Evolution. Springer, Berlin

Behr A, Seidensticker T (2018) Chemistry of Renewables. An Introduction. Springer, Berlin

Follmann H, Grahn W (1999) Chemie für Biologen. Teubner, Stuttgart

Fox MA, Whitesell JK (1995) Organische Chemie. Grundlagen, Mechanismen, bioorganische Anwendungen. Spektrum Akademischer Verlag, Heidelberg

Kaim W, Schwederski B (2004) Bioanorganische Chemie. Zur Funktion chemischer Elemente in Lebensprozessen, 3. Aufl. Teubner, Wiesbaden

Latscha HP, Kazmaier U (2008) Chemie für Biologen, 3. Aufl. Springer, Berlin

Lehmann J (1996) Kohlenhydrate, 2. Aufl. Thieme, Stuttgart

© Der/die Herausgeber bzw. der/die Autor(en), exklusiv lizenziert durch Springer-Verlag GmbH, DE, ein Teil von Springer Nature 2022
A. Börner und J. Zeidler, *Chemie der Biologie,*
https://doi.org/10.1007/978-3-662-64701-1

Naturstoffchemie und Biochemie

Berg JM, Tymoczko JL, Gatto GJ, Stryer L (2018) Biochemie, 8. Aufl. Springer Spektrum, Berlin

Epple M (2003) Biomaterialisation und Biomineralisation. Eine Einführung für Naturwissenschaftler, Mediziner und Ingenieure. Teubner, Stuttgart

Harborne JB (2013) Ökologische Biochemie. Eine Einführung. Springer, Heidelberg

Karlson P, Doenecke D, Koolman J (1994) Kurzes Lehrbuch der Biochemie für Mediziner und Naturwissenschaftler, 14. Aufl. Thieme, Stuttgart

Lehninger AL (1985) Grundkurs Biochemie, 2. Aufl. de Gruyter, Berlin

Müller-Esterl W (2004) Biochemie. Eine Einführung für Mediziner und Naturwissenschaftler. Elsevier, München

Nuhn P (1997) Naturstoffchemie. Mikrobielle, pflanzliche und tierische Naturstoffe, 3. Aufl. Hirzel, Leipzig

Voet D, Voet JG (2019) Biochemie, 3. Aufl. Wiley-VCH, Weinheim

Spezielle Aspekte

Chai QY, Yang Z, Lin HW, Han BN (2016) Alkynyl-Containing Peptides of Marine Origin: A Review. Mar Drugs 14:216. https://doi.org/10.3390/md14110216

Hofmann H-J, Cimiraglia R (1988) Conformation of 1,4-dihydropyridine – planar or boat-like? FEBS Lett 241:38–40. https://doi.org/10.1016/0014-5793(88)81026-3

Hunter T (2012) Why nature chose phosphate to modify proteins. Phil Trans R Soc B 367:2513–2516. https://doi.org/10.1098/rstb.2012.0013

Jung M, Kim H, Lee K, Park M (2003) Naturally occurring peroxides with biological activities. Mini Rev Med Chem 3:159–165. https://doi.org/10.1039/c0np00024h

Kertesz MA (2000) Riding the sulfur cycle - metabolism of sulfonates and sulfate esters in Gram-negative bacteria. FEMS Microbiol Rev 24:135–175. https://doi.org/10.1016/S0168-6445(99)00033-9

Lane N (2016) Oxygen: The molecule that made the world, Oxford Landmark Science

Lane N (2017) Der Funke des Lebens: Energie und Evolution. Theiss WBG, Darmstadt

Metcalf WW, van der Donk WA (2009) Biosynthesis of Phosphonic and Phosphinic Acid Natural Products. Ann Rev Biochem 78:65–94. https://doi.org/10.1146/annurev.biochem.78.091707.100215

Parry R, Nishino S, Spain J (2011) Naturally-occurring nitro compounds. Natural Prod Rep 28:152–167

Spenser ID, White RL (1997) Die Biosynthese von Vitamin B1 (Thiamin) ein Beispiel für biochemische Vielfalt. Angew Chem 109:1096–1111. https://doi.org/10.1002/ange.19971091005

Thauer RK, Kaster A-K, Goenrich M, Schick M, Hiromoto T, Shima S (2010) Hydrogenases from Methanogenic Archaea, Mickel, a Novel Cofactor, and H2 Storage Ann Rev Biochem 79: 5507–536. https://doi.org/10.1146/annurev.biochem.030508.152103

Wächtershäuser G (1988) Before enzymes and templates: theory of surface metabolism. Microbiol Molecul Biol Rev 52:452–484

Stichwortverzeichnis

© Der/die Herausgeber bzw. der/die Autor(en), exklusiv lizenziert durch Springer-Verlag
GmbH, DE, ein Teil von Springer Nature 2022
A. Börner und J. Zeidler, *Chemie der Biologie*,
https://doi.org/10.1007/978-3-662-64701-1

Printed in the United States
by Baker & Taylor Publisher Services